气象统计预报

施　能　著

气象出版社
China Meteorological Press

内容简介

本书系统地介绍了国内外气象学中有关天气预报统计分析与预报方法的基本理论和计算方法。如多变量分析方法中的回归分析、判别分析、二分类预报、主成分分析、气象场的经验正交展开、聚类分析；还有时间序列分析的若干方法，如谐波分析、波谱分析、奇异谱分析和自回归模型。书中附有大量的计算方法和应用实例。书中还讲述了选择最大信息的预报因子、预报指标、预报方法、气象场相关分析与合成分析中的统计检验的方法，并附有3个重要的FORTRAN计算程序。

本书是高等学校大气科学专业本科生气象统计预报课程的教材；也可以作为大专院校有关专业参考书；对气象业务工作人员也有参考价值。

图书在版编目(CIP)数据

气象统计预报/施能著.—北京：气象出版社，2009.11(2024.3重印)

ISBN 978-7-5029-4852-8

Ⅰ.气…　Ⅱ.施…　Ⅲ.①气象资料-统计分析②气候变化-预测　Ⅳ.P468.0

中国版本图书馆CIP数据核字(2009)第192965号

Qixiang Tongji Yubao

气象统计预报

施能　著

出版发行：气象出版社

地　　址：北京市海淀区中关村南大街46号　　**邮政编码**：100081

电　　话：010-68407112(总编室)　010-68408042(发行部)

网　　址：http://www.qxcbs.com　　**E-mail**：qxcbs@cma.gov.cn

策划编辑：李太宇　　**终　　审**：吴晓鹏

责任编辑：蔺学东　　**责任技编**：赵相宁

封面设计：博雅思企划

印　　刷：三河市百盛印装有限公司

开　　本：720mm×960mm　1/16　　**印　　张**：18.75

字　　数：368千字

版　　次：2009年11月第1版　　**印　　次**：2024年3月第4次印刷

定　　价：48.00元

前言

气象统计预报就是构造一些图、表、数学公式、算法或者预报规则，根据过去或者现在的天气给出未来某个气象要素的期望值或者某个天气现象出现的概率。它是根据已经有的气象历史资料，用概率论与数理统计、多变量统计分析方法寻找天气现象发生的可能规律，预报未来气象要素最大可能值的一种方法。这种方法的预报准确率应该大于从气象历史资料统计得到的气候概率。

统计预报方法由来已久。实际上，气象台与预报员中广泛使用的预报指标就是最简单的统计预报。用反映天气现象前后联系的天气谚语进行天气、气象预报，也是统计预报。早在 20 世纪 60 年代有关中长期天气预报方法的课程中就列有一章，专门讲授中长期天气预报中的统计预报方法。我们知道，各种天气气象形势或者天气现象的档案资料都可以定量表示为 m 个变量的 n 个样本的集合，这 m 个变量可以连续取值，也可以离散取值。这样多变量统计分析方法就成为气象统计预报的最基本方法。1970 年代中期开始，由于高速电子计算机的迅速普及和多变量统计分析方法的迅速发展与应用，气象统计预报方法的内容有了很大的扩展，需要从中长期天气预报方法中单独列出，成为与天气学分析和预报方法、数值天气预报方法同等重要的气象学的三大预报方法之一。实际上，目前气象统计预报课程中的许多方法，例如，气象场的相关分析、合成分析、统计检验，以及用于资料降维的经验正交函数方法，等等，已不单纯是一个统计预报方法，它们已经融合在其他预报方法中，成为气象预报与科研中不可以缺少的基本知识与方法技能。本书介绍的预报方法，除了在气象学中有广泛应用以外，在农业气象、水文气象、地理科学、地质统计学、地震预测、医学统计学、生物统计学等学科中也可以参考使用。

学习本书需要有概率论与数理统计学、线性代数和初步的天气学知识，既要懂得方法的原理、计算步骤，更要学会使用计算机处理大型气象实际问题和进行运算和结果分析。本书的作者自 1964 年以来在南京气象学院（现南京信息工程大学）讲授气象统计预报，也讲授过概率论与数理统计、中长期天气预报等课程。本书是根据作者发表的论文、著作和历届的教材整理、修改、补充而成。书中除了介绍方法以外，各章都附有应用的实例、方法、使用的经验总结以及作者编写使用的三个重要的FORTRAN计算机程序。这些都来自作者从事气象统计预报科研的发表成果或者未发表的成果。

统计预报方法本身并不能导出因果关系，它仅是预报气象要素的未来最大可能值，这种预报方法的预报准确率，必须要明显大于从气象历史资料中统计得到的气候概率，统计预报方法才有预报价值与意义。为了做到这一点，天气预报的指标与统计预报的结果必须进行统计检验。本书单独列出一章讲述气象学中的统计检验方法，说明对统计预报方法来说，统计检验有着特别重要的地位。

本书是为气象专业60小时学时的本科生撰写的，同时也照顾两头的读者。所以本书的特点是以本科生为主，兼顾实用性和前沿性。鉴于目前本科生课程的学时很有限，从内容上必须有所侧重。天气、气象变量的变化问题本质上是一个多变量之间的相关和协同变化的问题，无论从天气学原理，还是方法的预报效果来说，更有必要学习与掌握好多元统计分析方法，所以本书并没有很多地涉及时间序列分析方法。好在时间序列分析方法，已作为一个相对独立的内容出版过一些书籍。

本书在撰写过程中，始终得到南京信息工程大学大气科学学院和气象出版社的鼓励与支持，大气科学学院同事对书稿提出了宝贵的意见，作者在此一并表示谢意。

由于作者才疏力薄、水平有限，书中一定还有不足之处，敬请读者批评、指正。

施能

南京信息工程大学

2009年7月

符号说明

名称	样本	总体
x 与 y 的相关系数	r_{xy} 或 r	ρ_{xy} 或 ρ
x 与 y 的协方差	s_{xy}	σ_{xy}
x 在第 g 组的均方差	$s_x(g)$	$\sigma(g)$
x 在第 g 组的均值	$\overline{x(g)}$	$\mu(g)$
第 g 组的协方差矩阵	$\boldsymbol{S}_g$	$\boldsymbol{\Sigma}_g$
变量 x 的平均值及均方差	$\overline{x}, s_x$	μ, σ
变量 x 均方差的无偏估计	s_x^*	σ
变量 x 在两类的均值	$\overline{x(A)}, \overline{x(\overline{A})}$	$\mu(A), \mu(\overline{A})$
概率密度函数	/	$f_A(x)$、$f_{\overline{A}}(x)$
均值向量及协方差矩阵	$\overline{\boldsymbol{x}}, \boldsymbol{S}$	$\boldsymbol{\mu}, \boldsymbol{\Sigma}$
离差矩阵	$\boldsymbol{SS}$	/
两类协方差矩阵	$\boldsymbol{S}(A), \boldsymbol{S}(\overline{A})$	$\boldsymbol{\Sigma}(A), \boldsymbol{\Sigma}(\overline{A})$
马哈拉诺比斯平方距离	D_m^2	Δ_m^2

符号	含义
$\boldsymbol{v}_i$	第 i 特征向量，即 $(v_{i1} \quad v_{i2} \quad \cdots \quad v_{im})^T$
$\boldsymbol{x}_i$	第 i 个样本列向量，即 $(x_{1i} \quad x_{2i} \quad \cdots \quad x_{mi})^T$
$\boldsymbol{x}$	随机向量，即 $(x_1 \quad x_2 \quad \cdots \quad x_n)^T$
$R_{y \cdot x_1 x_2 \cdots x_m}$	y 与 $x_1, x_2, x_3, \cdots, x_m$ 的复相关系数
${}_m\boldsymbol{R}_m$	m 个变量的相关矩阵
$U(\boldsymbol{x}), W(\boldsymbol{x})$	线性判别函数，二次判别函数
$\boldsymbol{V}$	特征向量作为列组成的矩阵
$\boldsymbol{W}, \boldsymbol{T}$	组内离差矩阵，总离差矩阵
$\boldsymbol{X}, \boldsymbol{X}^0, \boldsymbol{X}^*$	资料矩阵，中心化的，标准化的
${}_mZ_{\boldsymbol{n}}$	m 个主成分组成的矩阵

目 录

第一章　气象资料及其表示方法

第一节　单个要素的气象资料

1. 数据资料

气象资料绝大多数是以数据形式给出的，例如气压、湿度、温度、降水量等。因为这些数据是经常变化的，所以又可以用变量 $\boldsymbol{x}$ 表示某个气象要素的取值，它在 n 个时间的取值可分别表示为 $x_1,x_2,\cdots,x_n$。n 称为样本容量。数学上还可采用向量符号表示这一组数

$$\boldsymbol{x}=(x_1x_2x_3\cdots x_n)^T \tag{1.1.1}$$

或写为

$$\boldsymbol{x}=(x_t)^T \qquad t=1,2,3,\cdots,n \tag{1.1.2}$$

$\boldsymbol{x}$ 确定为 n 维空间的一个点。另一方面，在一维空间(单坐标)中，这 n 个数据又确定为 n 个点，这就是经常使用的单因子(坐标)点聚图。

2. 数据资料的统计特征

(1)平均值

n 个数据资料的平均值 $\bar{x}$ 表示为

$$\bar{x}=\frac{1}{n}\sum_{t=1}^{n}x_t \tag{1.1.3}$$

它反映了该气象要素的平均状况。平均值总是处在资料数据范围之内，它反映的要素特征是不全面的，无法表示资料偏离平均值的情况。

(2)距平、方差、均方差

1)距平

某数据资料与平均值的差称为距平。表示为

$$x_t^0=x_t-\bar{x} \qquad t=1,2,\cdots,n \tag{1.1.4}$$

距平能够反映数据偏离平均值的状况，例如南京 1957 年 1 月份降水量是 54.9mm，同年 6 月份降水量是 120.5mm。如果不用距平来反映月降水量的多少，只能得出 1957 年 6 月份降水比 1 月份降水多的结论，这是众所周知、毫无意义的。如果各自减去它们的多年平均值，则 1957 年南京 1 月份降水距平是＋18.8mm，而 1957 年 6 月份南京降水距平是－24.2mm。这样，就认为 1957 年 1 月份南京降水是偏多的，而 6 月份降水是偏少的。距平的作用就在于将要素的值化到同一水平上进行比较。距平是有单位的，其单位与原变量单位相同。气象上经常用距平变量 x_t^0 代替原变量进行研究，由于 x_t^0 的平均值 $\overline{x_t^0}$ 等于零，所以带来许多方便，这种处理方法也称为中心化。

2)方差和均方差

对于某气象要素 x 的 n 个资料，它的方差表示为

$$s_x^2 = \frac{1}{n}\sum_{t=1}^{n}(x_t - \overline{x})^2 \tag{1.1.5}$$

均方差表示为

$$s_x = \sqrt{\frac{1}{n}\sum_{t=1}^{n}(x_t - \overline{x})^2} \tag{1.1.6}$$

均方差反映了变量围绕平均值的平均变化程度(离散程度)。例如对某年某月的日平均气温求均方差，其值比较小，则表示该年该月的气温日际变化平均比较小，反之则表示气温日际变化很大，冷暖空气的活动比较频繁。

均方差反映了变量的平均变化程度，因此它实际上反映了对该变量作预报的易难程度。显然均方差小的变量比均方差大的变量容易预报。事实上，可以证明变量的不确定性(即统计熵)和该变量的均方差的对数成正比。所以均方差越大，变量不确定性越大，预报就越困难了。

计算方差或均方差时可以利用一个性质，就是变量减去某常数后其方差、均方差不变。例如表 1.1.1 中 x 和 $x-100$ 的均方差是相同的。

表 1.1.1

t	1	2	3	4	5	6	7	8	9	均方差
x_t	100	105	106	108	110	112	114	115	99	5.40
x_t-100	0	5	6	8	10	12	14	15	－1	5.40

(3)频率分布

我们先看表 1.1.2 中的 x 与 y 的 12 个数据。计算它们的平均值和均方差都是一样的。但它们的取值特征显然有很大差别。要反映这种差别，用平均值和均方差是不够的。这就需要用到累积频率这一概念。所谓累积频率是变量小于某上限值的

次数与总次数之比。表 1.1.3 是根据表 1.1.2 统计的累积频率。可以看出,两个变量的累积频率有明显差别的,并且它是上限值的函数。

表 1.1.2

t	1	2	3	4	5	6	7	8	9	10	11	12	平均值	均方差
x	−6	−5	−4	−3	−2	0	0	1	2	4	6	7	0	4.04
y	−8	−5	0	0	0	0	0	0	0	0	3.15	9.85	0	4.04

3. 总体和样本

对于一批数据,它可能代表变量的全部取值,也可能只代表其中一部分。所谓总体是统计分析对象的全体,一个变量的全部可能取值组成总体,也称为母体。总体中的一部分资料组成样本。这样,总体和样本的关系就是全局和局部的关系。总体是未知的,样本是已知的。总体的特征是客观存在的,样本特征如平均值、均方差等是随样本而变化的。所以,与样本有关的变量均称为随机变量。而总体的特征量则称为参数,它不是随机变量。无限总体的平均值又称为数学期望。往往需要用样本来作出关于总体的一些推断。这属于概率论与数理统计学中的参数估计与假设检验问题。因此,确定所讨论问题的总体,并从中抽出有代表性的样本是很重要的,否则推断是无效的。总体与样本的关系不是一成不变的,视所研究的对象和任务而定。气象上的总体,一般都是指无限总体,一组气象资料就是无限总体中的样本。

表 1.1.3(据表 1.1.2 统计)

上限	−8	−7	−6	−5	−4	−3	−2	−1
x 的累积频率	0	0	0	1/12	2/12	3/12	4/12	5/12
y 的累积频率	0	1/12	1/12	1/12	2/12	2/12	2/12	2/12
上限	0	1	2	3	4	6	7	10
x 的累积频率	5/12	7/12	8/12	9/12	9/12	10/12	11/12	12/12
y 的累积频率	2/12	10/12	10/12	10/12	11/12	11/12	11/12	12/12

4. 分布函数

前面所讲过的累积频率是用有限资料统计的,是样本特征。在无限总体中的累积频率称为分布函量。从表 1.1.3 中看到,累积频率是上限的函数,如果我们用 x 表示上限,用 ξ 表示变量,则分布函数 $F(x)$ 定义为

$$F(x) = P(\xi < x) = \int_{-\infty}^{x} f(x)\mathrm{d}x$$

$f(x)$ 称为概率密度函数。最常见的 $f(x)$ 的函数形式是正态分布

$$f(x)=\frac{1}{\sqrt{2\pi\sigma}}e^{-\frac{(x-\mu)^2}{2\sigma^2}} \tag{1.1.7}$$

其中 μ 和 σ 分别是 ξ 的总体平均值(数学期望)和均方差，它是正态分布的二个参数，需用样本值进行估计。其中 μ 可以用样本平均值去估计；σ 可用 s_x 或用无偏估计量 s_x^* 估计，即

$$s_x^*=\sqrt{\frac{1}{n-1}\sum_{t=1}^{n}(x_t-x)^2} \tag{1.1.8}$$

当随机变量的密度函数为式(1.1.7)时，常可简记为 $N(\mu\ \sigma^2)$。

5. 数据的标准化和正态化

(1)标准化

气象数据资料都是有单位的，为了消去单位量纲不同所造成的影响，经常使用标准差标准化方法。

设 x_{it} 是第 i 个气象要素的第 t 个资料，则经过标准差标准化的资料为 x_{it}^*

$$x_{it}^*=\frac{x_{it}-\overline{x}_i}{s_i}\qquad t=1,2,\cdots,n \tag{1.1.9}$$

其中 $\overline{x}_i,s_i$ 分别是第 i 个气象要素的样本平均值和均方差。经标准差标准化后的资料 x_{it}^* 的平均值为 0，均方差为 1，无单位。式(1.1.9)中，如果不除以分母，也就是用距平值代替，则称为中心化。

数据进行标准化处理后有许多优点和用处。首先，不同的变量和气象要素都处理为没有单位的量，它们就有相同的均方差，这样就可以相互比较不同变量的异常程度了。我们知道，随机变量通常符合正态分布。而根据正态分布理论，标准化正态分布随机变量的绝对值大于 2.58(1.96)的概率仅 0.01(0.05)，是个非常小的概率。所以世界气象组织(WMO)曾将距平达到或者大于 2 倍均方差作为异常的标准(这个概率还不到 5%)。所以严格来讲，气候异常并不经常发生。但是人们还是经常将大范围的严寒、洪涝、旱等称为异常。此外，我们如果需要将温度、降水量、气压等不同气象要素随时间变化的曲线绘在同一幅时间变化图上，因为它们有各自不同的单位，纵坐标的幅度就很难处理。这时，我们只需要将要绘图的变量都进行标准化处理，然后将纵坐标的幅度取在−3.0～3.0，再绘图。这就可以清楚地显示各气象要素的时间变化了。因为根据正态分布的理论，标准化正态分布变量绝对值大于 3.00 的概率仅 0.0027。这样，任何变量的时间变化曲线基本上不可能超出纵坐标的取值幅度(−3.0～3.0)。虽然极端异常数值出现的概率很小，但是它对要素的平均值、均方值、变量之间的相关特征都有很大的影响，从而影响统计预报模型的建立与预报效果

的稳定性。如果资料中出现了极端异常的数值(例如标准化后绝对值大于了 4.0),而且如果时、空尺度都还比较大的,我们就需要认真检查该资料的可靠性与正确性。

(2)正态化

资料必须符合正态分布,这几乎是各种统计预报模型的理论依据,也是常用的统计检验方法(F,t,u,χ^2 检验法)的先决条件。经验表明,年、月平均温度、气压、多雨地区的月降水量通常符合正态分布。旬平均气温尚符合正态分布,但旬、候降水量不一定符合正态分布,日降水量和少雨地区的月降水量通常是偏态的。对于不服从正态分布的变量需作正态化处理,以适合各类统计预报模型,处理方法有

1)立方根(或四次方根)转换

$$x''_{it} = \sqrt[3]{x_{it}}$$

或

$$x''_{it} = \sqrt[4]{x_{it}} \qquad t = 1,2,\cdots,n \tag{1.1.10}$$

当 x_{it} 不符合正态分布时,式(1.1.10)的转换使 x''_{it} 较能符合正态分布。不少工作提出,这种转换是方便有效的。

2)双曲正切转换

$$z_{it} = \mathrm{th}\,\frac{x_{it} - \overline{x}_i}{x_i} = \mathrm{th}y_{it} = \frac{\mathrm{e}^{y_{it}} - \mathrm{e}^{-y_{it}}}{\mathrm{e}^{y_{it}} + \mathrm{e}^{-y_{it}}} \tag{1.1.11}$$

其中 $\overline{x}_i$ 仍为第 i 个要素的平均值。z_{it} 即为经过双曲正切转换后的值。研究表明,双曲正切转换在旬降水量转换时有较大的优点。因为旬降水量可能不是正态分布,它的极端值会使所得的相关关系不真实。所以经双曲线正切转换后,还能使所得的相关关系具有较大的稳定性和可靠性。

3)化为有序数后的正态化转换

这种转换方法是先将需作正态化变换的 x_i 的 n 个数据按数值大小排列($x_{i1} \leqslant x_{i2} \leqslant x_{i3} \cdots \leqslant x_{in}$),再将 x_{it} 对应的序号 t 利用公式

$$\frac{t}{n+1} = \frac{1}{\sqrt{2\pi}}\int_{-\infty}^{x_{it}^*} \mathrm{e}^{-\frac{1}{2}x^2}\,\mathrm{d}x \tag{1.1.12}$$

变换为 x_{it}^*,x_{it}^* 即服从标准正态分布。例如 $n = 89, t = 30$,则 x_{i30} 经标准正态化转换后化为 x_{i30}^*,由式(1.1.12)知 $x_{i30}^* = -0.431$。这个方法既作了正态化处理,又作了标准化处理。

6. 状态资料和统计特征

(1)状态资料

对某些气象现象的观测结果是无法用数据形式表示出来的,例如天气现象雾、冰雹、霜等,只能表示"有"、"无"、"强"、"弱"等状态。此外,对于降水量这样一些数值进行分级也可转化为非数据的状态资料,如特大暴雨、大暴雨、大雨、中雨、小雨、微迹、

晴等。为区别起见，有时我们用离散化的资料来表示这些状态，如用 0 表示不出现某类天气现象，用 1 表示出现某类天气现象。用 5,4,3,2,1,0 表示上述各降水等级。但应该注意，这些数值不一定能反映各状态之间的差异。例如，5 与 4 之差是 3 与 1 之差的一半，用这个来反映降水量级别之间的差别显然是不合适的。所以，这些数字一般不用来进行数值计算。通常，只能理解为某种“记号”，它无异于甲、乙、丙、丁表示各种状态。所以对这类状态资料，我们不再谈及它们的平均值和均方差，而只介绍频率表或分布列。

(2)频率表、分布列

对于气象要素现象的各种状态，我们列出各种状态出现的频率，那么该现象的统计特征也就最完美地表现出来了。

例如，某站台在 4—9 月的 50 年历史资料中，共出现有冰雹日 183 天，则表示 4—9 月的冰雹日的状态可用表 1.1.4 表示。这种表也称为频率表，如果这种表是对总体统计的，这种表就称为分布列。

表 1.1.4

状态	有冰雹 1	无冰雹 0
频率	$\frac{183}{9150}=0.02$	$\frac{8967}{9150}=0.98$

第二节　多要素的气象资料

1. 数据矩阵

气象中经常要利用许多气象要素资料，这时可将资料写成矩阵形式。设有 m 个气象要素，每个气象要素有 n 个观测值，则任何一个数据表示为 $x_{ij}(i=1,2,\cdots,m;j=1,2,\cdots,n)$。全部写出并排列成矩阵形式有

$$
{}_m\boldsymbol{X}_n=\begin{bmatrix} x_{11} & x_{12} & \cdots & x_{1n} \\ x_{21} & x_{22} & \cdots & x_{2n} \\ \vdots & \vdots & \vdots & \vdots \\ x_{m1} & x_{m2} & \cdots & x_{mn} \end{bmatrix}=(\boldsymbol{x}_1\boldsymbol{x}_2\cdots\boldsymbol{x}_n) \tag{1.2.1}
$$

其中 $\boldsymbol{x}_i=(x_{1i}\quad x_{2i}\cdots x_{mi})^T$ 为第 i 个样本的资料向量，它是由公式(1.2.1) 所表示的矩阵的第 i 列元素组成($i=1,2,\cdots,n$)。

对于式(1.2.1) 的数据矩阵我们可以从两方面去考虑，如果比较任意两行，则就是检查相应两个变量之间的关系。如果比较任意两列，这一比较将给出 m 个变量集

合中的该两个样本之间的关系。通常对第一种研究变量之间相互关系的分析，称为“R 型分析”；对后一种研究样本之间关系的称为“Q 型分析”。

2. 数据的二种空间表示

1)将数据矩阵(1.2.1)看成为 m 维空间的 n 个点。这是一种空间点聚图。我们设想有 m 个正交轴，确定了一个 m 维空间。这样，任何一个样本对应 m 维空间的一个点，n 个样本就对应 m 维空间的 n 个点，其中第 j 个点的沿第 i 个轴的坐标值就是 x_{ij}。这种空间表示方法经常用在分析样本之间的关系，如寻找相似个例等。

2) 将数据矩阵(1.2.1) 看成为 n 维空间的 m 个点。取 n 个正交轴，每一个轴对应一个样本。m 个变量就确定为 n 维空间的 m 个点。如果考虑数据矩阵(1.2.1) 按行中心化，也就是每行各个元素减去该行的平均值，则第 i 个点的沿第 j 个坐标轴的坐标值是 $x_{ij}-\overline{x}_i$。设第 i 个点是 R_i，则 R_i 与坐标原点 O 的距离平方是

$$OR_i^2=\sum_{j=1}^{n}(x_{ij}-\overline{x}_i)^2 \qquad i=1,2,\cdots,m \tag{1.2.2}$$

恰好是第 i 个变量的方差的 n 倍。以后我们还会看到，在这样的空间坐标轴中的任意二点与坐标原点之夹角的余弦 $\cos\theta_{ij}$ 就是变量 x_i 和 x_j 的相关系数

$$\cos\theta_{ij}=\frac{\sum_{t=1}^{n}(x_{it}-\overline{x}_i)(x_{jt}-\overline{x}_j)}{\sqrt{\sum_{t=1}^{n}(x_{it}-\overline{x}_i)^2\cdot\sum_{t=1}^{n}(x_{jt}-\overline{x}_j)^2}} \tag{1.2.3}$$

所以这种空间经常用来研究变量之间的关系。

3. 均值向量

因为有 m 个变量，所以可分别求出 m 个变量的样本平均值，这 m 个平均值组成一个向量就是均值向量，表示为

$$\overline{\boldsymbol{x}}=(\overline{x}_1\quad \overline{x}_2\cdots\quad \overline{x}_m)^T \tag{1.2.4}$$

其中 $\overline{x}_i=\frac{1}{n}\sum_{t=1}^{n}x_{it}$。$\overline{\boldsymbol{x}}$ 经常看成 m 维空间的一个点，实际上它就是 m 维空间中的 n 个点的重心。

4. 协方差和协方差矩阵

当利用多个变量时，为了表示变量之间的相互关系，需要计算协方差。变量 x_i 和 x_j 的协方差定义为

$$s_{ij}=\frac{1}{n}\sum_{t=1}^{n}(x_{it}-\overline{x}_i)(x_{jt}-\overline{x}_j)$$

$$= \frac{1}{n}\sum_{t=1}^{n} x_{it} \cdot x_{jt} - \overline{x}_i\overline{x}_j \quad i,j = 1, 2 \cdots, m \tag{1.2.5}$$

这 m^2 个协方差(当 $i = j$ 时为方差) 组成的矩阵称为样本协方差矩阵,表示为

$$\boldsymbol{S} = (s_{ij}) = \begin{bmatrix} s_{11} & s_{12} & \cdots & s_{1m} \\ s_{21} & s_{22} & \cdots & s_{2m} \\ \vdots & \vdots & \vdots & \vdots \\ s_{m1} & s_{m2} & \cdots & s_{mm} \end{bmatrix} \tag{1.2.6}$$

这个矩阵是 m 阶矩阵,并且是对称矩阵,其对角线元素 s_{ii} 是第 i 个变量的方差。式(1.2.5) 可用矩阵相乘直接求得。令 $\boldsymbol{X}^0$ 是中心化资料组成的矩阵

$$\boldsymbol{X}^0 = \begin{bmatrix} x_{11}^0 & x_{12}^0 & \cdots & x_{1n}^0 \\ x_{21}^0 & x_{22}^0 & \cdots & x_{2n}^0 \\ \vdots & \vdots & \vdots & \vdots \\ x_{m1}^0 & x_{m2}^0 & \cdots & x_{mn}^0 \end{bmatrix} \tag{1.2.7}$$

则

$${}_m\boldsymbol{S}_m = \frac{1}{n}\boldsymbol{X}^0 \cdot (\boldsymbol{X}^0)^T \tag{1.2.8}$$

其中 T 表示矩阵转置;而 $x_{ij}^0 = x_{ij} - \overline{x}_i$ 是中心化资料。

有时为方便起见,用离差积 ss_{ij} 组成矩阵,称为离差矩阵,用 $\boldsymbol{SS}$ 表示

$$ss_{ij} = \sum_{t=1}^{n}(x_{ij} - \overline{x}_i)(x_{jt} - \overline{x}_j)$$

$$\boldsymbol{SS} = (ss_{ij}) \tag{1.2.9}$$

用公式(1.2.6)计算的矩阵 $\boldsymbol{S}$ 是 m 个变量总体协方差矩阵 Σ 的估计矩阵,但不是无偏估计。为了得到 Σ 的无偏估计,应使用

$$\boldsymbol{S} = \frac{1}{n-1}\boldsymbol{SS} = (\boldsymbol{s}_{ij}^*) \tag{1.2.10}$$

$$\boldsymbol{s}_{ij}^* = \frac{1}{n-1}\sum_{t=1}^{n}(x_{it} - \overline{x}_i)(x_{jt} - \overline{x}_j) \tag{1.2.11}$$

5. 多维频率表、多维分布列

当有多个气象现象的各种状态时,我们可以统计各种情况下的频率,组成一张多维频率表。例如某气象站 7 月份 24 小时内(08—次日 08 时)降雨量与 08 时绝对湿度的关系,可统计一张二维频率表,见表 1.2.1。这种表对预报很有参考价值。例如如表 1.2.1 所示。08 时绝对湿度小于 21hPa,24 小时内从未有过暴雨;08 时绝对湿度小于 17hPa,24 小时内无大雨、暴雨;08 时绝对湿度大于等于 26hPa,24 小时内肯定有雨。当统计的资料很多时,用这种规律作预报是较可靠的,这时的多维频率表也

称为多维分布列。

表 1.2.1

降水 / 湿度	无雨	小雨	中雨	大雨	暴雨	合计
14～17(hPa)	0.20	0.04	0.01	0.00	0.00	0.25
18～21	0.16	0.08	0.02	0.02	0.00	0.28
22～25	0.03	0.07	0.12	0.02	0.01	0.25
≥26	0.00	0.01	0.03	0.04	0.14	0.22
合计	0.39	0.20	0.18	0.08	0.15	1.00

6. 区域资料的整理和利用

天气变化存在着各种不同的尺度,天气异常也具有相当大的的范围。因此,气象研究与预报中经常利用各种前期气象要素特征或者同时利用许多观测台站的观测资料。选择或利用大范围的观测资料要涉及到预报区域的划分,气象场的分类问题,其方法以后介绍。当区域已经合理划定时可以用如下一些方法整理区域资料。

(1)代表站方法

这是用区域中某一个站的值代表该区域的值,为了确定代表站,可以计算区域中任意一个台站的要素和其他 $m-1$ 个台站的该要素的相关系数,然后除 $m-1$,得平均相关系数。然后以平均相关系数最大台站选作为代表站。

(2) 区域平均法

这是以区域内 m 个测站的平均值,作为该区域值的方法。这方法简单易行,一般而言,区域平均值和区域内各台站的值非常接近,而与其他区域内的台站值差别较大。

(3) 综合指数法

前两种方法,在区域内各测站的该要素的方差接近相等时是比较合理的。如果各测站的要素的方差值相差比较大,那么用代表站或区域平均值方法就不能合理地表示区域特征。这时必须考虑各台站方差的差异。有人提出用综合指数 K 来反映区域要素的异常

$$K_j = \frac{1}{m}\sum_{i=1}^{m}\left(\frac{x_{ij}-\overline{x}_i}{s_i}\right)^2 \tag{1.2.12}$$

$$i=1,2,\cdots,m \quad j=1,2,\cdots,n$$

这里 i 是表示区域内的台站,j 表示观测资料的年代。x 是某个气象要素。K_j 即综合反映了该区域内 m 个测站的气象要素 x 的异常情况。可以研究 K 的分布,据 K 值大小,对要素异常进行分型。也可以对 K 作预报,从而预测该区域要素异常情况。据研究,K

值与区域内具有相同距平符号的台站数成正比。

参考文献

铃木荣一.1983.气象统计学.东京:地人书馆.

施能.1981.概率统计方法在中期天气预报中的应用.气象,**7**(11):38-41.

施能.1988.论我国季、月降水量的正态性和正态化.气象,**14**(3):9-14.

施能,梁佳兴,沈桐立.1997.关于大范围异常的定量指标问题.气象科技,**17**(3):246-249.

王立生.1981.天气预报区域的划分.气象,**7**(12):8-10.

阳含熙,卢泽愚.1981.植物生态学的数量分类方法.北京:科学出版社.

于崇文等.1980.数学地质的方法和应用.北京:冶金工业出版社.

第二章　选择最大信息的预报因子

第一节　概率和条件概率以及预报指标

1. 概率

自然界的一切现象可通称为事件。衡量事件出现可能性大小的数量指标，称为频率。在总的 n 次观测次数中，事件 A 出现了 n_A 次，则事件 A 的频率为

$$P(A)=\frac{n_A}{n} \tag{2.1.1}$$

当观测次数 n 足够大时，频率 $P(A)$ 稳定地接近某个常数，这就是事件 A 的概率，可见，概率是事件的客观属性，是衡量事件 A 出现可能性的数量指标。

频率与概率是有区别的。概率是事件的总体特征，而频率是事件的样本值。频率随样本而改变，在一定的精确度下，才能用频率代替概率。当观测次数 n 越大时，用频率代表概率就越精确，事件 A 的频率与概率差别较大的可能性越小。所以频率又可认为是概率的估计值，而概率是频率的理论值。

2. 条件概率和天气预报指标

如果我们在事件 B 已出现的条件下计算事件 A 的概率，则这种概率又叫做事件 A 在事件 B 已出现的条件下的条件概率，记为 $P(A/B)$。一般地有 $P(A)\neq P(A/B)$。如果用事件 AB 表示事件 A 和 B 同时出现的事件，而其概率记为 $P(AB)$ 则有

$$P(A/B)=\frac{P(AB)}{P(B)} \tag{2.1.2}$$

条件概率是用统计方法作预报的基础。统计天气预报中，往往将 A 取为所要预报的具体内容，而将 B 取为事件 A 以前 τ 时刻（称 τ 为预报时效）的某个前期气象条件。这样，任何天气预报的经验总结都可以归纳成条件概率形式。

例 1：用事件 A 表示长江中下游五站（取上海、南京、芜湖、九江、武汉；以下同）平

均的当年6月份降水量小于250mm的事件。用事件B表示长江中下游五站平均的当年1月份降水量小于22mm的事件。则用1885—1980年96年资料统计得$P(A)=69/96=0.72$，$P(A/B)=13/14=0.93$。这样，凡是当年1月份长江中下游五站平均降水量小于22mm，可预报6月份降水量将小于250mm，因为这时6月份降水量大于250mm的频率仅1/14，应该预报小于250mm。预报时效为5个月。

寻找合适的条件概率作为天气预报指标是不容易的。这必须满足两个经验性的条件

1) $P(A/B) \gg P(A)$或者$P(A/B) \ll P(A)$。即条件概率与(气候)概率的差异要大，据经验至少要差别在0.20以上。如果$P(A/B) \approx P(A)$则预报指标将失去预报意义。

2) $P(A/B) \to 1$或$P(A/B) \to 0$。这样，我们可根据事件B出现预报事件A出现或不出现。前述的第一个条件是为了保证事件A和事件B之间有比较可靠的联系；而第二个条件是为了使预报指标在使用时有一定的准确率。

3. 事件的独立性

如果事件B的出现与否不影响事件A出现的概率，则称事件A对于事件B是独立的。这时必有

$$P(A) = P(A/B) \tag{2.1.3}$$

或

$$P(AB) = P(A) \cdot P(B)$$

事件独立性在气象问题中有不少应用，它可以告诉我们哪些事件互相有关，哪些事件互相无关。应该注意的是事件独立性的条件是指概率值，当我们用有限资料计算频率值代替概率时，式(2.1.3)总得不到满足，从而导致A和B不相互独立的结论。所以要圆满地回答A和B是否相互独立的问题，应该知道计算频率时所用的观测资料的次数，使用统计检验理论。

第二节　天气预报指标的统计检验

1. 二项分布

在天气预报中经常要做二分类预报，它只预报事件A出现还是不出现(用$\overline{A}$表示)，这种二分类预报又称为正反预报，每次观测试验只有两种互逆的结果，其中一个概率为p，另一个概率总是$1-p$。如果概率$P(A)=p$，则概率$P(\overline{A})=1-p$，对于这样的二分类预报，往往有不少预报指标可以利用。这些天气预报指标的可靠程度如何？前期征兆是否真与后期天气有关系？这是一些很重要的问题。回答这些问题

要涉及它们的概率分布。我们在一般情况下来解决这个问题。

设两个互逆的事件 A 和 $\overline{A}$ 概率 $P(A)=p, P(\overline{A})=q, p+q=1$。现求在 n 次独立试验中,事件 A 出现 m 次的概率 $P_n(m)$。若定义一个事件 B,它在 n 次试验中,前面 m 次出现 A,后面 $n-m$ 次出现 $\overline{A}$,即

$$B=\underbrace{A\cdot A\cdot A\cdots A}_{m\text{个}}\cdot\underbrace{\overline{A}\cdot\overline{A}\cdots\overline{A}}_{n-m\text{个}}$$

因为试验是独立的,故概率

$$P(B)=P(A)\cdot P(A)\cdots P(A)\cdot P(\overline{A})P(\overline{A})\cdots P(\overline{A})=p^m\cdot q^{q-m} \tag{2.2.1}$$

但我们的问题是并不要求前面 m 次出现 A,后面 $n-m$ 次出现 $\overline{A}$,也就是对出现 A 和出现 $\overline{A}$ 的位置并没有限制,所以(2.2.1)式还应乘组合数

$$C_n^m=\frac{n!}{m!(n-m)!}$$

即
$$P_n(m)=C_n^m\cdot P(B)=C_n^m p^m q^{n-m} \tag{2.2.2}$$

因为 $p+q=1$,而 $(p+q)^n=\sum_{m=0}^{n}C_n^m p^m q^{n-m}$ 是牛顿二项式,$P_n(m)$ 就是牛顿二项式的第 $m+1$ 项,所以称为二项分布。符合这种分布应满足三个条件:第一是每次试验只有两个结果 A 和 $\overline{A}$;第二是试验条件不变,每次试验均有 $P(A)=p, p(\overline{A})=q$;第三是试验的独立性。符合这些条件就可用二项分布计算相应的概率。

2. 二项分布在天气预报中的应用

(1)计算天气现象出现的概率

二项分布可用来计算某些天气现象出现的概率,特别是小概率事件出现的概率。因为小概率事件通常符合二项分布。

例 2:假设某地某月有无冰雹现象符合二项分布,并已知冰雹出现的概率为 0.03,求 5 天中有一次冰雹的概率,有一次以上冰雹的概率。

5 天中有一次冰雹的概率是

$$C_5^1(0.03)^1(0.97)^{5-1}=0.1328$$

5 天中有一次以上冰雹的概率是

$$C_5^1(0.03)^1(0.97)^{5-1}+C_5^2(0.03)^2\cdot(0.97)^3+C_5^3(0.03)^3\cdot(0.97)^2+C_5^4(0.03)^4(0.97)^1+C_5^5(0.03)^5\cdot(0.97)^0\approx 0.1413$$

因为 5 天中全无冰雹的概率是

$$C_5^0(0.03)^0(0.97)^5=0.8587$$

所以 5 天中至少有 1 次或以上冰雹的概率是

$$1 - C_5^0(0.03)^0(0.97)^5 = 1 - 0.8587 = 0.1413$$

得同样结果。

例 3:三个预报员独立地预报天气,如果每个预报员报对天气的概率是 0.75,若按多数作为预报结论,问此预报结论准确的概率。

因为独立地预报天气,符合独立试验的二项分布。据题意其概率是两个以上预报同时报对的概率

$$C_3^2(0.75)^2(0.25)^1 + C_3^3(0.75)^3(0.25)^0$$
$$= 0.421875 + 0.421875 \approx 0.84$$

这样按多数意见作为预报结论,其准确率得到较大提高。然而,应该注意预报员往往不能独立地做预报。或者预报工具虽然不同,但预报因子差别不太大,这样其预报结论也不可能互相独立,这时按多数表决效果就不一定好。

(2)天气预报指标的检验

用二项分布检验天气预报指标是检验某一个条件概率所指示的事件是属于偶然性还是具有规律性的一种方法。如果某事件 A 出现的概率是 p,而在条件 B 时,事件 A 出现的频率是 m/n,也就是在条件 B 下的 n 次独立试验中,事件 A 出现 m 次。则计算

$$Q = \sum_{r=m}^{n} C_n^r p^r (1-p)^{n-r}$$

当 Q 值小于 0.05 或 0.01 时,认为具有"超偶然"的统计规律。如果算得的 Q 值大于规定的偶然性上限标准,则认为事件 A 出现的概率本来就很大,故偶然出现的可能性也大,指标不能用。

例 4:对于上节例 1 的天气预报指标,检验是否属偶然性规律。

因为 $P(A) = 0.72, P(A/B) = 13/14$,故 $p = 0.72, n = 14, m = 13$

$$Q = \sum_{r=13}^{14} C_{14}^r (0.72)^r (0.28)^{14-r}$$
$$= C_{14}^{13}(0.72)^{13}(0.28)^1 + C_{14}^{14}(0.72)^{14}(0.28)^0$$
$$= 0.0651 > 0.05$$

所以该指标的偶然性仍比较大,但已经接近 0.05 的上限值了。

例 5:某地 8 月份降水负距平的气候概率是 0.75,在该地 7 月份降水正距平的条件下,8 月份负距平的概率是 7/7。问该指标是否可用?

$$Q = C_7^7(0.75)^7 = 0.1335 > 0.05$$

该指标偶然性太大,不能用。事实上,因为该地 8 月份降水不是正态分布,负距平出现的概率本来就很大,所以很难认为当 7 月份降水为正距平时,8 月份降水为负距平

的可能性增加了，其“规律”可能是偶然的。

从以上的例子可以看出，天气预报指标的检验实际上是从反面来检验该预报指标的可靠程度，而历史拟合的准确率是从正面说明该预报指标的准确程度。当指标的偶然性太大时，即使准确率比较高，也不能使用，因为这样的前后相依的规律并不存在。

第三节　定量数据时的指标

1. 相关系数

如果 x 和 y 的 n 对观测资料为 $x_1,x_2,\cdots,x_n$ 和 $y_1,y_2\cdots,y_n$，则样本相关系数 r_{xy} 可这样计算

$$r_{xy}=\frac{\frac{1}{n}\sum_{t=1}^{n}(x_t-\bar{x})(y_t-\bar{y})}{\sqrt{\frac{1}{n}\sum_{t=1}^{n}(x_t-\bar{x})^2\cdot\frac{1}{n}\sum_{t=1}^{n}(y_t-\bar{y})^2}}$$

$$=\frac{\sum_{t=1}^{n}(x_t-\bar{x})(y_t-\bar{y})}{\sqrt{\sum_{t=1}^{n}(x_t-\bar{x})^2\cdot\sum_{t=1}^{n}(y_t-\bar{y})^2}}$$

$$=\frac{\sum_{t=1}^{n}x_ty_t-n\bar{x}\bar{y}}{\sqrt{\left(\sum_{t=1}^{n}x_t^2-n\bar{x}^2\right)\left(\sum_{t=1}^{n}y_t^2-n\bar{y}^2\right)}} \tag{2.3.1}$$

式(2.3.1)中三个算式均可计算相关系数，其中 $\bar{x},\bar{y}$ 是样本平均值。

如果将资料进行标准化处理，即

$$x_t^*=\frac{x_t-\bar{x}}{s_x}\qquad t=1,2,\cdots,n \tag{2.3.2}$$

$$y_t^*=\frac{y_t-\bar{y}}{s_y}\qquad t=1,2,\cdots,n \tag{2.3.3}$$

s_x 和 s_y 是 x 与 y 的样本均方差，即

$$s_x=\sqrt{\frac{1}{n}\sum_{t=1}^{n}(x_t-\bar{x})^2}$$
$$s_y=\sqrt{\frac{1}{n}\sum_{t=1}^{n}(y_t-\bar{y})^2} \tag{2.3.4}$$

则相关系数为

$$r_{xy} = \frac{1}{n}\sum_{t=1}^{n} x_t^* y_t^* \qquad (2.3.5)$$

因为 $\overline{x^*}$，$\overline{y^*}$ 等于零。所以

$$r_{xy} = \frac{1}{n}\sum_{t=1}^{n} x_t^* y_t^* = \frac{1}{n}\sum_{t=1}^{n}(x_t^* - \overline{x^*})(y_t^* - \bar{y}^*) \qquad (2.3.6)$$

是 x^* 和 y^* 的协方差。这样相关系数也就是标准化变量的协方差。事实上式(2.3.1)也可写为

$$r_{xy} = \frac{s_{xy}}{s_x s_y} \qquad (2.3.7)$$

当标准化变量时，$s_x^* = s_y^* = 1$，协方差就是相关系数。

相关系数有 $-1 \leqslant r_{xy} \leqslant 1$。当 r_{xy} 为正时，表示 x 与 y 之间有正相关；r_{xy} 为负时，x 与 y 有负相关。当 $r = \pm 1$ 时，表示 x 与 y 之间有一一对应的函数关系。所以 $|r|$ 越大，表示 x 与 y 的关系越密切。

根据 n 对样本相关系数 $r \neq 0$，是否就认为它们总体之间的相关系数 $\rho \neq 0$，这需要对相关系数进行统计检验。

总体相关系数 ρ 是否等于零的检验方法，有依赖于 t 分布的 t 检验方法和依赖于正态分布的 u 检验方法。虽然 u 检验方法还能在 $\rho \neq 0$ 时，对 ρ 作区间估计，但是，最经常用的还是 t 检验方法。t 检验方法如下：

若 x_i，y_i 是来自从正态总体中的 n 对样本资料，$i = 1, 2, \cdots, n$，它们的样本相关系数 r 是样本的函数，所以也是随机变量，而 $t = \frac{r}{\sqrt{1-r^2}}\sqrt{n-2}$ 是随机变量的函数。统计学已经证明，如果假设 $\rho = 0$，则 $t = \frac{r}{\sqrt{1-r^2}}\sqrt{n-2}$ 是符合自由度为 $n-2$ 的 t 分布。因此，可以用 t 分布检验总体相关系数 ρ 是否等于零。方法是，给定信度 α，根据自由度 $n-2$ 查出 t_α，若

$$|t| = \left|\frac{r}{\sqrt{1-r^2}}\sqrt{n-2}\right| \geqslant t_\alpha \qquad \text{则否定 } \rho = 0$$

$$|t| = \left|\frac{r}{\sqrt{1-r^2}}\sqrt{n-2}\right| < t_\alpha \qquad \text{则接受 } \rho = 0$$

表 2.3.1 就是 t 分布表，表中给出 $P(|t| > t_\alpha) = \alpha$，表中数值为 t_α，n 为自由度。

表 2.3.1

n	α(信度)			n	α(信度)		
	0.10	0.05	0.001		0.10	0.05	0.001
5	2.015	2.571	4.032	24	1.711	2.064	2.797
6	1.943	2.447	3.707	25	1.708	2.060	2.787
7	1.895	2.365	3.499	26	1.706	2.056	2.779
8	1.860	2.306	3.355	27	1.703	2.052	2.771
9	1.833	2.262	3.250	28	1.701	2.048	2.763
10	1.812	2.228	3.169	29	1.699	2.045	2.756
11	1.796	2.201	3.106	30	1.697	2.042	2.750
12	1.782	2.179	3.055	35	1.690	2.030	2.724
13	1.771	2.160	3.012	40	1.684	2.021	2.704
14	1.761	2.145	2.977	45	1.680	2.014	2.690
15	1.753	2.131	2.947	50	1.676	2.008	2.678
16	1.746	2.120	2.921	55	1.673	2.004	2.669
17	1.740	2.110	2.898	60	1.671	2.000	2.660
18	1.734	2.101	2.878	70	1.667	1.994	2.648
19	1.729	2.093	2.861	80	1.665	1.989	2.638
20	1.725	2.086	2.845	90	1.662	1.986	2.631
21	1.721	2.080	2.831	100	1.661	1.982	2.625
22	1.717	2.074	2.819	120	1.658	1.980	2.617
23	1.714	2.069	2.807	∞	1.645	1.960	2.576

例 6:已知用 1951—1979 年资料计算的亚洲地区 9 月份的经向环流指数与来年长江中下游 5 站平均的 6 月份的月降水量之间的样本相关系数 $r=-0.46$，$n=29$，问是否可以信总体相关系数 $\rho=0$，$\alpha=0.05$。

因为

$$t=\frac{-0.46}{\sqrt{1-0.46^2}}\sqrt{29-2}=-3.033$$

自由度为 27，$\alpha=0.05$ 时，$t_\alpha=2.052$。$|t|>t_\alpha$，否定$\rho=0$ 的假设。应该认为它们存在相关。

2. 复相关系数

预报对象可以和前期许多因素有关。因此产生了如何选择一组预报因子，使它们综合起来后与预报对象关系最密切，以及用什么指标来衡量这一组预报因子好坏的问题。复相关系数就是反映预报因子集的优劣程度的数量指标。复相关系数的定义要涉及到多元回归中剩余方差的概念,将在第三章中介绍。这里给出从单相关系数求复相关系数的方法。

m 个预报因子和预报对象 y 的单相关情况可以用相关矩阵 $\boldsymbol{R}$ 给出

$$
{}_{m+1}\boldsymbol{R}_{m+1}=\begin{bmatrix} r_{11} & r_{12} & \cdots & r_{1m} & r_{1y} \\ r_{21} & r_{22} & \cdots & r_{2m} & r_{2y} \\ \vdots & \vdots & \vdots & \vdots & \vdots \\ r_{m1} & r_{m2} & \cdots & r_{mm} & r_{my} \\ r_{y1} & r_{y2} & \cdots & r_{ym} & r_{yy} \end{bmatrix} \tag{2.3.8}
$$

其中 $r_{ij}(i=1,2,\cdots,m;j=1,2,\cdots,m)$ 是预报因子 x_i 与 x_j 之间的相关系数,而 r_{iy} $(i=1,2,\cdots,m)$ 是预报因子 x_i 与预报对象 y 的单相关系数。$\boldsymbol{R}$ 称为相关矩阵,它对角线元素为 1,是 $m+1$ 阶的对称方阵。

m 个因子与 y 的复相关系数表示为 $R_{y\cdot 12\cdots m}$,则

$$
R_{y\cdot 12\cdots m}=\sqrt{1-\frac{R^{*}}{R_{yy}^{*}}} \tag{2.3.9}
$$

这里 R^{*} 是相关矩阵的行列式,而 R_{yy}^{*} 是相关矩阵去掉第 $m+1$ 行、第 $m+1$ 列后的代数余子式。即

$$
R^{*}=\begin{vmatrix} r_{11} & r_{12} & \cdots & r_{1m} & r_{1y} \\ \vdots & \vdots & \vdots & \vdots & \vdots \\ r_{m1} & r_{m2} & \cdots & r_{mm} & r_{my} \\ r_{y1} & r_{y2} & \cdots & r_{ym} & r_{yy} \end{vmatrix} \tag{2.3.10}
$$

$$
R_{yy}^{*}=(-1)^{2m+2}\begin{vmatrix} r_{11} & r_{12} & \cdots & r_{1m} \\ r_{21} & r_{22} & \cdots & r_{2m} \\ \vdots & \vdots & \vdots & \vdots \\ r_{m1} & r_{m2} & \cdots & r_{mm} \end{vmatrix} \tag{2.3.11}
$$

从式(2.3.9)看出,复相关系数小于等于 1,而且规定取正值,所以 $0\leqslant R_{y\cdot 12\cdots m}\leqslant 1$。特别地,当 $m=2$ 时,可以写出复相关系数的计算公式为

$$
R_{y\cdot 12}=\sqrt{\frac{r_{1y}^{2}+r_{2y}^{2}-2r_{1y}r_{2y}r_{12}}{1-r_{12}^{2}}} \tag{2.3.12}
$$

这个关系式可以讨论复相关系数与单相关系数以及与变量相关性之间的关系(施能,1980)。

当 m 个因子与 y 的复相关系数最大,表示这 m 个因子线性组合后与 y 的关系最密切。所以复相关系数越大越好。

3. 偏相关系数

为了说明偏相关系数的概念，我们先看表 2.3.2 的资料。其中预报对象 y 是长江中下游五站的 7 月份总降水量；预报因子 x_1 是当年长江中下游五站平均的 1 月的降水量；x_2 是当年 2 月份月平均气温。资料年代是 1951—1980 年。

表 2.3.2

	平均值	均方差	相关系数
x_1	41.68	24.61	$r_{1y}=0.697$
x_2	4.74	1.83	$r_{2y}=-0.254$
y	151.37	109.5	$r_{12}=-0.436$

我们看出，1 月份降水与 7 月份降水量正相关；2 月份平均气温与 7 月份降水量是负相关，但是，如果用这两个因子，组成预报 y 的回归方程（见（3.2.17）式）则是

$$y=-0.33+3.22x_1+3.69x_2 \tag{2.3.13}$$

我们发现，x_1 和 x_2 前面的系数却全是正的，也就是说，如果 x_1（或 x_2）固定不变，则 y 随 x_2（或 x_1）的增加而增加，但是 x_2 与 y 的相关系数 r_2y 却是负的，这究竟是什么原因呢？要回答这个问题，就有必要区别一下简单相关系数与偏相关系数的概念。当存在三个以上变量相互影响时（例如 x_1，x_2，y），简单相关系数 r_{1y}（或 r_{2y}）是仅仅考虑 x_1（或 x_2）与 y 的相关关系，它并没有考虑另一个变量 x_2（或 x_1）对它们是否会有影响。现在我们来讨论消除了 x_2（或 x_1）的影响后，x_1（或 x_2）与 y 的相关关系，这时的相关系数称为偏相关系数，记为 $r_{y1\cdot2}$（$r_{y2\cdot1}$）。在一般情况下，有 m 个预报因子与 y 有相关关系，则

x_1 与 y 的偏相关系数为　　$r_{y1\cdot234\cdots m}$

x_2 与 y 的偏相关系数为　　$r_{y2\cdot34\cdots m}$

下标中黑圆点后面的数，表示要消去这些变量的影响，如果 m 个变量与 y 的相关矩阵（2.3.8）已经给出，则偏相关系数为

$$r_{yi\cdot12\cdots m}=-\frac{R^*_{yi}}{\sqrt{R^*_{yy}R^*_{ii}}}\quad i=1,2,\cdots,m \tag{2.3.14}$$

式（2.3.14）中，黑圆点后面的数中缺 i，而 R^*_{ii} 是相关矩阵去第 i 行、第 i 列后的代数余子式，R^*_{yi} 是相关矩阵去第 $m+1$ 行、第 i 列后的代数余子式。特别地，当 $m=2$ 时，式（2.3.14）化为

$$r_{y1.2}=\frac{r_{1y}-r_{12}r_{2y}}{\sqrt{(1-r^2_{2y})(1-r^2_{12})}} \tag{2.3.15}$$

$$r_{y2.1} = \frac{r_{2y} - r_{12}r_{1y}}{\sqrt{(1-r_{1y}^2)(1-r_{12}^2)}} \tag{2.3.16}$$

将数据代入式(2.3.15)和(2.3.16)得 $r_{y1\cdot2} = 0.6735$，$r_{y2\cdot1} = 0.0773$。与简单相关系数 $r_{y1} = 0.697$、$r_{y2} = -0.254$ 比较，发现 $r_{y2\cdot1}$ 与 r_{y2} 相差甚多。$r_{y2} < 0$，而 $r_{y2\cdot1} > 0$，偏相关系数大于零，表明，当 x_1（1月降水量）保持不变时，x_2（2月份温度）对7月份降水量有正的贡献，这正是回归方程(2.3.13)所反映的事实。那么 r_{2y} 为什么又为负值呢?根据式(2.3.14)

$$r_{12\cdot y} = -\frac{R_{12}^*}{\sqrt{R_{11}^*R_{22}^*}} = \frac{r_{12} - r_{2y}r_{1y}}{\sqrt{(1-r_{1y}^2)(1-r_{2y}^2)}} \tag{2.3.17}$$

计算得 $r_{12\cdot y} = -0.373$。也就是说，x_1 和 x_2 是反相关，这样1月降水多(x_1 大)，2月气温就低(x_2 小)，而1月降水量多使7月降水量增多，这样2月份的气温与7月份的降水量的单相关系数就是负的了。

偏相关系数在实际中很有用。已知偏相关系数，可直接写出多元回归方程。还能对偏相关系数进行筛选检验，建立逐步回归方程(么忱生，1977)。

第四节 非连续数据时的指标

上面介绍的指标是预报因子和预报对象均是连续的数据时使用。当预报对象是分级资料时，这些指标不能计算。这时预报因子仍可能是连续的数据资料，也可能是分级资料。当预报因子分级时，就是通常的预报指标。下面介绍预报因子是连续的数据时的指标。

1. 考虑组平均差的指标

不失一般性，设预报因子(预报对象)分为二组。如果预报因子(预报对象)处在不同组时，后(前)期的预报对象(预报因子)取值的平均值有明显的差异，那么，前期的预报因子能提供预报信息。

为此，进行总体平均值差异的显著性检验。

设有两个正态总体，其方差未知，但知其相等 $\sigma^2(1) = \sigma^2(2)$。现根据总体中的两个随机样本 $x_1(1), x_2(1), \cdots, x_{n_1}(1)$ 和 $x_1(2), x_2(2), \cdots, x_{n_2}(2)$，检验假设 H_0；$\mu(1) = \mu(2)$

作统计量

$$t = \frac{\overline{x(1)} - \overline{x(2)}}{\sqrt{\frac{n_1 s_x^2(1) + n_2 s_x^2(2)}{n_1 + n_2 - 2}\left(\frac{1}{n_1} + \frac{1}{n_2}\right)}} \tag{2.4.1}$$

其中
$$\overline{x(1)} = \frac{1}{n_1}\sum_{i=1}^{n_1} x_i(1) \quad \overline{x(2)} = \frac{1}{n_2}\sum_{i=1}^{n_2} x_i(2)$$
分别是两个总体的样本均值。

$$s_x^2(1) = \frac{1}{n_1}\sum_{i=1}^{n_1}(x_i(1) - x\,\overline{(1)})^2$$
$$s_x^2(2) = \frac{1}{n_2}\sum_{i=1}^{n_2}(x_i(2) - x\,\overline{(2)})^2$$
是两总体的样本方差。

可证明统计量 t 服从自由度为 n_1+n_2-2 的 t 分布。所以，给定信度 α，由 $P(|t| \geqslant t_\alpha) = \alpha$ 和自由度 n_1+n_2-2 查 t 分布表，得 t_α 值。根据给出的样本资料，计算 $|t|$ 值

若
$$|t| \geqslant t_\alpha \qquad \text{则拒绝 } H_0$$
$$|t| < t_\alpha \qquad \text{则接受 } H_0$$

当拒绝 H_0 时，就认为前期预报因子对后期预报对象有显著的影响。当接受 H_0 时，该预报因子不能使用。

例 7:某气象站试图分析 3 月份降水对 5 月份气温有无影响，统计得两个样本资料。3 月份降水正距平时，5 月份平均气温资料为 24.3，20.8，23.7，21.3，17.4。3 月份降水负距平时，5 月份气温资料为 18.2，16.9，20.2，16.7。假定 5 月份气温符合正态分布，问 3 月份降水对 5 月份气温有无显著影响？

$$n_1 = 5 \qquad \overline{x(1)} = 21.5 \quad s_x^2(1) = 6.00$$
$$n_2 = 4 \qquad \overline{x(2)} = 18 \qquad s_x^2(2) = 1.94$$
$$t = \frac{21.5 - 18.0}{\sqrt{\dfrac{5\times 6.0 + 4\times 1.94}{5+4-2}\left(\dfrac{1}{5}+\dfrac{1}{4}\right)}} = 2.247$$

自由度为 7 时，$\alpha = 0.05$，$t_\alpha = 2.365$，$|t| = 2.247 < t_\alpha$，接受 H_0，认为 3 月份降水对 5 月份气温无大的影响。

上述的平均值差异的显著性检验方法，也适用于合成分析的统计检验。为了了解某气候状态对某气象要素场是否有显著的影响，通常进行合成分析。例如，对厄尔尼诺年与拉尼娜年制作某气象要素平均场的差值图。但是，这个差值图需要进行平均值差异的显著性检验，找出差异显著的区域。方法就是对差值图中的每个格点的差值用式(2.4.1)进行显著性检验。施能等(2004)和 Livezey 等(1983)还对合成分析的检验提出了更为严格的蒙特卡罗检验。认为，差异显著的格点(或区域)必须达到蒙特卡罗统计标准。

第五节　组合因子、预报因子数量的缩减

这里介绍的组合因子方法是用统计方法进行因子的正交组合。它涉及的线性代数知识比较多，所以详细的原理将在第五章主成分分析中介绍，本节介绍具体方法。

设有 m 个因子，每个因子有 n 个样本资料。所谓组合因子方法是将 m 个因子重新组成新因子，这些新的因子互相正交，不相关，而且在这些新的组合因子中只要选取 p 个（$p \ll m$）就能反映原来 m 个因子的信息，这样达到因子数量的缩减。

表 2.5.1

样本序号	原因子（已标准化）					y	组　合　因　子					y
	x_1^*	x_2^*	x_3^*	…	x_m^*		z_1	z_2	z_3	…	z_m	
1	x_{11}^*	x_{21}^*	x_{31}^*	…	x_{m1}^*	y_1	z_{11}	z_{21}	z_{31}	…	z_{m1}	y_1
2	x_{12}^*	x_{22}^*	x_{32}^*	…	x_{m2}^*	y_2	z_{12}	z_{22}	z_{32}	…	z_{m2}	y_2
3	x_{13}^*	x_{23}^*	x_{33}^*	…	x_{m3}^*	y_3	z_{13}	z_{23}	z_{33}	…	z_{m3}	y_3
⋮	⋮	⋮	⋮		⋮	⋮	⋮	⋮	⋮		⋮	⋮
n	x_{1n}^*	x_{2n}^*	x_{3n}^*	…	x_{mn}^*	y_n	z_{1n}	z_{2n}	z_{3n}	…	z_{mn}	y_n

组合因子 $z_1, z_2, \cdots, z_p, \cdots, z_m$ 的求取方法是

(1)先求预报因子的相关矩阵

$$\boldsymbol{R} = \begin{bmatrix} r_{11} & r_{12} & \cdots & r_{1m} \\ r_{21} & r_{22} & \cdots & r_{2m} \\ \vdots & \vdots & \vdots & \vdots \\ r_{m1} & r_{m2} & \cdots & r_{mm} \end{bmatrix} \tag{2.5.1}$$

其中 r_{ij} 就是第 i 个因子和第 j 个因子的相关系数。

(2) 求 $\boldsymbol{R}$ 的特征值和特征向量。将特征值从大到小排列，$\lambda_1 \geqslant \lambda_2 \geqslant \lambda_3 \cdots \geqslant \lambda_m$。对应的特征向量作为行，从上向下排，组成矩阵 $\boldsymbol{V}^T$

$$\boldsymbol{V}^T = \begin{bmatrix} v_{11} & v_{12} & v_{13} & \cdots & v_{1m} \\ v_{21} & v_{22} & v_{23} & \cdots & v_{2m} \\ \vdots & \vdots & \vdots & \vdots & \vdots \\ v_{m1} & v_{m2} & v_{m3} & \cdots & v_{mm} \end{bmatrix} = \begin{bmatrix} \boldsymbol{v}_1^T \\ \boldsymbol{v}_2^T \\ \vdots \\ \boldsymbol{v}_m^T \end{bmatrix} \tag{2.5.2}$$

$$\boldsymbol{v}_i = (v_{i1}\, v_{i2} \cdots v_{im})^T \tag{2.5.3}$$

$\boldsymbol{v}_i$ 为第 i 个特征向量，并对应特征值 λ_i。

(3) 组合因子矩阵 $\boldsymbol{Z}$ 用如下方法求得

$$\boldsymbol{Z} = \boldsymbol{V}^T\boldsymbol{X}^* \tag{2.5.4}$$

$$\begin{bmatrix} z_{11} & z_{12} & \cdots & z_{1n} \\ z_{21} & z_{22} & \cdots & z_{2n} \\ \vdots & \vdots & \vdots & \vdots \\ z_{m1} & z_{m2} & \cdots & z_{mn} \end{bmatrix}$$

$$= \begin{bmatrix} v_{11} & v_{12} & \cdots & v_{1m} \\ v_{21} & v_{22} & \cdots & v_{2m} \\ \vdots & \vdots & \vdots & \vdots \\ v_{m1} & v_{m2} & \cdots & v_{mm} \end{bmatrix} \cdot \begin{bmatrix} x_{11}^* & x_{12}^* & \cdots & x_{1n}^* \\ x_{21}^* & x_{22}^* & \cdots & x_{2n}^* \\ \vdots & \vdots & \vdots & \vdots \\ x_{m1}^* & x_{m2}^* & \cdots & x_{mn}^* \end{bmatrix} \tag{2.5.5}$$

或
$$z_{it} = \sum_{k=1}^{m} v_{ik} x_{kt}^* \quad i = 1,2,\cdots,m; \quad t = 1,2,\cdots,n$$

z_{it} 就是第 i 个组合因子的第 t 个值。

组合因子有如下性质：

(1) 不同的组合因子彼此正交，因为 $\bar{z}_i = 0$，所以彼此不相关

$$\sum_{t=1}^{n} z_{it} z_{jt} = 0 \quad 当 i \neq j \tag{2.5.6}$$

(2)第 i 个组合因子的方差为 λ_i。即

$$\frac{1}{n}(z_{it} - \bar{z}_i)^2 = \lambda_i \quad i = 1,2,\cdots,m \tag{2.5.7}$$

当 $x_1^*, x_2^*, \cdots, x_m^*$ 这些原始因子是标准化的资料时，组合因子一定是中心化的，即 $\bar{z}_i = 0 (i = 1,2,\cdots,m)$。

因为原始因子的总方差为 m，而每个组合因子的方差是 λ_i，$\boldsymbol{v}_i$ 是对应 λ_i 的特征向量，所以前面 p 个组合因子的方差之和是 $\sum_{i=1}^{p}\lambda_i$，它在总方差中的比重为 $\sum_{i=1}^{p}\frac{\lambda_i}{m}$。当预报因子数 m 很大时，预报因子间的相关性是比较大的，这时往往用 p 个($p \ll m$) 组合因子就能使 $\sum_{i=1}^{p}\frac{\lambda_i}{m}$ 接近 1，从而使预报因子的个数从 m 个减少到 p 个，起到缩减预报因子数目的作用。另外，由于新的组合因子彼此独立不相关，在使用回归预报方法时带来许多优点。

如果原始预报因子 $x_1^*, x_2^*, \cdots, x_m^*$ 与预报对象 y 的相关系数为 $r_{iy} (i = 1,2,\cdots, m)$，而其组合因子 $z_1, z_2 \cdots, z_m$ 与预报对象的相关系数表示为 $r_{iy}^* (i = 1,2,\cdots,m)$，则可以证明(参见回归分析一章的式(3.6.1))

$$r_{iy}^* = \sum_{k=1}^{m} v_{ik} r_{ky} \Big/ \sqrt{\lambda_i} \qquad i = 1,2,\cdots,m \tag{2.5.8}$$

例 8:设有如下六个预报因子

x_1：12 月北半球极涡强度。

x_2：9 月份 40°N，90°W，100°W 二点 500hPa 高度平均。

x_3：10 月份 85°N，150°E ～ 170°W 五点 500hPa 高度平均。

x_4：12 月份 40°N，180° ～ 160°W 三点 500hPa 高度平均。

x_5：2 月份 80°N，150°W ～ 130°W；70°N、150°W ～ 130°W 六点 500hPa 高度平均。

x_6：长江中下游 5 站平均的 9 月份月平均温度(减 20℃)。

以上因子值凡是高度平均已减去 5000gpm。资料取自 1951—1980 年(计 29 年)。见表 2.5.2(已标准化)。相关矩阵 $\mathbf{V}^T$ 为

$$
\begin{bmatrix}
1.000 & 0.012 & -0.027 & 0.064 & 0.145 & -0.014 \\
 & 1.000 & 0.264 & -0.087 & -0.423 & 0.261 \\
 & & 1.000 & -0.419 & 0.119 & 0.101 \\
 & & & 1.000 & 0.044 & 0.166 \\
 & & & & 1.000 & -0.131 \\
 & & & & & 1.000
\end{bmatrix}
$$

$$
-0.364 \quad 0.549 \quad 0.446 \quad -0.420 \quad -0.537 \quad 0.375
$$

相关矩阵下面所写的一行分别是 $x_1, x_2, \cdots, x_6$ 与长江中下游 6 月份降水量 y 的相关系数。

$$
\mathbf{V}^T = \begin{bmatrix}
-0.142 & 0.627 & 0.429 & -0.317 & 0.443 & 0.326 \\
0.023 & -0.187 & 0.535 & -0.611 & 0.412 & -0.368 \\
0.727 & 0.135 & 0.259 & 0.206 & 0.386 & 0.442 \\
-0.637 & -0.224 & 0.243 & 0.190 & 0.389 & 0.546 \\
-0.178 & 0.493 & 0.286 & 0.568 & 0.250 & -0.509 \\
0.117 & -06511 & 0.568 & 0.354 & -0.521 & -0.078
\end{bmatrix}
$$

$\lambda_1 = 1.6569, \lambda_2 = 1.4076, \lambda_3 = 1.0794, \lambda_4 = 0.9188,$

$\lambda_5 = 0.5643, \lambda_6 = 0.3730$。组合因子可根据式(2.5.4)计算。例如

$$
z_{11} = (-0.1420 \quad 0.6266 \quad 0.4290 - 0.317 - 0.4429 \quad 0.3264) \cdot (-0.362 - 0.684 - 0.672 \quad 1.305 \quad 0.529 - 0.548)^T = -1.4925
$$

重新组合后的六个因子，也列在表(2.5.2)。其中每个组合因子的方差分别对应特征值，并从大到小排列。并且每个因子相互不相关。

下面我们通过原始变量 x_i^* $(i = 1, 2, \cdots, m)$ 与预报对象 y 的相关系数 r_{iy}，和矩阵 $\mathbf{V}^T$ 来求组合因子 $z_i = (i = 1, 2, \cdots, m)$ 与预报对象的相关系数 r_{iy}^* $(i = 1, 2, \cdots, m)$。由式(2.5.8)

表 2.5.2

序	原因子(已标准化)						组　合　因　子						y
	x_1^*	x_2^*	x_3^*	x_4^*	x_5^*	x_6^*	z_1	z_2	z_3	z_4	z_5	z_6	
1	-0.362	-0.684	-0.672	1.305	0.529	-0.548	-1.4925	-0.6176	-0.2976	0.3746	0.6870	0.1539	79.5
2	1.834	1.004	2.328	-1.685	-0.440	0.284	2.1892	1.8433	1.6778	-1.1641	-0.3773	0.6343	293.7
3	-2.069	0.160	1.256	-1.570	-2.217	-0.363	2.2939	0.7754	-2.4981	0.2298	-0.4534	1.0176	389.2
4	-1.094	1.848	2.113	0.385	-1.086	1.208	2.9734	-0.3686	0.1947	1.1060	1.0423	0.7352	298.9
5	0.858	1.004	-0.244	1.880	-1.571	2.040	1.1684	-2.8455	1.3777	0.0285	-0.0918	0.7724	274.3
6	-0.118	0.582	-1.101	0.270	0.529	-0.271	0.4992	-0.5474	-0.1514	-0.2140	0.4159	-1.0957	172.7
7	0.126	-1.106	-0.030	-0.420	1.337	-1.842	-1.7837	1.6799	-0.4490	-0.4052	0.4572	-0.1380	55.5
8	1.346	0.582	-1.101	-0.075	-1.086	-0.641	-0.0030	-0.8312	0.0536	-2.0415	-0.2565	-0.1761	221.8
9	-0.362	-1.106	1.256	-0.650	2.306	0.191	-0.8553	2.1460	0.7510	1.6607	-0.0109	-0.2100	211.9
10	-0.606	1.004	-0.244	-0.535	-1.086	0.746	1.5047	-0.7266	0.5684	-0.0152	-0.4221	-0.4042	191.9
11	0.126	-1.106	0.185	0.615	1.337	0.284	-1.3259	0.3784	0.7588	1.0034	0.0242	0.1837	156.5
12	0.370	-1.106	-0.030	0.615	0.852	0.284	-1.2378	0.0701	0.6934	0.6076	-0.2017	0.3430	86.3
13	-0.362	2.270	-0.672	-0.880	-1.247	0.653	2.2302	-1.0085	-0.5056	-0.7373	-0.1537	-1.2968	305.5
14	0.614	0.160	-0.458	1.535	0.368	1.670	-0.2875	-1.6629	1.5455	0.8072	-0.0486	-0.0495	137.4
15	0.370	-1.106	-0.887	0.960	-0.117	-0.918	-1.6780	-0.5551	-0.3623	-0.5675	0.1180	0.5570	137.5

续表

序	原因子(已标准化)						组合因子						y
	x_1^*	x_2^*	x_3^*	x_4^*	x_5^*	x_6^*	z_1	z_2	z_3	z_4	z_5	z_6	
16	0.126	-1.106	-0.887	-0.190	-0.440	-1.295	-1.2263	0.1116	-1.0241	-0.9073	-0.4390	0.3318	130.4
17	2.078	-0.684	-1.530	0.615	-0.278	0.099	-1.4191	-1.1684	1.0846	-1.4793	-0.9161	0.0787	71.6
18	-0.118	-1.528	-0.244	1.075	-0.117	0.469	-1.1812	-0.7249	0.0285	0.7725	-0.4592	1.0331	139.4
19	1.346	0.160	0.613	-1.685	1.660	1.119	0.3357	1.6312	1.9445	0.1894	-1.0951	-1.1240	197.2
20	0.614	0.160	0.185	0.500	-0.601	-0.271	0.1120	-0.3702	0.2667	-0.6690	0.2933	0.6062	218.0
21	-1.582	-0.262	-1.315	1.075	-0.117	-0.548	-0.9717	-1.1936	-1.5904	0.6061	0.6363	-0.3143	182.1
22	-0.362	0.160	-0.672	0.615	0.045	-1.288	-0.7718	-0.2807	-0.8398	-0.5374	0.9663	-0.2113	159.8
23	-0.362	0.160	-0.458	-1.110	-0.601	-1.658	0.0324	0.7587	-1.5532	-1.2658	0.0750	-0.3341	155.3
24	-1.094	-1.106	1.042	-1.570	0.206	-0.179	0.2575	1.8429	-0.9976	0.8823	-0.8008	0.3803	268.4
25	-1.826	-1.106	-1.315	-0.650	-0.278	2.040	0.0028	-1.0067	-1.1570	1.9727	-2.0726	-0.6394	243.3
26	1.346	-0.262	0.613	-1.340	-0.117	-1.011	0.0548	1.5514	0.3334	-1.5011	-0.4695	0.3055	143.4
27	0.126	0.582	1.256	0.615	1.014	-0.086	0.2139	0.6385	0.9757	0.5581	1.2699	0.1265	115.1
28	-0.362	1.426	0.185	0.155	0.206	0.653	1.0972	-0.4269	0.3775	0.4217	0.6268	-0.7700	238.2
29	-0.606	1.004	0.828	0.155	1.014	-0.918	0.2726	0.9013	-0.0723	0.2844	1.6478	-0.5158	219.1

$$r_{iy}^{*} = \frac{1}{\sqrt{\lambda_i}}\left(\sum_{k=1}^{m} v_{ir} r_{ky}\right)$$

得

$$r_{1y}^{*} = \frac{1}{\sqrt{1.6569}}(v_{11}r_{1y} + v_{12}r_{2y} + v_{13}r_{3y} + v_{14}r_{4y} + v_{15}r_{5y} + v_{16}r_{6y})$$

$$= \frac{1}{\sqrt{1.6569}}[(-0.142)(-0.364) + 0.6266\cdot(0.549) + 0.429\cdot(0.446) + (-0.317)(-0.42) + (-0.4429)\cdot(-0.537) + 0.3264\cdot(0.375)] = 0.839$$

表 2.5.3 中第二行是组合因子与 y 的相关系数 r_{iy}^{*}，可以看出第一组合因子与预报对象 y 的相关系数为 0.839，明显地比其他组合因子好。所以我们只用选择一个组合因子就可以预报 6 月份长江中下游的降水。事实上，从原始变量相关矩阵中，利用式(2.3.9) 可看出，6 个原始预报因子对 y 的复相关系数 $R_{y.123456} = 0.885$。而组合因子是互相独立的，所以必然有

$$\sum_{t=1}^{m}(r_{iy}^{*})^2 = 0.839^2 + 0.02^2 + 0.196^2 + 0.139^2 + 0.134^2 + 0.052^2$$

$$= R_{y.123456}^2 = 0.885^2$$

而第一组合因子与 y 的相关系数已为 0.839，已很接近复相关系数 0.885 了，所以只选一个组合因子就能基本上代表六个原始变量预报长江中下游 6 月份降水量了。

表 2.5.3

因　子		i					
		1	2	3	4	5	6
原因子 x_i^*	r_{iy}	−0.364	0.549	0.446	−0.420	−0.537	0.375
组合因子 z_i	r_{iy}^{*}	0.839	0.020	−0.196	0.139	−0.134	0.052

第六节　高自相关变量间的相关系数及其统计检验

通过计算相关系数，我们可以发现或寻找到相关系数绝对值大的变量。这些变量无论在天气预报或天气过程成因诊断分析中都是很有价值的。但是，应该指出，相关系数是用有限样本资料计算的，它只能代表样本特征。在无限的总体中是否还存在这种紧密的关系，需要用假设检验的方法进行统计推断。这就是样本相关系数的

统计检验,例如 t 检验方法。这里我们想指出的是,这种 t 检验方法只适用无持续性(自相关)的变量间的相关系数的检验。当计算相关系数的两个变量本身具有强的持续性或高的自相关时,t 检验的自由度不能用 $n-2$,应该用有效自由度。Davis(1976),Chen(1982)提出了一个计算有效自由度的方法,有效自由度为

$$\frac{n}{T} \tag{2.6.1}$$

其中

$$T = \sum_{\tau=-\infty}^{\infty} R_{xx}(\tau) \cdot R_{yy}(\tau) \tag{2.6.2}$$

$R_{xx}(\tau)$,$R_{yy}(\tau)$ 分别是变量 x,y 的自相关系数。τ 为时间滞后,即

$$\begin{cases} R_{xx}(\tau) = \dfrac{1}{n-\tau}\sum_{t=1}^{n-\tau} x_{\tau}^{*} \cdot x_{t+\tau}^{*} \\ R_{yy}(\tau) = \dfrac{1}{n-\tau}\sum_{t=1}^{n-\tau} y_{\tau}^{*} \cdot y_{t+\tau}^{*} \end{cases} \tag{2.6.3}$$

τ 通常取到 n 的一半,$*$ 表示标准化。

根据式(2.6.1)算出的有效自由度,在 $R_{xx}(\tau)$,$R_{yy}(\tau)$ 比较大时,有限自由度比 $n-2$ 小许多,从而使临界相关系数提高。

例如表 2.6.1 中的资料,$n=113$,算得有效自由度为 33,$n/3.430=33$。

表 2.6.1

τ	R_{xx}	R_{yy}	$R_{xx} \cdot R_{yy}$	T	R_{xy}
0	1.000	1.000	1.000	1.000	
1	0.674	0.563	0.380	1.380	0.324
2	0.566	0.401	0.227	1.607	0.362
3	0.473	0.327	0.155	1.761	0.427
4	0.432	0.269	0.116	1.877	0.642
5	0.351	0.241	0.085	1.962	0.535
6	0.354	0.253	0.090	2.051	0.487
7	0.358	0.249	0.090	2.140	0.403
8	0.323	0.200	0.065	2.205	0.345
9	0.247	0.182	0.045	2.250	0.399
10	0.337	0.230	0.077	2.327	0.339
11	0.323	0.276	0.089	2.416	0.291
12	0.316	0.286	0.090	2.507	0.213
20	0.193	0.118	0.023	2.972	
40	−0.100	−0.007	0.008	3.226	
50	−0.078	−0.085	0.007	3.315	
52	−0.244	−0.282	0.069	3.400	
54	−0.078	−0.067	0.005	3.432	
56	−0.012	−0.020	0.000	3.430	

根据有效自由度求出临界相关系数 $R_{xy}(0.05)=0.344$，$R_{xy}(0.01)=0.442$。可以看出，相隔 $\tau=4,5,6$ 的 x 与 y 的相关达到 0.01 信度。相隔 $\tau=2,3,7,8,9,10$ 的相关达到 0.05 的信度。如果不考虑有效自由度，则 $n=113$，相关系数达到 0.256 以上就认为达 0.01 信度，超过 0.197 达到 0.05 信度，这个标准太低了，对高自相关的变量是不能用的。气象学中，有许多要素有很强的持续性，例如海表温度，南方涛动指数等。对这些持续性很强的变量进行相关分析时，应该调整自由度，取更加严格的标准，以免得到虚假的、不可靠的相关。

参考文献

Chen W Y. 1982. Fluctuation in Northern Hemisphere 700mb height field associated with Southern Oscillation. *Mon. Wea. Rev.*, **110**(7):808-823.

Davis R E. 1976. Predictability of sea-surface temperature and sea-level pressure anomalies over the North Pacific Ocean. *J. Phys. Oceanogr.*, **6**(3):249-266.

Livezey R E. Chen W Y. 1983. Statistical field significance and its determination by Monte Carlo Techeniques. *Mon. Wea. Rev.*, **111**(1):46-59.

施能. 1980. 论变量的相关性在组合因子时的作用. 南京气象学院学报，**1**:28-33.

么枕生. 1977. 一个用偏相关筛选建立多元回归方程的方法. 气象科技，**5**(5):6-8.

施能，古文保. 1993. 在大气环流异常分析中使用合成分析的一个问题. 气象，**19**(9):32-34.

施能，顾骏强，黄光香，刘锦秀，顾泽. 2004. 合成风场的统计检验和蒙特卡罗检验. 大气科学，**28**(6):950-956.

施能. 1992. 气象统计预报中的多元分析方法. 北京：气象出版社.

施能. 1992. 利用 kullback 散度的多组二次判别分析. 数学的实践与认识，**2**:44-51.

第三章　回归分析

第一节　一元线性回归

气象研究和预报中经常使用相关方法，回归分析是研究相关关系的数学工具。

1. 基本概念

在数学中反映两个变量之间的函数关系表示为

$$y = f(x) \tag{3.1.1}$$

其中 x 是自变量，y 是因变量。当 x 确定以后，y 的取值便确定了。但气象变量或气象要素受到许多偶然因素的影响，它们并不存在像(3.1.1)式的严格的函数关系。考虑二维随机变量(ξ,η)，对应 ξ 的一定值 x，η 有许多值对应，它们的平均值记为

$$E(\eta/\xi = x) = f(x) \tag{3.1.2}$$

它是 x 的函数，故记为 $f(x)$，$f(x)$ 称为 η 依 ξ 的回归方程，这是表示 η 和 ξ 相关关系的数学表达式，$f(x)$ 并不一定是 x 的线性函数。但是，可以证明，当二维随机变量(ξ,η) 组成二元联合正态分布时 $E(\eta/\xi = x)$ 是一条直线，是 x 的线性函数，称为线性回归方程。气象上的连续随机变量经常符合正态分布，所以经常使用线性回归方程。

2. 正态线性回归模型

线性回归的表达式为

$$y = \beta_0 + \beta x + \varepsilon \tag{3.1.3}$$

ε 是 y 中无法用 x 表示的随机因素的影响，称为随机误差。如果容量为 n 的各次观测值为$(x_t, y_t)(t = 1,2,\cdots,n)$，则有

$$y_t = \beta_0 + \beta x_t + \varepsilon_t \tag{3.1.4}$$

ε_t 随 t 而改变，它通常满足如下假定

1)ε_t 没有系统性偏倚，即 $E(\varepsilon_t) = 0$；

2)ε_t 之间相互独立，但具有相同的精确程度。因此 ε_t 的协方差表示为

$$\mathrm{Cov}(\varepsilon_t,\varepsilon_\tau)=\begin{cases}0 & \text{当 } t\neq\tau\\ \sigma^2 & \text{当 } t=\tau\end{cases}$$

3)误差服从正态分布。这三个假定可简单概括为"误差 ε_t 相互独立地服从正态分布 $N(0,\sigma^2)$"。

顺便指出,关于 ε_t 的三个假定仅仅是以后回归方程的检验所需要的,并不是求回归方程所需要的。下面我们来求 β_0 和 β 的估计值。

式(3.1.3)中的 β_0,β,只能用有限的 n 对数据去估计。设估计值分别为 b_0,b,则回归方程又为

$$y=b_0+bx+\varepsilon \tag{3.1.5}$$

式(3.1.5)称为经验回归方程。如果用 $\hat{y}$ 表示回归方程计算值,则略去 ε,写为

$$\hat{y}=b_0+bx \tag{3.1.6}$$

这是最常见的形式,通常将 $\hat{y}$ 也简写为 y。使 n 对观测值和计算值的误差平方和达最小求回归系数 b 和常数 b_0 的方法,称为最小二乘法。

$$Q=\sum_{t=1}^{n}(y_t-\hat{y}_t)^2=\sum_{t=1}^{n}(y_t-b_0+bx_t)^2 \tag{3.1.7}$$

Q 对 b_0 求导数等于 0,Q 对 b 求导数等于 0,得

$$\begin{cases}nb_0+b\sum\limits_{t=1}^{n}x_t=\sum\limits_{t=1}^{n}y_t\\ b_0\sum\limits_{t=1}^{n}x_t+b\sum\limits_{t=1}^{n}x_t^2=\sum\limits_{t=1}^{n}x_ty_t\end{cases} \tag{3.1.8}$$

由式(3.1.8)得

$$b=\frac{n\sum\limits_{t=1}^{n}x_ty_t-\sum\limits_{t=1}^{n}x_t\sum\limits_{t=1}^{n}y_t}{n\sum\limits_{t=1}^{n}x_t^2-\left(\sum\limits_{t=1}^{n}x_t\right)^2} \tag{3.1.9}$$

如果用均方差 s_x,s_y 以及相关数 r_{xy} 代入式(3.1.9)可得

$$b=r_{xy}\frac{s_y}{s_x} \tag{3.1.10}$$

所以回归方程又可写为

$$y-\overline{y}=r_{xy}\frac{s_y}{s_x}(x-\overline{x}) \tag{3.1.11}$$

如果 y 和 x 均已中心化,用 y^0,x^0 表示,则回归方程为

$$y^0=r_{xy}\frac{s_y}{s_x}x^0 \tag{3.1.12}$$

如果 y 和 x 已标准化,用 x^*,y^* 表示,则

$$y^{*} = r_{xy}x^{*} \tag{3.1.13}$$

这时相关系数 r_{xy} 表示了 x 对 y 的权重。

式(3.1.11)—(3.1.13)是回归方程常见的三种形式。

3. 一元线性回归方程的应用

为了解气象要素 x 的长期趋势变化，采用线性回归方程

$$x_t = a + bt \qquad t = 1,2,\cdots,n\,(\text{年}) \tag{3.1.14}$$

式中 a 是常数；b 是回归系数。当 b 为正(负)时，表示要素在计算的时段内线性增加(减弱)。在 Jones 等(1982)的文章中称 b 为气候倾向率。b 是有单位的量，它的单位是：要素的单位/时间单位，或者扩大 10 倍以后，取要素单位/10 倍时间单位。由于 b 有单位，所以它的数值大小不能在不同单位的变量中比较；甚至在同一个气象要素的不同地点(区域)也不能进行比较。例如，在变率大的大气环流活动中心，某时段内计算出 b 等于 1gpm/a 的值，算不了有多大的正趋势；但是，同样的值，如果是发生在近赤道的低纬度，则反映了该地的位势高度有极明显的正趋势。因此，大范围的气象要素场的长期趋势变化的大小不能从回归系数的空间分布中得到。我们需要研究一个没有单位的量，这里提出使用无单位的所谓气候趋势系数 r_{xt}(施能 1995，1996)，趋势系数定义为样本长度为 n 的要素的时间序列与自然数列 $1,2,3,\cdots,n$ 之间的相关系数

$$r_{xt} = \frac{\sum_{i=1}^{n}(x_i - \bar{x})(i - \bar{t})}{\left[\sum_{i=1}^{n}(x_i - \bar{x})^2 \sum_{i=1}^{n}(i - \bar{t})^2\right]^{1/2}} \tag{3.1.15}$$

式中 n 为样本的长度(通常就是年数)，x_i 就是要素值，$i=1,2,\cdots,n$(年)；$\bar{x}$ 就是要素的平均值；$\bar{t}=(n+1)/2$ 是自然数列 $1,2,3,\cdots,n$ 的平均值。可以看出，趋势系数与回归系数 b 是有如下关系

$$b = r_{xt}(\sigma_x/\sigma_t) \tag{3.1.16}$$

式中 σ_x，σ_t 分别是要素 x_t 和自然数列的均方差。可以使用通常的相关系数的统计检验方法或者蒙特卡罗的统计检验方法来检验气候趋势 r_{xt} 是否统计显著。由于 r_{xt} 是无单位的，所以可以根据它的数值大小比较并推断不同的气象要素的长期趋势大小；它特别适合于一个大范围的气象要素场的长期趋势的空间分布特征的研究，已经广泛地被应用在全球与区域的位势高度场、降水量场、气温场、海温场等气象要素场的长期趋势变化的研究中。

实例

图 3.1.1—图 3.1.4 是分别用我国 160 个气象观测台站的 1951—2002 年的夏

季，冬季的季总降水量和平均气温的趋势系数的空间分布图。

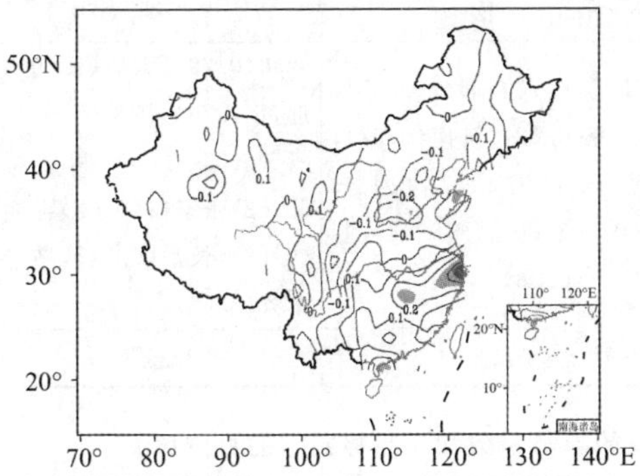

图 3.1.1 我国夏季总降水量的趋势系数

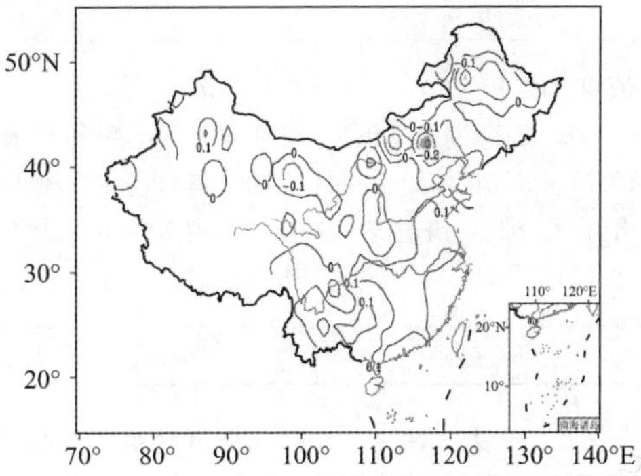

图 3.1.2 我国冬季总降水量的趋势系数

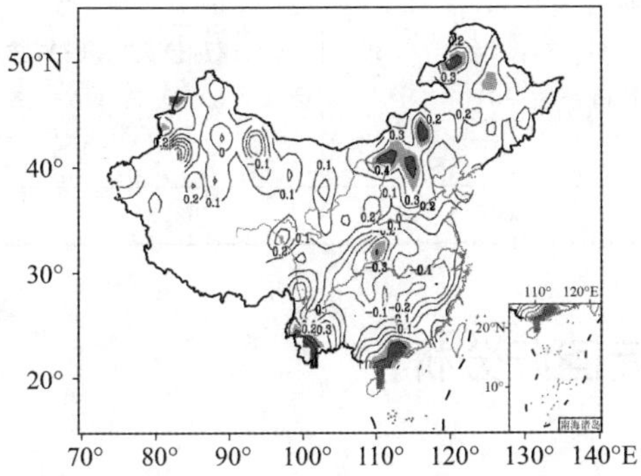

图 3.1.3 我国夏季平均气温的趋势系数

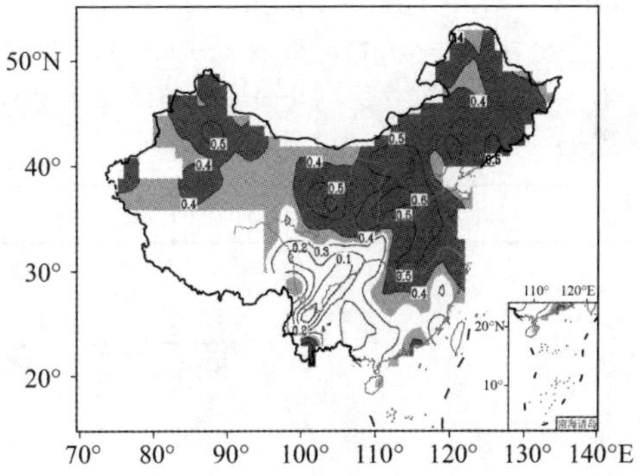

图 3.1.4 我国冬季平均气温的趋势系数

可以看出我国夏季降水量，从全国范围看，正、负趋势站数基本相当。但是，明显正趋势主要分布在 35°N 以南的长江流域以南；而冬季降水则正趋势范围比较大，负趋势范围小，负趋势主要位于东北地区。而对于夏季平均温度的趋势变化，从图 3.1.3可以看出正趋势范围稍大，负趋势主要在长江中游和华中。但是，冬季温度变暖特别明显(图 3.1.4)，我国西北的兰州，华北，东北明显升温，非常小范围的负趋势在我国的西南。表 3.1.1 和表 3.1.2 分别列出的是我国部分测站季平均温度和季节总降水量的趋势系数，表中的百分比是正趋势站数在总站数(160)中的百分比。从表 3.1.1 看出，我国四个季节的温度在 160 个观测站中，大部分为正趋势，也就是温度增加，气候变暖，特别是冬季，96.9% 的观测站是变暖。对于降水量，从表 3.1.2 看出，在春季，秋季大部分测站是负趋势，也就是降水减少，特别是我国秋季，降水量大范围减少是非常明显的。

表 3.1.1　我国部分测站季平均气温的趋势系数和正趋势站数的百分比

春	夏	秋	冬
张家口(0.72),大连(0.66),济南(0.66),包头(0.64),清江(0.64),呼和浩特(0.62),锡林浩特(0.62)	景洪(0.77),广州(0.71),临沧(0.65),呼和浩特(0.59),海口(0.55),保山(0.58),库车(−0.66),哈密(−0.55)	青岛(0.70),邢台(0.65),河源(0.62),济南(0.57),张家口(0.57),且末(0.60),勋县(−0.42),厦门(−0.38)	兰州(0.79),太原(0.70),邢台(0.70),济南(0.69),景洪(0.68),呼和浩特(0.63)张家口(0.68)青岛(0.68),长治(0.67),乌鲁木齐(0.64)
84.4%	61.3%	86.6%	96.9%

表 3.1.2　我国部分测站季节总降水量的趋势系数和正趋势站数的百分比

春	夏	秋	冬
玛多(0.38),保山(0.38),贵阳(−0.44),宜宾(−0.38),成都(−0.37),	宁波(0.41),阳江(0.35),长沙(0.35),杭州(0.34),烟台(−0.39),长治(−0.37),菏泽(−0.36),绵阳(−0.35)	拉萨(0.33),伊宁(0.32),通辽(−0.42),长春(−0.38),烟台(−0.38),营口(−0.33)	多伦(−0.57),朱日和(−0.39),博克图(−0.37),包头(0.33),拉萨(0.33),乌鲁木齐(0.33)
41.9%	61.3%	30.6%	63.8%

第二节　多元回归分析

1. 回归模型

设因变量 y 随 m 个自变量 $x_1, x_2, \cdots, x_m$ 的变化而变化,并且有线性关系

$$y = \beta_0 + \beta_1 x_1 + \beta_2 x_2 + \cdots + \beta_m x_m + \varepsilon \tag{3.2.1}$$

在实际问题中;有 n 组观测资料($x_{1t}, x_{2t}, \cdots, x_{mt}; y_t$)它们满足回归方程,即满足下面 n 个等式

$$y_t = \beta_0 + \beta_1 x_{1t} + \beta_2 x_{2t} + \cdots + \beta_m x_{mt} + \varepsilon_t \tag{3.2.2}$$

$$t = 1, 2, \cdots, n$$

ε_t 是随机误差,它仍需满足一元回归中所述的三个假定,即"误差 ε_t 相互独立地服从正态分布 $N(0,\sigma^2)$"。所以上述的模型(3.2.1)称为多元线性正态回归模型。

2. 回归系数的最小二乘方法估计

如果我们有某一种方法可以得到回归系数 β_i 的估计值 b_i,则 y 的观测值表为

$$y_t = b_0 + b_1 x_{1t} + b_2 x_{2t} + \cdots + b_m x_{mt} + e_t \tag{3.2.3}$$

上式也称为回归方程，或加"经验"二字，以与式(3.2.1)的理论形式相区别。这里 e_t 是误差的估计值，常称"残差"或"剩余"。令 $\hat{y}_t$ 为 y_t 的估计值，仍使

$$\sum_{t=1}^{n} e_t^2 = \sum_{t=1}^{n} (y_t - \hat{y}_t)^2 \tag{3.2.4}$$

达到最小，求 b_0, b_i。

$$\begin{aligned} Q &= \sum_t (y_t - \hat{y}_t)^2 \\ &= \sum_t [(y_t - b_0 - b_1 x_{1t} - b_{2x2t} - \cdots - b_m x_{mt})]^2 \end{aligned} \tag{3.2.5}$$

使 Q 达最小，b_0, b_i 应满足

$$\frac{\partial Q}{\partial b_0} = 0 \qquad \frac{\partial Q}{\partial b_i} = 0 \qquad i = 1,2,\cdots,m \tag{3.2.6}$$

由 $\frac{\partial Q}{\partial b_0} = 0$ 得

$$\sum_t (y_t - b_0 - b_1 x_{1t} - b_2 x_{2t} - \cdots - b_m x_{mt}) = 0 \tag{3.2.7}$$

由 $\frac{\partial Q}{\partial b_i} = 0$ 得

$$\sum_t (y_t - b_0 - b_1 x_{1t} - b_2 x_{2t} - \cdots - b_m x_{mt}) x_{it} = 0 \tag{3.2.8}$$

从式(3.2.7)有

$$b_0 = \overline{y} - b_1 \overline{x}_1 - b_2 \overline{x}_2 - \cdots - b_m \overline{x}_m \tag{3.2.9}$$

式(3.2.9)代入式(3.2.8)得

$$\sum_t [(y_t - \overline{y}) - b_1 (x_{1t} - \overline{x}_1) - b_2 (x_{2t} - \overline{x_2}) - \cdots - b_m (x_{mt} - \overline{x}_m)] x_{it} = 0 \tag{3.2.10}$$

式(3.2.7)乘 $\overline{x}_i$；并利用式(3.2.9)得

$$\sum_t [(y_t - \overline{y}) - b_1 (x_{1t} - \overline{x}_1) - b_2 (x_{2t} - \overline{x}_2) - \cdots - b_m (x_{mt} - \overline{x}_m)] \overline{x}_i = 0 \tag{3.2.11}$$

式(3.2.10)减式(3.2.11)得

$$\sum_t [(y_t - \overline{y}) - b_1 (x_{1t} - \overline{x}_1) - b_2 (x_{2t} - \overline{x}_2) - \cdots - b_m (x_{mt} - \overline{x}_m)](x_{it} - \overline{x}_i) = 0 \tag{3.2.12}$$

引入符号 ss_{ij}, ss_{iy}

$$ss_{ij} = \sum_{t=1}^{n} (x_{it} - \overline{x}_i)(x_{it} - \overline{x}_j)$$

$$ss_{iy}=\sum_{t=1}^{n}(x_{it}-\overline{x}_i)(y_t-\overline{y}) \tag{3.2.13}$$

$$i,j=1,2,\cdots,m$$

式(3.2.13)代入式(3.2.12)得

$$b_1ss_{i1}+b_2ss_{i2}+\cdots+b_mss_{im}=ss_{iy} \tag{3.2.14}$$

$$i,j=1,2,\cdots,m$$

或

$$\sum_{j=1}^{m}b_jss_{ij}=ss_{iy}\qquad i=1,2,\cdots,m$$

全部写出为

$$\begin{cases}b_1ss_{11}+b_2ss_{12}+\cdots+b_mss_{1m}=ss_{1y}\\ b_1ss_{21}+b_2ss_{22}+\cdots+b_mss_{2m}=ss_{2y}\\ \cdots\cdots\\ b_1ss_{m1}+b_2ss_{m2}+\cdots+b_mss_{mm}=ss_{my}\end{cases} \tag{3.2.15}$$

用矩阵符号

$$\boldsymbol{SS}=\begin{bmatrix}ss_{11}&ss_{12}&\cdots&ss_{1m}\\ ss_{21}&ss_{22}&\cdots&ss_{2m}\\ \vdots&\vdots&\vdots&\vdots\\ ss_{m1}&ss_{m2}&\cdots&ss_{mm}\end{bmatrix}$$

$$\boldsymbol{b}=(b_1b_2\cdots b_m)^T$$

$$\boldsymbol{g}=(ss_{1y}\ ss_{2y}\cdots ss_{my})^T$$

则式(3.2.15)写为

$$\boldsymbol{SS}\times\boldsymbol{b}=\boldsymbol{g} \tag{3.2.16}$$

式(3.2.15) 和式(3.2.16) 是求解 $b_1,b_2,\cdots,b_m$ 的正规方程组。对于逐步回归方法，则需使用求解求逆同时进行的矩阵变换方法。

例 1:为预报长江中下游 7 月份降水，选取两个因子，x_1 是当年长江中下游五站平均的1月份降水量；x_2 是当年2月份平均气温，$n=29$，计算的平均值、均方差、相关系数可见表 2.3.2，又算得离差矩阵 $\boldsymbol{SS}$

$$\boldsymbol{SS}=\begin{bmatrix}17563.9&-569.44\\-569.44&97.1181\end{bmatrix}$$

$$\boldsymbol{g}=[54469.505\quad -1475.938]^T$$

所以进行求解求逆的矩阵变换为

$$\begin{bmatrix}17563.91&-569.44&54469.505\\-569.44&97.1181&-1475.938\end{bmatrix}$$

$$\downarrow k=1$$

$$\begin{bmatrix} 0.000057 & -0.03242 & 3.101219 \\ 0.03242 & 78.65600 & 289.9188 \end{bmatrix}$$

$$\downarrow k=2$$

$$\begin{bmatrix} 0.0000703 & 0.000412 & 3.221 \\ 0.000412 & 0.01271 & 3.686 \end{bmatrix}$$

所以 $b_1=3.22, b_2=3.69, b_0=\overline{y}-b_1\overline{x}_1-b_2\overline{x}_2=-0.33$，得回归方程为

$$y=-0.33+3.22x_1+3.69x_2 \tag{3.2.17}$$

3. 由相关矩阵写出回归方程

上面求解回归系数是从式(3.2.16)由离差矩阵 **SS** 出发的，我们也可以用相关矩阵求解回归系数。相关系数

$$r_{ij}=\frac{s_{ij}}{\sqrt{s_{ii}s_{jj}}}=\frac{ss_{ij}}{\sqrt{ss_{ii}ss_{jj}}} \tag{3.2.18}$$

$$r_{iy}=\frac{s_{iy}}{\sqrt{s_{ii}}\sqrt{s_{yy}}}=\frac{ss_{iy}}{\sqrt{ss_{ii}ss_{yy}}} \tag{3.2.19}$$

其中 $s_{yy}=\frac{1}{n}\sum_{t=1}^{n}(y_t-\overline{y})^2$ 是 y 的方差。$s_{ij}=\frac{1}{n}ss_{ij}$；是 x_i 和 x_j 的协方差。$s_{iy}=\frac{1}{n}ss_{iy}$ 是 x_i 和 y 的协方差。式(3.2.14) 的第 i 个方程同除以 $\sqrt{ss_{ii}ss_{yy}}$ 得

$$\frac{ss_{i1}}{\sqrt{ss_{ii}ss_{yy}}}b_1+\frac{ss_{i2}}{\sqrt{ss_{ii}ss_{yy}}}b_2+\cdots+\frac{ss_{im}}{\sqrt{ss_{ii}ss_{yy}}}b_m$$

$$=\frac{ss_{iy}}{\sqrt{ss_{ii}}\sqrt{ss_{yy}}} \quad i=1,2,\cdots,m \tag{3.2.20}$$

上述方程第 i 个系数的分子分母同乘以 $\sqrt{ss_{ii}}$ 得

$$\frac{ss_{i1}}{\sqrt{ss_{ii}ss_{11}}}\left(\frac{\sqrt{s_{11}}}{\sqrt{s_{yy}}}b_1\right)+\frac{ss_{i2}}{\sqrt{ss_{ii}ss_{22}}}\left(\frac{\sqrt{ss_{22}}}{\sqrt{ss_{yy}}}b_2\right)$$

$$+\cdots+\frac{ss_{im}}{\sqrt{ss_{ii}ss_{mm}}}\left(\frac{\sqrt{ss_{mm}}}{\sqrt{ss_{yy}}}b_m\right)=r_{iy} \tag{3.2.21}$$

$$i=1,2,\cdots,m$$

令

$$\sqrt{\frac{ss_{ii}}{ss_{yy}}}b_i=b_i' \quad 或 \quad b_i=\sqrt{\frac{ss_{yy}}{ss_{ii}}}b_i' \tag{3.2.22}$$

$$i=1,2,\cdots,m$$

则由式(3.2.18)、(3.1.19)得

$$r_{i1}b_1'+r_{i2}b_2'+\cdots+r_{im}b_m'=r_{iy} \tag{3.2.23}$$

$$i=1,2,\cdots,m$$

全部写出为

$$\begin{cases} r_{11}b_1' + r_{12}b_2' + \cdots + r_{1m}b_m' = r_{1y} \\ r_{21}b_1' + r_{22}b_2' + \cdots + r_{2m}b_m' = r_{2y} \\ \cdots\cdots \\ r_{m1}b_1' + r_{m2}b_2' + \cdots + r_{mm}b_m' = r_{my} \end{cases} \tag{3.2.24}$$

使用符号

$$_m\boldsymbol{R}_m = \begin{bmatrix} r_{11} & r_{12} & \cdots & r_{1m} \\ r_{21} & r_{22} & \cdots & r_{2m} \\ \vdots & \vdots & \vdots & \vdots \\ r_{m1} & r_{m2} & \cdots & r_{mm} \end{bmatrix} \tag{3.2.25}$$

$$_m\boldsymbol{e}_1 = (b_1'b_2'\cdots b_m')^T, \qquad _m\boldsymbol{f}_1 = (r_{1y}r_{2y}\cdots r_{my})^T$$

则

$$_m\boldsymbol{R}_{mm}\boldsymbol{e}_1 = {}_m\boldsymbol{f}_1 \tag{3.2.26}$$

使用符号

$$_{m+1}\boldsymbol{R}_{m+1} = \begin{pmatrix} r_{11} & r_{12} & \cdots & r_{1m} & r_{1y} \\ r_{21} & r_{22} & \cdots & r_{2m} & r_{2y} \\ \vdots & \vdots & \vdots & \vdots & \vdots \\ r_{y1} & r_{y2} & \cdots & r_{ym} & r_{yy} \end{pmatrix} \tag{3.2.27}$$

对增广的相关阵(3.2.27)进行求解求逆变换,求得的解为 b_i',利用式(3.2.22)得 b_i,结果与直接对协方差阵求解求逆的结果相同。详见本章实例。

第三节　回归方程的统计检验

从上节中知道回归方程的回归系数是用 n 组样本观测资料计算的。当样本不同,或者 n 增大以后,回归系数可能不一样。也就是说,回归系数也是随机变量。这样,预报值 $\hat{y}$ 也是随机变量。如果在历史资料中 y 的变化范围是 50～200,但是 $\hat{y}$ 的 95% 的置信区间已接近或大于这个范围,那么回归方程的预报值就毫无意义。这对于预报这一类问题特别重要,这类问题统属于回归方程的统计检验。

1. 回归方差和剩余方差

y 的总方差可表示为

$$ss_{yy} = \sum_{t=1}^{n}(y_t - \overline{y})^2 = \sum_{t=1}^{n}[(y_t - \hat{y}_t) + (\hat{y}_t - \overline{y})]^2$$

$$= \sum_{t=1}^{n}(y_t - \hat{y}_t)^2 + \sum_{t=1}^{n}(\hat{y}_t - \overline{y})^2 + 2\sum_{t=1}^{n}(\hat{y}_t - \overline{y})(y_t - \hat{y}_t) \tag{3.3.1}$$

上式右端第三项等于零，这是因为由式(3.2.8)得

$$\sum_{t=1}^{n}(y_t-\hat{y}_t)x_{ti}=0$$

两边同乘 b_i 得

$$\sum_{i=1}^{m}\sum_{t=1}^{n}(y_t-\hat{y}_t)b_i x_{ti}=0$$

即

$$\sum_{t=1}^{n}(y_t-\hat{y}_t)\cdot\sum_{t=1}^{m}b_i x_{ti}=0 \tag{3.3.2}$$

由式(3.2.7)得

$$\sum_{t=1}^{n}(y_t-\hat{y}_t)b_0=0 \tag{3.3.3}$$

$$\sum_{t=1}^{n}(y_t-\hat{y}_t)\overline{y}=0 \tag{3.3.4}$$

式(3.3.2)加(3.3.3)得

$$\sum_{t=1}^{n}(y_t-\hat{y}_t)(b_0+\sum_{t=1}^{m}b_i x_{ti})=0 \tag{3.3.5}$$

即

$$\sum_{t=1}^{n}(y_t-\hat{y}_t)\hat{y}_t=0 \tag{3.3.6}$$

式(3.3.6)减(3.3.4)得

$$\sum_{t=1}^{n}(y_t-\hat{y}_t)(\hat{y}_t-\overline{y})=0 \tag{3.3.7}$$

代入式(3.3.1)中得

$$ss_{yy}=\sum_{t=1}^{n}(y_t-\overline{y})^2$$

$$=\sum_{t=1}^{n}(\hat{y}-\overline{y})^2+\sum_{t}(y_t-\hat{y}_t)^2 \tag{3.3.8}$$

记

$$Q=\sum_{t=1}^{n}(y_t-\hat{y}_t)^2 \tag{3.3.9}$$

$$U=\sum_{t=1}^{n}(\hat{y}_t-\overline{y})^2 \tag{3.3.10}$$

由于$\overline{\hat{y}}=\overline{y}$，所以$U=\sum_{t=1}^{n}(\hat{y}_t-\overline{y})^2=\sum_{t=1}^{n}(\hat{y}_t-\overline{\hat{y}})^2$是回归方程计算值的离差平方和，称为回归方差。而 Q 即是残差平方和或剩余方差。即

$$ss_{yy}=U+Q \tag{3.3.11}$$

对于给定的观测值而言，ss_{yy} 是不变的。因此 U 大，Q 就小；反之 U 小，Q 就大。所以 Q 和 U 均可用于衡量回归效果。但是和 U 与 ss_{yy} 一样都是有单位的，不同预报对象之间

不好比较，故定义无单位的指标

$$R^2 = \frac{U}{ss_{yy}} \quad 或 \quad R = \sqrt{\frac{U}{ss_{yy}}} \tag{3.3.12}$$

R 称为复相关系数，它是全部因子 $x_1, x_2, \cdots, x_m$ 与 y 的相关，表示为 $R_{y \cdot x_1, x_2, \cdots, x_m}$。$0 \leqslant R \leqslant 1$，复相关系数越大，则 Q 愈小，回归效果就愈好。

尽管 R 作为回归效果的一个重要指标，但是由于 R 还与回归方程中自变量个数 m 以及观测次数 n 有关，特别是当 $m+1=n$，必有 $R=1$(因为这时 $m+1$ 个未知数可以同时满足 $m+1$ 个等式，无需使用最小二乘法，即可解出 $b_0, b_1, \cdots, b_m$，并使 $Q=0$。）所以尚需找出另一个指标以反映 m, n 对回归效果的影响。这个指标是

$$F = \frac{U/m}{Q/(n-m-1)} \tag{3.3.13}$$

这个指标在回归系数 $\beta_i = 0(i=1,2,\cdots,m)$ 的假设条件下服从自由度为$(m, n-m-1)$ 的 F 分布。因此可以用这个统计量检验这 m 个变量组成的回归方程的回归效果。对于给定信度标准 α，在 F 分布表中查出临界值 F_α，当式(3.3.13) 的计算值 $F \geqslant F_\alpha$，则 $\beta_i = 0$ 的假设不成立，回归效果是显著的。否则 $F < F_\alpha$ 时，则回归效果是不显著的，可认为 $\beta_i = 0$(虽然样本的回归系数 $b_i \neq 0$)。

利用式(3.3.12)，式(3.3.13)改为

$$F = \frac{R^2/m}{(1-R^2)/(n-m-1)} \tag{3.3.14}$$

或

$$R = \sqrt{\frac{mF}{(n-m-1)+mF}} \tag{3.3.15}$$

因此对于给定信度 α，从 F 分布表中查出 F_α，代入上式，算出 R_α，当 $R > R_\alpha$ 时，必有 $F > F_\alpha$。可根据 m, n, α 制成 R_α 的表供查用，见表 3.3.1 和表 3.3.2。

式(3.3.9) 和(3.3.10) 是 U 和 Q 的定义，计算时不方便，通常要进行变换。

$$\begin{aligned}
U &= \sum_{t=1}^{n}(\hat{y}_t - \overline{y})^2 \\
&= \sum_{t=1}^{n}(b_0 + b_1 x_{1t} + b_2 x_{2t} + \cdots + b_m x_{mt} - \overline{y})^2 \\
&= \sum_{t}[b_1(x_{1t} - \overline{x}_1) + b_2(x_{2t} - \overline{x}_2) + \cdots + b_m(x_{mt} - \overline{x}_m)]^2 \\
&= \sum_{t=1}^{n}\sum_{i=1}^{m} b_i(x_{it} - \overline{x}_i) \cdot \sum_{j=1}^{m} b_j(x_{jt} - \overline{x}_j) \\
&= \sum_{i=1}^{m} b_i \cdot \sum_{j=1}^{m} b_j \cdot \sum_{t=1}^{n}(x_{it} - \overline{x}_i)(x_{jt} - \overline{x}_j)
\end{aligned} \tag{3.3.16}$$

利用式(3.2.12)、(3.2.13)上式又化为

$$U = b_1 ss_{1y} + b_2 ss_{2y} + \cdots + b_m ss_{my} = \sum_{i=1}^{m} b_i ss_{iy} \tag{3.3.17}$$

$$Q = ss_{yy} - U \tag{3.3.18}$$

式(3.3.17)、式(3.3.18)是U,Q的计算式。因为$m \ll n$，所以(3.3.17)式比(3.3.9)式简单。

例2:对本章第二节例1进行回归效果检验,取$\alpha = 0.05$。

$$ss_{yy} = 29 \times (109.5)^2 = 347717.25$$

$$U = b_1 ss_{1y} + b_2 ss_{2y}$$

$$= 3.22 \times 54469.505 - 3.69 \times 1475.9376 = 169945.60$$

$$R = \sqrt{\frac{U}{ss_{yy}}} = 0.70$$

当$\alpha = 0.05$时,$n = 29$,$m = 2$,$R_\alpha = 0.45$,$R > R_\alpha$回归效果显著。如果用F检验方法

$$Q = ss_{yy} - U = 177771.65$$

$$F = \frac{U/2}{Q/(29-2-1)} = 12.43$$

$\alpha = 0.05$,自由度为(2,26)时,$F_\alpha = 3.37$,$F > F_\alpha$回归效果是显著的。若用式(3.3.14)计算F值,结果是一致的。

表3.3.1　复相关系数临界值表(信度0.01)

α=0.01	m						
n	1	2	3	4	5	6	8
10	0.765	0.855	0.911	0.949	0.975	0.991	1.000
12	0.708	0.800	0.860	0.909	0.938	0.963	0.993
14	0.661	0.753	0.814	0.861	0.898	0.928	0.971
16	0.623	0.712	0.773	0.821	0.859	0.891	0.942
18	0.590	0.677	0.737	0.785	0.824	0.857	0.911
20	0.561	0.647	0.706	0.752	0.791	0.825	0.880
22	0.537	0.620	0.677	0.724	0.762	0.796	0.852
24	0.515	0.596	0.652	0.694	0.736	0.769	0.825
26	0.496	0.574	0.636	0.674	0.712	0.745	0.800
28	0.479	0.555	0.609	0.652	0.690	0.722	0.778
30	0.463	0.538	0.590	0.633	0.670	0.701	0.756
35	0.429	0.500	0.550	0.591	0.626	0.657	0.709
40	0.403	0.469	0.517	0.556	0.589	0.618	0.670
45	0.380	0.444	0.489	0.526	0.558	0.587	0.636

续表

α=0.01	m						
n	1	2	3	4	5	6	8
50	0.361	0.422	0.464	0.501	0.533	0.559	0.606
55	0.344	0.403	0.445	0.479	0.509	0.535	0.580
60	0.330	0.386	0.439	0.459	0.488	0.514	0.558
70	0.302	0.358	0.396	0.427	0.454	0.477	0.520
80	0.286	0.336	0.371	0.401	0.426	0.448	0.488
90	0.270	0.317	0.351	0.378	0.402	0.424	0.461
100	0.256	0.302	0.333	0.359	0.382	0.403	0.439

表 3.3.2　复相关系数临界值表(信度 0.05)

α=0.05	m						
n	1	2	3	4	5	6	8
10	0.632	0.758	0.839	0.898	0.942	0.973	1.000
12	0.576	0.697	0.777	0.838	0.886	0.925	0.979
14	0.532	0.648	0.726	0.786	0.835	0.877	0.941
16	0.497	0.608	0.683	0.741	0.790	0.832	0.909
18	0.468	0.574	0.646	0.703	0.751	0.792	0.861
20	0.444	0.545	0.615	0.670	0.717	0.757	0.826
22	0.423	0.520	0.587	0.641	0.686	0.726	0.794
24	0.404	0.498	0.563	0.615	0.660	0.699	0.765
26	0.388	0.476	0.542	0.592	0.636	0.674	0.739
28	0.373	0.461	0.523	0.572	0.614	0.651	0.715
30	0.361	0.446	0.506	0.552	0.595	0.631	0.693
35	0.334	0.414	0.469	0.514	0.552	0.586	0.645
40	0.312	0.387	0.439	0.482	0.518	0.550	0.607
45	0.294	0.365	0.414	0.455	0.490	0.520	0.574
50	0.279	0.346	0.294	0.432	0.465	0.495	0.549
55	0.266	0.330	0.375	0.4712	0.444	0.473	0.522
60	0.254	0.316	0.359	0.394	0.425	0.452	0.500
70	0.236	0.292	0.333	0.366	0.395	0.419	0.465
80	0.220	0.273	0.312	0.342	0.370	0.393	0.436
90	0.207	0.258	0.294	0.323	0.349	0.371	0.411
100	0.197	0.245	0.279	0.307	0.331	0.352	0.389

2. 方差贡献,预报因子的显著性检验

设 Q 是用 $x_1,x_2,\cdots,x_m$ 这 m 个自变量组成回归方程以后的剩余方差,如果在所考虑的自变量中减去一个 x_i,用自变量 $x_j(j=1,2,\cdots,m,j\neq i)$ 也建立对 y 的回归方程,则回归系数,回归平方和,残差平方和记为 $b_j^*(j=1,2,\cdots,m,j\neq i)$、$U'$,$Q'$。显然,由于考虑的因子愈多,残差平方和就愈小。故记

$$Q_i=Q'-Q=U-U'$$
$$=\sum_{j=1}^{m}b_j ss_{jy}-\sum_{\substack{j=1\\ j\neq i}}^{m}b_j^* ss_{jy} \tag{3.3.19}$$

Q_i 即定义为因子 x_i 的方差贡献。式(3.3.19)不易计算,可以证明

$$Q_i=\frac{b_i^2}{c_{ii}} \tag{3.3.20}$$

c_{ii} 是离差矩阵 $\boldsymbol{SS}$ 的逆矩阵的第 i 行、第 i 列的元素。式(3.3.20)是方差贡献的计算式。重要的是在 $\beta_i=0$ 的假设条件下

$$F_i=\frac{Q_i}{Q/(n-m-1)}=\frac{b_i^2/c_{ii}}{Q/(n-m-1)} \tag{3.3.21}$$

符合自由度为$(1,n-m-1)$的 F 分布。所以给定 α 后,可以查表,求出相应的临界值 F_α,当 $F_i\geqslant F_\alpha$ 时,$\beta_i=0$ 的假设不成立,即 x_i 的方差贡献是显著的。当 $F_i<F_\alpha$ 时,则 x_i 的方差贡献是不显著的,即可以考虑将 x_i 从回归方程中剔除出去。

例 3:对本章第二节例 1 进行预报因子的显著性检验。

由第二节例 1 知,$c_{11}=0.0000703$,　$c_{22}=0.01271$,　$n=29$,
$b_1=3.22$,$b_2=3.69$,$Q=177771.65$。所以

$$F_1=\frac{3.22^2/0.0000703}{177771.65/(29-2-1)}=21.57$$

$$F_2=\frac{3.69^2/0.01271}{177771.65/(29-2-1)}=0.157$$

当 $\alpha=0.05$ 时,$F_\alpha(1,26)=4.23$。所以因子 x_1 是显著的,因子 x_2 的方差贡献不显著。

变量的方差贡献是回归方程中很重要的概念。前面我们已经定义了变量的方差贡献。但是,细心的读者可能会发现,本节开始定义的变量的方差贡献仅是针对已经在回归方程中变量。如果变量目前还不在回归方程中,那又应该如何定义和计算它的方差贡献?这个问题同样非常重要,因为这涉及我们如何挑选好的变量来组成回归方程的问题。现在我们来说明这个问题。

设 Q,U 是用变量 x_1,x_2,x_3,$\cdots$,x_m 这 m 个变量组成的回归方程的剩余方差和回归方差。如果在这些变量以外有个变量为 x_i,我们现在用 x_1,x_2,x_3,$\cdots$,x_m 和另

外的这个 x_i 来建立回归方程。这时的回归系数，回归平方和，剩余方差分别记为 b_j^* $(j=1,2,\cdots,m,i)$，U'，Q'。显然，由于因子愈多，残差平方和就愈小。这时，我们记

$$Q_i = Q - Q' = U' - U = \sum_{j=1}^{m,i} b_j^* ss_{jy} - \sum_{j=1}^{m} b_j ss_{jy} \tag{3.3.22}$$

这时我们将 Q_i 定义在回归方程变量以外的变量 x_i 的方差贡献。注意，式(3.3.22)与式(3.3.19)形式上正好相反，但是它们的意义是相同的。这时的方差贡献计算式为

$$Q_i = \frac{b_i^{*2}}{c_{ii}^*} \tag{3.3.23}$$

式中 b_i^* 和 c_{ii}^* 是用 $m+1$ 个变量(包括 x_i)时计算的结果。变量的方差贡献是衡量变量重要性的重要指标，变量的方差贡献不是一个固定不变的数值，它与它所在的那组变量的组合有关系。当我们需要引入变量，组成回归方程时，我们应该在还没有进入回归方程的变量中，计算变量的方差贡献，找方差贡献最大的变量；而当我们要剔除回归方程中的不重要的变量时，我们需要在已经进入回归方程的变量中计算变量的方差贡献，找方差贡献最小的变量，这就是逐步回归的思想。

第四节　逐步回归方法

在上一节中我们是先建立了 m 个变量的多元回归方程，然后对变量进行鉴别，剔除不重要的变量，这种筛选因子的方法的效率是比较低的。逐步回归方法是从可供挑选的变量中，根据一定的显著性标准，每步只选入一个变量进入回归方程，并要求当步选出的变量是所有可供挑选的变量中能使剩余方差下降最多的一个。逐步回归时，由于新变量的引进，可使已进入回归方程的变量变得不显著，从而在下一步给以剔除。因此逐步回归能使最后组成的方程只包含重要的变量。

由于逐步回归是根据一定的标准引进变量的，因此一些不重要的变量，可能完全没有机会引进回归方程。这就提高了筛选因子的效率。

1. 逐步回归中回归系数的计算

设有 m 个因子可供挑选，则逐步回归从相关矩阵式(3.2.27)出发，求解回归系数。令式(3.2.27)相关矩阵是 0 步相关矩阵。表示为 $\boldsymbol{R}^{(0)}$，并用求解求逆紧凑方案进行矩阵变换。

$$\boldsymbol{R}^{(0)} = \begin{bmatrix} r_{11}^{(0)} & r_{12}^{(0)} & \cdots & r_{1m}^{(0)} & r_{1y}^{(0)} \\ r_{21}^{(0)} & r_{22}^{(0)} & \cdots & r_{2m}^{(0)} & r_{2y}^{(0)} \\ \vdots & \vdots & \cdots & \vdots & \vdots \\ r_{y1}^{(0)} & r_{y2}^{(0)} & \cdots & r_{ym}^{(0)} & r_{yy}^{(0)} \end{bmatrix} \tag{3.4.1}$$

所谓求解求逆的矩阵变换是

$$r_{ij}^{(l+1)} = \begin{cases} 1/r_{kk}^{(l)} & i=j=k \\ r_{kj}^{(l)}/r_{kk}^{(l)} & i=k, j\neq k \\ -r_{ik}^{(l)}/r_{kk}^{(l)} & i\neq k, j=k \\ r_{ij}^{(l)} - r_{ik}^{(e)} r_{kj}^{(l)}/r_{kk}^{(l)} & i\neq k, j\neq k \end{cases} \tag{3.4.2}$$

当需要引进变量时，即进行一次矩阵变换。例如当 x_3 达到显著性标准时，我们即对 $k=3$ 作一次矩阵变换得 $\boldsymbol{R}^{(1)}$。如果下一步 x_5 达到显著性标准，我们再对 $k=5$ 作一次矩阵变换得 $\boldsymbol{R}^{(2)}$。如果再没有重要的变量可以引进，则在 $\mathbf{R}^{(2)}$ 的最后一列的第三行，第五行的元素就是解。

式(3.4.2)是逐步回归中最经常的运算。它有两条重要性质。

性质1：变换式(3.4.2)对每一步矩阵 $\boldsymbol{R}^{(l)}$ 具有如下对称性。

$$r_{ij}^{(l)} = \begin{cases} r_{ji}^{(l)} & \text{如果 } i,j \text{ 都是或都不是 } l \text{ 步变量指标} \\ -r_{ji}^{(i)} & \text{如果 } i,j \text{ 中只有一个是 } l \text{ 步变量指标} \end{cases}$$

这里所谓“l 步变量指标”是指当步消去变换时的指标 k 以及前几步引入消去变换的指标 k。

性质2：$\boldsymbol{R}^{(l)}$ 只与引入变量的全体有关，而与消去变换的次序无关。所谓与引入变量的全体有关是指

$$\boldsymbol{R}^{(l-2)} \xrightarrow{\text{引入 } x_k\text{(消去 } k \text{ 列)}} \boldsymbol{R}^{(l-1)} \xrightarrow{\text{再消去 } k \text{ 列(剔除 } x_k\text{)}} \boldsymbol{R}^{(l)}$$

必有 $\boldsymbol{R}^{(l-2)} = \boldsymbol{R}^{(l)}$。这表示，如果对某指标 k 消去变换过二次(偶数次)，则如同对该变量没有进行过消去一样。所以，当需要剔除因子 x_k 时，仍对指标 k 运用矩阵变换式(3.4.2)就可以了。

2. 方差贡献的计算

逐步回归进行到第 l 步，得矩阵 $\boldsymbol{R}^{(l)}$，这时因子 x_i 的方差贡献用下式计算

$$Q_i^{(l)} = ss_{yy} \cdot \frac{[r_{iy}^{(l)}]^2}{r_{ii}^{(l)}} \tag{3.4.3}$$

该式说明，第 l 步时，如果 $l+1$ 步是引入因子 x_i，则剩余方差将减少 $Q_i^{(l)}$。如果第 $l+1$ 步是在已引入的变量中剔除因子 x_i，则剩余方差将增加 $Q_i^{(l)}$。但 $Q_i^{(l)}$ 仅作为相邻两步剩余方差 $Q^{(l)}$ 和 $Q^{(l+1)}$ 的差，还不能反映在不同步中方差贡献的显著程度。即作为引入和剔除变量的标准必须经过 F 检验。

3. 引入变量和剔除变量的 F 检验标准

逐步回归进行到第 l 步，有 L 个因子已进入回归方程时($L \leqslant l$)，$l+1$ 步检查是否

可剔除变量时，其剔除变量标准，可类似多元回归中的式(3.3.13)给出

$$F_{2i}=\frac{Q_i^{(l)}}{Q^{(l)}/(n-L-1)} \tag{3.4.4}$$

根据自由度$(1,n-L-1)$，信度α，在F分布表中查出F_α。当

$F_{2i}\geqslant F_\alpha(1,n-L-1)$时，$l+1$步不能剔除$x_i$

$F_{2i}<F_\alpha(1,n-L-1)$时，$l+1$步剔除x_i

如果逐步回归进行到l步，有L个因子已引入回归方程，$l+1$步需检查是否能再引进因子时，其引入变量的标准，是使该变量在第$l+1$步引入以后在第$l+2$步不可能剔除该变量，因此第$l+1$步可引入变量x_i的标准，就是$l+2$步不剔除该变量的标准，即

$$F_{1i}=\frac{Q_i^{(l)}}{Q^{(l+1)}/[n-(L+1)-1]} \tag{3.4.5}$$

根据自由度$(1,n-L-2)$，信度α，在F分布表中查出$F_\alpha(1,n-L-2)$，当

$F_{1i}\geqslant F_\alpha(1,n-L-2)$时，$l+1$步可以引进$x_i$

$F_{1i}<F_\alpha(1,n-L-2)$时，$l+1$步不可引进x_i

上述条件能保证$l+1$步引进的x_i不满足$l+2$步剔除该因子的条件。式(3.4.4)、(3.4.5)可以化简为便于计算的形式。可证

$$Q^{(l)}=r_{yy}^{(l)}\cdot ss_{yy} \tag{3.4.6}$$

因为据式(3.4.3)

$$Q^{(l)}-Q^{(l+1)}=ss_{yy}\frac{[r_{iy}{}^{(l)}]^2}{r_{ii}{}^{(l)}}=Q_i{}^{(l)}$$

所以

$$\begin{aligned}Q^{(l+1)}&=Q^{(l)}-ss_{yy}\frac{[r_{iy}^{(l)}]^2}{r_{ii}^{(l)}}\\&=ss_{yy}\left[r_{yy}^{(l)}-\frac{(r_{iy}^{(l)})^2}{r_{ii}^{(l)}}\right]\end{aligned} \tag{3.4.7}$$

将式(3.4.3)和(3.4.7)代入式(3.4.4)、(3.4.5)中得

$$F_{2i}=\frac{\frac{[r_{iy}^{(l)}]^2}{r_{ii}^{(l)}}(n-L-1)}{r_{yy}^{(l)}}\qquad(\text{剔除公式}) \tag{3.4.8}$$

$$F_{1i}=\frac{\frac{[r_{iy}^{(l)}]^2}{r_{ii}^{(l)}}(n-L-2)}{r_{yy}^{(l)}-\frac{[r_{iy}^{(l)}]^2}{r_{ii}^{(l)}}}\qquad(\text{引入公式}) \tag{3.4.9}$$

4. 第l步的剩余方差、复相关系数、剩余标准差

逐步回归进行到第l步，得第l步矩阵$\boldsymbol{R}^{(l)}$，则剩余方差$Q^{(l)}$可用下式计算

$$Q^{(l)}=r_{yy}^{(l)}\cdot ss_{yy} \tag{3.4.10}$$

其中，$r_{yy}^{(l)}$ 是 l 步矩阵中的元素。ss_{yy} 就是 y 的离差平方和。证明如下，即

$$Q^{(0)} = ss_{yy} = r_{yy}^{(0)} \cdot ss_{yy}$$

第一步，引入因子 x_{k_1}，k_1 是 $1,2,\cdots,m$ 中的任一个数。$\boldsymbol{R}^{(0)} \xrightarrow{k_1} \boldsymbol{R}^{(1)}$ 。剩余方差为

$$Q^{(1)} = Q^{(0)} - Q_{k_1}^{(0)} = \left[(r_{yy}^{(0)} - \frac{(r_{k_1 y}^{(0)})^2}{r_{k_1 k_1}^{(0)}} \right] \cdot ss_{yy}$$

$$= \left[r_{yy}^{(0)} - \frac{r_{k_1 y}^{(0)} r_{y k_1}^{(0)}}{r_{k_1 k_1}^{(0)}} \right] \cdot ss_{yy} = r_{yy}^{(1)} \cdot ss_{yy}$$

第二步，继续引入因子 x_{k_2}，$k_2 \neq k_1$，k_2 也是 $1,2,\cdots,m$ 中一个数。这时， $\boldsymbol{R}^{(1)} \xrightarrow{k_2} \boldsymbol{R}^{(2)}$

$$Q^{(2)} = Q^{(1)} - Q_{k_2}^{(1)} = \left[r_{yy}^{(1)} - \frac{(r_{k_2 y}^{(1)})^2}{r_{k_2 k_2}^{(1)}} \right] \cdot ss_{yy} = r_{yy}^{(2)} \cdot ss_{yy}$$

如此下去，我们讨论第 l 步。

第 l 步，继续引入因子 x_{k_L}，k_L 也是 $1,2,\cdots,m$ 中的数，$k_L \neq k_1 \neq k_2 \neq \cdots$，$\boldsymbol{R}^{(l-1)} \xrightarrow{k_L} \boldsymbol{R}^{(l)}$

$$\begin{aligned} Q^{(l)} &= Q^{(l-1)} - Q_{k_L}^{(l-1)} \\ &= [Q^{(l-1)}] - \left[\frac{(r_{k_L y}^{(l-1)})^2}{r_{k_L k_L}^{(l-1)}} \right] \cdot ss_{yy} \\ &= \left[r_{yy}^{(l-1)} - \frac{(r_{k_L y}^{(l-1)})^2}{r_{k_L k_L}^{(0)}} \right] \cdot ss_{yy} \\ &= r_{yy}^{(l)} \cdot ss_{yy} \end{aligned}$$

证毕。

所以逐步回归进行到第 l 步，得 $\boldsymbol{R}^{(l)}$，其复相关系数 $R_{y \cdot x_{k_1} \cdots x_{k_L}}$ 为

$$R_{y \cdot x_{k_1} \cdots x_{k_L}} = \sqrt{1 - \frac{Q^{(l)}}{ss_{yy}}} = \sqrt{1 - r_{yy}^{(l)}} \tag{3.4.11}$$

根据第 l 步的剩余方差 $Q^{(l)}$，可算出逐步回归方程含有 L 个因子时的误差的无偏估计，亦称为剩余标准差 $\hat{\sigma}$

$$\hat{\sigma} = \sqrt{\frac{Q^{(l)}}{n - L - 1}} = \sqrt{ss_{yy}} \sqrt{\frac{r_{yy}^{(l)}}{n - L - 1}} \tag{3.4.12}$$

式(3.4.10)—(3.4.12)均可以从 l 步矩阵元素中得到。

5. 逐步回归前四步的回归方程

逐步回归中，由于引入某变量的 F 检验公式是根据下一步不剔除该变量的 F 检

验公式写出的，所以上一步刚引入的变量下一步不可能剔除，上一步刚剔除的变量下一步不可能引入，这使逐步回归前三步连续引入三个变量。设这三个变量依次是 x_{k_1}，x_{k_2}，x_{k_3}。k_1，k_2，k_3 都是 1，2，…，m 中的一个数，$k_1 \neq k_2 \neq k_3$。第四步开始，可能在 x_{k_1}，x_{k_2}，x_{k_3} 中剔除一个变量（实际上只可能剔除第一次引入的变量）。讨论这几步的回归方程，对理解逐步回归的性能是颇为有益的。

第一步：引入因子 x_{k_1}，组成单因子 x_{k_1} 的回归方程。逐步回归方法能保证含单因子 x_{k_1} 的回归方程是最好的单因子回归方程。

第二步：继续引入因子 x_{k_2}，组成包含因子 x_{k_1}，x_{k_2} 的二因子回归方程。逐步回归方法能保证在包含因子 x_{k_1} 的二因子回归方程中以 x_{k_1} 和 x_{k_2} 的二因子方程为最好（也就是说，在 x_{k_1} 已进入回归方程的条件下，x_{k_2} 的引入能使剩余方差降低最多或复相关系数增加最多）。但是，逐步回归还不能保证由 x_{k_1}，x_{k_2} 组成的二因子回归方程是所有二因子方程中最好的方程。因为 m 个因子，可以组成$\frac{m(m-1)}{2}$个二因子回归方程。

第三步：继续引进因子 x_{k_3}，组成包含 x_{k_1}，x_{k_2}，x_{k_3} 的三因子回归方程。同样，逐步回归也只能保证在已包含因子 x_{k_1}，x_{k_2} 的三个因子回归方程中，以 x_{k_1}，x_{k_2}，x_{k_3} 的方程最好，它不能保证 x_{k_1}，x_{k_2}，x_{k_3} 是最好的三因子回归方程。

第四步：这一步可能剔除因子 x_{k_1}。因为 x_{k_3} 上一步刚引入，不可能剔除。x_{k_2} 也不可能剔除。如果可剔除 x_{k_2}，则复相关系数$R_{y \cdot x_{k_1} x_{k_3}} > R_{y \cdot x_{k_1} x_{k_2}}$ 与第二步矛盾。所以只能剔除 x_{k_1}。如果剔除 x_{k_1}，二因子的回归方程由 x_{k_2}，x_{k_3} 组成，并且复相关系数 $R_{y \cdot x_{k_2} x_{k_3}} > R_{y \cdot x_{k_1} x_{k_2}}$。但理论上仍不能证明 x_{k_2}，x_{k_3} 组成的二因子回归方程是所有二因子回归方程中最好的。可是实践说明 x_{k_2}，x_{k_3} 组成的二因子回归方程经常是最好的。所以逐步回归方法是很有效的。

6. 逐步回归具体步骤

若有 m 个因子可供挑选，则逐步回归方法是首先计算相关矩阵（3.4.1）。然后在尚未引入的变量中挑选方差贡献最大的作引入的 F 检验，当 $F_{1i} \geqslant F_\alpha$ 时下一步先将 x_i 引进（对 $k = i$ 作一次变换）。当连续引入三个变量后，逐步回归要考虑已引入的变量是否可以剔除，也就是在已引入的变量中计算方差贡献，找出方差贡献最小的进行剔除检验。当满足 $F_{2i} < F_\alpha$ 时，下一步将已引入的 x_i 剔除（对 $k = i$ 再作一次变换）。如果已引入的变量均不能剔除，再考虑下一步新变量的引进。变量的引进和剔除都是通过矩阵变换来完成的。当既无变量可引进，又无变量剔除时，逐步回归就结束。在最后的矩阵中容易得到所需的结果，回归系数，复相关系数等。

需要说明的是，逐步回归中，由于 m 很大，L 很少变化，所以临界值 F_α 随自由度的改变是很小的。这样为方便起见，F_α 取为常数。例如 $F_\alpha = 2$，$F_\alpha = 4$ 等，这样做的结果，是使逐步回归在每一步的信度有微小的变化。

7. 逐步回归实例

表 3.4.1 是四因子的资料，$m = 4$，$n = 13$，取 $F_\alpha = 3.29$。计算相关矩阵（取三位小数）

$$\boldsymbol{R}^{(0)} = \begin{bmatrix} 1.000 & 0.229 & -0.824 & -0.245 & 0.731 \\ 0.229 & 1.000 & -0.139 & -0.973 & 0.816 \\ -0.824 & -0.139 & 1.000 & 0.030 & -0.535 \\ -0.245 & -0.973 & 0.030 & 1.000 & -0.821 \\ 0.731 & 0.816 & -0.535 & -0.821 & 1.000 \end{bmatrix}$$

表 3.4.1

序	1	2	3	4	5	6	7	8	9
x_1	7	1	11	11	7	11	3	1	2
x_2	26	29	56	31	52	55	71	31	54
x_3	6	15	8	8	6	9	17	22	18
x_4	60	52	20	47	33	22	6	44	22
y	78.5	74.3	104.3	87.6	95.9	109.2	102.7	72.5	93.1

序	10	11	12	13	平均	均方差	方差
x_1	21	1	11	10	7.5	5.65	31.94
x_2	47	40	66	68	48.2	14.95	223.51
x_3	4	23	9	8	11.8	6.15	37.87
x_4	26	34	12	12	30.0	16.08	258.62
y	115.9	83.8	113.3	109.4	95.4	14.45	208.90

第一步：引入第一个因子，$l = 0$，$L = 0$。

先在 $\boldsymbol{R}^{(0)}$ 中计算 $(r_{iy}^{(0)})^2/r_{ii}^0 (i = 1,2,3,4)$。找出最大的，对其作引入检验。

$$\max[(r_{iy}^{(0)})^2/r_{ii}^{(0)}] = (r_{4y}^{(0)})^2/r_{44}^{(0)} = 0.674$$

$$F_{14} = \frac{0.674(13-0-2)}{1.000-0.674} = 22.74 > F_\alpha$$

因子 x_4 可以引进。利用式(3.4.2)对 $\boldsymbol{R}^{(0)}$ 消去第 4 列得 $\boldsymbol{R}^{(1)}$

$$R^{(1)} = \begin{bmatrix} 0.940 & -0.010 & -0.814 & 0.245 & 0.529 \\ -0.010 & 0.053 & -0.111 & 0.973 & 0.017 \\ -0.817 & -0.111 & 0.999 & -0.030 & -0.510 \\ -0.245 & -0.973 & 0.030 & 1.000 & -0.821 \\ 0.529 & 0.017 & -0.510 & 0.821 & 0.325 \end{bmatrix}$$

第二步：引入第二个因子，$l=1,L=1$。

在 $\boldsymbol{R}^{(1)}$ 中，计算 $(r_{iy}^{(1)})^2/r_{ii}^{(1)}(i=1,2,3)$，再找出最大的。

$\max[(r_{iy}^{(1)})^2/r_{ii}^{(1)}]=(r_{iy}^{(1)})^2/r_{11}^{(1)}=0.298$，对其作引入检验

$$F_{11}=\frac{0.298(13-1-2)}{0.325-0.298}=110.37>F_\alpha$$

因子 x_1 也可以引进。仍利用式(3.4.2)对 $\boldsymbol{R}^{(1)}$ 消去第1列得 $\boldsymbol{R}^{(2)}$

$$\boldsymbol{R}^{(2)}=\begin{bmatrix}1.064 & -0.011 & -0.869 & 0.216 & 0.563\\ 0.011 & 0.053 & -0.119 & 0.976 & 0.023\\ 0.869 & -0.119 & 0.289 & 0.184 & -0.050\\ 0.261 & -0.976 & -0.184 & 1.064 & -0.683\\ -0.563 & 0.023 & -0.050 & 0.683 & 0.028\end{bmatrix}$$

第三步：继续引进第三个因子，$l=2,L=2,x_4,x_1$，已引入。在 $\boldsymbol{R}^{(2)}$ 中，计算 $(r_{iy}^{(2)})^2/r_{ii}^{(2)}(i=2,3)$。找出最大的。

$\max[(r_{iy}^{(2)})^2/r_{ii}^{(2)}]=(r_{2y}^{(2)})^2/r_{22}^{(2)}=0.00999$，对 x_2 作引入的 F 检验

$$F_{12}=\frac{0.00999(13-2-2)}{0.028-0.00999}=4.99>F_\alpha$$

x_2 还可以引进。用式(3.4.2)对 $\boldsymbol{R}^{(2)}$ 消去 $k=2$ 列得 $\boldsymbol{R}^{(3)}$

$$\boldsymbol{R}^{(3)}=\begin{bmatrix}1.066 & 0.204 & -0.894 & 0.491 & 0.568\\ 0.204 & 18.780 & -2.242 & 18.323 & 0.430\\ 0.894 & 2.242 & 0.021 & 2.371 & 0.001\\ 0.461 & 18.323 & -2.371 & 18.940 & -0.263\\ -0.568 & -0.430 & 0.001 & 0.263 & 0.018\end{bmatrix}$$

第四步：当逐步回归引入三个因子以后，应首先考虑是否有因子可剔除，这时，$l=3,L=3$。在 $\boldsymbol{R}^{(3)}$ 中，计算 $(r_{iy}^{(3)})^2/r_{ii}^{(3)}(i=4,1,2)$ 找出最小的 $\min[(r_{iy}^{(3)})^2/r_{ii}^{(3)}]=(r_{4y}^{(3)})^2/r_{44}^{(3)}=0.00365$。对 x_4 检验是否可剔除。

$$F_{24}=\frac{0.00365(13-3-1)}{0.018}=1.825<F_\alpha$$

x_4 应首先剔除。仍利用式(3.4.2)对 $k=4$ 作一次消去变换，由 $\boldsymbol{R}^{(3)}$ 得到 $\boldsymbol{R}^{(4)}$。

$$\boldsymbol{R}^{(4)}=\begin{bmatrix}1.055 & -0.241 & -0.836 & -0.024 & 0.574\\ -0.241 & 1.055 & 0.052 & -0.967 & 0.685\\ 0.836 & -0.052 & 0.318 & -0.125 & 0.034\\ 0.024 & 0.967 & -0.125 & 0.053 & -0.014\\ -0.574 & -0.685 & 0.034 & -0.014 & 0.021\end{bmatrix}$$

在 $\boldsymbol{R}^{(4)}$ 再找 $\min[(r_{iy}^{(4)})^2/r_{ii}^{(4)}](i=1,2)=(r_{iy}^{(4)})^2/r_{11}^{(4)}=0.3123$，对 x_1 作剔除检验。

$$F_{21}=\frac{0.3123\cdot(13-2-1)}{0.021}=148.7>F_{\alpha}$$

x_1 不能剔除，当然 x_2 更不能剔除。然后再考虑引进，计算 $(r_{iy}^{(4)})^2/r_{yy}^{(4)}(i=3,4)$。找最大的是 x_4，x_4 是上一步刚剔除的，这一步肯定不能引入，故既无引进，也无剔除，逐步回归结束。得

$$b_1'=0.574 \qquad b_2'=0.685$$

由式(3.2.2)

$$b_1=\frac{\sqrt{ss_{yy}}}{\sqrt{ss_{11}}}b_1'=\frac{14.45}{5.65}\times0.574=1.468$$

$$b_2=\sqrt{\frac{ss_{yy}}{ss_{22}}}b_2'=\frac{14.45}{14.95}\times0.685=0.662$$

$$b_0=\overline{y}-b_1\overline{x}_1-b_2\overline{x}_2=52.58$$

回归方程为　$y=1.468x_1+0.662x_2+52.58$　　(3.4.13)

复相关系数　$R_{y.12}=\sqrt{1-0.021}=0.989$

剩余标准差 $\hat{\sigma}=\sqrt{208.9\cdot13}\sqrt{\dfrac{0.021}{13-2-1}}=2.39$

最后我们指出，逐步回归模型是正态线性回归模型。当 y 与 $x_1,x_2,\cdots,x_m$ 组成联合正态分布时，选用线性回归才是合理的。对于将连续的变量化为(0,1) 伪变量进行线性回归的方法，虽然能简化运算，但由于不符合模型的理论，效果不一定好。这时，变量均已离散化，所以，从理论上讲，用于筛选预报因子的 F 检验方法也不能使用。

第五节　选择最优的变量子集

前面介绍的逐步回归方法通过每步引入一个使残差平方和 (*RSS*，即 *Q*) 减少最多的变量，然后剔除一个使 *RSS* 增加最小的变量来建立回归方程。这种方法对大型回归问题非常有用，但是，它不能保证所挑选的回归方程在某种准则下是最优的。这一节，我们介绍最优变量子集的准则。

1. 复相关系数 *R*

实测值 y 和回归计算值 $\hat{y}$ 的单相关系数定义为复相关系数

$$R=\frac{\sum_{i=1}^{n}(y_t-\overline{y})(\hat{y}_t-\overline{\hat{y}})}{\left[\sum_{t=1}^{n}(y_t-\overline{y})^2\cdot\sum_{t=1}^{n}(\hat{y}_t-\overline{\hat{y}})^2\right]^{\frac{1}{2}}} \tag{3.5.1}$$

因为 $\bar{\hat{y}} = \bar{y}$，而 $(y_t - \bar{y}) = (y_t - \hat{y}_t) + (\hat{y}_t - \bar{y})$，所以上式的分子就是回归方差 U（见式 3.3.10）也表示为 RSS。分母是 $\sqrt{ss_{yy} \cdot U}$，所以

$$R = \sqrt{\frac{U}{ss_{yy}}} = \sqrt{1 - \frac{RSS}{ss_{yy}}} \tag{3.5.2}$$

与式(3.3.12)一致。R 用来衡量回归效果，越大越好。但因为变量增加时 RSS 减少，所以最优子集是全部变量，没有意义。为此，要进行改进。

2. 修正的复相关系数 R^*

修正的复相关系数是用变量个数对 R 进行修正。类似式(3.5.2)定义

$$R^* = \sqrt{1 - \frac{RSS/(n-m-1)}{ss_{yy}/(n-1)}} \tag{3.5.3}$$

上式中 RSS，ss_{yy} 分别除以自由度。为此 R^* 达最大，必定有 $RSS/(n-m-1)$ 达最小，也就是 $\hat{\sigma}^2$ 达最小。所以修正的复相关系数就是使误差无偏估计 $\hat{\sigma}$ 达最小的准则，参见式(3.4.12)。

R^* 与 R 的关系是

$$R^* = \sqrt{R^2 - (1-R^2)\frac{m}{n-m-1}}$$

当 m 增加时，RSS 减少。但当所增加的变量对 RSS 减少的贡献作用不大时，由于 m 增加了，所以 $RSS/(n-m-1)$ 未必减少，R^* 未必增加。

3. 预测偏差的方差 $(n+m+1)\dfrac{RSS}{n-m-1}$

这个准则是从预测角度提出的。设我们选择了 m 个变量 $X_t = (1 x_{t1} x_{t2} \cdots x_{tm})^T$，$\hat{\boldsymbol{\beta}} = (\beta_0 \beta_1 \cdots \beta_m)^T$ 为所选模型中回归系数的估计向量，则预测偏差

$$D_t = y_t - \boldsymbol{X}_t^T \hat{\boldsymbol{\beta}} \qquad t = 1,2,\cdots,m$$

可证

$$\sum_{t=1}^{n} \mathrm{Var}(D_t) = (n+m+1)\sigma^2$$

$$\approx (n+m+1)\frac{RSS}{n-m-1} \tag{3.5.4}$$

可以看出，预测偏差的方差达最小的准则对变量个数增加的惩罚要比 $RSS/(n-m-1)$ 以及 R^* 要严厉些。

4. 平均预测均方误差 S_p

这个准则也是从预测角度提出的，但考虑问题的方法略有不同。定义

$$S_p = \frac{RSS}{(n-m-2)(n-m-1)} \tag{3.5.5}$$

这个准则是按 S_p 愈小愈好的原则选择自变量子集。S_p 的详细推导可参阅本章列的参考书目。

5. C_p 准则

这是 C. L. Mallows 在 1964 年提出的一个统计量，它也是从预测观点出发，并基于残差平方和的一个准则，定义 C_p 统计量为

$$C_p = \frac{RSS}{\hat{\sigma}^2} - n + 2(m+1) \tag{3.5.6}$$

其中 $\hat{\sigma}^2$ 是全部变量子集误差方差的无偏估计，RSS 指 $m+1$ 个变量的残差平方和。所以，当子集为全体变量时，$C_p = m+1$。

用 C_p 统计量选子集时，C_p 应越小越好。

6. 最小预测误差平方和法 PRESS

这是 D. M. Allen 于 1971 年提出来的，是刀切法的一种，从预测角度选择最优子集。多元回归方程可写为

$$\boldsymbol{Y} = \boldsymbol{X\beta} + \boldsymbol{\varepsilon} \tag{3.5.7}$$

$$\boldsymbol{Y} = \begin{bmatrix} y_1 \\ y_2 \\ \vdots \\ y_m \end{bmatrix}$$

$$\boldsymbol{X} = \begin{bmatrix} 1 & x_{11} & x_{12} & \cdots & x_{1m} \\ 1 & x_{21} & x_{22} & \cdots & x_{2m} \\ \vdots & \vdots & \vdots & \vdots & \vdots \\ 1 & x_{n1} & x_{n2} & \cdots & x_{nm} \end{bmatrix} = \begin{bmatrix} \boldsymbol{x}_1^T \\ \boldsymbol{x}_2^T \\ \vdots \\ \boldsymbol{x}_n^T \end{bmatrix}$$

$$\boldsymbol{x}_i = \begin{bmatrix} 1 \\ x_{i1} \\ x_{i2} \\ \vdots \\ x_{in} \end{bmatrix} \qquad \boldsymbol{\beta} = \begin{bmatrix} \beta_0 \\ \beta_1 \\ \vdots \\ \beta_m \end{bmatrix} \qquad \boldsymbol{\varepsilon} = \begin{bmatrix} \varepsilon_0 \\ \varepsilon_2 \\ \vdots \\ \varepsilon_n \end{bmatrix}$$

称去掉第 i 次观测后的模型为第 i 个回归模型

$$\boldsymbol{Y}^{(i)} = \boldsymbol{X}^{(i)}\boldsymbol{\beta} + \boldsymbol{\varepsilon}^{(i)} \tag{3.5.8}$$

$\boldsymbol{Y}^{(i)}$，$\boldsymbol{X}^{(i)}$，$\boldsymbol{\varepsilon}^{(i)}$ 是 $\boldsymbol{Y}$，$\boldsymbol{X}$，$\boldsymbol{\varepsilon}$ 中去掉第 i 行而得。第 i 个回归模型，由最小二乘法求 $\boldsymbol{\beta}$ 的估计 $\hat{\boldsymbol{\beta}}^{(i)}$，用这个估计算出第 i 个试验样本的预测值为 $\boldsymbol{x}_i^T\hat{\boldsymbol{\beta}}^{(i)}$，这时的预测误差为

$$f_i = y_i - \boldsymbol{x}_i^T\hat{\boldsymbol{\beta}}^{(i)} \tag{3.5.9}$$

因为第 i 次观测在建模时已经去掉(刀切法)，所以 f_i 是真正的预测误差，并不是拟合

误差。依次去掉 $i=1,2,\cdots,n$ 个试验样本，每次都只用 $n-1$ 个样本建模，再对去掉的样本的 y_i 作预报，全部误差平方和定义为最小预测误差平方和

$$\text{PRESS}=\sum_{i=1}^{n}f_i^2 \tag{3.5.10}$$

上式不便于计算，为化为便于计算的公式，要进行如下变换

$$\boldsymbol{X}=\begin{bmatrix}\boldsymbol{x}_i^T\\ \boldsymbol{X}^{(i)}\end{bmatrix}\qquad \boldsymbol{X}^T=(\boldsymbol{x}_i\boldsymbol{X}^{(i)T})$$

$$\begin{aligned}\boldsymbol{X}^T\cdot\boldsymbol{X}&=(\boldsymbol{x}_i\boldsymbol{X}^{(i)})^T\begin{bmatrix}\boldsymbol{x}_i^T\\ \boldsymbol{X}^{(i)}\end{bmatrix}\\&=\boldsymbol{x}_i\cdot\boldsymbol{x}_i^T+\boldsymbol{X}^{(i)T}\cdot\boldsymbol{X}^{(i)}\end{aligned}$$

$$(\boldsymbol{X}^{(i)T}\cdot\boldsymbol{X}^{(i)})^{-1}=(\boldsymbol{X}^T\cdot\boldsymbol{X}-\boldsymbol{x}_i\cdot\boldsymbol{x}_i^T)^{-1} \tag{3.5.11}$$

由式(3.5.8)，据最小二乘法可得

$$\hat{\boldsymbol{\beta}}^{(i)}=(\boldsymbol{X}^{(i)T}\cdot\boldsymbol{X}^{(i)})^{-1}\boldsymbol{X}^{(i)T}\boldsymbol{Y}^{(i)}$$

所以

$$\begin{aligned}f_i&=y_i-\boldsymbol{x}_i^T\cdot(\boldsymbol{X}^{(i)T}\cdot\boldsymbol{X}^{(i)})^{-1}\cdot\boldsymbol{X}^{(i)T}\cdot\boldsymbol{Y}^{(i)}\\&=y_i-\boldsymbol{x}_i^T\cdot(\boldsymbol{X}^T\cdot\boldsymbol{X}-\boldsymbol{x}_i\cdot\boldsymbol{x}_i^T)^{-1}\cdot\boldsymbol{X}^{(i)T}\cdot\boldsymbol{Y}^{(i)}\end{aligned} \tag{3.5.12}$$

再利用分块矩阵求逆公式

$$\begin{aligned}&(\boldsymbol{X}^T\cdot\boldsymbol{X}-\boldsymbol{x}_i\cdot\boldsymbol{x}_i^T)^{-1}\\&=(\boldsymbol{X}^T\cdot\boldsymbol{X})^{-1}+\frac{(\boldsymbol{X}^T\cdot\boldsymbol{X})^{-1}\boldsymbol{x}_i\boldsymbol{x}_i^T(\boldsymbol{X}^T\cdot\boldsymbol{X})^{-1}}{1-\boldsymbol{x}_i^T\cdot(\boldsymbol{X}^T\cdot\boldsymbol{X})^{-1}\cdot\boldsymbol{x}_i}\end{aligned}$$

代入式(3.5.12)得

$$\begin{aligned}f_i&=y_i-\boldsymbol{x}_i^T\Bigg[(\boldsymbol{X}^T\cdot\boldsymbol{X})^{-1}+\\&\quad\frac{(\boldsymbol{X}^T\cdot\boldsymbol{X})^{-1}\boldsymbol{x}_i\cdot\boldsymbol{x}_i^T(\boldsymbol{X}^T\cdot\boldsymbol{X})^{-1}}{1-\boldsymbol{x}_i^T(\boldsymbol{X}^T\cdot\boldsymbol{X})^{-1}\cdot\boldsymbol{x}_i}\Bigg]\cdot\boldsymbol{X}^{(i)T}\cdot\begin{bmatrix}y_1\\y_2\\\vdots\\y_{i-1}\\y_{i+1}\\\vdots\\y_n\end{bmatrix}\\&=y_i-\sum_{j\neq i}h_{ij}y_i-\frac{h_{ii}}{1-h_{ii}}\sum_{j\neq i}h_{ij}y_j\\&=y_i-\frac{1}{1-h_{ii}}\sum_{j\neq i}h_{ij}y_j\\&=y_i+\frac{h_{ii}y_i}{1-h_{ii}}-\frac{1}{1-h_{ii}}\sum_{j=1}^{n}h_{ij}y_j\end{aligned}$$

$$= \frac{1}{1-h_{ii}}(y_i - \sum_{j=1}^{n} h_{ij} y_j) = \frac{e_i}{1-h_{ii}}$$

其中 $h_{ij} = \boldsymbol{x}_i^T(\boldsymbol{X}^T \cdot \boldsymbol{X})^{-1}\boldsymbol{x}_j$ 是 $\boldsymbol{X} \cdot (\boldsymbol{X}^T \cdot \boldsymbol{X})^{-1} \cdot \boldsymbol{X}^T$ 的元素，h_{ii} 是其第 i 行对角线元素。

$e_i = y_i - \sum_{j=1}^{n} h_{ij} y_j$ 是用全部 n 个样本建立回归模型时的拟合误差。由此

$$\text{PRESS} = \sum_{i=1}^{n} (\frac{e_i}{1-h_{ii}})^2 \tag{3.5.13}$$

上式是非常容易计算的公式，选择使 PRESS 达最小的子集，就是最小预测平方和准则。姚棣荣、余善贤(1992 年)提出了 PRESS 准则的逐步算法。

7. AIC 准则

就是所谓赤池信息准则(Akaike Information Criterion，简记 AIC)，广泛用于模型定阶，也可以用于回归子集的选择。

设模型的似然函数为 $L(\theta,x) = f(x,\theta)$，$\theta$ 的维数为 p，则 AIC 定义为

$$\text{AIC} = -2\ln L(\hat{\theta},x) + 2p \tag{3.5.14}$$

上式中右边第一项是似然函数最大值乘 -2，第二项是模型中未知参数个数的 2 倍。使 AIC 为最小的模型是可取的。

AIC 用于回归时，假定正态分布。概率密度函数

$$f(y_t) = \frac{1}{\sqrt{2\pi}\sigma}\exp\left\{-\frac{\varepsilon_t{}^2}{2\sigma^2}\right\}$$

似然函数

$$L(y_1 y_2 \cdots y_n) = \frac{1}{(\sqrt{2\pi}\sigma)^n}\exp\left\{-\frac{\varepsilon^T\varepsilon}{2\sigma^2}\right\}$$

对 L 求自然对数，求得 $\boldsymbol{\beta}$ 与 σ 的最大似然估计

$$\hat{\boldsymbol{\beta}} = (\boldsymbol{X}^T \cdot \boldsymbol{X})^{-1}\boldsymbol{X}^T \cdot \boldsymbol{Y}$$

$$\hat{\sigma}^2 = \frac{1}{n}(\boldsymbol{Y} - \boldsymbol{X}\hat{\boldsymbol{\beta}})^T(\boldsymbol{Y} - \boldsymbol{X}\hat{\boldsymbol{\beta}})$$

代入 $\ln L$ 中得

$$\text{lnL}(\hat{\boldsymbol{\beta}},\hat{\sigma}^2,y) = -\frac{n}{2}\ln(2\pi) - \frac{n}{2}\ln\hat{\sigma}^2 - \frac{n}{2}$$

由此

$$\text{AIC} = n\ln\hat{\sigma}^2 + 2p + \text{常数}$$

常数通常取为零。p 为 $m+1$，$\hat{\sigma}^2 = RSS/n$，选择使 AIC 达最小的子集就是 AIC 准则。

8. 所有可能子集回归

我们知道，当有 m 个自变量时，所有可能的回归方程有 $2^m - 1$ 个。当 $m = 10$ 时，

$2^m - 1 = 1023$,是个较大的数。为此,研究了各种最优算法。根据某个准则,例如 RSS,AIC,PRESS 达最小的逐步算法已有应用。然而,目前,由于计算机容量、速度不断改进,全部可能回归问题再次受到重视。当今,含有 20 ~ 30 个自变量的所有可能子集回归已经可能实现了。使用全部可能回归的优点在于能选到全局最优的子集,而各种逐步算法,虽然运算速度快,能做到局部最优,而且经常也是全局最优,但总不能保证每次达到全局最优。而且逐步算法的最优子集方程与 F 临界值的大小有关。作者在探讨全部可能回归时,进行了如下试验。

在建立黄河流域 8 月降水预报模型时,用北京、承德、太原、呼和浩特 4 站平均代表黄河流域,有备选因子 42 个。$N = 38$ 年。整个工作分两个阶段。第一阶段,在 42 个变量中用逐步回归,在低 F 水准下筛选出最多 10 个变量。第一阶段,$F = 1.5$,筛选出 8 个变量。第二阶段,对 8 个变量进行全部可能回归,计算 $2^8 - 1$ 个回归方程所对应的 S_p,C_p,PRESS,AIC 等。不同变量个数下的最优子集已列在表 3.5.1 之中。表 3.5.1 表明,单因子 x_3 最优,二因子以 x_2,x_3 最优,三因子则以 x_2,x_6,x_8 最优。

从表 3.5.1 看出,三个立足于预测的准则 (C_p,S_p,PRESS) 都指示 x_1,x_2,x_4,x_6,x_7,x_8 这 6 个变量的子集最优。AIC 准则也如此。但是,逐步回归引入变量的顺序依次是 x_3,x_2,x_1,x_8,x_6,x_7,x_4,x_5,这样逐步回归方法的三因子以上子集就不是最优子集了。

表 3.5.1

P	最优子集	R	S_p	C_p	PRESS	AIC
2	x_3	0.447	82.3	31.91	120 292.1	304.66
3	x_2x_3	0.584	71.7	22.23	102 432.1	299.25
4	$x_2x_6x_8$	0.676	62.8	14.74	88 275.87	293.94
5	$x_2x_6x_7x_8$	0.706	61.6	13.35	86 594.45	292.94
6	$x_2x_4x_6x_7x_8$	0.738	59.6	11.55	81 994.46	291.28
7	$x_1x_2x_4x_6x_7x_8$	0.775	55.6*	8.87*	73 108.95*	288.23*
8	$x_1x_2x_3x_4x_6x_7x_8$	0.787	56.6	9.29	75 166.3	288.35
9	$x_1x_2x_3x_4x_5x_6x_7x_8$	0.805	56.2	9.00	73 700.28	287.47

但是,我们并没有计算 $2^{42} - 1$ 个全部可能回归,如何表明上述的 6 因子集是 $(2^{42} - 1)$ 个子集中最优呢?也就有必要说明分两个阶段找最优的合理性。为此,进行如下试验。在 42 个变量中删除这 6 个变量,变量改为 y_i 表示($i = \overline{1,36}$)。在 y_i 中,用随机抽样方法每次抽 8 个 y_i,共试验 10 次(试验的结果非常明显、可靠,过多的试验无必要)。求这 10 个组全部可能回归,共有 $10 \times (2^8 - 1)$ 个子集。分别找这 10 个组中的最优子集。结果,这 10 组的情况是:5 个组的最优子集是 2 个变量,2 个组是 3 个变量,3 个组是单变量。它们的 S_p、C_p、PRESS…… 根本无法与表 3.5.1 相比。最小的 S_p 是 90.1,是 2 因子子集,当然比表 3.5.1 的 6 因子最优子集差得多。据此,我们提出最

优方程挑选方法如下：第一阶段，用逐步回归筛选出 m 个变量（$m \leqslant 10$）；第二阶段，计算 m 个变量的全部可能回归找最优子集。这个子集可认为是可供挑选的变量中的最优子集，但是，应该注意，如果第二阶段所得的最优子集恰好是第一阶段所筛选出来的 m 个变量的全模型，这时，应放宽第一阶段筛选条件，让第一阶段所筛选的变量数大于第二阶段所找出的最优子集的变量数（最好大于 2 以上）。因为当第二阶段的最优子集是第一阶段的全模型时，表示第一阶段所选的局部最优子集要作为全局最优子集了，而逐步回归方法正好不能保证永远达全局最优。

表 3.5.1 的 S_p、C_p、PRESS 中反映出最优子集对历史资料的预测效果。对独立样本资料 1990、1991 年的实际预报效果也是好的。可以看出，最优子集回归方程的预报效果比逐步回归好些（施能，曹鸿兴 1992）。

据此，我们提出当可挑选的变量数大于 10 时，宜使用全部子集回归方法。分二个阶段进行：第一阶段，用逐步回归挑选 10 个变量，经验表明，最优子集的变量已包含在这 10 个变量之中。第二阶段，对这 10 个变量进行所能可能回归，找到子集的最优组合。这样的方法，对建立样本容量 $n \leqslant 50$ 的气候最优预测模型来讲是有效的、可行的。

第六节 正交组合的多元回归

在第三章第五节中我们介绍了将 m 个因子 $x_1^*, x_2^*, \cdots, x_m^*$ 正交组合成新因子 $z_1, z_2, \cdots, z_m$ 的方法。这一节我们介绍如何利用正交组合因子建立多元回归方程的问题。

1. 组合因子和预报对象的相关系数

如果原始变量 x_i 与 y 的相关系数 r_{iy} 已算出，则组合因子 z_i 与 y 的相关系数 $r_{iy}{}^*$ 不必另外计算，可以由公式

$$r_{iy}^* = \frac{\sum_{k=1}^{m} v_{ik} r_{ky}}{\sqrt{\lambda_i}} \qquad (i = 1, 2, \cdots, m) \tag{3.6.1}$$

算出。

因为组合因子 z_i 的方差 $D(z_i) = \lambda_i$，所以我们不妨先求组合因子 z_i 与 y 的标准化变量 y^* 的相关系数 $r_{iy}{}^*$。据相关系数的定义

$$r_{iy}^* = \frac{\mathrm{Cov}(z_i y^*)}{\sqrt{D(y^*)}\ \sqrt{D(z_i)}}$$

$$= \frac{\mathrm{Cov}(z_i y^*)}{\sqrt{D(z_i)}} = \frac{1}{n} \frac{\sum_{t=1}^{n} y_t^* z_{it}}{\sqrt{\lambda_i}}$$

$$= \frac{1}{n} \frac{\sum_{t=1}^{n} y_t^* \sum_{k=1}^{m} v_{ik} x_{kt}^*}{\sqrt{\lambda_i}} = \frac{\sum_{k=1}^{m} v_{ik}}{n} \cdot \frac{\sum_{t=1}^{n} y_t^* \cdot x_{kt}^*}{\sqrt{\lambda_i}}$$

$$= \frac{1}{\sqrt{\lambda_i}} \sum_{k=1}^{n} v_{ik} r_{ky}$$

式(3.6.1)得证。x 与 y 的上角 * 表示标准化变量,Cov( )和D( )分别表示对括号内的变量求协方差和方差。

2. 组合因子的回归方程

利用组合因子建立回归方程是极其简单的,它已不要解方程组。设回归方程为

$$y^* = b_1 z_1 + b_2 z_2 + \cdots + b_m z_m \tag{3.6.2}$$

则根据式(3.2.15),$b_1, b_2, \cdots, b_m$ 所需满足的正规方程组为

$$\begin{bmatrix} \lambda_1 & & & 0 \\ & \lambda_2 & & \\ & & \ddots & \\ 0 & & & \lambda_m \end{bmatrix} \begin{bmatrix} b_1 \\ b_2 \\ \vdots \\ b_m \end{bmatrix} = \frac{1}{n} \sum_{t=1}^{n} \begin{bmatrix} z_{1t} y_t^* \\ z_{2t} y_t^* \\ \vdots \\ z_{mt} y_t^* \end{bmatrix}$$

得

$$b_i = \frac{1}{\lambda_i} \cdot \frac{1}{n} \sum_{t=1}^{n} y_t^* \cdot z_{it} = \frac{1}{\lambda_i} \cdot \frac{1}{n} \sum_{t=1}^{n} y_t^* \cdot \sum_{k=1}^{m} v_{ik} \cdot x_{kt}^*$$

$$= \frac{1}{\lambda_i} \cdot \sum_{k=1}^{m} v_{ik} \cdot r_{ky} = \frac{1}{\sqrt{\lambda_i}} r_{iy}^* \qquad i = 1, 2, \cdots, m \tag{3.6.3}$$

也就是可以利用组合因子和 y 的相关系数,直接写出回归方程。式(3.6.2)还可以改写为

$$y = \overline{y} + b_1 \sqrt{s_{yy}} z_1 + b_2 \sqrt{s_{yy}} z_2 + \cdots + b_m \sqrt{s_{yy}} z_m \tag{3.6.4}$$

s_{yy} 是 y 的方差。

3. 实例

今用六个预报因子 $x_1 (i = 1, 2, \cdots, 6)$ 预报长江中下游6月份降水量(y)。其组合因子见表2.5.2。$r_{iy}, r_{iy}{}^*$ 见表2.5.3。$\sqrt{s_{yy}} = 77.75, y = 189.4$。

因为 r_{1y}^* 明显大,所以用第一个组合因子建立回归方程为

$$y = \overline{y} + b_1 \sqrt{s_{yy}} z_1$$

$$= 189.4 + \frac{1}{\sqrt{1.6569}} \cdot (0.889) \cdot 77.75 z_1$$

$$= 189.4 + 50.69 z_1 \tag{3.6.5}$$

式(3.6.5)是一个单因子回归方程，与 y 的复相关系数

$$R_{y \cdot 1} = \sqrt{(r_{1Y}^*)^2} = 0.839$$

回归效果是极显著的。

如果考虑第三组合因子与 y 的相关系数 $r_{3y}^* = -0.196$ 也比较大。则组成二个因子的方程

$$y = 189.4 + 50.69 z_1 + b_3 \sqrt{s_{yy}} z_3$$

$$= 189.4 + 50.69 z_1 + \frac{1}{\sqrt{1.0794}}(-0.196) \cdot 77.75 z_3$$

$$= 189.4 + 50.69 z_1 - 14.68 z_3 \tag{3.6.6}$$

式(3.6.6)比式(3.6.5)多了一项，但 z_1 前面的系数是不改变的。它的复相关系数

$$R_{y.13} = \sqrt{(r_{1y}^*) + (r_{3y}^*)^2} = 0.862$$

这个例子如果用原始的六个因子 $x_i (i = 1, 2, \cdots, 6)$ 组成回归方程，则复相关系数是 0.885。用组合因子只需 1～2 个，复相关系数就达到 0.84 以上，预报方程的显著性大大提高了。

第七节　最小残差绝对值回归和稳健回归

1. 稳健性

样本平均值不具有稳健性，100 个数字求平均，其中 99 个数字为 100，1 个数是 1 万，平均值是 199，这个平均值强烈地受到 1 个极端值的影响。中位数就具有比较好的稳健性。给比赛的运动员打分数，有时去掉最高分、最低分后求平均，就是为了体现稳健性。

回归分析的稳健性是指样本中包含少量“突出值”时，方法的性能受到过大的影响。因最小二乘方法的主体是以残差平方和为目标函数，它会使突出值的作用显著增加。如果改用 $\sum_t | y_t - \hat{y}_t |$ 代替 $\sum_t (y_t - \hat{y}_t)^2$，所受的影响要小得多。用最小残差绝对值回归，提高估计的稳健性问题，已受到高度重视，在气象界也已有应用。

2. 影响函数

最小二乘方法是通过

$$Q = \sum_{t=1}^{n}(y_t - \hat{y}_t)^2 = \sum_{t=1}^{n} e_t^2$$

达最小求回归系数。因为 $Q = \sum_{t=1}^{n}(y_t - \boldsymbol{x}_t^T\boldsymbol{\beta})^2$，所以，这将导致解

$$\sum_{t=1}^{n} e_t \boldsymbol{x}_t = 0 \tag{3.7.1}$$

更一般的形式，写为

$$\sum_{t=1}^{n} \psi(\frac{e_t}{\sigma})\boldsymbol{x}_t = 0 \tag{3.7.2}$$

式(3.7.1)是式(3.7.2)的特例。$\psi(\cdot)$ 称为影响函数。由式(3.7.1) 看出，最小二乘法时，第 t 个样本个例施加的影响正比于残差 $y_t - \hat{y}_t$。换言之，影响函数是 $y_t - \hat{y}$ 的线性函数。减少异常突出点的方法可以通过式(3.7.2) 中挑选影响函数来达到。这时，$\psi(\cdot)$ 的选择使具有大的残差的资料点不能对模型施加过大的影响。已研究出多种 $\psi(\cdot)$ 的函数形式常用的影响函数是

$$\psi(e_t/\sigma) = e_t/\sigma = \begin{cases} e_t{}^* & |\, e_t{}^* \,| \leqslant R^0 \\ R^0 & e_t{}^* > R^0 \\ -R^0 & e_t{}^* < -R^0 \end{cases} \tag{3.7.3}$$

它的图形如图 3.7.1。这种影响函数不允许残差 e_t^* 大于 R^0 的突出点对回归系数产生大的影响，从而使回归方程具有稳健性。

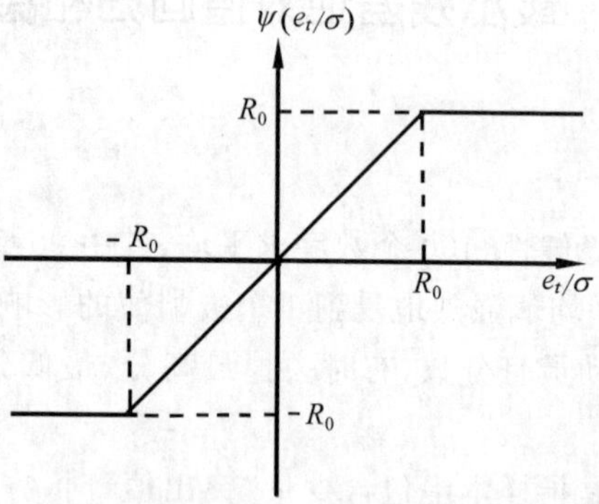

图 3.7.1　稳健回归的影响函数

3. 计算方法

式(3.7.2)不能像式(3.7.1)那样得到 β 的显式解。本文用反复加权的最小二乘迭代方法来求解。

首先，式(3.7.2)的 σ 必须用估计量代替。但是方差、均方差都是稳健性较差的

统计量。然而,中位数是稳健性好的量,考虑到这一点,合理的选择是

$$\hat{\sigma} = 1.5\mathrm{med}(e_t)$$

$\mathrm{med}(e_t)$ 是(e_t) 的中位数。式(3.7.2)可化为

$$\sum_{t=1}^{n} \frac{\psi(e_t{}^*)}{(e_t{}^*)} \cdot e_t{}^* \cdot \boldsymbol{x}_t = 0 \tag{3.7.4}$$

令 $w_t = \psi(e_t^*)/e_t^*$,则式(3.7.4) 化为

$$\sum_{t=1}^{n} w_t e_t{}^* \boldsymbol{x}_t = 0 \tag{3.7.5}$$

注意到式(3.7.1)的由来可知,式(3.7.5)相当于 $\sum_{t=1}^{n} w_t(y_t - \boldsymbol{x}_t^T\hat{\boldsymbol{\beta}})^2$ 达最小时的解,也就是加权最小二乘法。所以式(3.7.5)的求解步骤是

①求初始估计量 $\hat{\boldsymbol{\beta}}^{(0)}$(通常用最小二乘估计代替),从而得到初始的残差及 $e_{t,0}^*$。

② 根据 $e_{t,0}^*$ 算出初始权重 $w_{t,0} = \psi(e_{t,0}^*)/e_{t,0}^*$。

③ 利用加权最小二乘法解得第一步的 $\boldsymbol{\beta}$ 的稳健估计 $\hat{\boldsymbol{\beta}}_R^{(1)}$。

$$\hat{\boldsymbol{\beta}}_R^{(1)} = (\boldsymbol{X}^T\boldsymbol{W}_0\boldsymbol{X})^{-1}\boldsymbol{X}^T\boldsymbol{W}_0\boldsymbol{Y} \tag{3.7.6}$$

其中 $\boldsymbol{W}_0$ 矩阵是一个对角阵,对角线元素为 $w_{t,0}$。式(3.7.6)可沿用已有的最小二乘解法的计算程序,只需作如下变换

$$\boldsymbol{M} = \boldsymbol{CX}, \boldsymbol{Z} = \boldsymbol{CY}$$

其中 $\boldsymbol{C}$ 是一个以 $\sqrt{w_{t,0}}$ 为对角元的 n 阶对角矩阵,$\boldsymbol{C}^T \cdot \boldsymbol{C} = \boldsymbol{W}$。则式(3.7.6)化为

$$\hat{\boldsymbol{\beta}}_R^{(1)} = (\boldsymbol{M}^T \cdot \boldsymbol{M})^{-1}\boldsymbol{M}^T\boldsymbol{Z}$$

这就是最小二乘解的公式。这样就用最小二乘法的解法计算了加权最小二乘法。

④用第 3 步所解得的 $\hat{\boldsymbol{\beta}}_R^{(1)}$ 返回并代替第一步的 $\hat{\boldsymbol{\beta}}^{(0)}$,又可得到新的残差 $e_{t,1}$,$e_{t,1}^*$,从而得新的权重 $w_{t,1}$ 。

⑤再继续返回到第 3 步,计算第 2 步的稳健估计 $\hat{\boldsymbol{\beta}}_R^{(2)}$ 。如果用 $\hat{\boldsymbol{\beta}}_R^{(j)}$ 、$\hat{\boldsymbol{\beta}}_R^{(j+1)}$ 分别表示第 j 步和第 $j+1$ 步的稳健回归系数向量,则可规定一个迭代收敛的误差标准 ε,当相邻两步之间回归系数差的最大绝对值小于 ε 时,迭代收敛,即

$$\max(\mid \hat{\boldsymbol{\beta}}_R^{(j+1)} - \hat{\boldsymbol{\beta}}_R^{(j)} \mid) < \varepsilon \tag{3.7.7}$$

实际上,迭代时的每步 $\sum_{t=1}^{n} \mid e_t \mid$ 逐步减少,然后稳定在某个定值附近摆动,所以,也可用相邻两步残差绝对值之和的差小于 ε 时收敛,结果是一样的。

4. 应用实例

长江中下游梅雨预报一直是一个很重要的研究课题。因为降水极易受到异常因素的影响,而使降水量出现突出值。也就是降水量分布不对称,远尾部分的概率并不

很小。为了减少突出值的影响而采用稳健回归方法,效果可望得到改善。

所预报的地区是长江中下游雨量场大致均匀分布的38个测站。预报对象是这38个站梅雨期的雨量。

用逐步回归组成的回归方程(最小二乘法)是

$$y = 272.55 - 46.64x_1 + 32.928x_2 + 5.78x_3 \tag{3.7.8}$$

这个方程的复相关系数 $R = 0.84$。由于 y 的均方差高达132mm,所以预测 y 有相当的难度。预报因子含义略。

方程(3.7.8)经 F 统计量的检验,信度达0.001。

表 3.7.1 反复加权迭代的各步回归系数及残差绝对值和($R^0 = 1.0$)

步数	$\hat{\beta}_0$	$\hat{\beta}_1$	$\hat{\beta}_2$	$\hat{\beta}_3$	$\sum_{t=1}^{n} \mid e_t \mid$
最小二乘	272.56	−46.64	32.92	5.78	1548.678
1	267.39	−46.46	32.16	5.34	1538.141
2	264.32	−46.27	31.20	5.16	1531.016
3	262.23	−49.19	30.51	5.04	1526.035
4	260.47	−46.19	29.87	4.98	1521.904
5	259.11	−46.27	29.39	4.92	1518.590
6	258.32	−46.32	29.12	4.89	1516.728
7	257.90	−46.35	28.98	4.88	1515.764
8	257.76	−46.35	28.92	4.88	1515.485
9	257.72	−46.34	28.90	4.89	1515.419
10	257.71	−46.34	28.89	4.89	1515.416
11	257.71	−46.34	28.89	4.89	1514.421

用稳健回归方法,取 $R^0 = 1.0$ 时,迭代11步,结果已收敛稳定,见表3.7.1,所以稳健回归方程为

$$y = 257.71 - 46.34x_1 + 28.89x_2 + 4.89x_3 \tag{3.7.9}$$

这个回归方程与最小二乘法的式(3.7.8)不同。表3.7.1已表明,方程(3.7.9)的拟合效果从 $\sum_t \mid e_t \mid$ 看比方程(3.7.8)好。表3.7.2是对独立样本资料的7次预报结果。可以看出,用稳健回归方程后,7年中有5年预测效果得到改善。7年总的残差绝对值也以式(3.7.9)为好。但从预报趋势看,稳健回归与最小二乘方法经常是一致的。

取 $R^0 = 1.5$ 时,迭代6步得到稳健回归方程

$$y = 270.55 - 47.73x_1 + 34.01x_2 + 5.52x_3 \tag{3.7.10}$$

这个方程更接近逐步回归式,$\sum_t \mid e_t \mid = 1546.96$,仍比最小二乘法的式好。上式对7年独立样本预报,效果也有改善。误差绝对值之和为942.6,比逐步回归的950.9

有改进。最小绝对值和回归还可以用线性规划方法求解。

表 3.7.2　稳健回归与逐步回归对独立样本资料的预报误差(单位:mm)

序号	逐步回归(9)	稳健回归(10)	效果
1	−134.8	−125.6	改善
2	−164.4	−155.6	改善
3	98.2	105.7	未改善
4	−170.2	−147.6	改善
5	−241.4	−220.2	改善
6	136.6	−122.3	改善
7	−5.5	9.2	未改善
$\sum \mid e_t \mid$	950.9	886.2	改善

第八节　几个定量预报结果的最优综合

在天气预报中,经常会产生根据几个预报方法的结果选择最终预报结果的问题。在长期和超长期预报方面,这个问题非常突出。这就是所谓预报的综合问题。本节所介绍的最优综合是从误差平方和达最小意义上的最优。本节从理论上比较两个预报方法的各种可能的综合方法的优劣程度。

首先讨论最简单的情况。设我们有两个预报方法

$$\hat{y}_1 = b_1 x_1 \tag{3.8.1}$$

$$\hat{y}_2 = b_2 x_2 \tag{3.8.2}$$

其中 $\hat{y}_1,\hat{y}_2$ 分别是预报对象 y 用方法 1 和方法 2 的预报值。x_1,x_2 是预报因子,b_1,b_2 是用最小二乘法确定的回归系数。

为简单起见,将 $y,x_i(i=1,2)$ 理解为距平值。这样,据式(3.1.12),有

$$b_1 = r_{yx_1} \cdot \frac{s_y}{s_{x_1}} \quad , \quad b_2 = r_{yx_2} \frac{s_y}{s_{x_2}} \tag{3.8.3}$$

$$r_{yx_i} = \frac{\overline{x_i y}}{s_{x_i} s_y} \qquad (i = 1,2)$$

s_y,s_{x_1},s_{x_2} 是 y,x_1,x_2 的样本均方差。上面的横线是对时间 t 求平均,即

$$\overline{x_i y} = \frac{1}{n}\sum_{t=1}^{n}(x_{it} \cdot y_t)$$

这时,预报方法 1 的误差为

$$s_{1,x_1} = \sqrt{\overline{(y-\hat{y}_1)^2}} = \sqrt{\overline{y^2} - 2\,\overline{y\hat{y}_1} + \overline{\hat{y}_1^2}}$$

$$= \sqrt{s_y^2 - 2b_1\,\overline{yx_1} + b_1^2\,\overline{x_1^2}}$$

$$= \sqrt{s_y^2 - 2s_y^2 r_{yx_1}^2 + s_y^2 \cdot r_{yx_1}^2}$$

$$= s_y \cdot \sqrt{1 - r_{yx_1}^2} \quad (3.8.4)$$

类似可得预报方法 2 的误差为

$$s_{2,x_2} = s_y \sqrt{1 - r_{yx_2}^2} \quad (3.8.5)$$

s_{1,x_1} ,s_{2,x_2} 中第一个下标表示预报方法,第二个下标表示预报因子。容易看出,如果某方法无效,$r_{yx_i} \to 0$,则 $s_{i,x_i} \to s_y$。即该方法的误差就是预报对象 y 的均方差,预报趋向于气候预报。

现在,我们研究上述二个预报结果 $\hat{y}_1$,$\hat{y}_2$ 的综合方法。

有一个方法,综合效果最差,然而在以前用得并不很少,它是取两个预报结果的平均值。

$$\hat{y}_3 = \frac{1}{2}(\hat{y}_1 + \hat{y}_2) \quad (3.8.6)$$

这时的误差为

$$s_{3,\hat{y}_1\hat{y}_2} = \sqrt{\overline{\left[y - \frac{1}{2}(\hat{y}_1 + \hat{y}_2)\right]^2}}$$

将上式展开,用式(3.8.1),式(3.8.2)代入,并利用

$$\overline{b_1^2 x_1^2} = s_y^2 r_{yx_1}^2, \qquad \overline{b_2^2 x_2^2} = s_y^2 r_{yx_2}^2, \qquad \overline{x_1 x_2} = 0,$$

$$\overline{y\hat{y}_1} = b_1 \overline{yx_1} = s_y^2 r_{yx_1}^2, \qquad \overline{y\hat{y}_2} = b_2 \overline{yx_2} = s_y^2 r_{yx_2}^2$$

得

$$s_{3,\hat{y}_1\hat{y}_2} = \sqrt{1 - 0.75(r_{yx_1}^2 + r_{yx_2}^2)} \cdot s_y \quad (3.8.7)$$

若 $|r_{yx_1}| > |r_{yx_2}^2|$,即方法 1 比方法 2 好,这时将式(3.8.7)与式(3.8.4)比较,可知,仅当

$$r_{yx_2} \geqslant \frac{\sqrt{3}}{3} r_{yx_1} \approx 0.6 r_{yx_1} \quad (3.8.8)$$

时

$$s_{3,\hat{y}_1\hat{y}_2} \leqslant s_{1,x_1}$$

也就是说,如果条件式(3.8.8)不满足,则用两个预报结果平均的综合方法不能改善第一个预报方法的质量,它的效果比第一个方法更坏。

另一个综合的方法是将 x_1 和 x_2 组成回归方程

$$\hat{y}_4 = a_1 x_1 + a_2 x_2 \quad (3.8.9)$$

回归系数 a_1 和 a_2 用最小二乘法来确定。这种方法的误差可用剩余方差,回归方差的关系推得为

$$s_{4,x_1x_2} = \sqrt{1 - R_{y,x_1x_2}^2} \cdot s_y \quad (3.8.10)$$

R_{y,x_1x_2} 就是 x_1,x_2 与 y 的复相关系数。据式(2.3.9)和式(2.3.10),令

$$R^* = \begin{vmatrix} 1 & r_{x_1x_2} & r_{x_1y} \\ r_{x_1x_2} & 1 & r_{x_2y} \\ r_{x_1y} & r_{x_2y} & 1 \end{vmatrix}$$

则
$$R_{y,x_1x_2} = \sqrt{1-\frac{R^*}{R_{yy}^*}}$$

r_{yy}^* 是 R^* 中去掉最后一行，最后一列的代数余子式。故

$$s_{4,x_1x_2} = \sqrt{\frac{R^*}{R_{yy}^*}}s_y$$

$$= s_y \cdot \sqrt{\frac{1-(r_{x_1y}^2+r_{x_2y}^2+r_{x_1x_2}^2-2r_{x_1y}r_{x_2y}r_{x_1x_2})}{1-r_{x_1x_2}^2}} \tag{3.8.11}$$

在预报因子 x_1 和 x_2 互相独立时，上式化为

$$s_{4,x_1x_2} = s_y \cdot \sqrt{1-(r_{yx_1}^2+r_{yx_2}^2)} \tag{3.8.12}$$

容易看出，这种综合方案的误差比单独使用任何一个方法或方法 3 的误差小。

此外，还可以考虑另一种综合方案。它不是将预报因子 x_1,x_2 综合，而是将两个预报结果 $\hat{y}_1,\hat{y}_2$ 进行回归综合，即

$$\hat{y}_5 = c_1\hat{y}_1 + c_2\hat{y}_2 \tag{3.8.13}$$

系数 c_1,c_2 由最小二乘法确定。它表示某个方法的权重。这种综合方法的误差类似式(3.8.11)为

$$s_{5,\hat{y}_1\hat{y}_2} = s_y \cdot \sqrt{\frac{1-(r_{y\hat{y}_1}^2+r_{y\hat{y}_2}^2+r_{\hat{y}_1\hat{y}_2}^2-2r_{\hat{y}_1\hat{y}_2}r_{y\hat{y}_1}r_{y\hat{y}_2})}{1-r_{\hat{y}_1\hat{y}_2}^2}} \tag{3.8.14}$$

据式(3.8.1)、式(3.8.2)，有

$$r_{y\hat{y}_1} = r_{yx_1};r_{y\hat{y}_2} = r_{yx_2},r_{\hat{y}_1\hat{y}_2} = r_{x_1x_2}。$$

当 x_1 和 x_2 相互独立时，$r_{x_1x_2} = 0$，式(3.8.14)也化为

$$s_{5,\hat{y}_1\hat{y}_2} = s_y \cdot \sqrt{1-(r_{yx_1}^2+r_{yx_1}^2)} \tag{3.8.15}$$

上式就是 s_{4,x_1x_2}。这表示，将预报因子进行综合，或将预报值进行综合，其结果无差别。并总有 s_{4,x_1x_2} 和 $s_{5,\hat{y}_1\hat{y}_2}$，小于 $s_{3,\hat{y}_1,\hat{y}_2}$，和 s_{1,x_1}，s_{2,x_2} 。

施能(1984)还比较了多个预报方法的最优综合问题。

第九节　附录

附录 1　逐步回归求解的矩阵变换方法(矩阵求解求逆方法)

逐步回归方法是逐步挑选重要变量(因子)，剔除不重要因子组成回归方程的方

法.由于变量的重要性是用变量的方差贡献来衡量与计算的.而计算的变量的方差贡献必须用到系数矩阵逆矩阵的元素,所以逐步回归方法 必须使用一种独特的矩阵求解求逆同时进行的计算方法。为了说明这个计算方法的由来,我们举例说明。

有方程组

$$\begin{cases}10x_1+7x_2+4x_3=4\\7x_1+7x_2+3x_3=4\\4x_1+3x_2+4x_3=3\end{cases} \tag{3.9.1}$$

其系数矩阵的增广矩阵为

$$(a_{ij}^{(0)})=\begin{pmatrix}10&7&4&4\\7&7&3&4\\4&3&4&3\end{pmatrix}$$

若能经过行之间的初等变换,化为

$$\begin{pmatrix}1&0&0&a\\0&1&0&b\\0&0&1&c\end{pmatrix}$$

则 $x_1=a \quad x_2=b \quad x_3=c$

就是式(3.9.1) 的解。

如果下面的矩阵变换公式,分别取 $k=1$, $k=2$, $k=3$ 对系数增广矩阵进行 3 次变换,就可以达到目的。变换公式为

$$a_{ij}^{(m+1)}=\begin{cases}a_{kj}^{(m)}/a_{kk}^{(m)} & i=k\\ a_{ij}^{(m)}-a_{ik}^{(m)}a_{kj}^{(m)}/a_{kk}^{(m)} & i\neq k\end{cases} \tag{3.9.2}$$

式(3.9.2) 就是

$$a_{ij}^{(m+1)}=\begin{cases}1 & i=j=k\\0 & i\neq k,j=k\\a_{kj}^{(m)}/a_{kk}^{(m)} & i=k,j\neq k\\a_{ij}^{(m)}-a_{ik}^{(m)}a_{kj}^{(m)}/a_{kk}^{(m)} & i\neq k,j\neq k\end{cases} \tag{3.9.3}$$

式(3.9.2),式(3.9.3) 都是高斯亚当消去法的矩阵变换公式。a_{ij} 是矩阵中的元素,下标 i,j 分别是行数和列数;上角表示步数。式(3.9.2)是下一步矩阵中的元素与上一步矩阵中元素的关系。

对 $(a_{ij}^{(0)})$ 取 $k=1$,表示消去第 1 列,使用式(3.9.2)后得 $(a_{ij}^{(1)})$

$$(a_{ij}^{(1)})=\begin{pmatrix}1&0.7&0.4&0.4\\0&0.1&0.2&1.2\\0&0.2&0.4&1.4\end{pmatrix}$$

对 $(a_{ij}^{(1)})$ 再取 $k=2$,表示消去第 2 列,再使用式(3.9.2),后得 $(a_{ij}^{(2)})$

$$(a_{ij}^{(2)}) = \begin{pmatrix} 1 & 0 & 0.333 & 0 \\ 0 & 1 & 0.095 & 0.571 \\ 0 & 0 & 2.362 & 1.286 \end{pmatrix}$$

对$(a_{ij}^{(2)})$继续再取$k=3$，表示将第3列化为元素0与1。

$$(a_{ij}^{(3)}) = \begin{pmatrix} 1 & 0 & 0 & -0.181 \\ 0 & 1 & 0 & 0.519 \\ 0 & 0 & 1 & 0.544 \end{pmatrix}$$

由此得

$$x_1 = -0.181 \qquad x_2 = 0.519 \qquad x_3 = 0.544$$

在高斯亚当消去法的中间步骤中可以得到许多分块矩阵的解，例如

$$\begin{pmatrix} 10 & 7 & 4 & 4 \\ 7 & 7 & 3 & 4 \\ 4 & 3 & 4 & 3 \end{pmatrix} \to k=1 \to \begin{pmatrix} 1 & 0.7 & 0.4 & 0.4 \\ 0 & 2.1 & 0.2 & 1.2 \\ 0 & 0.2 & 2.4 & 1.4 \end{pmatrix} \tag{3.9.4}$$

从式(3.9.4)中得到

$$10x_1 = 4$$

的解是

$$x_1 = 0.4$$

对式(3.9.4)消去第2列

$$\begin{pmatrix} 1 & 0.7 & 0.4 & 0.4 \\ 0 & 2.1 & 0.2 & 1.2 \\ 0 & 0.2 & 2.4 & 1.4 \end{pmatrix} \to k=2 \to \begin{pmatrix} 1 & 0 & 0.333 & 0 \\ 0 & 1 & 0.095 & 0.571 \\ 0 & 0 & 2.362 & 1.286 \end{pmatrix} \tag{3.9.5}$$

从式(3.9.5)中得到

$$\begin{cases} 10x_1 + 7x_2 = 4 \\ 7x_1 + 7x_2 = 4 \end{cases}$$

的解是　$x_1 = 0$，　　$x_2 = 0.571$

对式(3.9.5)再消去第3列

$$\begin{pmatrix} 1 & 0 & 0.333 & 0 \\ 0 & 1 & 0.095 & 0.571 \\ 0 & 0 & 2.362 & 1.286 \end{pmatrix} \to k=3 \to \begin{pmatrix} 1 & 0 & 0 & -0.181 \\ 0 & 1 & 0 & 0.519 \\ 0 & 0 & 1 & 0.544 \end{pmatrix} \tag{3.9.6}$$

从式(3.9.6)中得到式(3.9.1)的解是

$x_1 = -0.181$，$x_2 = 0.519$，$x_3 = 0.544$

如果对式(3.9.4)再消去第3列，即

$$\begin{pmatrix} 1 & 0.7 & 0.4 & 0.4 \\ 0 & 2.1 & 0.2 & 1.2 \\ 0 & 0.2 & 2.3 & 1.4 \end{pmatrix} \to k=3 \to \begin{pmatrix} 1 & 0.667 & 0 & 0.167 \\ 0 & 2.083 & 0 & 1.083 \\ 0 & 0.0822 & 1 & 0.583 \end{pmatrix} \tag{3.9.7}$$

得到

$$\begin{cases}10x_1 + 4x_3 = 4 \\ 4x_1 + 4x_3 = 3\end{cases}$$

的解是 $x_1 = 0.167$， $x_3 = 0.583$

高斯亚当消去法的这个性质在逐步回归中得到广泛应用.我们只要通过一步新的矩阵变换,就能得到一个新的回归方程的解。

求解求逆的并行方案。

现在我们既要求式(3.9.1)的解，还要求式(3.9.1)的左端的系数矩阵的逆矩阵。这时,我们在其系数矩阵增广矩阵的右端加一个单位矩阵,进行上叙述计算。这时当系数矩阵转变为单位矩阵后,其右端的单位矩阵就转变为系数矩阵的逆矩阵。整个计算过程如下

$$\begin{pmatrix}10 & 7 & 4 & 4\\ 7 & 7 & 3 & 4\\ 4 & 3 & 4 & 3\end{pmatrix}\begin{pmatrix}1 & 0 & 0\\ 0 & 1 & 0\\ 0 & 0 & 1\end{pmatrix} \to k=1 \to \begin{pmatrix}1 & 0.7 & 0.4 & 0.4\\ 0 & 2.1 & 0.2 & 1.2\\ 0 & 0.2 & 2.4 & 1.4\end{pmatrix}\begin{pmatrix}0.1 & 0 & 0\\ -0.7 & 1 & 0\\ -0.4 & 0 & 1\end{pmatrix}$$

$$\to k=2 \to \begin{pmatrix}1 & 0 & 0.333 & 0\\ 0 & 1 & 0.095 & 0.571\\ 0 & 0 & 2.381 & 1.286\end{pmatrix}\begin{pmatrix}0.380 & -0.333 & 0\\ -0.333 & 0.476 & 0\\ -0.333 & -0.095 & 1\end{pmatrix} \to k=3 \to$$

$$\begin{pmatrix}1 & 0 & 0 & -0.181\\ 0 & 1 & 0 & 0.519\\ 0 & 0 & 1 & 0.544\end{pmatrix}\begin{pmatrix}0.380 & -0.320 & -0.141\\ -0.320 & 0.480 & -0.040\\ -0.141 & -0.040 & 0.420\end{pmatrix} \qquad (3.9.8)$$

从式(3.9.8)中得到

$$\begin{pmatrix}10 & 7 & 4\\ 7 & 7 & 3\\ 4 & 3 & 4\end{pmatrix}$$

的逆矩阵为 $\begin{pmatrix}0.380 & -0.320 & -0.141\\ -0.320 & 0.480 & -0.040\\ -0.141 & -0.040 & 0.420\end{pmatrix}$

从上面的过程中看到，增广矩阵中的某列没有化为0,1状态,则右端的单位矩阵的元素数值对应的列保持0,1状态。当增广矩阵中的某列数值一旦成为0,1状态后,在以后的变换过程中永远保持成为0,1状态不变。当增广矩阵第 k 列被消去成为0,1后,右端的单位矩阵的第 k 列元素成为 $1/a_{kk}$,单位矩阵第 k 列的其它元素成为 $-a_{ik}/a_{kk}$。在计算机上运算时,为了节省计算机的数组单元,我们可以将右边单位矩阵的第 k 列的元素存放(写到)到增广矩阵的第 k 列中去。这就是求解的矩阵紧凑方案,也就是逐步回归使用的矩阵求解求逆方法。

求解的矩阵紧凑方案。

变换公式为

$$a_{ij}^{(m+1)} = \begin{cases} 1/a_{kk}^{(m)} & i = j = k \\ -a_{ik}^{(m)}/a_{kk}^{(m)} & i \neq k, j = k \\ a_{kj}^{(m)}/a_{kk}^{(m)} & i = k, j \neq k \\ a_{ij}^{(m)} - a_{ik}^{(m)}a_{kj}^{(m)}/a_{kk}^{(m)} & i \neq k, j \neq k \end{cases} \tag{3.9.9}$$

式(3.9.4)与式(3.9.3)第 k 列的元素不同，用式(3.9.3)系数矩阵的逆矩阵时，需要要左右端加一个单位矩阵一起参加运算，而式(3.9.4)就不需要了。式(3.9.4)就是式(3.4.2)。

例如

$$\begin{pmatrix} 10 & 7 & 4 & 4 \\ 7 & 7 & 3 & 4 \\ 4 & 3 & 4 & 3 \end{pmatrix} \rightarrow k=1 \rightarrow \begin{pmatrix} 0.1 & 0.7 & 0.4 & 0.4 \\ -0.7 & 2.1 & 0.2 & 1.2 \\ -0.4 & 0.2 & 2.4 & 1.4 \end{pmatrix} \rightarrow k=2 \rightarrow$$

$$\begin{pmatrix} 0.380 & -0.333 & 0.333 & 0 \\ -0.333 & 0.476 & 0.095 & 0.571 \\ -0.333 & -0.095 & 2.381 & 1.286 \end{pmatrix} \rightarrow k=3 \rightarrow$$

$$\begin{pmatrix} 0.380 & -0.320 & -0.141 & -0.181 \\ -0.320 & 0.480 & -0.040 & 0.519 \\ -0.141 & -0.040 & 0.420 & 0.544 \end{pmatrix}$$

由此

$$\begin{pmatrix} 10 & 7 & 4 \\ 7 & 7 & 3 \\ 4 & 3 & 4 \end{pmatrix}$$

的逆矩阵为 $\begin{pmatrix} 0.380 & -0.320 & -0.141 \\ -0.320 & 0.480 & -0.040 \\ -0.141 & -0.040 & 0.420 \end{pmatrix}$

解为 $x_1 = -0.181 \quad x_2 = 0.519 \quad x_3 = 0.544$

附录 2 证明求解与求逆的矩阵变换性质 1

$$\boldsymbol{R}^{(0)} = \begin{bmatrix} r_{11}^{(0)} & r_{12}^{(0)} & \cdots & r_{1m}^{(0)} & r_{1y}^{(0)} \\ r_{21}^{(0)} & r_{22}^{(0)} & \cdots & r_{2m}^{(0)} & r_{2y}^{(0)} \\ \vdots & \vdots & \vdots & \vdots & \vdots \\ r_{m1}^{(0)} & r_{m2}^{(0)} & \cdots & r_{mm}^{(0)} & r_{my}^{(0)} \\ r_{y1}^{(0)} & r_{y2}^{(0)} & \cdots & r_{ym}^{(0)} & r_{yy}^{(0)} \end{bmatrix}$$

求解与求逆的矩阵变换式(3.4.2)为

$$r_{i,j}^{(l+1)}=\begin{cases}1/r_{kk}^{(l)} & i=j=k\\ r_{kj}^{(l)}/r_{kk}^{(l)} & i=k,j\neq k\\ -r_{ik}^{(l)}/r_{kk}^{(l)} & i\neq k,j=k\\ r_{ij}^{(l)}-r_{ik}^{(l)}r_{jk}^{(l)}/r_{kk}^{(l)} & i\neq k,j\neq k\end{cases}$$

性质 1

$$r_{ij}^{(l)}=\begin{cases}r_{ji}^{(l)} & \text{如果 } i,j \text{ 都是或者都不是 } l \text{ 步变量指标}\\ -r_{ji}^{(l)} & \text{如果 } i,j \text{ 中有一个是 } l \text{ 步变量的指标}\end{cases}$$

证明 需要利用 0 步矩阵的对称性。分 4 种情况反复利用式(3.4.2)。

(1)若 $i=j=k$ 则 $r_{kk}^{(1)}=1/r_{kk}^{(0)}=\dfrac{1}{1/r_{kk}^{(1)}}=r_{kk}^{(1)}$

(2)若 $i=k,j\neq k$ 则 $r_{kj}^{(1)}=\dfrac{r_{kj}^{(0)}}{r_{kk}^{(0)}}=\dfrac{r_{jk}^{(0)}}{r_{kk}^{(0)}}=-r_{jk}^{(1)}$

(3)若 $i\neq k,j=k$ 则 $r_{ik}^{(1)}=-\dfrac{r_{ik}^{(0)}}{r_{kk}^{(0)}}=-\dfrac{r_{ki}^{(0)}}{r_{kk}^{(0)}}=-r_{ki}^{(1)}$

(4)若 $i\neq k,j\neq k$ 则 $r_{ij}^{(1)}=r_{ij}^{(0)}-\dfrac{r_{ik}^{(0)}r_{kj}^{(0)}}{r_{kk}^{(0)}}=r_{ji}^{(0)}-\dfrac{r_{ki}^{(0)}r_{jk}^{(0)}}{r_{kk}^{(0)}}=-r_{ji}^{(1)}$

这样我们就分 i,j 取值的 4 种,利用了 0 步矩阵的对称性,证明了 $l=1$ 时间性质 1 的成立。然后再用数学归纳法,在 $l=m$ 步成立时推导出对 $l=m+1$ 步性质 1 成立。

附录 3 证明求解与求逆的矩阵变换的性质 2

性质 2 $\boldsymbol{R}^{(0)}$ 只与引入变量的全体有关系,而与消去变换的次序无关。所谓与引入变量的全体有关是指

$$\boldsymbol{R}^{(l-2)}\xrightarrow{\text{引入 } x_k\text{(消去第 } k \text{ 列)}}\boldsymbol{R}^{(l-1)}\xrightarrow{\text{再消去 } k \text{ 列(剔除 } x_k)}\boldsymbol{R}^{(l)}$$

证明 可以证明 $\boldsymbol{R}^{(l-2)}=\boldsymbol{R}^{(l)}$。这表示如果对某个指标 k 变换两次(偶数次),则如果同对该变量指标没有进行过变换一样。所以,当需要剔除变量 x_k 时,仍对指标 k 运用阵变换公式(3.4.2)就可以了。为了证明性质 2,我们需要分 4 种情况,应用式(3.4.2)。将 $\boldsymbol{R}^{(l)}$ 中的元素用 $\boldsymbol{R}^{(l-1)}$ 表示出来;然后再次应用式(3.4.2)将 $\boldsymbol{R}^{(l-1)}$ 的元素用 $\boldsymbol{R}^{(l-2)}$ 表示出来。这样就建立了 $\boldsymbol{R}^{(l)}$ 中元素与 $\boldsymbol{R}^{(l-2)}$ 的关系,可以看出它们的元素全部相同。

(1)若 $i=j=k$, $r_{kk}^{(l)}=1/r_{kk}^{(l-1)}=\dfrac{1}{1/r_{kk}^{(l-2)}}=r_{kk}^{(l-2)}$

(2)若 $i=k,j\neq k$, $r_{kj}^{(l)}=\dfrac{r_{kj}^{(l-1)}}{r_{kk}^{(l-1)}}=\dfrac{r_{kj}^{(l-2)}/r_{kk}^{(l-2)}}{1/r_{kk}^{(l-2)}}=r_{kj}^{(l-2)}$

(3)若　$i \neq k, j = k$，　$r_{ik}^{(l)} = -\dfrac{r_{ik}^{(l-1)}}{r_{kk}^{(l-1)}} = -\dfrac{-r_{ik}^{(l-2)}/r_{kk}^{(l-2)}}{1/r_{kk}^{(l-2)}} = r_{ik}^{(l-2)}$

(4)若　$i \neq k, j \neq k$，

则

$$\begin{aligned} r_{ij}^{(l)} &= r_{ij}^{(l-1)} - \frac{r_{ik}^{(l-1)} r_{kj}^{(l-1)}}{r_{kk}^{(l-1)}} \\ &= \left[r_{ij}^{(l-2)} - \frac{r_{ik}^{(l-2)} r_{kj}^{(l-2)}}{r_{kk}^{(l-2)}}\right] - \frac{\left[r_{ik}^{(l-2)}/r_{kk}^{l-2}\right]\left[-r_{kj}^{(l-2)}/r_{kk}^{(l-2)}\right]}{1/r_{kk}^{(l-2)}} \\ &= r_{ij}^{(l-2)} - \frac{r_{ik}^{(l-2)} r_{kj}^{(l-2)}}{r_{kk}^{(l-2)}} + \frac{r_{ik}^{(l-2)} r_{kj}^{(l-2)}}{r_{kk}^{(l-2)}} \\ &= r_{ij}^{(l-2)} \end{aligned}$$

这样，$\boldsymbol{R}^{(l)}$ 中元素与 $\boldsymbol{R}^{(l-2)}$ 全部相同，所以 $\boldsymbol{R}^{(l)} = \boldsymbol{R}^{(l-2)}$，性质 2 得证。

附录 4　消去变换只与变换的全体有关系，而与消去变换的次序无关的证明

这也是性质 2 的一个内容，根据这个性质，说明矩阵变换后的最后结果，只与变换过什么指标有关系，与它们变换的先后次序是没有关系的。

这里我们需要说明，如果从 $\boldsymbol{R}^{(l-2)}$ 出发，先对指标 p 进行式(3.4.2)的变换，后再对换指标 k 进行式(3.4.2)的变换；其结果与 $\boldsymbol{R}^{(l-2)}$ 先对指标 k 进行式(3.4.2)的变换，后再对换指标 p 是相同的。也就是当

$$\boldsymbol{R}^{(l-2)} \xrightarrow{\text{引入 } x_p\text{(消去第 } p \text{ 列)}} \boldsymbol{R}^{(l-1)} \xrightarrow{\text{再引入 } x_k\text{(消去第 } k \text{ 列)}} \boldsymbol{R}^{(l)},$$

$$\boldsymbol{R}^{(l-2)} \xrightarrow{\text{引入 } x_k\text{(消去第 } k \text{ 列)}} \widetilde{\boldsymbol{R}}^{(l-1)} \xrightarrow{\text{再引入 } x_p\text{(消去第 } p \text{ 列)}} \widetilde{\boldsymbol{R}}^{(l)},$$

则可以证明 $\boldsymbol{R}^{(l)} = \widetilde{\boldsymbol{R}}^{(l)}$，该式的证明并不难，但是比较麻烦。

首先我们利用求解求逆的矩阵变换(3.4.2)分 4 种情况将 $\boldsymbol{R}^{(l-2)}$ 的变换元素用 $\boldsymbol{R}^{(l-1)}$ 的元素表示出来(这时的变化指标是 p)；然后再次利用式(3.4.2)将 $\boldsymbol{R}^{(l-1)}$ 的元素用 $\boldsymbol{R}^{(l)}$ 的元素表示出来(这时的变换指标是 k)；从而建立了 $\boldsymbol{R}^{(l-2)}$ 与 $\boldsymbol{R}^{(l)}$ 的关系。

另一方面，仍利用求解求逆的矩阵变换(3.4.2)分 4 种情况将 $\boldsymbol{R}^{(l-2)}$ 的变换元素用 $\widetilde{\boldsymbol{R}}^{(l-1)}$ 的元素表示出来(这时的变化指标是 k)；然后再次利用式(3.4.2)将 $\widetilde{\boldsymbol{R}}^{(l-1)}$ 的元素用 $\widetilde{\boldsymbol{R}}^{(l)}$ 的元素表示出来(这时的变换指标是 p)；从而建立了 $\boldsymbol{R}^{(l-2)}$ 与 $\widetilde{\boldsymbol{R}}^{(l)}$ 的关系。这时我们将比较 $\boldsymbol{R}^{(l)}$ 与 $\widetilde{\boldsymbol{R}}^{(l)}$ 的元素，可以发现他们是关于 p 与 k 对称的；或者说相当于将 p 与 k 交换了位置。$\boldsymbol{R}^{(l-2)}$ 与 $\widetilde{\boldsymbol{R}}^{(l)}$ 是相等的。

参考文献

Allen D M. 1971. Mean square error of prediction as a cirterion for selecting variables. *Technomerics*, **13**(3): 469-457.

Shi Neng. 2003. Annual precipitation fields secular variation over global land areas for 1948－2000. *Chinese Sci.*

Bull.，**48**(3)：281-286.

Shi Neng, Chen H, Xian D D. 2000. Study of northern winter atmospheric active centers climate base-state with its climate variability and effects. *J. Trop. Meteoro.*，**6**(2)：194-201.

Shi Neng. Chen L W. 2004. Evolution and features of global land June-August dry/wet precipitation during 1920—2000. *Int. J. Climatol.* **24**：1483-1493.

Shi, Neng, Deng Z W. 2000. Space/time features of the secular trend variation in 1951—1998 Northern 500-hPa height. *Meteorol. Atmos. Phys.*，**73**：35-46.

Jones P D, Wigley T M L, Kelly P M. 1982. Variations in surface air temperatures: Part 1. Northern Hemisphere, 1881-1980. *Mon. Wea. Rev.*，**110**(2)：59-70.

陈希孺，王松桂. 1987. 近代回归分析. 合肥：安徽教育出版社.

陈辉，施能，王永波. 2000. 北半球 500hPa 高度场趋势变化与突变. 热带气象学报，**16**(3)：272-281.

施能，顾骏强，封国林. 2007. 论带有趋势变化的变量的相关：数值试验. 数学的实践与认识，**37**(8)：98-104.

施能，曹鸿兴. 1992. 基于所有可能回归的最优气候预测模型. 南京气象学院学报，**15**(4)：459-466.

施能，曹鸿兴. 1996. 近 42 年我国冬季降水的趋势变化与年代际变化及成因分析？我国短期气候变化及成因研究. 北京：气象出版社.

施能，陈家其，屠其璞. 1995. 中国近 100 年四个年代际的气候变化特征. 气象学报，**53**(4)：531-539.

施能，王建新. 1992. 稳健回归的加权最小二乘迭代解法及其在气象学中的应用. 应用气象学报，(3)：353-358.

施能. 1980. 论变量的相关性在组合因子中的作用. 南京气象学院学报，(1)：28-33.

施能. 1984. 预报的最优化综合的统计方法和原则. 气象教育与科技，(2)：39-46.

施能. 1996. 北半球冬季大气环流遥相关型的长期变化及其与我国气候变化的关系. 气象学报，**54**(6)：675-683.

史久恩. 1964. 统计学长期预报方法的若干研究(一)，逐步回归技术的应用. 气象学报，**34**(4)：507-519.

王建新，施能，甄宗环. 1992. 混合回归模型及其在长江中下游气象预报中的应用. 气象科学，12(3)：277-281.

姚棣荣，余善贤. 1992. 基于 PRESS 准则选预报因子的逐步算法. 大气科学，**16**(2)：129-135.

中国科学院计算中心概率统计组. 1979. 概率统计计算. 北京：科学出版社.

第四章　二分类预报

二分类预报，又称为正反预报，在气象预报中有极重要的地位。这种预报只对两种天气状态作预报，例如有无冰雹、初霜迟早、降水量偏多还是偏少、气温高还是低等。也就是说，预报对象分为两类，或者说预报对象由两个互逆事件 A 和 $\overline{A}$ 组成。这时，预报因子既可以是二分类的资料，也可以是连续的数据资料。在第七章二组判别分析中，我们将介绍预报因子是连续数据资料时的二分类预报，本章只介绍预报因子也是二分类时的二分类预报方法。

对于预报因子也是二分类时的二分类预报，原则上有两种不同的思路或处理方法。第一种方法称为"天气预报指标群的分片包干"方法。我们将在第一节中介绍这一方法。第二种方法可统称为"多因子综合预报方法"，这将在第二节到第三节中介绍。最后，将介绍考虑经济收益最大时的综合方法。

第一节　天气预报指标群的使用

用一个实例介绍这种方法的思路。天气预报的经验往往被总结或提炼成天气谚语或预报指标。例如长江下游有"四季东风有雨下，只怕东风刮不大"的天气谚语。用春季资料验证，东风日平均风速大于 8m/s，24 小时内均有降水，查出 18 个例，无一例外。这样，春季东风刮大了，心中有数的预报员凭着这一条指标就报准了降水过程。但问题并不如此简单。因为降雨个例还比较多，东风不大时有时也会有降水，其他风向甚至静风也会有降水。也就是说，用任何的单一的指标去作预报，必然管不住这么多降水过程。事实上，从天气过程来讲，降水过程的原因可以有冷锋过程，局地雷暴、暖湿空气活动，切变线天气等，这些不同的天气过程在气象要素上的反映就都不相同，湿度高会下雨，湿度低在某些条件下也会下雨，气压低容易下雨，气压高也会下雨，气温上升或下降时均可有雨，也就是说，降水过程有共同性，也有特殊性。这时，用一条指标去预报天气必然要漏报了许多降水过程。如何克服这一矛盾呢？"指标群分片包干法"认为不同类型的天气过程应该用不同的天气预报指标去预报。应该有一个"指标群"，每一条指标管一类天气过程，准确率要高，不同类的天气过程被不同的天气指标管住，做到不漏报。具体要求如下。

1. 预报指标的准确率要高

如果满足指标条件的次数用 n 表示，其中 m 次出现了某类要预报的天气（记为 A），则历史拟合率的估计值用$\frac{m}{n+1}$表示，要求$\frac{m}{n+1}>90\%$，以保证一定的预报准确率。这个条件必然要求 $n \geqslant 9$ 。

2. 预报指标的偶然性要小

也就是要求

$$\sum_{k=m}^{n} C_n^k p^k (1-P)^{n-k} < 0.01 \tag{4.1.1}$$

其中 p 是预报对象出现的气候概率。例如 A 为降水事件，$P(A)=0.35$，某指标 $n=12, m=12$，则$\frac{m}{n+1}=92.3\%>90\%$。而$(0.35)^{12}=0.0000034<0.01$，该指标满足条件 1,2。

3. 有一个“指标群”能概括所有个例

就是说满足前面二个条件的指标要多。形成一个“指标群”，各条指标从各方面预报 A 出现。这样，虽然用单一的预报指标可能会出现漏报可能，但是不满足这一条指标，会满足另一条指标，整个“指标群”做到对历史个例不漏报。这样满足一条指标就可以预报 A 出现（因为准确率很高），如果同时满足几条指标，则预报 A 出现的把握更大。“指标群”中所有指标条件全不被满足，才报 A 不出现（预报 $\overline{A}$ 出现）。

由此可见，上述方法的实质是对预报指标的准确率要求很高，用一条指标也可作预报，但在漏报错误方面的要求适当放宽。漏报问题是用“指标群”分片包干方法去解决。当造成某种天气的原因比较多时，本方法的针对性比较强，预报指标也利于物理解释，效果比较好。

第二节 二分类预报的数学模型

设有两类天气要我们预报。分别用 A 和 $\overline{A}$ 来表示。A 一般用来指有某类危险天气，则 $\overline{A}$ 就是无该类危险天气。出现哪一类天气决定于大气中是否具有事件 A 或者事件 $\overline{A}$ 的天气形势。问题就在于会区别这些形势。两类事件的先验概率（气象术语是气候概率）可以从历史档案资料中得到，设为 $P(A)$ 和 $P(\overline{A})$。$P(A)+P(\overline{A})=1$。而大气状态或天气形势用 $\boldsymbol{x}$ 表示。$\boldsymbol{x}$ 是 m 维向量。m 是指标（即预报因子）的个数。完整地描述实际的天气形势 m 当然应是无穷尽的。而实际上，m 总是有限的。所以 $\boldsymbol{x}$ 是对大气状态的近似描述。$\boldsymbol{x}$ 的 n 次取值可以看成为 m 维空间的 n 个点。空间 R_m 可以分成两部分：$R_m(A)$ 为有利于出现事件 A 的形势的所有的空间点的总体；$R_m(\overline{A})$ 为有利于出现事件 $\overline{A}$ 的形势的所有空间点的总体

$$R_m = R_m(A) + R_m(\overline{A}) \tag{4.2.1}$$

如果我们已知所有指标的理想空间 R_∞，则将它区分为两类

$$R_\infty = R_\infty(A) + R_\infty(\overline{A})$$

并且可以使 $R_\infty(A)$ 与 $R_\infty(\overline{A})$ 不相交，即

$$R_\infty(A) \cdot R_\infty(\overline{A}) = 0$$

这是可能的。因为客观物理条件唯一地确定了大气状态。但是，在式（4.2.1）中的 $R_m(A)$ 和 $R_m(\overline{A})$ 可以相交，也就是 $R_m(A) \cdot R_m(\overline{A}) \neq 0$。这意味着存在这样的空间点 R_m，它既观测到出现事件 A，也观测到出现事件 $\overline{A}$。我们的任务是将 R_m 空间划分为二个互不相交的部分 $R_m^*(A)$，$R_m^*(\overline{A})$，使

$$R_m = R_m^*(A) + R_m^*(\overline{A}) \tag{4.2.2}$$

$$R_m^*(A) \cdot R_m^*(\overline{A}) = 0 \tag{4.2.3}$$

所以，摆在我们面前的两个任务：

1）怎样最优地利用指标 $\boldsymbol{x}$ 去区别两类天气现象 A 和 $\overline{A}$。

2）怎样最优地决定区域 $R_m^*(A)$ 和 $R_m^*(\overline{A})$，使

$$\boldsymbol{x} \in R_m^*(A) \qquad \text{将 } \boldsymbol{x} \text{ 判别为 } A$$

$$\boldsymbol{x} \in R_m^*(\overline{A}) \qquad \text{将 } \boldsymbol{x} \text{ 判别为 } \overline{A}$$

第一个问题是属于选择最大信息的预报因子的问题，这个问题取决于对大气过程深入的物理分析。第二个问题是我们下面要解决的任务。即二分类预报的最优原则，这是一个普遍适用的预报原则。

假设我们提出一个二分类预报方法，并用历史资料加以检验，其结果可得表4.2.1。

表 4.2.1

实况	预报		
	A	$\overline{A}$	$\sum$
A	n_{11}	n_{12}	$n_{1.}$
$\overline{A}$	n_{21}	n_{22}	$n_{2.}$
$\sum$	$n_{.1}$	$n_{.2}$	n

表 4.2.2

决策	实况	
	A	$\overline{A}$
A	$C(A/A)$	$C(A/\overline{A})$
$\overline{A}$	$C(\overline{A}/A)$	$C(\overline{A}/A)$

表4.2.1中 A，$\overline{A}$ 是两类天气。A 作为预报对象通常是某类危险天气。$n_{1.}$，$n_{2.}$ 为两类天气出现的次数，它们与预报方法无关。$P(A) = n_{1.}/n$，$P(\overline{A}) = n_{2.}/n$ 可作为两类天气先验概率（气候概率）的估计值，而 $P(\overline{A}A) = n_{12}/n$ 是预报 $\overline{A}$ 实况为 A 的联合

概率。$P(A\overline{A})=n_{21}/n$ 是预报 A 实况 $\overline{A}$ 的联合概率。n_{12}，n_{21} 分别是漏报 A 和空报 A 的次数。$\alpha=n_{12}/n_{1.}$，$\beta=n_{21}/n_{2.}$ 分别是漏报 A 和空报 A 的概率估计值，任何使用单位收到预报后，采取措施可得到一定的经济收益，用经济收益表 4.2.2 表示。表 4.2.2 中 $C(i/j)$ 是决策为天气 i，而实际天气是 j 时的经济收益。故

$$L_1=C(A/A)-C(\overline{A}/A) \qquad \text{为漏报 } A \text{ 的损失}$$

$$L_2=C(\overline{A}/\overline{A})-C(A/\overline{A}) \qquad \text{为空报 } A \text{ 的损失}$$

如果认为准确的预报没有收益 $C(A/A)=C(\overline{A}/\overline{A})=0$，则错误的预报一定有负的收益 $C(A/\overline{A})<0$，$C(\overline{A}/A)<0$，故 $L_1>0$，$L_2>0$，即损失值大于零。

显然，预报的平均收益，据表 4.2.1 和表 4.2.2 应为

$$\begin{aligned}\overline{C}=&C(A/A)P(AA)+C(\overline{A}/\overline{A})P(\overline{A}\,\overline{A})\\&+C(A/\overline{A})P(A\overline{A})+C(\overline{A}/A)P(\overline{A}A)\\=&C(A/A)\cdot\frac{n_{11}}{n}+C(\overline{A}/\overline{A})\cdot\frac{n_{22}}{n}+C(A/\overline{A})\cdot\frac{n_{21}}{n}\\&+C(\overline{A}/A)\cdot\frac{n_{12}}{n}=C(A/A)\cdot\frac{n_{11}}{n}+C(\overline{A}/\overline{A})\cdot\frac{n_{22}}{n}\\&+(C(\overline{A}/\overline{A})-L_2)\cdot\frac{n_{21}}{n}+(C(A/A)-L_1)\cdot\frac{n_{12}}{n}\\=&C(A/A)\cdot\left(\frac{n_{11}+n_{12}}{n}\right)+C(\overline{A}/\overline{A})\cdot\left(\frac{n_{22}+n_{21}}{n}\right)\\&-L_2\frac{n_{21}}{n}-L_1\frac{n_{12}}{n}=C(A/A)\frac{n_{1.}}{n}+C(\overline{A}/\overline{A})\frac{n_{2.}}{n}\\&-L_2\cdot\beta\cdot P(\overline{A})-L_1\cdot\alpha\cdot P(A)=C(A/A)P(A)\\&+C(\overline{A}/\overline{A})\cdot P(\overline{A})-(L_2\beta P(\overline{A})+L_1\alpha P(\overline{A}))\end{aligned}\tag{4.2.4}$$

(4.2.4) 式中 $C(A/A)P(A)+C(\overline{A}/\overline{A})P(\overline{A})$ 和预报方法无关，欲使 $\overline{C}$ 达最大，要求 $\overline{L}$ 达最小

$$\overline{L}=L_2\beta P(\overline{A})+L_1\alpha P(A)\tag{4.2.5}$$

另一方面，所谓预报方法是将 m 维空间（m 为因子个数）划分为 $R_m^*(A)$，$R_m^*(\overline{A})$ 两部分。若 $\boldsymbol{x}\in R_m^*(A)$，则预报 A，$\boldsymbol{x}\in R_m^*(\overline{A})$，则预报 $\overline{A}$。若用 $f_A(\boldsymbol{x})$，$f_{\overline{A}}(\boldsymbol{x})$ 表示两类的概率密度函数，则漏报和空报的概率可如下表示

漏报概率
$$\alpha=\int_{R_m^*(\overline{A})}f_A(\boldsymbol{x})\mathrm{d}\boldsymbol{x}=1-\int_{R_m^*(A)}f_A(\boldsymbol{x})\mathrm{d}\boldsymbol{x}\tag{4.2.6}$$

空报概率
$$\beta=\int_{R_m^*(A)}f_{\overline{A}}(\boldsymbol{x})\mathrm{d}\boldsymbol{x}\tag{4.2.7}$$

这样
$$\overline{L}=\int_{R_m^*(A)}[-L_1P(A)f_A(\boldsymbol{x})+L_2P(\overline{A})f_{\overline{A}}(\boldsymbol{x})]\mathrm{d}\boldsymbol{x}+L_1P(A)\tag{4.2.8}$$

为使 $\overline{L}$ 最小，$R_m^*(A)$ 应满足

$$R_m^*(A): L_1 P(A) f_A(\boldsymbol{x}) \geqslant L_2 P(\overline{A}) f_{\overline{A}}(\boldsymbol{x})$$

即

$$\frac{f_A(\boldsymbol{x})}{f_{\overline{A}}(\boldsymbol{x})} \geqslant \frac{P(\overline{A})L_2}{P(A)L_1} \text{时} \qquad \text{预报} A \tag{4.2.9}$$

$$\frac{f_A(\boldsymbol{x})}{f_{\overline{A}}(\boldsymbol{x})} < \frac{P(\overline{A})L_2}{P(A)L_1} \text{时} \qquad \text{预报} \overline{A} \tag{4.2.10}$$

注意到这是二分类预报，A 与 $\overline{A}$ 是两个互逆事件，组成一个完备事件组 $P(A) + P(\overline{A}) = 1$。可以使用贝叶斯 (Bayes)后验概率公式，即

$$P(A/\boldsymbol{x}) = \frac{P(A)P(\boldsymbol{x}/A)}{P(A)P(\boldsymbol{x}/A) + P(\overline{A})P(\boldsymbol{x}/\overline{A})} \tag{4.2.11}$$

$$P(\overline{A}/\boldsymbol{x}) = \frac{P(\overline{A})P(\boldsymbol{x}/\overline{A})}{P(A)P(\boldsymbol{x}/A) + P(\overline{A})P(\boldsymbol{x}/\overline{A})} \tag{4.2.12}$$

式(4.2.9)、(4.2.10)中的 $f_A(\boldsymbol{x})$ 和 $f_{\overline{A}}(\boldsymbol{x})$ 分别用条件概率 $P(\boldsymbol{x}/A)$，$P(\boldsymbol{x}/\overline{A})$ 代入，得

$$\begin{aligned} &\frac{P(A/\boldsymbol{x})}{P(A/\boldsymbol{x})} \geqslant \frac{L_2}{L_1} \text{时} \qquad \text{预报} A \\ &\frac{P(A/\boldsymbol{x})}{P(\overline{A}/(\boldsymbol{x})} < \frac{L_2}{L_1} \text{时} \qquad \text{预报} \overline{A} \end{aligned} \tag{4.2.13}$$

式(4.2.13)是考虑经济收益时，二分类预报的一般原则。其中 L_2/L_1 是空报 A 类天气的损失与漏报 A 类天气的损失之比值。这个比值对具体用户可以大致估计出来。例如，考虑到特别危险的天气现象的后果时，$L_1 \gg L_2$。以上的预报准则也称为二分类预报的贝叶斯准则。

式(4.2.9)是一切二分类预报的准则。当 $f_A(\boldsymbol{x})$，$f_{\overline{A}}(\boldsymbol{X})$ 是连续的概率密度函数时可导出两组判别函数。当因子是离散资料时，使用条件概率 $P(\boldsymbol{x}/A)$，$P(\boldsymbol{x}/\overline{A})$。但是 L_1，L_2 对不同的预报使用单位是不同的。例如，A 是台风登陆，$\overline{A}$ 是台风不登陆，对于某些使用单位，漏报 A 的损失可能是空报 A 的损失的 10 倍($L_1/L_2 = 10$)。这时，当 $P(A/\boldsymbol{x})/P(\overline{A}/\boldsymbol{x}) \geqslant 0.1$ 时，我们就应该向该使用单位发布台风登陆的预报，以便采取防护措施。但是，如果有另一使用预报的单位，漏报 A 和空报 A 对这个单位来讲是 $L_1/L_2 = 2$。这时，仅当 $P(A/\boldsymbol{x})/P(\overline{A}/\boldsymbol{x}) \geqslant 0.5$ 时，我们才向该单位发布台风登陆的预报，以便该单位采取防护措施。正因为 L_1，L_2 随使用单位而改变，所以除特别需要外，气象台站并不对这种用户作出不同的专业服务预报。也就是说，式(4.2.13) 适用于对具体使用单位作预报。气象台站对国民经济各使用部门作预报，L_1 和 L_2 就很难估计了。所以气象台站只对理想用户作预报或者在 $L_1 = L_2$ 的假定下作预报，下面我们分别说明之。

对理想用户时，假定两类预报错误的损失比与它们的气候概率成反比，即

$$\frac{L_2}{L_1}=\frac{P(A)}{P(\overline{A})} \tag{4.2.14}$$

上式表示小概率事件（$P(A)$ 小）的漏报经济损失 L_1 大，是比较合理的。用式(4.2.14)代入式(4.2.13)得

$$\begin{aligned} &\frac{P(A/\boldsymbol{x})}{P(\overline{A}/\boldsymbol{x})}\geqslant\frac{P(A)}{P(\overline{A})}\text{时}\qquad \text{预报 } A \\ &\frac{P(A/\boldsymbol{x})}{P(\overline{A}/(\boldsymbol{x})}<\frac{P(A)}{P(\overline{A})}\text{时}\qquad \text{预报 } \overline{A} \end{aligned} \tag{4.2.15}$$

这就是对理想用户(满足式(4.2.14))的预报原则。此外，如果 $L_1=L_2$，或者理想用户时又满足 $P(A)=P(\overline{A})$，则式(4.2.15)化为

$$\begin{aligned} &\frac{P(A/\boldsymbol{x})}{P(\overline{A}/\boldsymbol{x})}\geqslant 1\text{时}\qquad \text{预报 } A \\ &\frac{P(A/\boldsymbol{x})}{P(\overline{A}/(\boldsymbol{x})}<1\text{时}\qquad \text{预报 } \overline{A} \end{aligned} \tag{4.2.16}$$

由于预报的使用单位往往是理想用户，而用作二分类预报时，常用平均值或中位数将预报对象分为两类，使 $P(A)\approx P(\overline{A})$。即使对小概率事件 A，也已先进行了处理，例如使用一些排除条件，将明显会出现 $\overline{A}$ 的个例先排除，使 $P(A)\approx P(\overline{A})$。这样，式(4.2.16)成为最经常使用的预报原则。这里我们仅指出，式(4.2.16)只适用于 $P(A)=P(\overline{A})$ 时的理想用户；或者虽非理想用户，但 $L_1=L_2$ 这两种情况。

第三节　二分类预报结果的最优经济综合

对于天气预报问题，特别是长期天气预报，不只有一种预报方法，而可以有许多预报方法。如何经济上最优地利用各种预报方法的预报结果呢？如果我们将预报方法也看作为预报因子，则又成为多因子综合问题。

1. 最优化原则

设有 A 类和 $\overline{A}$ 类两类天气。而我们有 m 个预报方法，其预报结果用 z_i 表示($i=1,2,\cdots,m$)。例如 $z_1=A$，表示第一个预报方法预报 A 类，用 $C(i/j)$ 表示决策为 i 类天气，而实况是 j 类天气的经济收益。类似表(4.2.2)，$C(A/A)=C(\overline{A}/\overline{A})=0$。令 $L(\overline{A}/A)$ 是漏报 A 的经济损失(即第二节中 L_1)；$L(A/\overline{A})$ 是空报 A 的经济损失(即第二节中 L_2)。$P(A/z_1,\cdots,z_m)$，$P(\overline{A}/z_1,z_2,\cdots,z_m)$ 分别是第一个预报方法报 z_1，第二个

预报方法报 z_2,……,第 m 个预报方法报 z_m 时两类天气出现的条件概率。设决策天气是 $y = y(z_1, z_2, \cdots, z_m)$。则采取 y 为决策(综合 $z_1, z_2, \cdots, z_m$ 的结果)的平均损失应为

$$\begin{aligned}&\overline{L}(y, z_1, z_2, \cdots, z_m)\\ &= L(y/A)P(A/z_1 z_2 \cdots z_m) + L(y/\overline{A})P(\overline{A}/z_1 z_2 \cdots z_m)\end{aligned} \tag{4.3.1}$$

最优的综合结果 y_0 应如下选择

$$\begin{aligned}&\overline{L}(A, z_1, z_2, \cdots, z_m) < \overline{L}(\overline{A}, z_1, z_2, \cdots, z_m) \text{ 时}\\ &\qquad y_0 = A\\ &\overline{L}(A, z_1, z_2, \cdots, z_m) > \overline{L}(\overline{A}, z_1, z_2, \cdots, z_m) \text{ 时}\\ &\qquad y_0 = \overline{A}\end{aligned} \tag{4.3.2}$$

因为 $L(\overline{A}/\overline{A}) = L(A/A) = 0$,故式(4.3.1) 化为

$$\begin{cases}\overline{L}(A, z_1, z_2, \cdots, z_m) = L(A/\overline{A})P(\overline{A}/z_1 z_2 \cdots z_m)\\ L(\overline{A}, z_1, z_2, \cdots, z_m) = L(\overline{A}/A)P(A/z_1 z_2 \cdots z_m)\end{cases} \tag{4.3.3}$$

将式(4.3.3)代入式(4.3.2)中,并令

$$\frac{L(A/\overline{A})}{L(\overline{A}/A)} = \frac{L_2}{L_1} = \frac{\text{空报}A\text{的损失}}{\text{漏报}A\text{的损失}} = \lambda \tag{4.3.4}$$

则得

$$\begin{cases}\dfrac{P(A/z_1 z_2 \cdots z_m)}{P(\overline{A}/z_1 z_2 \cdots z_m)} > \lambda \text{ 时} \qquad \text{应综合为 } A\\ \dfrac{P(A/z_1 z_2 \cdots z_m)}{P(\overline{A}/z_1 z_2 \cdots z_m)} < \lambda \text{ 时} \qquad \text{应综合为 } \overline{A}\end{cases} \tag{4.3.5}$$

这就是 m 个二分类预报的最优综合原则。式(4.3.5)与式(4.2.13)在本质上是一致的。

2. 两个二分类预报的最优综合

作为 $m = 2$ 的最简单的情况,引入一个记号

$$\Delta(z_1 z_2) = L(\overline{A}/A)P(A/z_1 z_2) - L(A/\overline{A})P(\overline{A}/z_1 z_2) \tag{4.3.6}$$

显然 $\Delta(z_1 z_2)$ 为"+"时,应将 z_1, z_2 综合为 A;当 $\Delta(z_1 z_2)$ 为"—"时,应将 z_1, z_2 综合为 $\overline{A}$ 。表 4.3.1 列出可能的 16 种结果。

表 4.3.1

$\Delta(z_1 z_2)$	1	2	3	4	5	6	7	8	9	10	11	12	13	14	15	16
$\Delta(AA)$	+	—	+	+	—	—	+	+	—	—	+	—	+	+	—	—
$\Delta(\overline{A}\overline{A})$	+	—	—	—	+	+	+	—	+	+	+	—	+	+	—	—
$\Delta(A\overline{A})$	+	—	+	—	—	+	—	—	+	—	—	+	+	—	+	—
$\Delta(\overline{A}A)$	+	—	—	+	+	—	—	—	+	—	—	+	—	+	—	+

表 4.3.1 中，决策 1 和 2 是独立于 z_1 和 z_2。而决策 3—6 是与其中一个预报结论有关。例如决策 3 是将综合的结论取为与 z_1，决策 6 是将综合的结论取为 z_2 相反。决策 7—16 是综合了 z_1 和 z_2 两个预报结论。即有时信任 z_1，有时信任 z_2。事实上，取决于 λ 值，这 16 个决策，均可能是最优的。例如，我们研究两个月平均气温距平预报方法的综合。表 4.3.2 给出条件概率 $P(A/z_1z_2)$ 或 $P(\overline{A}/z_1z_2)$。

表 4.3.2

天气 \ (z_1z_2)	(AA)	$(\overline{A}\overline{A})$	$(A\overline{A})$	$(\overline{A}A)$
A	19.3	7.9	10.3	10.5
$\overline{A}$	21.6	9.7	6.9	13.9
$\dfrac{P(A/z_1z_2)}{P(\overline{A}/z_1z_2)}$	0.894	0.814	1.493	0.755

表 4.3.3

λ 取值	$\Delta(AA)$	$\Delta(\overline{A}\overline{A})$	$\Delta(A\overline{A})$	$\Delta(\overline{A}A)$	决策
$\lambda<0.755$	+	+	+	+	1
$0.755<\lambda<0.814$	+	+	+	−	13
$0.814<\lambda<0.894$	+	−	+	−	3
$0.894<\lambda<1.493$	−	−	+	−	15
$1.493<\lambda$	−	−	−	−	2

将 $\dfrac{P(A/z_1z_2)}{P(\overline{A}/z_1z_2)}$ 与 λ 相比，决定最优决策。因为

$$\frac{P(A/z_1z_2)}{P(\overline{A}/z_1z_2)}>\lambda \text{ 时} \qquad \Delta(z_1z_2)>0\text{，综合为 } A$$

$$\frac{P(A/z_1z_2)}{P(\overline{A}/z_1z_2)}<\lambda \text{ 时} \qquad \Delta(z_1z_2)<0\text{，综合为 } \overline{A}$$

所以，由表 4.3.2 得表 4.3.3。

由此得到最优决策图，见图 4.3.1。

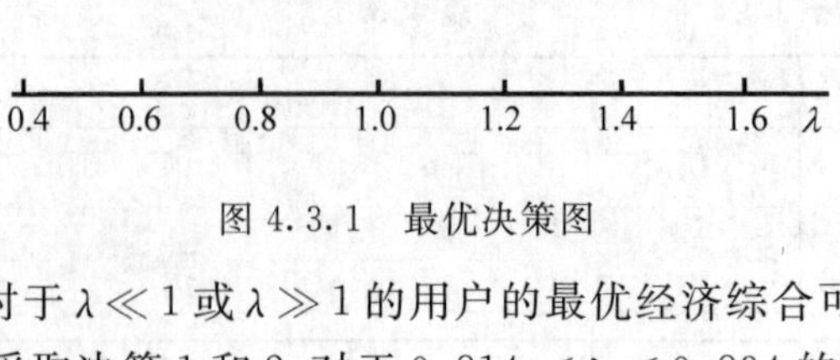

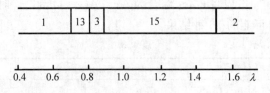

图 4.3.1　最优决策图

图 4.3.1 表示，对于 $\lambda\ll 1$ 或 $\lambda\gg 1$ 的用户的最优经济综合可能完全脱离两个所综合的预报 z_1，z_2 而采取决策 1 和 2。对于 $0.814<\lambda<0.894$ 的用户，应该信任第一

个预报 z_1，而采取决策 3。当 $0.755 < \lambda < 0.814$ 时，取决策 13。也就是采取部分信任两个预报的策略：z_1 报 A，z_2 报 A 时，综合为 A；z_1 报 $\overline{A}$，z_2 报 $\overline{A}$ 时，综合为 A；z_1 报 A，z_2 报 $\overline{A}$ 时，综合为 A，z_1 报 $\overline{A}$，z_2 报 A 时，综合为 $\overline{A}$(见表 4.3.3)。我们看到决策 13 是更倾向于信任 z_1 的。对于不同的 λ 值，均可根据图 4.3.1 和表 4.3.3 得到最优经济综合。

第四节　多数表决问题及准确率的理论估计

上一节我们介绍的是经济最优综合方法。也就是说，当存在几个不同的分类预报时，从经济收益最大的角度，综合成一个预报。由于各预报使用单位的经济特点有很大差别，同一类天气对它们会造成不同的甚至是完全相反的经济收益(或损失)。因此经济最优的综合预报应该对具体用户发布。也就是说，进行专业预报服务时应使用这种方法。

如何使准确率最高来统一各种分类预报结论呢？这在本章第一节中已经提过。这里我们谈谈所谓多数表决法及其理论准确率问题。

众所周知，预报某一类现象，可以用许多方法，并可以得出不同的结论。各种方法的预报成功率差异一般不会太大(否则某种方法因成功率太低而被淘汰)或者说根据某个统计判据，它们的成功率不存在明显差别。但它们的预报结果有时相当矛盾，而且，一般来说，每个具体方法包含了对于另一个方法的补充信息。如何利用这种补充信息？如何以比较高的准确率将几个预报统一成一个预报？使用多数表决的理论准确率是多少？有多少条件？下面分别说明。

1. 两个预报方法的综合

设有两个方法独立作预报。第一方法的准确率是 ω_1，第二方法的准确率是 ω_2。ω_1 和 ω_2 在某种意义上讲，可理解为两个预报员报对的百分率。

试问，当同时利用这两个预报时，预报的准确率为多少？显然，乘积 $\omega_1\omega_2$ 是假定这两个预报员互相独立判断时，同时报对的概率。乘积 $\omega_1(1-\omega_2)$ 和 $\omega_2(1-\omega_1)$ 是只有其中一个预报员报对的概率。而 $(1-\omega_1)(1-\omega_2)$ 是两个预报员都报错的概率。当两个预报员结论一致时，综合这两个预报应该不存在困难。但两个预报员结论不一致时，如何综合呢？如果这时我们相信第一个预报，则总的准确率为

$$\omega_1\omega_2 + \omega_1(1-\omega_2) = \omega_1$$

也就是第二个预报无用。如果结论不一致时，我们信任第二个预报，则第一个预报无用，总的准确率为 ω_2。如果当两个预报结论矛盾时，我们认为仅一半是准确的，则总的准确率为

$$\omega_1\omega_2 + \frac{1}{2}\omega_1(1-\omega_2) + \frac{1}{2}\omega_2(1-\omega_1) = \frac{1}{2}(\omega_1 + \omega_2)$$

即如果 $\omega_1 > \omega_2$，则第二个预报不仅无益反而有害。**所以，当有两个预报方法时，我们应该信任准确率高的一个预报。**

2. 三个预报方法的多数表决

设我们有三个互相独立的预报，准确率为 $\omega_1, \omega_2, \omega_3$。我们可得到八种组合，见表4.4.1。表中用1表示报对，用0表示报错。例如第一行中，三个预报都报对，而最后第八行是三个预报都报错。表中最右边一列给出每一个组合的概率，显然，这八个值的总和应等于1。此外，每一个0，1的组合可以表示为二进制的数，例如第八行是0，第七行是1，……，第一行是7。

表 4.4.1

预报1	预报2	预报3	组合的概率
1	1	1	$\omega_1\omega_2\omega_3$
1	1	0	$\omega_1\omega_2(1-\omega_3)$
1	0	1	$\omega_1(1-\omega_2)\omega_3$
1	0	0	$\omega_1(1-\omega_2)(1-\omega_3)$
0	1	1	$(1-\omega_1)\omega_2\omega_3$
0	1	0	$(1-\omega_1)\omega_2(1-\omega_3)$
0	0	1	$(1-\omega_1)(1-\omega_2)\omega_3$
0	0	0	$(1-\omega_1)(1-\omega_2)(1-\omega_3)$

现在，我们用多数表决法来统一这三个预报，则统一预报的准确率应是自上到下第一、第二、第三、第五行组合概率相加

$$\begin{aligned}\Omega &= \omega_1\omega_2\omega_3 + \omega_1\omega_2(1-\omega_3) + \omega_1(1-\omega_2)\omega_3 + (1-\omega_1)\omega_2\omega_3 \\ &= \omega_1\omega_2 + \omega_1\omega_3 + \omega_2\omega_3 - 2\omega_1\omega_2\omega_3 \qquad (4.4.1)\end{aligned}$$

由式(4.4.1)可知，若 $\omega_1 = \omega_2 = \omega_3 = \omega$，即三个方法的准确率相等，则 $\omega > 0.5$ 时，$\Omega > \omega$；$\omega = 0.5$ 时，$\Omega = \omega$；$\omega < 0.5$ 时，$\Omega < \omega$。这表示，三个预报方法准确率相同，并且大于50%，则多数表决后，准确率提高，反之当准确率小于50%，用多数表决法准确率降低。如果三个预报方法的准确率不相等，例如 $\omega_1 = 0.8$，$\omega_2 = 0.7$，$\omega_3 = 0.6$，则多数表决的 $\Omega = 0.788$，导致降低准确率0.012。这表明预报方法1的主导作用很重要。**多数表决方法很难改进那个准确率已较高的预报。**

如果我们假定 $\omega_1 > \omega_2 = \omega_3$，则式(4.4.1)成为

$$\Omega = 2\omega_1\omega_2 + \omega_2^2 - 2\omega_1\omega_2^2$$

若用多数表决，并要求 $\Omega > \omega_1 > \omega_2 = \omega_3$，则可以求得 ω_2 应满足条件

$$\omega_2 \geqslant \frac{\omega_1 - \sqrt{\omega_1(1-\omega_1)}}{2\omega_1 - 1} \qquad (4.4.2)$$

否则，当 ω_2 不满足式(4.4.2)时，多数表决法的准确率 Ω 比最好的第一个预报的准确率低。例如，当 $\omega_1 = 0.7$ 时，$\omega_2 = \omega_3 > 0.604$；$\omega_1 = 0.75$ 时，$\omega_2 = \omega_3 > 0.634$；$\omega_1 = 0.8$，$\omega_2 = \omega_3 > 0.667$ 时用多数表决方法才能有 $\Omega > \omega_1$。

3. *n* 个预报的多数表决

现在我们讨论最一般的情况。设有 n 个预报结果，其准确率分为 k 组，$k \leqslant n$。第一组的准确率是 ω_1，有 s_1 个预报；第二组的准确率是 ω_2，有 s_2 个预报；……；$s_1 + s_2 + \cdots + s_k = n$。为了使多数表决不发生困难，$n$ 要求是奇数。

这时，某组合由第一组出 m_1 个预报，第二组出 m_2 个预报，第三组出 m_3 个预报，依次类推($m_i \leqslant s_i, i = 1,2,\cdots,k$)，它的概率为

$$P_n^{m_1 m_2 \cdots m_k} = \prod_i^k \frac{s_i!}{m_i!(s_i - m_i)!}\omega_i^{m_i}(1-\omega_i)^{s_i - m_i} \tag{4.4.3}$$

式(4.4.3)是计算组合概率的一般公式，式中"!"是阶乘。例如，当 $s_1 = 1, s_2 = 1, s_3 = 1, m_1 = 1, m_2 = 1, m_3 = 1$ 时，得 $P_3^{111} = \omega_1\omega_2\omega_3$，就是表 4.4.1 中第一行的组合概率。

上面我们已指出，当 $\omega_1 = 0.8, \omega_2 = 0.7, \omega_3 = 0.6$ 的三个预报用多数表决时，准确率 $\Omega = 0.788$，比 ω_1 减少了 0.012。现在，如果有五个预报用多数表决，准确率分别为 0.8，0.7，0.7，0.6，0.6，也就是说，五个预报准确率分为三组，$\omega_1 = 0.8, s_1 = 1$；$\omega_2 = 0.7, s_2 = 2$；$\omega_3 = 0.6, s_3 = 2$；$s_1 + s_2 + s_3 = 5$，据式(4.4.3)算出各种组合的概率，将属于多数的几组概率相加，得 $\Omega = 0.673$，这时比 ω_1 减少了 0.127，用多数表决的失利更明显了。准确率降低的原因不难解释，这是由于对五个预报以同样的信任，而并不认为第四、第五个预报是质量低劣的一个"随机"预报。所以，可以得出结论：如果有某一个预报接近"随机预报"，就相当不利。**如果有几个预报方法质量低劣，则用多数表决会导致将好的预报结果弄坏。**

表 4.4.2

组　数	准　确　率	注
1	0.6	直接计算
3	0.648	
5	0.6826	$\omega = 0.6$
7	0.7102	
9	0.7334	
11	0.7535	
⋮	⋮	
25	0.8478	

现在，我们来讨论预报质量相同的预报组($\omega = 0.6$)，组数为 3，5，7，…。据式

(4.4.3)可算出用多数表决时的准确率Ω。见表4.4.2。我们看到,总的准确率始终随组数s一起增加。可以肯定,当某现象的预报者无限增加,并且每个预报者均用独立的方法编制预报,据多数表决方法的总准确率会趋于1。但是,如果每个预报者的预报准确率均比较高,则它们编制的预报实际上是不可能独立的。

4. 非独立预报体系的情况

上面介绍的是各预报方法相互独立时的情况。当每个预报方法的准确率不太高时,各预报方法是可能互相独立的。在一般情况下,可以研究预报方法之间的相关性对统一各预报有何影响。

研究结果表明,当预报方法之间有正相关时,将他们统一成一个预报时,准确率的增加是很有限的。

综上所述,我们可以得出以下几条结论:

(1)当有n个预报方法独立作预报时,如果它们的准确率没有差别,用多数表决方法可以提高预报准确率。这时还可以求出多数表决法的理论准确率。

(2)当有n个预报方法独立作预报时,如果其中有一个明显较好的预报方法,只有在特定的条件下(见式(4.4.2))才能使用多数表决方法。但如果在n个预报中,混杂了"随机"预报,则使用多数表决方法是非常不好的。

(3)预报方法之间有正相关时的综合是很不利的。当预报方法之间呈负相关时,综合是有效的。

参考文献

巴格罗夫.施能译.1983.几个预报的统一.气象科技,**11**(6):26-29.

施能,王裁云.1980.论离预报因子的综合.南京气象学院学报,(2):141-147.

施能.1980.论变量的相关性在组合因子中的作用.南京气象学院学报,(1):28-33.

施能.1982.气候资料、气象预报和最优经济决策.气象科技,**10**(3):18-22.

施能.1985.气象情报的经济效益和最优经济决策.气象科技,**13**(1):79-85.

第五章　主成分分析

主成分分析，又称为主要分量分析（principal component analysis，PCA），是一个很有效的多变量分析方法，在气象分析预报中已得到了广泛应用。

气象分析预报中往往需要分析许多变量指标，例如高度场在经纬度网格点的值就构成一组多变量指标，由于变量指标很多，增加了分析问题的复杂性，如何抓住主要的特点，用较少的指标代替原来较多的指标，又能综合反映原来较多指标的信息，主成分分析方法提供了有效的手段。此外，当使用回归分析，判别分析，或多要素时间序列分析时，要用到许多预报因子，这些预报因子不可能互相独立，带有一定的相关性，主成分分析方法又能将这些因子转化为互相独立的组合因子，而且能将原因子场的预报信息集中到少数几个组合因子中去，这样既简化了问题，又可选择更大范围的预报信息。

由于主成分分析方法需要较多的基础知识，所以首先介绍一些必要的基础知识，基本概念。

第一节　基础知识

1. 矩阵的特征值与特征向量

一个 m 阶方阵 $\mathbf{A}$，如果存在一个 m 维列向量 $\mathbf{V}$ 和一个非零数 λ，使得

$$\mathbf{AV} = \lambda\mathbf{V} \tag{5.1.1}$$

即

$$\begin{bmatrix} a_{11} & a_{12} & \cdots & a_{1m} \\ a_{21} & a_{22} & \cdots & a_{2m} \\ \vdots & \vdots & \vdots & \vdots \\ a_{m1} & a_{m2} & \cdots & a_{mm} \end{bmatrix} \begin{bmatrix} v_1 \\ v_2 \\ \vdots \\ v_m \end{bmatrix} = \lambda \begin{bmatrix} v_1 \\ v_2 \\ \vdots \\ v_m \end{bmatrix} \tag{5.1.2}$$

则称 λ 为矩阵 $\mathbf{A}$ 的特征值或特征根，而 $\mathbf{V}$ 称为 $\mathbf{A}$ 对应于特征值 λ 的特征向量。特征值和特征向量总是成对联系在一起的。

根据以上定义，向量 $\boldsymbol{v}=\begin{pmatrix}1\\1\end{pmatrix}$ 就是矩阵 $\mathbf{A}=\begin{pmatrix}3&2\\2&3\end{pmatrix}$ 的一个特征向量，对应的特征值 $\lambda=5$。

如果 m 阶方阵 $\mathbf{A}$ 是非退化的，即 $|\mathbf{A}|\neq 0$，则 $\mathbf{A}$ 一定有 m 个非零的特征值和相对应的 m 个非零的特征向量。

如何求矩阵 $\mathbf{A}$ 的特征值和特征向量呢？首先需要求出 $\mathbf{A}$ 的特征值。由式(5.1.2)可知

$$\begin{bmatrix}a_{11}-\lambda & a_{12} & a_{13} & \cdots & a_{1m}\\ a_{21} & a_{22}-\lambda & a_{23} & \cdots & a_{2m}\\ \vdots & \vdots & \vdots & \vdots & \vdots\\ a_{m1} & a_{m2} & a_{m3} & \cdots & a_{mm}-\lambda\end{bmatrix}\begin{bmatrix}v_1\\ v_2\\ \vdots\\ v_m\end{bmatrix}=0 \tag{5.1.3}$$

要使 $\boldsymbol{v}$ 有非零向量解，齐次方程(5.1.3)必须满足

$$\begin{vmatrix}a_{11}-\lambda & a_{12} & a_{13} & \cdots & a_{1m}\\ a_{21} & a_{22}-\lambda & a_{23} & \cdots & a_{2m}\\ \vdots & \vdots & \vdots & \vdots & \vdots\\ a_{m1} & a_{m2} & a_{m3} & \cdots & a_{mm}-\lambda\end{vmatrix}=0 \tag{5.1.4}$$

这是 m 个特征值必须满足的方程，称为特征方程，它的解就是 $\mathbf{A}$ 的特征值，设为 λ_1，$\lambda_2,\cdots,\lambda_m$。求出特征值以后，就可求特征向量。设 $\lambda_i(i=1,2,\cdots,m)$ 对应的特征向量是 $\boldsymbol{v}_i=(v_{i1}\,v_{i2}\cdots v_{im})^T$。则方程组

$$\begin{bmatrix}a_{11}-\lambda_i & a_{12} & \cdots & a_{1m}\\ a_{21} & a_{22}-\lambda_i & \cdots & a_{2m}\\ \vdots & \vdots & \vdots & \vdots\\ a_{m1} & a_{m2} & \cdots & a_{mm}-\lambda_i\end{bmatrix}\begin{bmatrix}v_{i1}\\ v_{i2}\\ \vdots\\ v_{im}\end{bmatrix}=0 \tag{5.1.5}$$

就是特征向量 $\boldsymbol{v}_i$ 的 m 个分量所需满足的齐次线性方程，从中解出 $v_{i1},v_{i2},\cdots,v_{im}$ 就可组成特征向量 $\boldsymbol{v}_i=(v_{i1}\,v_{i2}\cdots v_{im})^T$。

2. 实对称矩阵的对角化

若有 m 阶实对称方阵 $\mathbf{A}$，它有 m 个特征向量 $\boldsymbol{v}_i(i=1,2,\cdots,m)$，$\boldsymbol{v}_i=(v_{i1}\,v_{i2}\cdots v_{im})^T$，将 m 个特征向量作为列向量构成一个 m 阶方阵 $\mathbf{V}$

$$\mathbf{V}=(\boldsymbol{v}_1\,\boldsymbol{v}_2\cdots\boldsymbol{v}_m)=\begin{bmatrix}v_{11} & v_{21} & \cdots & v_{m1}\\ v_{12} & v_{22} & \cdots & v_{m2}\\ \vdots & \vdots & \vdots & \vdots\\ v_{1m} & v_{2m} & \cdots & v_{mm}\end{bmatrix}$$

则
$$AV = V\begin{bmatrix}\lambda_1 & & & 0\\ & \lambda_2 & & \\ & & \ddots & \\ 0 & & & \lambda_m\end{bmatrix} = V\Lambda \tag{5.1.6}$$

其中 $\boldsymbol{\Lambda}$ 是用 m 个特征值作为对角线元素的对角矩阵。

由式(5.1.6)推出

$$V^T A V = \Lambda \tag{5.1.7}$$

式(5.1.7)表明,对称矩阵 $\mathbf{A}$ 可通过左乘矩阵 $\mathbf{V}^T$,右乘矩阵 $\mathbf{V}$,得到一个角矩阵 $\boldsymbol{\Lambda}$。例如

$$A = \begin{bmatrix}3 & 2\\ 2 & 3\end{bmatrix} \qquad V = \begin{bmatrix}\frac{1}{\sqrt{2}} & \frac{1}{\sqrt{2}}\\ \frac{1}{\sqrt{2}} & -\frac{1}{\sqrt{2}}\end{bmatrix}$$

则
$$V^T A V = \begin{bmatrix}\lambda_1 & 0\\ 0 & \lambda_2\end{bmatrix} = \begin{bmatrix}5 & 0\\ 0 & 1\end{bmatrix}$$

在气象分析预报中,如果将 $\mathbf{A}$ 取为协方差矩阵,或相关矩阵,将 $\mathbf{A}$ 化为对角阵,其实际效果就相当于寻找原始预报因子的线性组合因子,使新的组合因子彼此独立,并且保留原始数据的全部信息。这就是主成分分析的一个内容。

3. 矩阵和向量的微分

设 $\boldsymbol{x}$ 是一个 m 维列向量,其元素为 x_i;$\boldsymbol{b}$ 为一个 m 维列向量,其元素为 b_i。即

$$\boldsymbol{x} = (x_1 x_2 \cdots x_m)^T \qquad \boldsymbol{b} = (b_1 b_2 \cdots b_m)^T$$

则
$$f(\boldsymbol{x}) = \boldsymbol{x}^T\boldsymbol{b} = \boldsymbol{b}^T\boldsymbol{x} = b_1x_1 + b_2x_2 + \cdots + b_mx_m$$

是 $\boldsymbol{x}$ 的函数。$f(\boldsymbol{x})$ 对向量 $\boldsymbol{x}$ 的微分记为

$$\frac{\partial f(\boldsymbol{x})}{\partial \boldsymbol{x}} = \begin{bmatrix}\frac{\partial f(\boldsymbol{x})}{\partial x_1}\\ \frac{\partial f(\boldsymbol{x})}{\partial x_2}\\ \vdots\\ \frac{\partial f(\boldsymbol{x})}{\partial x_m}\end{bmatrix} = \begin{bmatrix}b_1\\ b_2\\ \vdots\\ b_m\end{bmatrix} = \boldsymbol{b} \tag{5.1.8}$$

另外,如果 $\mathbf{A}$ 是任意的 m 阶对称方阵,而 $\boldsymbol{x}$ 仍是 m 维列向量,$\boldsymbol{x} = (x_1 x_2 \cdots x_m)^T$。则 $\boldsymbol{x}^T\mathbf{A}\boldsymbol{x}$ 是 $x_1, x_2, \cdots, x_m$ 的函数。$\boldsymbol{x}^T\mathbf{A}\boldsymbol{x}$ 对向量 $\boldsymbol{x}$ 的微分为

$$\frac{\partial(\boldsymbol{x}^T A \boldsymbol{x})}{\partial \boldsymbol{x}} = 2A\boldsymbol{x} \tag{5.1.9}$$

式(5.1.9)的证明如下,记 A 的元素为 a_{ij},则 $\boldsymbol{x}^T\boldsymbol{A}\boldsymbol{x}=\sum_{i=1}^{m}\sum_{j=1}^{m}x_ix_ja_{ij}$,据对向量微分的定义

$$\frac{\partial(\boldsymbol{x}^T\boldsymbol{A}\boldsymbol{x})}{\partial\boldsymbol{x}}=\begin{bmatrix}\dfrac{\partial(\boldsymbol{x}^T\boldsymbol{A}\boldsymbol{x})}{\partial x_1}\\ \dfrac{\partial(\boldsymbol{x}^T\boldsymbol{A}\boldsymbol{x})}{\partial x_2}\\ \vdots\\ \dfrac{\partial(\boldsymbol{x}^T\boldsymbol{A}\boldsymbol{x})}{\partial x_m}\end{bmatrix}=\begin{bmatrix}2\sum_{j=1}^{m}x_ja_{1j}\\ 2\sum_{j=1}^{m}x_ja_{2i}\\ \vdots\\ 2\sum_{j=1}^{m}x_ja_{mj}\end{bmatrix}$$

$$=2\begin{bmatrix}a_{11}&a_{12}&\cdots&a_{1m}\\ a_{21}&a_{22}&\cdots&a_{2m}\\ \vdots&\vdots&\vdots&\vdots\\ a_{m1}&a_{m2}&\cdots&a_{mm}\end{bmatrix}\begin{bmatrix}x_1\\ x_2\\ \vdots\\ x_m\end{bmatrix}=2\boldsymbol{A}\boldsymbol{x}$$

此外,如果 $\boldsymbol{y}=(y_1\,y_2\cdots y_m)^T$,则可以类似推得

$$\frac{\partial(\boldsymbol{y}^T\boldsymbol{x})}{\partial\boldsymbol{x}}=\boldsymbol{y}\tag{5.1.10}$$

$$\frac{\partial(\boldsymbol{x}^T\boldsymbol{A}\boldsymbol{y})}{\partial\boldsymbol{x}}=\boldsymbol{A}\boldsymbol{y}\tag{5.1.11}$$

第二节　主成分的基本概念

1. 主成分的意义

先看表 5.2.1,表中 x_1^0 是 10 月副高强度指数的中心化资料;x_2^0 是 10 月副高面积指数的中心化资料,资料年代是 1951—1979 年,$n=29$。计算平均值 $\overline{x_1}=24.93$,$\overline{x_2}=14.38$。均方差 $\sqrt{s_{11}}=12.93$,$\sqrt{s_{22}}=5.70$。用 x_1 和 x_2 计算的方差矩阵 $\boldsymbol{S}$ 为

$$\begin{bmatrix}167.24&67.13\\ 67.13&32.44\end{bmatrix}$$

计算 x_1 和 x_2 的相关系数为 $r_{x_1x_2}=0.911$。图 5.2.1 是 x_1^0,x_2^0 的点聚图。容易看出,它们相关密切。据回归理论,由式(3.1.12),写出 x_2 依 x_1 的回归方程是

$$x_2^0=r_{x_1x_2}\sqrt{\frac{s_{22}}{s_{11}}}x_1^0=0.4016x_1^0\tag{5.2.1}$$

或据式(3.1.11),用原始资料表示为

$$x_2=0.4016x_1+4.368\tag{5.2.2}$$

表 5.2.1

原变量		变换后变量	
x_1^0	x_2^0	z_1	z_2
−0.931	−0.379	−1.0053	0.0049
−3.931	−0.379	−3.7781	1.1501
20.069	12.621	23.3671	4.0032
−6.931	−4.379	−8.0779	−1.4016
−4.931	−3.379	−5.8477	−1.2409
−20.931	−11.379	−23.6899	−2.5267
−3.931	−1.379	−4.1599	0.2259
−12.931	−3.379	−13.2417	1.8133
28.069	6.621	28.4706	−4.5965
0.069	2.621	1.0642	2.3959
−16.931	−9.379	−19.2294	−2.2052
16.069	3.621	16.2341	−2.7881
−11.931	−7.379	−13.8445	−2.2656
−8.931	−2.379	−9.1629	1.2105
−7.931	−3.379	−8.6204	−0.0956
0.069	3.621	1.4460	3.3201
0.069	−0.379	−0.0811	0.3769
−16.931	−6.379	−18.0841	0.5675
−8.931	−3.379	−9.5447	0.2862
−3.931	−0.379	−3.7781	1.1501
14.069	2.621	14.0039	−2.9488
11.069	7.621	13.1399	2.8178
−15.931	−7.379	−17.5416	−0.7385
21.069	4.621	21.2372	−3.7727
−10.931	−3.379	−11.3932	1.0497
7.069	4.621	8.2976	1.5720
15.069	9.621	17.6005	3.1392
8.069	4.621	9.2218	1.1903
16.069	5.621	16.9977	−0.9396

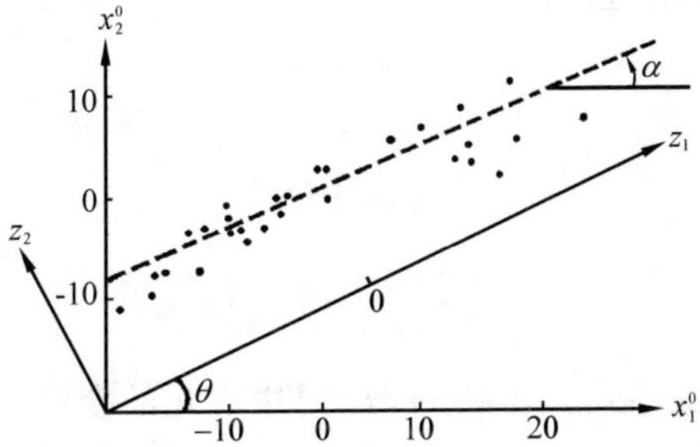

图 5.2.1 回归方程和主成分示意图

图 5.2.1 中虚线就是 x_2 依 x_1 的回归线。回归线与 x_1 轴的夹角 $\alpha = \tan^{-1}(0.4016) = 21.88°$。回归线使 $n(29)$ 个样本点到此直线的距离(指纵坐标 x_2 方向)的平方和达到最小。回归方程表示用 x_1 估计 x_2 时,平均误差达到最小,它也仅仅表示了 x_1 和 x_2 之间的这种相关关系,并不能同时反映两个变量的信息。如何用一个变量来反映两个变量的主要信息呢?在一般情况下,又如何用 p 个变量来反映 m 个变量的信息呢?($p \ll m$),这就是主成分分析所要解决的问题。

如图 5.2.1 所示是两个变量的情况。我们可以找出一新的坐标系 z_1 和 z_2,求出原始变量 x_1, x_2 在新坐标 z_1, z_2 中的数据。如果 z_1 基本上能将 x_1 和 x_2 的信息反映出来,则可以用 z_1 综合表示 x_1 和 x_2 的信息。这时 z_1 应满足如下条件

$$\begin{aligned}&\frac{1}{n}\sum_{t=1}^{n}(x_{1t}-\overline{x}_1)^2+\frac{1}{n}\sum_{t=1}^{n}(x_{2t}-\overline{x}_2)^2\\&=\frac{1}{n}\sum_{t=1}^{n}(z_{1t}-\overline{z}_1)^2+\frac{1}{n}\sum_{t=1}^{n}(z_{2t}-\overline{z}_2)^2\\&\approx\frac{1}{n}\sum_{t=1}^{n}(z_{1t}-\overline{z}_1)^2\end{aligned}$$

也就是 z_1 能反映变量 x_1 和 x_2 的总方差的绝大部分。称 z_1 为 x_1 和 x_2 的主成分,或综合指标。z_1 的方差越大,它综合 x_1 和 x_2 的能力越强。

从直观上讲,寻找 z_1 就是找一个空间的投影方向,使空间的 n 个点到这条直线作垂线,垂足组成直线上的 n 个点,z_1 就是在一切直线中能使这 n 个垂足散布达到最大者,即

$$\frac{1}{n}\sum_{t-1}^{n}(z_{1t}-\overline{z}_1)^2$$

达最大。从资料 x_1 和 x_2 到 z_1 和 z_2 的变换可表示为

$$\begin{pmatrix}z_{11} & z_{12} & \cdots & z_{1n}\\ z_{21} & z_{22} & \cdots & z_{2n}\end{pmatrix}=\begin{pmatrix}v_{11} & v_{12}\\ v_{21} & v_{22}\end{pmatrix}\begin{pmatrix}x_{11} & x_{12} & \cdots & x_{1n}\\ x_{21} & x_{22} & \cdots & x_{2n}\end{pmatrix}$$

或者略去第二个时间下标,写为

$$\begin{cases}z_1 = v_{11}x_1 + v_{12}x_2\\ z_2 = v_{21}x_1 + v_{22}x_1\end{cases}\tag{5.2.3}$$

或写为

$$\boldsymbol{Z} = \boldsymbol{V}^T\boldsymbol{X}$$

其中

$$\boldsymbol{V} = \begin{pmatrix}v_{11} & v_{21}\\ v_{12} & v_{22}\end{pmatrix} = (\boldsymbol{v}_1\ \boldsymbol{v}_2)\tag{5.2.4}$$

式(5.2.3)是一个一般关系式。如果 x_1, x_2 是中心化的变量,则 z_1, z_2 也是中心化的变量。如果 x_1 和 x_2 是标准化变量,则 z_1 和 z_2 仍是中心化变量。

下一节中我们将导出矩阵 $\boldsymbol{V}$ 应该由资料的方差阵 $\boldsymbol{S}$ 的特征向量为列向量组成。

$\boldsymbol{v}_1$ 和 $\boldsymbol{v}_2$ 分别对应特征值 λ_1 和 λ_2，且 $\lambda_1 > \lambda_2$。求出 $\boldsymbol{S}$ 的特征值和特征向量，得

$$\boldsymbol{V} = \begin{pmatrix} 0.9243 & -0.3818 \\ 0.3818 & 0.9243 \end{pmatrix} = (\boldsymbol{v}_1 \boldsymbol{v}_2)$$

其中 $\boldsymbol{v}_1 = (0.9243\ 0.3818)^T$ 对应特征值 $\lambda_1 = 194.96$，而 $\boldsymbol{v}_2 = (-0.3818\ 0.9243)^T$ 对应特征值 $\lambda_2 = 4.7145$。

2. 主成分的几何表示

将式(5.2.3)或与一般的坐标旋转表达式（x_2 为纵坐标，x_1 为横坐标）式相比较，得

$$\begin{cases} z_1 = x_1\cos\theta + x_2\sin\theta \\ z_2 = -x_1\sin\theta + x_2\cos\theta \end{cases} \tag{5.2.5}$$

可知：$v_{11} = \cos\theta, v_{22} = \cos\theta, v_{21} = \sin\theta, v_{21} = -\sin\theta, v_{11} = 0.9243 = \cos\theta$，得坐标旋转角（$z_1$ 轴与 x_1 轴的夹角）为：$\theta = \cos^{-1}(0.9243) = 22.44°$，可见 $\theta > \alpha$。图 5.2.1 表示这两个角度的情况。需要指出，θ 角一般总与 α 角不相等。z_1 轴和回归直线的物理意义是不同的。

第三节　主成分的导出

设我们研究 m 个变量，它可以是 m 个气象要素，也可以是气象要素场中 m 个空间点的值。每个变量有 n 个观测量，每个数据表为 $x_{it}, i = 1,2,\cdots,m; t = 1,2,\cdots,n$。写成矩阵形式为

$$\boldsymbol{X} = (x_{it}) = \begin{bmatrix} x_{11} & x_{12} & \cdots & x_{1n} \\ x_{21} & x_{22} & \cdots & x_{2n} \\ \vdots & \vdots & \vdots & \vdots \\ x_{m1} & x_{m2} & \cdots & x_{mn} \end{bmatrix} \tag{5.3.1}$$

我们希望将 $\boldsymbol{X}$ 进行线性变换，组成 m 个新的变量 $z_1, z_2, \cdots, z_m$，或者说，新变量是由原变量 $x_1, x_2, \cdots, x_m$ 进行线性组合来构成。

$$\boldsymbol{Z} = (z_{it}) = \begin{bmatrix} z_{11} & z_{12} & \cdots & z_{1n} \\ z_{21} & z_{22} & \cdots & z_{2n} \\ \vdots & \vdots & \vdots & \vdots \\ z_{m1} & z_{m2} & \cdots & z_{mn} \end{bmatrix} \tag{5.3.2}$$

满足

$$z_{it} = v_{i1}x_{1t} + v_{i2}x_{2t} + \cdots + v_{im}x_{mt} = \sum_{k=1}^{m} v_{ik}x_{kt} \tag{5.3.3}$$

$$i = 1,2,\cdots,m \qquad t = 1,2,\cdots,n$$

全部写出，并用矩阵表示为

$$\begin{bmatrix} z_{11} & z_{12} & \cdots & z_{1n} \\ z_{21} & z_{22} & \cdots & z_{2n} \\ \vdots & \vdots & \vdots & \vdots \\ z_{m1} & z_{m2} & \cdots & z_{mn} \end{bmatrix} =$$

$$\begin{bmatrix} v_{11} & v_{12} & \cdots & v_{1m} \\ v_{21} & v_{22} & \cdots & v_{2m} \\ \vdots & \vdots & \vdots & \vdots \\ v_{m1} & v_{m2} & \cdots & v_{mm} \end{bmatrix} \begin{bmatrix} x_{11} & x_{12} & \cdots & x_{1n} \\ x_{21} & x_{22} & \cdots & x_{2n} \\ \vdots & \vdots & \vdots & \vdots \\ x_{m1} & x_{m2} & \cdots & x_{mn} \end{bmatrix} \tag{5.3.4}$$

或者

$$\boldsymbol{Z} = \boldsymbol{V}^T\boldsymbol{X} \tag{5.3.5}$$

其中

$$\boldsymbol{V} = (\boldsymbol{v}_1\,\boldsymbol{v}_2 \cdots \boldsymbol{v}_m) = \begin{bmatrix} v_{11} & v_{21} & \cdots & v_{m1} \\ v_{12} & v_{22} & \cdots & v_{m2} \\ \vdots & \vdots & \vdots & \vdots \\ v_{1m} & v_{2m} & \cdots & v_{mm} \end{bmatrix} \tag{5.3.6}$$

是待定的。显然，不同的**V**矩阵，对应不同的线性变换。要给定一定的原则，使组成的新变量会有助于对气象要素场的分析。这些原则是：第一，要求新变量能最大限度地，集中地反映原 m 个变量的总方差。第二，要求这些新变量互相独立，这样就可以用较少的新变量描述原气象要素场的主要特征。这些新变量就是主成分或主分量。下面我们就根据这些原则求出系数矩阵**V**，从而得到 m 个主成分 $z_1, z_2, \cdots, z_m$。

第一主成分的方差为

$$\frac{1}{n}\sum_{t=1}^{n}(z_{1t} - \overline{z}_1)^2 \tag{5.3.7}$$

据式(5.3.3)

$$\begin{aligned} \overline{z}_1 &= \frac{1}{n}\sum_{t=1}^{n}(z_{1t}) = \sum_{k=1}^{m} v_{1k} \cdot \frac{1}{n}\sum_{t-1}^{n} x_{kt} \\ &= \sum_{k=1}^{m} v_{1k}\,\overline{x_k} = v_{11}\,\overline{x_1} + v_{12}\,\overline{x_2} + \cdots + v_{1m}\,\overline{x_m} \end{aligned} \tag{5.3.8}$$

代入式(5.3.7)第一主成分方差为

$$\begin{aligned} &\frac{1}{n}\sum_{t=1}^{n}(z_{1i} - \overline{z_1})^2 \\ &= \frac{1}{n}\sum_{t=1}^{n}[v_{11}x_{1t} + v_{12}x_{2t} + \cdots + v_{1m}x_{mt} \\ &\quad - (v_{11}\,\overline{x_1} + v_{12}\,\overline{x_2} + \cdots + v_{1m}\,\overline{x_m})]^2 \\ &= \frac{1}{n}\sum_{t=1}^{n}[v_{11}(x_{1t} - \overline{x_1}) + v_{12}(x_{2t} - \overline{x_2}) + \cdots + v_{1m}(x_{mt} - \overline{x_m})]^2 \end{aligned}$$

$$= \frac{1}{n}\sum_{t=1}^{n}\left[\boldsymbol{v}_1^T \cdot \begin{pmatrix} x_{1t}-\overline{x_1} \\ x_{2t}-\overline{x_2} \\ \vdots \\ x_{mt}-\overline{x_m} \end{pmatrix} \right] \cdot \left[\begin{pmatrix} x_{1t}-\overline{x_1} \\ x_{2t}-\overline{x_2} \\ \vdots \\ x_{mt}-\overline{x_m} \end{pmatrix}^T \cdot \boldsymbol{v}_1 \right]$$

$$= \frac{1}{n} \cdot \boldsymbol{v}_1^T \sum_{t=1}^{n} \begin{pmatrix} x_{1t}-\overline{x_1} \\ x_{2t}-\overline{x_2} \\ \vdots \\ x_{mt}-\overline{x_m} \end{pmatrix} \cdot \begin{pmatrix} x_{1t}-\overline{x_1} \\ x_{2t}-\overline{x_2} \\ \vdots \\ x_{mt}-\overline{x_m} \end{pmatrix}^T \cdot \boldsymbol{v}_1 \tag{5.3.9}$$

而

$$\frac{1}{n}\sum_{t=1}^{n} \begin{bmatrix} x_{1t}-\overline{x_1} \\ x_{2t}-\overline{x_2} \\ \vdots \\ x_{mt}-\overline{x_m} \end{bmatrix} \cdot (x_{1t}-\overline{x_1} x_{2t}-\overline{x_2} \cdots x_{mt}-\overline{x_m})$$

$$= \frac{1}{n}\sum_{t=1}^{n} \begin{bmatrix} (x_{1t}-\overline{x_1})^2 & \cdots & (x_{1t}-\overline{x_1})(x_{mt}-\overline{x_m}) \\ (x_{1t}-\overline{x_1})(x_{2t}-\overline{x_2}) & \cdots & (x_{2t}-\overline{x_2})(x_{mt}-\overline{x_m}) \\ \vdots & \vdots & \vdots \\ (x_{1t}-\overline{x_1})(x_{mt}-\overline{x_m}) & \cdots & (x_{mt}-\overline{x_m})^2 \end{bmatrix}$$

$$= \begin{bmatrix} s_{11} & s_{12} & \cdots & s_{1m} \\ s_{21} & s_{22} & \cdots & s_{2m} \\ \vdots & \vdots & \vdots & \vdots \\ s_{m1} & s_{m2} & \cdots & s_{mm} \end{bmatrix} \tag{5.3.10}$$

其中

$$s_{ij} = \frac{1}{n}\sum_{t=1}^{n}(x_{it}-\overline{x_i})(x_{it}-\overline{x_i}), \quad i,j=1,2,\cdots,m$$

$$\boldsymbol{S} = (s_{ij}) \tag{5.3.11}$$

$\boldsymbol{S}$ 是样本方差矩阵。这样,第一主成分的方差化为

$$\frac{1}{n}\sum_{t=1}^{n}(z_{1t}-\overline{z_1})^2 = \boldsymbol{v}_1{}^T\boldsymbol{S}\boldsymbol{v}_1$$

要使上式达最大,如果不对 $\boldsymbol{v}_1$ 的模作一限制,问题就毫无意义了。可限制 $\boldsymbol{v}_1{}^T\boldsymbol{v}_1 = v_{11}^2 + v_{12}^2 + \cdots + v_{1m}^2 = 1$ 是一个单位向量,在此条件下求使 $\boldsymbol{v}_1{}^T\boldsymbol{S}\boldsymbol{v}_1$ 达最大的向量 $\boldsymbol{v}_1$,这是一个求条件极值问题。可化为求

$$\Phi = \boldsymbol{v}_1{}^T\boldsymbol{S}\boldsymbol{v}_1 - \lambda(\boldsymbol{v}_1^T\boldsymbol{v}_1 - 1)$$

的极值,λ 称为拉格朗日乘数。利用矩阵微分运算关系式(5.1.9),令

$$\frac{\partial \Phi}{\partial \boldsymbol{v}_1} = 2\boldsymbol{S}\boldsymbol{v}_1 - 2\lambda\boldsymbol{v}_1 = 0$$

$$(\boldsymbol{S}-\lambda\boldsymbol{I})\boldsymbol{v}_1 = 0 \tag{5.3.12}$$

欲使 $\boldsymbol{v}_1$ 有解，必须

$$|\boldsymbol{S}-\lambda\boldsymbol{I}|=0 \tag{5.3.13}$$

上式就是矩阵 $\boldsymbol{S}$ 的特征方程。问题转化为求 $\boldsymbol{S}$ 的特征值和对应的特征向量。而 m 阶矩阵有 m 个特征值 $\lambda_1 \geqslant \lambda_2 \geqslant \lambda_3 \geqslant \cdots \geqslant \lambda_m$，对应的特征向量记为 $\boldsymbol{v}_1,\boldsymbol{v}_2,\cdots,\boldsymbol{v}_m$。因为

$$\boldsymbol{v}_1{}^T\boldsymbol{S}\boldsymbol{v}_1=\lambda_1 \tag{5.3.14}$$

所以，我们选取特征方程中 m 个特征值中最大的特征值所对应的特征向量作为 $\boldsymbol{v}_1=(\boldsymbol{v}_{11}\boldsymbol{v}_{12}\cdots\boldsymbol{v}_{1m})^T$，就能使第一主成分 z_1 的方差达到最大值为 λ_1。

再求第二主成分 z_2，它的方差为

$$\frac{1}{n}\sum_{t=1}^{n}(z_{2t}-\overline{z_2})^2=\boldsymbol{v}_2{}^T\boldsymbol{S}\boldsymbol{v}_2$$

要求 z_1 和 z_2 不相关，即它们的协方差为 0

$$\begin{aligned}&\frac{1}{n}\sum_{t=1}^{n}(z_{1t}-\overline{z_1})(z_{2t}-\overline{z_2})\\&=\frac{1}{n}\sum_{t=1}^{n}\left[\boldsymbol{v}_1{}^T\begin{bmatrix}x_{1t}-\overline{x_1}\\x_{2t}-\overline{x_2}\\\vdots\\x_{mt}-\overline{x_m}\end{bmatrix}\cdot\begin{bmatrix}x_{1t}-\overline{x_1}\\x_{2t}-\overline{x_2}\\\vdots\\x_{mt}-\overline{x_m}\end{bmatrix}^T\boldsymbol{v}_2\right]\\&=\boldsymbol{v}_1{}^T\boldsymbol{S}\boldsymbol{v}_2=\boldsymbol{v}_2{}^T\boldsymbol{S}\boldsymbol{v}_1=\boldsymbol{v}_2{}^T\lambda_1\boldsymbol{v}_1=\lambda_1\boldsymbol{v}_2{}^T\boldsymbol{v}_1=0\end{aligned} \tag{5.3.15}$$

因为 $\lambda_1\neq 0$，所以必须 $\boldsymbol{v}_2{}^T\boldsymbol{v}_1=0$，也就是两个向量相互正交。所以第二主成分方差最大，并且与第一主成分正交，应有

$$Q=\boldsymbol{v}_2\boldsymbol{S}\boldsymbol{v}_2-\lambda(\boldsymbol{v}_2{}^T\boldsymbol{v}_2-1)-2\nu(\boldsymbol{v}_2{}^T\boldsymbol{v}_1)$$

达极大。ν 是拉格朗日乘数，对矢量 $\boldsymbol{v}_2$ 微分，令其为 0，利用式(5.1.9) 得

$$\frac{\partial Q}{\partial \boldsymbol{v}_2}=2\boldsymbol{S}\boldsymbol{v}_2-2\lambda\boldsymbol{v}_2-2\nu\boldsymbol{v}_1=0 \tag{5.3.16}$$

用 $\boldsymbol{v}_1{}^T$ 左乘上式，并消去倍数 2，并注意式(5.3.15)，可得

$$\boldsymbol{v}_1{}^T\boldsymbol{S}\boldsymbol{v}_2-\boldsymbol{v}_1{}^T\lambda\boldsymbol{v}_2-\nu\boldsymbol{v}_1{}^T\boldsymbol{v}_1=0-0-\nu=0$$

所以 $\nu=0$，这样 $\boldsymbol{v}_2$ 应满足的方程为

$$\boldsymbol{S}\boldsymbol{v}_2-\lambda\boldsymbol{v}_2=0 \tag{5.3.17}$$

此方程与式(5.3.12)完全一样。所以，不难看出，此时取 $\lambda=\lambda_2$，$\boldsymbol{v}_2$ 为对应 λ_2 的特征向量，如此下去，我们可以求出第 m 个主成分，它是方差阵 $\boldsymbol{S}$ 的第 m 个特征值所对应的特征向量，第 m 个主成分的方差是 λ_m。

综上所述，求取主成分的方法是首先据式(5.3.11) 求出样本协方差矩阵 $\boldsymbol{S}$。然后，求 $\boldsymbol{S}$ 的特征值和特征向量。特征值为 $\lambda_1 \geqslant \lambda_2 \geqslant \lambda_3 \geqslant \cdots \geqslant \lambda_m$，对应的特征向量为 $\boldsymbol{v}_1,\boldsymbol{v}_2,\boldsymbol{v}_3,\cdots\boldsymbol{v}_m$，并组成矩阵 $\boldsymbol{V}=(\boldsymbol{v}_1\boldsymbol{v}_2\cdots\boldsymbol{v}_m)$。最后，根据式(5.3.5)，由 $\boldsymbol{Z}=\boldsymbol{V}^T\boldsymbol{X}$ 求出

主成分。

需要指出，上述方法中，当 $\boldsymbol{X}$ 不是由中心化资料组成时，主成分的平均值不等于零。为了消除气候上的多年平均变化，并使各主成分的平均值为零，这时应对中心化资料进行分析，方法如下

第一步：建立中心化(距平)资料矩阵 $\boldsymbol{X}^0$

$$\boldsymbol{X}^0 = (x_{it} - \overline{x_i})$$

$$i = 1,2,\cdots,m \qquad t = 1,2,\cdots,n$$

第二步：求出协方差矩阵 $\boldsymbol{S}$，m 阶。

$$\boldsymbol{S} = \frac{1}{n}\boldsymbol{X}^0 \cdot (\boldsymbol{X}^0)^T$$

第三步：求 $\boldsymbol{S}$ 矩阵的特征值和特征向量。特征值 $\lambda_1 \geqslant \lambda_2 \geqslant \cdots \geqslant \lambda_m$，对应的特征向量为 $\boldsymbol{v}_1, \boldsymbol{v}_2, \cdots, \boldsymbol{v}_m$，并组成矩阵 $\boldsymbol{V} = (\boldsymbol{v}_1 \boldsymbol{v}_2 \cdots \boldsymbol{v}_m)$

第四步：求主成分 $\boldsymbol{Z}^0 = \boldsymbol{V}^T\boldsymbol{X}^0$。这时求得的主成分是中心化的，即

$$(\boldsymbol{Z}^0) = (z_{it}^0) = (z_{it} - \overline{z_i})$$

满足

$$\overline{z}_{it}^0 = \frac{1}{n}\sum_{t=1}^{n} z_{it}^0 = 0$$

$$i = 1,2,\cdots,m \qquad t = 1,2,\cdots,n$$

有时，当 m 个变量属于不同的气象要素时，为了消去单位或量纲的差别可将 $\boldsymbol{X}$ 矩阵标准化处理，即用资料矩阵

$$\boldsymbol{X}^* = (\frac{x_{it} - \overline{x_i}}{s_i})$$

s_i 为第 i 个变量的均方差，求 $\boldsymbol{X}^*$ 的协方差矩阵，就是 $\boldsymbol{X}$ 的相关矩阵，进行主成分分析，其方法在下一节中要谈到。

第四节　主成分的性质

1. 主成分互不相关

因为

$$\boldsymbol{Z} = \boldsymbol{V}^T\boldsymbol{X} \tag{5.4.1}$$

我们求主成分的协方差矩阵

$$\frac{1}{n}\boldsymbol{Z}^0 \cdot \boldsymbol{Z}^{0^T} = \frac{1}{n}\boldsymbol{V}^T \cdot \boldsymbol{X}^0 \cdot \boldsymbol{X}^{0^T} \cdot \boldsymbol{V}$$

$$= \boldsymbol{V}^T \boldsymbol{S} \boldsymbol{V} = \begin{bmatrix} \lambda_1 & & & \boldsymbol{0} \\ & \lambda_2 & & \\ & & \ddots & \\ \boldsymbol{0} & & & \lambda_m \end{bmatrix} \tag{5.4.2}$$

这说明主成分间的协方差为0,即它们是无关的,第 i 个主成分的方差为 $\lambda_i (i = 1,2,\cdots,m)$。

2. 主成分的贡献

因为主成分的方差贡献是按 $\boldsymbol{S}$ 矩阵的特征值大小排列的,所以,我们通常不需要用全部主成分,只要用前面几个。

定义

$$C(k) = \lambda_k \Big/ \sum_{i=1}^{m} \lambda_i$$

为主成份 z_k 的贡献率;

$$C(p) = \sum_{k=1}^{p} \lambda_k \Big/ \sum_{k=1}^{m} \lambda_k$$

为主成份 $z_1 z_2 \cdots z_p$ 的累积贡献率。

$C(k)$ 的数值越大,表明主成分 z_k 的贡献率越大,也就是它"综合反映" $x_1, x_2, \cdots x_m$ 的能力越强。或者说,用 z_k 反映向量 $\boldsymbol{x}$ 的能力越强,所以才把 z_k 称为主成分,也就是 $\boldsymbol{x}$ 的主要部分。通常当 $p \ll m$ 时,$Q(p)$ 就接近100%,所以对于后面的一些主成分,因为贡献率很少,可以略去不用。

另外,全部主成分的方差之和与原变量的总方差是相等的。据式(5.4.2),两边取迹的运算

$$T_r(\boldsymbol{V}^T \cdot \boldsymbol{S}\boldsymbol{V}) = T_r(\boldsymbol{\Lambda})$$

或

$$T_r(\boldsymbol{S}\boldsymbol{V}^T \cdot \boldsymbol{V}) = T_r(\boldsymbol{\Lambda})$$

因为

$$\boldsymbol{V}^T \cdot \boldsymbol{V} = \boldsymbol{I}(\text{单位矩阵})$$

所以

$$T_r(\boldsymbol{S}) = T_r(\boldsymbol{\Lambda})$$

即

$$\sum_{i=1}^{m} s_{ii} = \sum_{i=1}^{m} \lambda_i$$

上式左端是原变量方差之和,右端是主成分方差之和。

3. 因子荷载

主成分 z_k 和原指标 x_i 的相关系数,称为因子负荷量,记为 a_{ik},并且有

$$a_{ik} = \frac{\sqrt{\lambda_k} v_{ki}}{\sqrt{s_{ii}}} \quad k,i = 1,2,\cdots,m \tag{5.4.3}$$

证明

$$a_{ik}=\frac{\frac{1}{n}\sum_{t=1}^{n}(z_{kt}-\overline{z_k})(x_{it}-\overline{x_i})}{\sqrt{\frac{1}{n}\sum_{t=1}^{n}(z_{kt}-\overline{z_k})^2\cdot\frac{1}{n}\sum_{t=1}^{n}(x_{it}-\overline{x_i})^2}}$$

$$=\frac{\frac{1}{n}\sum_{t=1}^{n}(z_{kt}-\overline{z_k})(x_{it}-\overline{x_i})}{\sqrt{\lambda_k}\cdot\sqrt{s_{ii}}} \tag{5.4.4}$$

而分子

$$\frac{1}{n}\sum_{t=1}^{n}(z_{kt}-\overline{z_k})(x_{it}-\overline{x_i})$$

$$=\frac{1}{n}\sum_{t=1}^{n}[v_{k1}(x_{1t}-\overline{x_1})+v_{k2}(x_{2t}-\overline{x_1})+\cdots$$

$$+v_{km}(x_{mt}-\overline{x_m})](x_{it}-\overline{x_i})$$

$$=\boldsymbol{v}_k{}^T\begin{bmatrix}s_{1i}\\s_{2i}\\\vdots\\s_{mi}\end{bmatrix}=\boldsymbol{v}_k{}^T\boldsymbol{S}\cdot\boldsymbol{C}=\boldsymbol{C}^T\cdot\boldsymbol{S}\cdot\boldsymbol{v}_k$$

$$=\boldsymbol{C}^T\cdot\lambda_k\boldsymbol{v}_k=\lambda_k\boldsymbol{v}_{ki} \tag{5.4.5}$$

其中 $\boldsymbol{C}$ 是 m 维列向量，它的第 i 行元素为 1，其余元素为 0。

$\boldsymbol{S}\cdot\boldsymbol{C}=(s_{1i}s_{2i}\cdots s_{mi})^T$，即是取出 $\boldsymbol{S}$ 矩阵中的 i 列。

式(5.4.5)代入式(5.4.4)得

$$a_{ik}=\frac{\lambda_k v_{ki}}{\sqrt{\lambda_k}\sqrt{s_{ii}}}=\frac{\sqrt{\lambda_k}v_{ki}}{\sqrt{s_{ii}}} \tag{5.4.6}$$

$$k,i=1,2,\cdots,m$$

4. m 个主成分与原指标 x_i 的相关系数的平方和等于 1

$$\sum_{k=1}^{m}a_{ik}^2=1\qquad i=1,2,\cdots,m \tag{5.4.7}$$

这关系可这样证明：写出式(5.4.1)的逆变换

$$\boldsymbol{X}=\boldsymbol{VZ} \tag{5.4.8}$$

也就是原变量可看成主成分的线性组合，而主成分是彼此不相关。这时复相关系数的平方，等于单相关系数平方和

$$R^2_{x_i\cdot z_1z_2\cdots z_m}=\sum_{k=1}^{m}a_{ik}^2\qquad i=1,2,\cdots,m$$

而 x_i 又精确地表示为 m 个主成分的线性组合，所以

$$R^2_{x_i \cdot z_1 z_2 \cdots z_m} = 1 \quad (i = 1,2,\cdots,m)$$

5. m 个变量与第 k 个主成分的相关系数与特征值 λ_k 有如下关系

$$\sum_{i=1}^{m} s_{ii} a_{ik}^2 = \lambda_k \tag{5.4.9}$$

因为,用式(5.4.6)代入式(5.4.9)时为

$$\sum_{i=1}^{m} s_{ii} \lambda_k v_{ki}^2 \frac{1}{s_{ii}} = \sum_{i=1}^{m} \lambda_k v_{ki}^2 = \lambda_k \sum_{i=1}^{m} v_{ki}^2 = \lambda_k \tag{5.4.10}$$

6. 标准化变量的主成分性质

标准化变量的协方差矩阵就是相关矩阵,所以求标准化变量的主成分时,特征向量 $\boldsymbol{v}$ 应从

$$| \boldsymbol{R} - \boldsymbol{I}\lambda | \boldsymbol{v} = 0$$

中求得。求出相关矩阵 $\boldsymbol{R}$ 的特征值 $\lambda_1 \geqslant \lambda_2 \geqslant \cdots \geqslant \lambda_m$,及其对应的特征向量 $\boldsymbol{v}_1, \boldsymbol{v}_2, \cdots \boldsymbol{v}_m$,组成

$$\boldsymbol{V} = (\boldsymbol{v}_1 \boldsymbol{v}_2 \cdots \boldsymbol{v}_m)$$

变换式成为

$$\boldsymbol{Z} = \boldsymbol{V}^T \boldsymbol{X}^*$$

$\boldsymbol{X}^*$ 为标准化的资料矩阵,这时的主成分类似非标准化资料的主成分,有如下性质:

(1)m 个主成分的平均值皆为 0,即$(\overline{z_1}\ \overline{z_2} \cdots \overline{z_m})^T = \boldsymbol{0}$。

(2)m 个主成分正交,因为主成分的平均值为 0,所以 $\sum_{t=1}^{n} z_{it} \cdot z_{it} = 0, i \neq j$。

(3) 主成分的协方差矩阵为对角阵,但是 $\sum_{k=1}^{m} \lambda_k = m$。

(4) 第 k 个主成分的贡献率是 λ_k / m,前面 p 个主成分的累积贡献率为 $\sum_{k=1}^{p} \lambda_k / m$。

(5) 主成分 z_k 和原指标 x_i^* 的相关系数

$$a_{ik} = \sqrt{\lambda_k} v_{ki} \tag{5.4.11}$$

(6) m 个主成分和原指标 x_i^* 的相关系数和平方和

$$\sum_{k=1}^{m} a_{ik}^2 = 1 \tag{5.4.12}$$

(7) m 个变量与第 k 个主成分的相关系数与特征值 λ_k 仍有关系

$$\sum_{i=1}^{m} a_{ik}^2 = \lambda_k \tag{5.4.13}$$

需要指出,由于 $\boldsymbol{S}$ 矩阵和 $\boldsymbol{R}$ 矩阵不同,求出的特征值和特征向量也不同,所构成的主成分也不同。主成分的贡献率与累积贡献率也不同。表 5.4.1 是对表 5.2.1 用两

种方法的计算结果。事实上当两个变量，用相关矩阵进行主成分分析时，旋转角度 θ 永远是 45°，但是对协方差矩阵作主成分分析时，旋转角度就不是 45°，两类方差的差别越大，旋转角度与 45°的差别越大。从表 5.4.1 看出用相关矩阵作主成分分析时，其特征值相对较均匀。

表 5.4.1

方法	矩　阵	特征值	特征向量(列)	累积贡献率	θ	资料
相关矩阵	$\begin{pmatrix}1.000 & 0.911\\0.911 & 1.000\end{pmatrix}$	$\lambda_1=1.9114$ $\lambda_2=0.0886$	$\begin{pmatrix}0.7071 & -0.7071\\0.7071 & 0.7071\end{pmatrix}$	95.6% 100%	45°	标准化资料
方差矩阵	$\begin{pmatrix}167.24 & 67.13\\67.13 & 32.44\end{pmatrix}$	$\lambda_1=194.964$ $\lambda_2=47.145$	$\begin{pmatrix}0.9243 & -0.3818\\0.3818 & 0.9243\end{pmatrix}$	97.6% 100	22.4°	中心化资料

下面给出一个用方差矩阵进行主成分分析的全过程。说明主成分分析方法的步骤。

例 1：对表 5.4.2 的六个变量用协方差阵求主成分。

第一步：求资料矩阵的协方差矩阵 $\boldsymbol{S}$。为了使主成分的平均值为零，各变量已作中心化处理。

$$\boldsymbol{S}=\begin{bmatrix}16.80 & 0.11 & -0.51 & 2.27 & 3.68 & -0.06\\0.11 & 5.61 & 2.91 & -1.79 & -6.21 & 0.67\\-0.51 & 2.91 & 21.77 & -16.99 & 3.45 & 0.51\\2.27 & -1.79 & -16.99 & 75.61 & 2.35 & 1.56\\3.68 & -6.21 & 3.45 & 2.35 & 38.34 & -0.87\\-0.06 & 0.67 & 0.51 & 1.56 & -0.87 & 1.17\end{bmatrix}$$

第二步：求 $\boldsymbol{S}$ 的特征值和特征向量，组成矩阵 $\boldsymbol{V}^T$（行向量为特征向量）。

$$\boldsymbol{V}^T=\begin{bmatrix}0.038 & -0.037 & -0.276 & 0.959 & 0.039 & 0.016\\0.145 & -0.158 & 0.154 & -0.006 & 0.964 & -0.023\\-0.216 & 0.226 & 0.903 & 0.279 & -0.072 & 0.070\\0.963 & 0.143 & 0.174 & 0.023 & -0.149 & 0.019\\-0.068 & 0.942 & -0.232 & -0.038 & 0.204 & 0.110\\0.007 & -0.127 & -0.034 & -0.032 & 0.007 & 0.991\end{bmatrix}$$

其中第 i 行特征向量对应的特征值为 λ_i。而 $\lambda_1=80.772$，$\lambda_2=40.472$，$\lambda_3=17.149$，$\lambda_4=16.207$，$\lambda_5=3.693$，$\lambda_6=1.011$。

第三步：求主成分

$$z_{it}=\sum_{k=1}^{6} v_{ik}x_{kt}$$

表 5.4.2

序	原始变量						主成分					
	x_1	x_2	x_3	x_4	x_5	x_6	z_1	z_2	z_3	z_4	z_5	z_6
1	-1.483	-1.621	-3.138	11.345	3.276	-0.593	11.864	2.656	0.006	-2.447	-0.529	-0.627
2	7.517	2.379	10.862	-14.655	-2.742	0.307	-16.974	-0.147	4.857	9.543	-0.747	0.137
3	-8.483	0.379	5.862	-13.655	-13.742	-0.393	-15.592	-13.523	4.356	-5.364	-2.753	-0.343
4	-4.483	4.379	9.862	3.345	-6.724	1.307	-0.086	-6.356	12.362	-0.873	0.782	0.228
5	3.517	2.379	-1.138	16.345	-9.724	-2.207	15.690	-9.569	4.156	5.388	-0.104	1.363
6	-0.483	1.379	-5.138	2.345	3.276	-0.293	3.720	2.068	-3.825	-1.601	3.070	-0.348
7	0.517	-2.621	-0.138	-3.655	8.276	-1.993	-3.060	8.516	-2.578	-1.254	-0.859	-1.464
8	5.517	1.379	-5.138	-0.655	-6.724	-0.693	0.676	-6.672	-5.266	5.588	0.691	-0.675
9	-1.483	-2.621	5.862	-5.655	14.276	0.207	-6.439	14.899	2.438	-3.033	-0.569	0.604
10	2.483	2.379	-1.138	-4.655	-6.724	0.807	-4.582	-7.385	-0.715	-1.336	1.565	0.624
11	0.517	-2.621	0.862	5.345	8.276	0.307	5.331	8.561	0.994	-0.833	-1.182	0.495
12	1.517	-2.621	-0.138	5.345	5.276	0.307	5.528	5.660	0.091	0.403	-1.631	0.515
13	-1.483	5.379	-3.138	-7.655	-7.724	0.707	-7.018	-8.966	-2.831	-0.213	4.685	0.308
14	2.517	0.379	-2.138	13.345	2.276	1.807	13.586	2.044	1.295	2.103	0.835	1.422
15	1.517	-2.621	-4.138	8.345	-0.724	-0.993	9.252	0.732	-2.347	0.644	-2.188	-0.774

续表

序	原始变量						主成分					
	x_1	x_2	x_3	x_4	x_5	x_6	z_1	z_2	z_3	z_4	z_5	z_6
16	0.517	-2.621	-4.138	-1.655	-2.724	-1.993	-0.458	-2.735	-4.795	-0.252	-2.179	-0.773
17	8.517	-1.621	-7.138	5.345	-1.724	0.107	7.414	-1.306	-7.025	7.105	-0.993	0.427
18	-0.483	-3.621	-1.138	9.345	-0.724	0.507	9.367	-0.441	0.951	-0.851	-3.563	0.693
19	5.517	0.379	2.862	-14.655	10.276	1.207	-14.222	11.156	-3.253	4.023	2.115	1.623
20	2.517	0.379	0.862	4.345	-3.724	-0.293	3.861	-3.172	1.778	3.274	-0.973	-0.513
21	-6.483	-0.621	-6.138	9.345	-0.724	0.593	10.3890	-2.536	-1.671	-7.087	0.705	-0.649
22	-1.483	0.379	-3.138	5.345	0.276	-1.393	55.908	-0.497	-1.057	-1.865	0.883	-1.501
23	-1.483	0.379	-2.138	-9.655	-3.724	-1.793	-8.914	-4.094	-4.075	-1.443	0.364	-1.480
24	-4.483	-2.621	4.862	-13.655	1.276	-0.193	-14.464	1.835	0.855	-4.346	-2.529	0.389
25	-7.483	-2.621	-6.138	-5.655	-1.724	2.207	-3.953	-3.297	-5.817	-8.471	-0.431	2.842
26	5.517	-0.621	2.862	-11.655	-0.724	-1.093	-11.776	0.743	-2.017	5.542	-1.443	-0.698
27	0.517	1.379	5.862	5.345	6.276	-0.093	3.721	6.780	6.525	0.898	0.972	-0.589
28	-1.438	3.379	0.862	1.345	1.276	0.707	0.933	0.588	2.193	-0.941	3.369	0.200
29	-2.483	2.379	3.862	1.345	6.276	-0.993	0.271	5.923	4.414	-2.302	2.634	-0.443

$$i = 1,2,\cdots,m \qquad t = 1,2,\cdots,n$$

z_{it} 为第 i 个主成分第 t 个值，v_{ik} 是第 i 个特征向量第 k 个分量，x_{kt} 是第 k 个变量的第 t 个测值。主成分 $z_1, z_2, \cdots, z_6$ 也在表 5.4.2 中给出。表 5.4.3 给出主成分累积贡献率。可以看出用一个主成分已反映变量信息的 50.7%。前三个主成分的累积贡献率已超过 86%。所有主成分都是正交的和不相关的。即有

$$\frac{1}{n}\sum_{t=1}^{n}(z_{it}-\overline{z_i})(z_{jt}-\overline{z_j}) = \begin{cases} 0 & i \neq j \\ \lambda_i & i = j \end{cases}$$

求主成分 z_k 与原指标 x_i 的相关系数为 a_{ik}，例如

$$a_{12} = \frac{\sqrt{\lambda_2}\, v_{21}}{\sqrt{s_{11}}} = \frac{\sqrt{40.472} \times 0.1454}{\sqrt{16.80}} = 0.2257$$

$$a_{21} = \frac{\sqrt{\lambda_1}\, v_{12}}{\sqrt{s_{22}}} = \frac{\sqrt{80.772} \times (-0.0365)}{\sqrt{5.61}} = -0.1385$$

$$(a_{ik}) = \begin{bmatrix} 0.084 & 0.226 & -0.218 & 0.945 & -0.032 & 0.002 \\ -0.139 & -0.425 & 0.394 & 0.243 & 0.764 & -0.054 \\ -0.531 & 0.211 & 0.801 & 0.150 & -0.096 & -0.007 \\ 0.991 & -0.005 & 0.133 & 0.011 & -0.009 & -0.004 \\ 0.057 & 0.990 & -0.048 & -0.097 & 0.063 & 0.001 \\ 0.135 & -0.133 & 0.269 & 0.072 & 0.196 & 0.921 \end{bmatrix}$$

当选用六个主成分时，原指标均可精确地表示，也就 a_{ik} 矩阵的各行元素平方和等于 1。$\sum_{k=1}^{6} a_{ik}^2 = 1$。如果取五个主成分，在精确到小数第三位时，因子 x_1, x_2, x_3, x_4, x_5 仍能精确地表示，亦即 $\sum_{k=1}^{5} a_{ik}^2 \approx 1$（当 $i = 1,2,3,4,5$）。但是 x_6 不能精确表示 $\sum_{k=1}^{5} a_{6k}^2 = 0.1516$。也就是如果不考虑主成分 z_6，实际上是丢掉了 x_6 的大部分信息，而对 x_1, x_2, x_3, x_4, x_5 影响很小。如果只考虑四个主成份，那么 x_2 的信息也丢掉大约 60%，对 x_1, x_3, x_4, x_5，仍无什么大影响。

表 5.4.3

k	1	2	3	4	5	6
λ_k	80.772	40.472	17.149	16.207	3.693	1.011
$\sum_{i=1}^{k}\lambda_i \Big/ \sum_{i=1}^{6}\lambda_i$	0.507	0.761	0.869	0.971	0.994	1.000

第五节　因子分析

1. 主因子(*R* 型)的导出

在前面式(5.4.8)中,我们得到原始变量 $\boldsymbol{X}$ 可以分解为主成分的线性组合。这些主成分是互相独立的。但是第 k 个主成分的方差是 λ_k,z_k 的系数 v_{ki} 并不能反映 z_k 对 x_i 的重要性。为了用少数的 p 个变量(即主因子)来反映 m 个变量的关系,应对主成分进行标准化,将标准化的主成分称为主因子。式(5.4.1)写为

$$\begin{pmatrix} x_{11} & x_{12} & \cdots & x_{1n} \\ x_{21} & x_{22} & \cdots & x_{2n} \\ \vdots & \vdots & \vdots & \vdots \\ x_{m1} & x_{m2} & \cdots & x_{mn} \end{pmatrix}$$

$$= \begin{pmatrix} v_{11} & v_{21} & \cdots & v_{m1} \\ v_{12} & v_{22} & \cdots & v_{m2} \\ \vdots & \vdots & \vdots & \vdots \\ v_{1m} & v_{2m} & \cdots & v_{mm} \end{pmatrix} \cdot \begin{pmatrix} z_{11} & z_{12} & \cdots & z_{1n} \\ z_{21} & z_{22} & \cdots & z_{2n} \\ \vdots & \vdots & \vdots & \vdots \\ z_{m1} & z_{m2} & \cdots & z_{mn} \end{pmatrix} \qquad (5.5.1)$$

其中 v_{ij} 就是第 i 个特征向量的第 j 个分量。z_{it} 就是第 i 个主成分的第 t 个值。因为第 i 个主成分的方差是 λ_i,故令主因子为 f_i,则

$$f_{it} = \frac{1}{\sqrt{\lambda_i}} z_{it} \qquad i = 1,2,\cdots,m \qquad (5.5.2)$$

f_{it} 是第 i 个主因子的第 t 个值,据式(5.5.2)任何一个主因子的方差均标准化为 1。

将式(5.5.2)代入式(5.5.1)得

$$\begin{pmatrix} x_{11} & x_{12} & \cdots & x_{1n} \\ x_{21} & x_{22} & \cdots & x_{2n} \\ \vdots & \vdots & \vdots & \vdots \\ x_{m1} & x_{m2} & \cdots & x_{mn} \end{pmatrix} = \begin{pmatrix} v_{11} & v_{21} & \cdots & v_{m1} \\ v_{12} & v_{22} & \cdots & v_{m2} \\ \vdots & \vdots & \vdots & \vdots \\ v_{1m} & v_{2m} & \cdots & v_{mm} \end{pmatrix} \cdot$$

$$\begin{pmatrix} \sqrt{\lambda_1} & & & 0 \\ & \sqrt{\lambda_2} & & \\ & & \ddots & \\ 0 & & & \sqrt{\lambda_m} \end{pmatrix} \cdot \begin{pmatrix} f_{11} & f_{12} & \cdots & f_{1n} \\ f_{21} & f_{22} & \cdots & f_{2n} \\ \vdots & \vdots & \vdots & \vdots \\ f_{m1} & f_{m2} & \cdots & f_{mn} \end{pmatrix}$$

或

$$\begin{pmatrix} x_{11} & x_{12} & \cdots & x_{1n} \\ x_{21} & x_{22} & \cdots & x_{2n} \\ \vdots & \vdots & \vdots & \vdots \\ x_{m1} & x_{m2} & \cdots & x_{mn} \end{pmatrix}$$

$$= \begin{pmatrix} a_{11} & a_{12} & \cdots & a_{1m} \\ a_{21} & a_{22} & \cdots & a_{2m} \\ \vdots & \vdots & \vdots & \vdots \\ a_{m1} & a_{m2} & \cdots & a_{mm} \end{pmatrix} \begin{pmatrix} f_{11} & f_{12} & \cdots & f_{1n} \\ f_{21} & f_{22} & \cdots & f_{2n} \\ \vdots & \vdots & \vdots & \vdots \\ f_{m1} & f_{m2} & \cdots & f_{mn} \end{pmatrix} \tag{5.5.3}$$

式(5.5.3)可写成矩阵形式

$$\mathbf{X} = \mathbf{V} \cdot \boldsymbol{\Lambda}^{\frac{1}{2}} \cdot \boldsymbol{F} = \mathbf{A} \cdot \boldsymbol{F} \tag{5.5.4}$$

其中

$$\mathbf{A} = \begin{bmatrix} a_{11} & a_{12} & \cdots & a_{1m} \\ a_{21} & a_{22} & \cdots & a_{2m} \\ \vdots & \vdots & \vdots & \vdots \\ a_{m1} & a_{m2} & \cdots & a_{mm} \end{bmatrix}$$

$$= \begin{bmatrix} v_{11}\sqrt{\lambda_1} & v_{21}\sqrt{\lambda_2} & \cdots & v_{m1}\sqrt{\lambda_m} \\ v_{12}\sqrt{\lambda_1} & v_{22}\sqrt{\lambda_2} & \cdots & v_{m2}\sqrt{\lambda_m} \\ \vdots & \vdots & \vdots & \vdots \\ v_{1m}\sqrt{\lambda_1} & v_{2m}\sqrt{\lambda_2} & \cdots & v_{mm}\sqrt{\lambda_m} \end{bmatrix} \tag{5.5.5}$$

A 称为因子荷载阵。当 m 个变量是标准化变量时，由主成分性质式(5.4.12) 可知，a_{ik} 就是因子 x_i^* 与主因子 f_k 的相关系数。式(5.5.3) 略去时间下标后，写为

$$\begin{cases} x_1 = a_{11}f_1 + a_{12}f_2 + \cdots + a_{1m}f_m \\ x_2 = a_{21}f_1 + a_{22}f_2 + \cdots + a_{2m}f_m \\ \cdots\cdots \\ x_m = a_{m1}f_1 + a_{m2}f_2 + \cdots + a_{mm}f_m \end{cases} \tag{5.5.6}$$

$x_1, x_2, \cdots, x_m$ 为原始变量，$f_1, f_2, \cdots, f_m$ 为主因子。上式表示 x_i 可精确地表示为 f_1，$f_2, \cdots, f_m$ 的线性组合。根据回归理论，当 m 个变量是标准化变量时，$\sum\limits_{k=1}^{m} a_{ik}^2 = 1$，$(i = 1, 2, \cdots, m)$。另一方面，$a_{ik}^2$ 可以看成第 k 个主因子对 x_i 的方差贡献。因此第 k 个主因子对 m 个变量的方差贡献应为

$$\sum_{i=1}^{m} a_{ik}^2 = v_{k1}^2\lambda_k + v_{k2}^2\lambda_k + \cdots + v_{km}^2\lambda_k = \lambda_k \tag{5.5.7}$$

若取 p 个主因子，$p \ll m$，则它对 m 个原始变量的方差贡献应为 $\sum\limits_{j=1}^{p} \lambda_j$。累积贡献百分

率应该为

$$\sum_{j=1}^{p}\lambda_j \Big/ \sum_{j=1}^{m}\lambda_j \tag{5.5.8}$$

具体计算时，通常从标准化资料出发，这时 $\sum_{j=1}^{m}\lambda_j = m$，因子荷载阵的元素 a_{ik} 表示 x_i 和 f_k 的相关系数，有许多优点。这时将相关矩阵的特征值，从大到小取出 p 个，使 $\sum_{j=1}^{p}\frac{\lambda_j}{m}$ 达到要求的精确度标准，即可求出主因子应取的个数 p，这时式(5.5.6) 改为

$$\begin{cases} x_1 = a_{11}f_1 + a_{12}f_2 + \cdots + a_{1p}f_p + a_1\varepsilon_1 \\ x_2 = a_{21}f_1 + a_{22}f_2 + \cdots + a_{2p}f_p + a_2\varepsilon_2 \\ \cdots\cdots \\ x_m = a_{m1}f_1 + a_{m2}f_2 + \cdots + a_{mp}f_p + a_m\varepsilon_m \end{cases} \tag{5.5.9}$$

式(5.5.9)中的 $f_1, f_2, \cdots, f_p$ 是公因子，它们是 $x_1, x_2, \cdots, x_m$ 中都共同出现的因子。公因子是互相独立的。而 $\varepsilon_1, \varepsilon_2, \cdots, \varepsilon_m$ 叫特殊因子，它是单一变量所特有的因子。$a_1, a_2, \cdots, a_m$ 是特殊因子的荷载。各特殊因子间以及各特殊因子与所有公共因子之间都是互相独立的。在式(5.5.6) 中，只取 p 个公因子，用矩阵表示为

$$_m\boldsymbol{X}_n = {}_m\boldsymbol{A}_p\, {}_p\boldsymbol{F}_n + {}_m\boldsymbol{D}_n \tag{5.5.10}$$

其中

$$_m\boldsymbol{A}_p = \begin{bmatrix} a_{11} & a_{12} & \cdots & a_{1p} \\ a_{21} & a_{22} & \cdots & a_{2p} \\ \vdots & \vdots & \vdots & \vdots \\ a_{m1} & a_{m2} & \cdots & a_{mp} \end{bmatrix} \qquad {}_p\boldsymbol{F}_n = \begin{bmatrix} f_{11} & f_{12} & \cdots & f_{1n} \\ f_{21} & f_{22} & \cdots & f_{2n} \\ \vdots & \vdots & \vdots & \vdots \\ f_{p1} & f_{p2} & \cdots & f_{pn} \end{bmatrix}$$

$$_m\boldsymbol{D}_n = \begin{bmatrix} a_{1p+1} & a_{1p+2} & \cdots & a_{1m} \\ a_{2p+1} & a_{2p+2} & \cdots & a_{2m} \\ \vdots & \vdots & \vdots & \vdots \\ a_{mp+1} & a_{mp+2} & \cdots & a_{mn} \end{bmatrix} \cdot \begin{bmatrix} f_{p+11} & f_{p+12} & \cdots & f_{p+1n} \\ f_{p+21} & f_{p+22} & \cdots & f_{p+2n} \\ \vdots & \vdots & \vdots & \vdots \\ f_{m1} & f_{m2} & \cdots & f_{mn} \end{bmatrix}$$

式(5.5.10)是因子分解式。$\boldsymbol{A}$ 为因子荷载阵，$\boldsymbol{F}$ 为公因子阵，$\boldsymbol{D}$ 为特殊因子阵。现在我们归纳一下原始变量是标准化变量时，因子荷载阵的性质：

(1) a_{ik} 表示第 i 个变量和第 k 个公因子的相关系数。

(2) $_m\boldsymbol{A}_p$ 中各列元素的平方 $\sum_{i=1}^{m}a_{ik}^2$ 表示某公因子 f_k 对诸变量 x_i 所提供的方差之和，它恰好等于特征值 λ_k。

(3) $_m\boldsymbol{A}_p$ 中第 i 行元素的平方 $\sum_{k=1}^{p}a_{ik}^2 = h_i^2$ 称为变量的共同度(公共性)。它是因子

x_i 在 p 个公因子上的荷载平方和(相关系数平方和)。因此,h_i 的大值,表示该 x_i 的代表性比较好。另一方面,由式(5.5.6)看出,如果只取 p 个公因子,则 h_i^2 正是对 x_i 的回归方程的回归方差,或者说,h_i^2 是 p 个公因子对同一个变量 x_i 的总方差所作的贡献。因此 h_i^2 值大,表示 x_i 的代表性比较好。由式(5.5.9)可知 $D(x_i)=a_{i1}^2Df_1+a_{i2}^2Df_2+\cdots+a_{ip}^2Df_p+a_i^2D(\varepsilon_i)=h_i^2+a_i^2=1$(标准化变量方差为1)。因此变量 x_i 的方差由两部分组成,第一部分为变量的共同度 h_i^2,第二部分为 a_i^2,它是特殊因子方差。

2. 因子分析方法步骤和举例(*R* 型)

R 型因子分析是将 m 个变量组合成 p 个公因子,并研究公因子的荷载阵,根据 p 个公因子确定空间 p 个坐标轴。变量 x_i 在 p 个公因轴上的投影分别为 $a_{i1},a_{i2},\cdots,a_{ip}$,或者说 $a_{i1}a_{i2},\cdots,a_{ip}$ 确定 p 维空间 x_i 的位置。这样就可根据 m 个点的空间位置了解 m 个变量的相互关系或对 m 个变量进行分类。

例 2:对当年 9 月—翌年 8 月 12 个月的副高面积指数进行 R 型因子分析。资料年份为 1952—1980 年。$m=12,n=29$。

(1)求出变量的相关矩阵。

相关矩阵是 12 阶对称方阵(略)

(2)求相关矩阵的特征值和特征向量。

表 5.5.1

k	1	2	3	4	5	…
λ_k	5.4756	1.5764	1.1613	1.0262	0.7944	…
$\sum_{i=1}^{k}\lambda_i/\sum_{i=1}^{12}\lambda_i$	45.63%	58.77%	68.44%	77.00%	83.62%	…

表 5.5.1 给出前 5 个特征值和累积百分率,可以看出,取 5 个特征值精确度达 83.62%。故我们给出 5 个特征向量(列)如下:

$$
{}_{12}\boldsymbol{V}_5 = \begin{bmatrix}
-0.001 & 0.084 & 0.758 & -0.370 & -0.374 \\
0.150 & 0.455 & -0.209 & 0.389 & -0.638 \\
0.289 & 0.335 & 0.056 & 0.001 & 0.328 \\
0.286 & 0.455 & 0.211 & 0.223 & 0.136 \\
0.315 & 0.228 & 0.093 & -0.095 & 0.237 \\
0.335 & 0.203 & -0.136 & -0.312 & 0.149 \\
0.337 & -0.125 & -0.203 & -0.440 & -0.053 \\
0.363 & -0.161 & -0.207 & -0.231 & -0.148 \\
0.344 & -0.315 & -0.083 & -0.018 & -0.289 \\
0.328 & -0.266 & -0.067 & 0.371 & -0.038 \\
0.259 & -0.356 & 0.341 & 0.402 & -0.301 \\
0.250 & -0.188 & 0.309 & 0.099 & -0.223
\end{bmatrix}
$$

(3)求因子荷载阵 ${}_{12}\boldsymbol{A}_5$

$$
\begin{bmatrix}
-0.002 & 0.106 & 0.817 & -0.375 & -0.334 \\
0.351 & 0.571 & -0.226 & 0.394 & -0.569 \\
0.676 & 0.421 & 0.060 & 0.001 & 0.292 \\
0.670 & 0.571 & 0.228 & 0.226 & 0.121 \\
0.737 & 0.286 & 0.100 & -0.096 & 0.208 \\
0.784 & 0.255 & -0.147 & -0.316 & 0.133 \\
0.789 & -0.157 & -0.218 & -0.446 & -0.047 \\
0.849 & -0.202 & -0.223 & -0.234 & -0.132 \\
0.805 & -0.395 & -0.089 & -0.019 & -0.257 \\
0.767 & -0.334 & -0.073 & 0.376 & -0.034 \\
0.605 & -0.447 & 0.368 & 0.405 & 0.268 \\
0.586 & -0.236 & 0.333 & 0.100 & -0.199
\end{bmatrix}
\quad
\begin{matrix}
\text{共同度} \\
0.930 \\ 0.979 \\ 0.723 \\ 0.892 \\ 0.687 \\ 0.818 \\ 0.896 \\ 0.884 \\ 0.879 \\ 0.848 \\ 0.939 \\ 0.559
\end{matrix}
$$

${}_{12}\boldsymbol{A}_5$ 中的第 i 列元素的平方和为λ_i，它表示第 i 个公因子对 12 个原变量所提供的方差之和。而${}_{12}\boldsymbol{A}_5$ 中第 i 行元素的平方和称为共同度，它表示这 5 个公因子对原变量 x_i 的总方差作的贡献。为直观起见，如果我们只取两个公因子，则可以用${}_{12}\boldsymbol{A}_5$ 中的左边两列的荷载值点图，这两列分别表示 12 个因子在第一、第二公因子上的投影。

(4)因子荷载点聚图

将第一、第二公因子取为坐标轴。将荷载值 (a_{i1}, a_{i2})，$i = 1, 2, \cdots, 12$ 同时扩大 10 倍点在图上，得到图 5.5.1。由图看出，如果将变量分成四类的话，则 x_1 和 x_2 单独成一类；x_3, x_4, x_5, x_6 成一类，$x_7, x_8, x_9, x_{10}, x_{11}, x_{12}$ 成一类。这表示 9 月、10 月的月

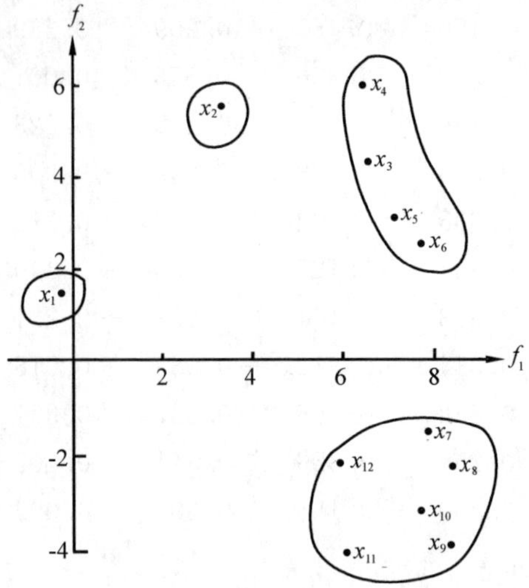

图 5.5.1 副高面积指数因子分析荷载图

平均副高面积指数单独成一类，11 月、12 月、1 月、2 月成一类；3 月、4 月、5 月、6 月、7 月、8 月的副高面积指数成一类。

(5)求变量的共同度

在因子荷载阵 ${}_{12}\mathbf{A}_5$ 的右边，我们给出了用 5 个主因子计算的 12 个变量的共同度。我们看出，对 x_3,x_4,x_5,x_6 这一类，$h_4^2=0.892$ 最大，表示用 x_4 代表 x_3,x_4,x_5,x_6 比较好，也就是用 12 月副高代表 11—2 月副高比较好。综上所述，用 9 月、10 月、12 月、7 月的副高代表全年 12 个月的副高是比较合适的。

3. *Q* 型因子分析

上面所介绍的方法是研究 m 个变量之间的关系，是对 m 个变量的相关矩阵(m 阶)进行分解，通常称为 R 型因子分析。如果转而研究 n 个样本之间的关系，这时就称为 Q 型因子分析。

Q 型因子分析方法与 R 型因子分析方法在原理上是一样的。所不同的是 Q 型因子分析时要用 n 阶样本的相似矩阵去代替 m 阶变量之间的相关矩阵。

因为每个样本的 m 个变量的单位可以不同，所以在第 j 个样本和第 k 个样本之间不能计算相关系数，只能计算相似系数，用 $\cos\theta_{jk}$ 表示

$$\cos\theta_{jk} = \frac{\sum_{i=1}^{m} x_{ij} \cdot x_{ik}}{\sqrt{\sum_{i=1}^{m} x_{ij}^2 \cdot \sum_{i=1}^{m} x_{ik}^2}} \qquad j,k = 1,2,\cdots,n$$

$-1 \leqslant \cos\theta_{jk} \leqslant 1$，$\cos\theta_{jk} = 1$ 表示第 i 个样本和第 k 个样本完全相似，$\cos\theta_{jk} = -1$，则表示第 j 个样本和第 k 个样本完全不相似。由 n 个时间点计算的 $\cos\theta_{jk}$ 组成一个 n 阶的相似矩阵

$$\begin{bmatrix} 1 & \cos\theta_{12} & \cos\theta_{13} & \cdots & \cos\theta_{1n} \\ \cos\theta_{21} & 1 & \cos\theta_{23} & \cdots & \cos\theta_{2n} \\ \cos\theta_{31} & \cos\theta_{32} & 1 & \cdots & \cos\theta_{3n} \\ \vdots & \vdots & \vdots & \vdots & \vdots \\ \cos\theta_{n1} & \cos\theta_{n2} & \cos\theta_{n3} & \cdots & 1 \end{bmatrix}$$

它也是一个对称矩阵，用 n 阶相似矩阵代替 m 阶相关矩阵进行类似的分析，就能分析 n 个样本的相互关系，还能对 n 个样本在平面荷载图上归类等，这就是 Q 型因子分析方法。

4. 旋转主因子分析（方差最大旋转）

前面我们已得到了因子荷载阵 $\boldsymbol{A}$，但更重要是要知道每个主因子代表什么气象意义。一般来说因子荷载阵越简单越容易解释。为此，使每个因子的荷载平方按列向 0 或 1 两端分化。使主因子在某个变量上的荷载趋近于 1，而在其他变量上的荷载接近 0，这样较容易解释主因子的意义了。

未旋转前主因子是正交的，

$$\begin{aligned} \boldsymbol{F} \cdot \boldsymbol{F}^T &= (\boldsymbol{A}^{-1}\boldsymbol{X}) \cdot (\boldsymbol{X}^T\boldsymbol{A}^{-1\,T}) \\ &= (\boldsymbol{\Lambda}^{-\frac{1}{2}}\boldsymbol{V}^{-1} \cdot \boldsymbol{VZ}) \cdot \boldsymbol{Z}^T\boldsymbol{V}^T \cdot (\boldsymbol{V}^{-1\,T}\boldsymbol{\Lambda}^{-\frac{1}{2}}) \\ &= \boldsymbol{\Lambda}^{-\frac{1}{2}} \cdot \boldsymbol{Z} \cdot \boldsymbol{Z}^T \cdot \boldsymbol{\Lambda}^{-\frac{1}{2}} = \boldsymbol{I} \end{aligned} \tag{5.5.11}$$

$\boldsymbol{X}$ 与 $\boldsymbol{F}$ 的相关阵为 $\boldsymbol{A}$

$$\boldsymbol{X} \cdot \boldsymbol{F}^T = \boldsymbol{A} \cdot \boldsymbol{F} \cdot \boldsymbol{F}^T = \boldsymbol{A} \tag{5.5.12}$$

所以，再次证明 a_{ij} 就是第 i 个的原始变量（x_i）与主因子 f_j 的相关系数。

从式（5.5.11），有

$$\boldsymbol{X} \cdot \boldsymbol{X}^T = \boldsymbol{R} = \boldsymbol{A} \cdot \boldsymbol{F} \cdot \boldsymbol{F}^T \cdot \boldsymbol{A}^T = \boldsymbol{A} \cdot \boldsymbol{A}^T \tag{5.5.13}$$

方差最大正交旋转就是使坐标轴作正交旋转，使旋转后的各因子荷载值的平方的方差 s^2 达到最大。

设旋转后的因子荷载阵为 ${}_m\boldsymbol{A}_m^*$，主因子阵为 ${}_m\boldsymbol{F}_n^*$，第 j 个新因子荷载的平方的方差为 s_j^2

$$s_j^2 = \frac{\sum_{i=1}^{m}(a_{ij}^{*2})^2}{m} - \left[\frac{\sum_{i=1}^{m}a_{ij}^{*2}}{m}\right]^2$$

$$= \frac{m \cdot \sum_{i=1}^{m}(a_{ij}^{*2})^2 - (\sum_{i}a_{ij}^{*2})^2}{m^2} \tag{5.5.14}$$

我们希望在 p 个公因子上的总方差转动后达极大值,即

$$s^2 = \sum_{j=1}^{p} s_j^2 \tag{5.5.15}$$

达极大。

为了消除变量公共性的影响,用 a_{ij}^{*2}/h_i^2 去代替 a_{ij}^{*2},这样式(5.5.15)成为

$$s^2 = \sum_{j=1}^{p}\left\{\frac{m\sum_{i=1}^{m}(a_{ij}^{*2}/h_i^2)^2 - (\sum_{i=1}^{m}a_{ij}^{*2}/h_i^2)^2}{m^2}\right\} \tag{5.5.16}$$

二个坐标的正交旋转表示为下列变换

$$\begin{cases} a_{ip}^{*} = a_{ip}\cos\theta + a_{iq}\sin\theta \\ a_{iq}^{*} = -a_{ip}\sin\theta + a_{iq}\cos\theta \end{cases} \tag{5.5.17}$$

式(5.5.17)代入式(5.5.16)中,s^2 就是 θ 的函数,使 s^2 达最大,转动角度 θ 为

$$\tan 4\theta = \frac{2\sum_{i=1}^{m}u_i v_i - 2\sum_{i=1}^{m}u_i\sum_{i=1}^{m}v_i\Big/m}{\sum_{i=1}^{m}(u_i^2 - v_i^2) - \left[\left(\sum_{i=1}^{m}u_i\right)^2 - \left(\sum_{i=1}^{m}v_i\right)^2\right]\Big/m} \tag{5.5.18}$$

其中 $u_i = (a_{ip}^2 - a_{iq}^2)/h_i^2, \quad v_i = 2a_{ip}a_{iq}/h_i^2$

具体计算时,是对原 **A** 中的 p 个主因子配对旋转,共旋转 $C_p^2 = \frac{p(m-1)}{2}$ 次,全部旋转完毕算第一个循环。再进行第二个循环。如果不断重复这个循环,就可得到一个 s^2 的非降序列。因为因子荷载的绝对值不大于1,故这个非降序列是有上界的,必收敛于某一极值。给定相邻二次循环 s^2 增量小于所给的精度标准,即得到旋转后的因子荷载阵。

正交旋转的主因子分析需要用计算机运算。下面我们给出完整的计算实例。

计算实例:$n = 20, m = 7$ 的资料见表 5.5.2。

计算结果见表 5.5.3。

表 5.5.2

x_1	x_2	x_3	x_4	x_5	x_6	x_7
11.835	0.480	14.360	25.21	25.21	0.810	0.98
45.596	0.526	13.850	24.04	26.01	0.910	0.96
3.525	0.086	24.400	49.30	11.30	6.820	0.85
3.681	0.370	13.570	25.12	26.00	0.820	1.02
48.287	0.386	14.500	25.90	23.32	2.180	0.93
17.956	0.280	9.750	17.05	37.20	0.464	0.98
7.370	0.506	13.600	34.28	10.69	8.800	0.56
4.223	0.340	3.800	7.10	88.20	1.110	0.97
6.442	0.190	4.700	9.10	73.20	0.740	1.03
16.234	0.390	3.100	5.40	121.50	0.420	1.06
10.585	0.420	2.400	4.70	135.60	0.870	0.98
23.535	0.230	2.600	4.60	141.80	0.310	1.02
5.398	0.120	2.800	6.20	111.20	1.140	1.07
283.145	0.148	1.763	2.986	215.86	0.140	0.98
316.504	0.317	1.453	2.432	263.42	0.249	0.98
307.310	0.173	1.627	2.729	235.76	0.224	0.99
322.515	0.312	1.328	2.320	282.25	0.024	1.00
254.580	0.297	0.899	1.476	410.36	0.239	0.83
304.092	0.283	0.789	1.357	438.36	0.183	1.01
202.446	0.042	0.741	1.266	309.77	0.290	0.99

表 5.5.3

序	特征值	累积贡献率%	序	特征值	累积贡献率%
1	4.244	60.63	5	0.1136	99.54
2	1.2513	78.51	6	0.0314	99.99
3	0.9802	91.66	7	0.0007	1.00
4	0.4384	97.92			

未旋转的因子荷载阵,(取主因子数 $p=3$)

$$
{}_7\boldsymbol{A}_3=\begin{bmatrix}-0.7156 & 0.5645 & 0.0456\\ 0.4123 & -0.1319 & 0.8928\\ 0.9096 & -0.0643 & -0.1722\\ 0.9449 & 0.0484 & -0.1749\\ -0.8346 & 0.4694 & 0.0478\\ 0.8255 & 0.4967 & -0.1343\\ -0.6812 & -0.6646 & -0.2012\end{bmatrix}
$$

$$
\text{未旋转的主因子矩阵}\quad {}_{20}\boldsymbol{F}_3=\begin{bmatrix}
0.833 & -1.054 & 0.839\\
0.825 & -0.848 & 1.251\\
2.040 & 0.926 & -2.747\\
0.689 & -1.143 & 0.004\\
0.935 & -0.354 & 0.180\\
0.346 & -0.892 & -0.322\\
2.366 & 2.517 & 1.292\\
0.042 & -0.656 & 0.415\\
-0.110 & -0.954 & -0.828\\
-0.146 & -0.837 & 0.817\\
-0.102 & -0.652 & 1.080\\
-0.372 & -0.752 & -0.333\\
-0.355 & -0.926 & -1.334\\
-0.883 & 0.600 & -0.651\\
-0.885 & 0.739 & 0.606\\
-0.943 & 0.682 & -0.473\\
-0.980 & 0.673 & 0.555\\
-0.995 & 1.222 & 0.634\\
-1.247 & 1.058 & 0.399\\
-1.060 & 0.650 & -1.385
\end{bmatrix}
$$

取旋转时，荷载平方的方差增量精度为 10^{-9}，则旋转 4 次后，s^2 从 0.1738 增加最大值 0.3910。得旋转后的因子荷载阵

$$
{}_{7}\boldsymbol{A}_3^{*}=\begin{bmatrix}
-0.8971 & -0.0396 & -0.1627\\
0.1857 & 0.1250 & 0.9666\\
0.7463 & 0.5511 & 0.0232\\
0.7003 & 0.6596 & 0.0151\\
-0.9236 & -0.1892 & -0.1741\\
0.3157 & 0.9199 & -0.0192\\
-0.0266 & -0.9371 & -0.2595
\end{bmatrix}
$$

旋转后的主因子矩阵

$$
{}_{20}\boldsymbol{F}_3^* = \begin{bmatrix}
1.0982 & -0.2979 & 1.1017 \\
0.8678 & -0.1668 & 1.4780 \\
1.5180 & 2.1616 & -2.3641 \\
1.2384 & -0.4183 & 0.2695 \\
0.8722 & 0.3311 & 0.4035 \\
0.8989 & -0.4354 & -0.1445 \\
-0.1749 & 3.3843 & 1.4549 \\
0.3589 & -0.4899 & 0.4855 \\
0.7189 & -0.7553 & -0.7219 \\
0.2472 & -0.7692 & 0.8590 \\
0.1012 & -0.6128 & 1.1029 \\
0.2857 & -0.7955 & -0.3155 \\
0.6355 & -0.8687 & -1.2665 \\
-0.8856 & -0.0875 & -0.8780 \\
-1.2595 & -0.0442 & 0.3287 \\
-1.0226 & -0.0736 & -0.7264 \\
-1.2751 & -0.1534 & 0.2673 \\
-1.6571 & 0.2486 & 0.2804 \\
-1.6834 & -0.0280 & 0.0190 \\
-0.8826 & -0.1294 & -1.6335
\end{bmatrix}
$$

各主因子的解释方差在旋转前后有改变见表 5.5.4。

表 5.5.4

	解释方差			和
旋转前	0.6063	0.1788	0.1315	0.9166
旋转后	0.4057	0.3595	0.1514	0.9166

旋转前，各因子荷载正交(列)，主因子(列)也正交。旋转后，${}_7\boldsymbol{A}_3^*$，${}_{20}\boldsymbol{F}_3^*$ 的列都不正交了。但${}_{70}\boldsymbol{F}_3^*$ 的 3 个主因子仍是标准化的。

旋转主因子分析方法经常用于气象要素场的分区。因子分析时我们将标准化的${}_m\boldsymbol{X}_n$ 分解为${}_m\boldsymbol{X}_n = {}_m\boldsymbol{A}_m\,{}_m\boldsymbol{F}_n$，其中${}_m\boldsymbol{F}_n = {}_m\boldsymbol{\Lambda}_m^{-1/2}\,{}_m\boldsymbol{Z}_n$，而${}_m\boldsymbol{A}_m = {}_m\boldsymbol{V}_m\boldsymbol{\Lambda}_m^{-1/2}$，它们分别为标准化的主成分与空间函数。${}_m\boldsymbol{\Lambda}_m$ 是对角矩阵，它的元素是${}_m\boldsymbol{X}_n({}_m\boldsymbol{X}_n)^T$ 的特征值。${}_m\boldsymbol{A}_m$ 为因子荷载阵，它是${}_m\boldsymbol{X}_n$ 与${}_m\boldsymbol{F}_n$ 之间的相关矩阵。因子分析时，我们要知道每个主因子代表什么气象要素的空间分布。但是，因为${}_m\boldsymbol{A}_m$ 的列是正交的，这在将${}_m\boldsymbol{F}_n$ 作为预报因子(组合因子，主成分回归方法)使用时是一个优点。但是，${}_m\boldsymbol{A}_m$ 的正交性用于主因子的气象要素的空间分布解释方面，可能不是一个优点。一般说来，主因子荷载在某

个(或某些)测站(或变量)有大的值,而在其他测站(或变量)有很小的值时,这个主因子就容易物理解释。但是,由于受到正交性结束的影响,上述的理想情况不能达到。所谓旋转的主因子分析方法中的方差最大旋转方法就是在 m 个坐标轴中挑选出 p 个坐标轴进行正交旋转,使旋转后的 p 个主因子的荷载值的平方的方差的总和达到最大,从而使主因子容易物理解释。这种方差的总和达到最大是以损失 p 个主因子之间的正交性为代价的。

应用实例:浙江夏季降水的旋转的主因子分析

为了解及划分浙江省夏季降水区,利用浙江省内 1961—1999 年 35 个气象观测站的夏季(6—8 月)降水资料,组成资料矩阵 ${}_m\boldsymbol{X}_n$,$m=35$,$n=39$,我们进行方差最大的旋转主因子分析。计算结果表明,3 个主因子的累积方差已经达 73.94%,我们也希望将浙江省夏季降水分为 3 个区。我们就挑取 3($p=3$)个主因子进行最大方差旋转。整个旋转过程为 4 次,旋转后,3 个主因子的荷载平方的方差之和从 0.0894 增加到最大值 0.3352 后收敛。据旋转主因子分析的原理,主因子的高荷载的地理分布是分区的重要依据。图 5.5.2 给出浙江省夏季降水量的旋转的前 3 个主因子分布图。图中的阴影区为主因子中的荷载高值区。

注意图 5.5.2 中的阴影区将浙江省划分为 3 块,它们很少有重叠的地方,而且又几乎没有留出空白区域。这样,我们就将浙江省夏季降水区分为 3 个区。根据 35 个测站荷载值区及图 5.5.2 不难将它们归入相应的区。还可以根据区域内荷载最大的站,选出各区的代表站。施能等(2001)证实了浙江省的这 3 个夏季降水区的夏季降水的基本特征是有区别的。

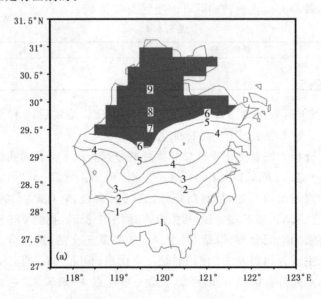

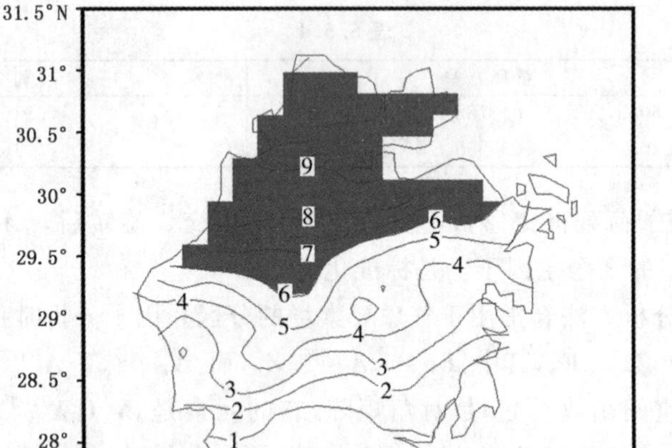

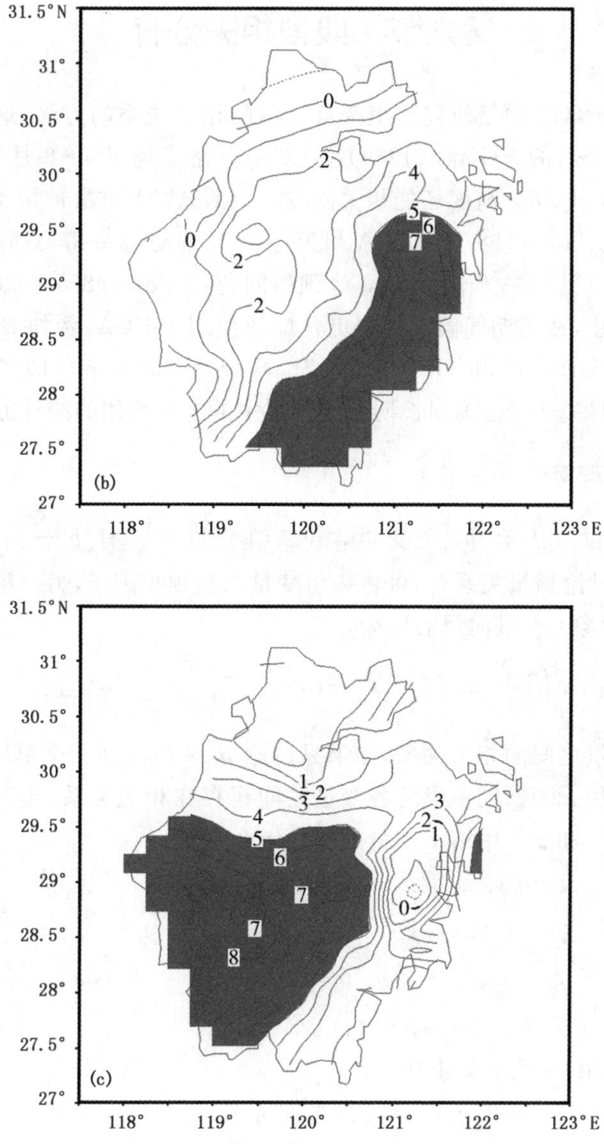

图 5.5.2 浙江省夏季降水量的旋转的第 1(a)、第 2(b)、
第 3(c)主因子(图中的阴影区为荷载高值区)

第六节　典型相关分析

典型相关分析(CCA)是研究二组变量之间的相关关系的方法,这种方法最早由Hotelling(1936)提出的。Glahn(1968)用CCA研究了美国6—8月500hPa高度场与24小时以前的500hPa高度场的相关问题。以后,CCA方法被用于各类气象问题的研究。例如,Nicholls(1987)用CCA研究了南方涛动与遥相关问题,Barnston和Ropelewski(1992)用CCA研究了ENSO预报问题,Guiot(1985)用CCA研究了气候序列的重建。现在,在短期气候预测中更是广泛使用了CCA,例如Barnett和preisendorfer(1987);Barnston和He(1996);Shabbar和Barnston(1996);Barnston和Smith(1996)。CCA已经是美国长期天气预报中的主要使用的统计方法。

1. 方法和原理简介

设第一组变量 $\boldsymbol{x}^{(1)}$ 有 p_1 个变量,第二组变量 $\boldsymbol{x}^{(2)}$ 有 $p-p_1$ 个变量,并且 $p_1 \leqslant p-p_1$。在讨论预报关系时,可将一组变量取为预报因子,另一组变量取为预报对象(多个预报对象)。p 维向量表示为

$$\boldsymbol{x} = \begin{pmatrix} \boldsymbol{x}^{(1)} \\ \boldsymbol{x}^{(2)} \end{pmatrix} = (x_1 \quad x_2 \quad \cdots \quad x_{p_1} \quad x_{p_1+1} \quad \cdots \quad x_p)^T \tag{5.6.1}$$

要分析这两组变量之间的相关关系,如果只讨论 $p_1 \times (p-p_1)$ 个单相关系数是很难得出合适的结论的,而且,同一组的各变量之间还存在相关关系。典型相关分析的想法是分别寻找 $\boldsymbol{x}^{(1)}$ 和 $\boldsymbol{x}^{(2)}$ 中诸个变量的线性组合

$$\xi_i = u_{i1}x_1 + u_{i2}x_2 + \cdots + u_{ip_1}x_{p_1} \tag{5.6.2}$$

$$i = 1,2,\cdots,p_1$$

$$\eta_j = v_{jp_1+1} \cdot x_{p_1+1} + v_{jp_1+2}x_{p_1+2} + \cdots + v_{jp}x_p \tag{5.6.3}$$

$$j = 1,2,\cdots,p-p_1$$

ξ_i,η_j 称为典型变量,它们有如下性质:

(1) 所有的 $\xi_i(i=1,2,\cdots,p_1)$ 之间彼此无关;

(2) 所有的 $\eta_i(j=1,2,\cdots,p-p_1)$ 之间彼此无关;

(3) 在成对的 $\zeta_i,\eta_i(i=1,2,\cdots,p_1)$ 之间有非零的相关系数 r_i,同时满足 $|r_1| \geqslant |r_2| \geqslant |r_{p_1}|$。$r_j$ 称为典型相关系数。这样处理后,两组原始数据之间的关系化为最简形式,组内相关全为0,组间相关用 p_1 对典型变量表示。

典型变量和典型相关系数的求法如下。不失一般性,认为资料是中心化的。则计算 p 个变量的协方差矩阵 $\boldsymbol{S}$,$\boldsymbol{S}$ 可以剖分为

$$\boldsymbol{S}=\begin{pmatrix}\boldsymbol{S}_{11} & \boldsymbol{S}_{12}\\ \boldsymbol{S}_{21} & \boldsymbol{S}_{22}\end{pmatrix}=(s_{ij})\qquad i,j=1,2,\cdots,p \tag{5.6.4}$$

$\boldsymbol{S}_{11}$ 是 p_1 阶子矩阵，它是 $\boldsymbol{x}^{(1)}$ 的协方差矩阵。$\boldsymbol{S}_{22}$ 是 $p-p_1$ 阶子矩阵，它是 $\boldsymbol{x}^{(2)}$ 的协方差矩阵。$\boldsymbol{S}_{12}=\boldsymbol{S}_{21}^T$ 是 $\boldsymbol{x}^{(1)}$ 中各变量和 $\boldsymbol{x}^{(2)}$ 中各个变量的协方差矩阵。对第一对典型变量 ξ_1,η_1 而言，由式(5.6.2)和式(5.6.3)得

$$\xi_1=u_{11}x_1+u_{12}x_2+\cdots+u_{1p_1}x_{p_1}=\boldsymbol{u}_1^T x^{(1)}$$

$$\eta_1=v_{1p_1+1}x_{p_1+1}+v_{1p_1+2}x_{p_1+2}+\cdots+v_{1p}x_p=\boldsymbol{v}_1^T\boldsymbol{x}^{(2)}$$

其中

$$\boldsymbol{u}_1=(u_{11}u_{12}\cdots u_{1p_1})^T \tag{5.6.5}$$

$$\boldsymbol{v}_1=(v_{1p_1+1}v_{1p_1+2}\cdots v_{1p})^T \tag{5.6.6}$$

为方便起见，略去前面四个式子的下标 1，写为

$$\xi=u_1x_1+u_2x_2+\cdots+u_{p_1}x_{p_1}=\boldsymbol{u}^T\boldsymbol{x}^{(1)} \tag{5.6.7}$$

$$\eta=v_{p_1+1}x_{p_1+1}+v_{p_1+2}x_{p_1+2}+\cdots+v_px_p=\boldsymbol{v}^T\boldsymbol{x}^{(2)} \tag{5.6.8}$$

$$\boldsymbol{u}=(u_1u_2\cdots u_{p_1})^T \tag{5.6.9}$$

$$\boldsymbol{v}=(v_{p_1+1}v_{p_1+2}\cdots v_p)^T \tag{5.6.10}$$

为了求 ξ 和 η 的相关系数，分别求方差 $\mathrm{Var}(\xi)$，$\mathrm{Var}(\eta)$，和协方差 $\mathrm{Cov}(\xi,\eta)$，由式(5.6.7)

$$\begin{aligned}\mathrm{Var}(\xi)&=\sum_{i=1}^{p_1}u_1^2\mathrm{Var}(x_1)+\sum_{i\neq j}^{p_1}u_iu_j\mathrm{Cov}(x_ix_j)\\&=\sum_{i=1}^{p_1}u_i^2s_{ii}+\sum_{\substack{i\neq j\\ i=1}}^{p_1}u_iu_js_{ij}\\&=\sum_{i=1}^{p_1}\sum_{j=1}^{p_1}u_iu_js_{ij}=\boldsymbol{u}^T\boldsymbol{S}_{11}\boldsymbol{u}\end{aligned}$$

同样可得

$$\mathrm{Var}(\eta)=\boldsymbol{v}^T\boldsymbol{S}_{22}\boldsymbol{v}$$

而

$$\begin{aligned}\mathrm{Cov}(\xi,\eta)&=\sum_{i=1}^{p_1}\sum_{j=p_1+1}^{p}u_iv_j\mathrm{Cov}(x_ix_j)\\&=\sum_{i=1}^{p_1}\sum_{j=p_1+1}^{p}u_iv_js_{ij}=\boldsymbol{u}^T\boldsymbol{S}_{12}\boldsymbol{v}=\boldsymbol{v}^T\boldsymbol{s}_{12}\boldsymbol{u}\end{aligned}$$

所以 ξ 与 η 的相关关系(已略去下标 1，故这实际上是第一对典型相关变量的相关系数)为

$$\boldsymbol{r}_{\xi\eta}(\boldsymbol{uv})=\frac{\boldsymbol{u}^T\boldsymbol{S}_{12}\boldsymbol{v}}{(\boldsymbol{u}^T\boldsymbol{S}_{11}\boldsymbol{u})^{\frac{1}{2}}(\boldsymbol{v}^T\boldsymbol{S}_{22}\boldsymbol{v})^{\frac{1}{2}}} \tag{5.6.11}$$

$r_{\xi\eta}(\boldsymbol{uv})$ 是 $\boldsymbol{u}$ 和 $\boldsymbol{v}$ 的函数。如何选取系数向量 $\boldsymbol{u}$ 和 $\boldsymbol{v}$，使 ξ 与 η 的相关系数达极大呢？

因为ξ的任意倍数与η的任意倍数之间的相关系数仍等于ξ与η之间的相关系数。所以不妨提出如下的约束条件

$$\mathrm{Var}(\xi)=\boldsymbol{u}^T\boldsymbol{S}_{11}\boldsymbol{u}=1 \tag{5.6.12}$$

$$\mathrm{Var}(\eta)=\boldsymbol{v}^T\boldsymbol{S}_{22}\boldsymbol{v}=1 \tag{5.6.13}$$

故在式(5.6.12)和式(5.6.13)条件下,使式(5.6.11)达极大,只需$\boldsymbol{u}^T\boldsymbol{S}_{12}\boldsymbol{v}$达极大。

令
$$Q=\boldsymbol{u}^T\boldsymbol{S}_{12}\boldsymbol{u}-\frac{1}{2}\lambda_1(\boldsymbol{u}^T\boldsymbol{S}_{11}\boldsymbol{u}-1)-\frac{1}{2}\lambda_2(\boldsymbol{v}^T\boldsymbol{S}_{22}\boldsymbol{v}-1)$$

其中$\frac{1}{2}\lambda_1,\frac{1}{2}\lambda_2$是拉格朗日乘因子。

由式(5.1.9)和式(5.1.11),使$\frac{\partial Q}{\partial \boldsymbol{u}}=0$和$\frac{\partial Q}{\partial \boldsymbol{v}}=0$,得

$$\boldsymbol{S}_{12}\boldsymbol{v}-\lambda_1\boldsymbol{S}_{11}\boldsymbol{u}=0 \quad (p_1\text{ 维 }\mathbf{0}\text{ 向量}) \tag{5.6.14}$$

$$\boldsymbol{S}_{12}^T\boldsymbol{u}-\lambda_2\boldsymbol{S}_{22}\boldsymbol{v}=0 \quad (p-p_1\text{ 维 }\mathbf{0}\text{ 向量}) \tag{5.6.15}$$

式(5.6.14)左乘$\boldsymbol{u}^T$,利用式(5.6.12)式得

$$\lambda_1=\boldsymbol{u}^T\boldsymbol{S}_{12}\boldsymbol{v} \tag{5.6.16}$$

式(5.6.15)左乘$\boldsymbol{v}^T$,利用式(5.6.13)得

$$\lambda_2=\boldsymbol{v}^T\boldsymbol{S}_{12}^T\boldsymbol{u} \tag{5.6.17}$$

由式(5.6.16)和式(5.6.17)得

$$\lambda=\boldsymbol{u}^T\boldsymbol{S}_{12}\boldsymbol{v}=\lambda_1 \tag{5.6.18}$$

故
$$\lambda_2=\lambda_1=\lambda$$

所以式(5.6.11)为

$$r_{\xi\eta}(\boldsymbol{uv})=\boldsymbol{u}^T\boldsymbol{S}_{12}\boldsymbol{v}=\lambda \tag{5.6.19}$$

λ为第一对典型变量的相关系数。

如何求$\boldsymbol{u},\boldsymbol{v},\lambda$呢?由式(5.6.14)左乘$\boldsymbol{S}_{12}^T\boldsymbol{S}_{11}^{-1}$得

$$\boldsymbol{S}_{12}^T\boldsymbol{S}_{11}^{-1}\boldsymbol{S}_{12}\boldsymbol{v}-\lambda\boldsymbol{S}_{12}^T\boldsymbol{u}=0$$

利用式(5.6.15)得

$$\boldsymbol{S}_{12}^T\boldsymbol{S}_{11}^{-1}\boldsymbol{S}_{12}\boldsymbol{v}-\lambda\boldsymbol{S}_{12}^T(\boldsymbol{S}_{12}^T)^{-1}\lambda\cdot\boldsymbol{S}_{22}\boldsymbol{v}=0$$

即
$$(\boldsymbol{S}_{12}^T\boldsymbol{S}_{11}^{-1}\boldsymbol{S}_{12}-\lambda^2\boldsymbol{S}_{22})\boldsymbol{v}=0 \tag{5.6.20}$$

类似地,用式(5.6.15)左乘$\boldsymbol{S}_{12}\boldsymbol{S}_{22}^{-1}$后利用式(5.6.14)得

$$(\boldsymbol{S}_{12}\boldsymbol{S}_{22}^{-1}\boldsymbol{S}_{12}^T-\lambda^2\boldsymbol{S}_{11})\boldsymbol{u}=0 \tag{5.6.21}$$

$\boldsymbol{u}$和$\boldsymbol{v}$有非零解,必须

$$|\boldsymbol{S}_{12}^T\boldsymbol{S}_{11}^{-1}\boldsymbol{S}_{12}-\lambda^2\boldsymbol{S}_{22}|=0 \quad (p_1\text{ 阶方程})$$

$$|\boldsymbol{S}_{12}\boldsymbol{S}_{22}^{-1}\boldsymbol{S}_{12}^T-\lambda^2\boldsymbol{S}_{11}|=0 \quad (p-p_1\text{ 阶方程})$$

由式(5.6.20)和式(5.6.21)可知λ^2是矩阵$\boldsymbol{S}_{22}^{-1}\boldsymbol{S}_{12}^T\boldsymbol{S}_{11}^{-1}\boldsymbol{S}_{12}$的特征值,对应的特征向量

是 $\boldsymbol{v}$。或 λ^2 是矩阵 $\boldsymbol{S}_{11}^{-1}\boldsymbol{S}_{12}\boldsymbol{S}_{22}^{-1}\boldsymbol{S}_{12}^T$ 的特征值，对应的特征向量是 $\boldsymbol{u}$。可以证明 $\boldsymbol{S}_{22}^{-1}\boldsymbol{S}_{12}^T\boldsymbol{S}_{11}^{-1}\boldsymbol{S}_{12}$ 和 $\boldsymbol{S}_{11}^{-1}\boldsymbol{S}_{12}\boldsymbol{S}_{22}^{-1}\boldsymbol{S}_{12}^T$ 的非零特征值相同。求出 $\boldsymbol{S}_{22}^{-1}\boldsymbol{S}_{12}^T\boldsymbol{S}_{11}^{-1}\boldsymbol{S}_{12}$ 的 p_1 个特征值 $\lambda_1^2 \geqslant \lambda_2^2 \geqslant \cdots \geqslant \lambda_{p_1}^2$ 对应的特征向量为 $\boldsymbol{v}_1, \boldsymbol{v}_2, \cdots, \boldsymbol{v}_{p_1}$（这里已将略去的下标补上）。求出 $\boldsymbol{S}_{11}^{-1}\boldsymbol{S}_{12}\boldsymbol{S}_{22}^{-1}\boldsymbol{S}_{12}^T$ 的特征值 $\lambda_1^2 \geqslant \lambda_2^2 \geqslant \cdots \geqslant \lambda_{p_1}^2$ 对应的特征向量为 $\boldsymbol{u}_1, \boldsymbol{u}_2, \cdots, \boldsymbol{u}_{p_1}$。

第 i 对典型变量 ξ_i 和 η_i 为

$$\begin{cases} \xi_i = \boldsymbol{u}_1^T \boldsymbol{x}^{(1)} \\ \eta_i = \boldsymbol{v}_i^T \boldsymbol{x}^{(2)} \end{cases} \quad i = 1,2,\cdots,p_1 \tag{5.6.22}$$

必有

$$\begin{cases} \begin{matrix} E(\xi_i\xi_j) \\ E(\eta_i\eta_j) \end{matrix} = \begin{cases} 1 & \text{当 } i = j \\ 0 & \text{当 } i \neq j \end{cases} & i = 1,2,\cdots,p_1 \\ E(\xi_i\eta_j) = \begin{cases} \lambda_i & \text{当 } i = j \\ 0 & \text{当 } i \neq j \end{cases} & i = 1,2,\cdots,p_1 \end{cases} \tag{5.6.23}$$

2. 用相关矩阵求典型变量

以上是用方差矩阵 S 求典型变量的方法。也可以用相关矩阵

$$\boldsymbol{R} = \begin{bmatrix} \boldsymbol{R}_{11} & \boldsymbol{R}_{12} \\ \boldsymbol{R}_{21} & \boldsymbol{R}_{22} \end{bmatrix} = (r_{ij}) \qquad i,j = 1,2,\cdots,p$$

求典型变量，其中

$$r_{ij} = \frac{s_{ij}}{\sqrt{s_{ii}s_{jj}}} \qquad i,j = 1,2,\cdots,p$$

令对角阵

$$\boldsymbol{S}_1 = \begin{bmatrix} \sqrt{s_{11}} & & & \boldsymbol{0} \\ & \sqrt{s_{22}} & & \\ & & \ddots & \\ \boldsymbol{0} & & & \sqrt{s_{p_1p_1}} \end{bmatrix}$$

$$\boldsymbol{S}_2 = \begin{bmatrix} \sqrt{s_{p_1+1\,p_1+1}} & & \boldsymbol{0} \\ & \ddots & \\ \boldsymbol{0} & & \sqrt{s_{pp}} \end{bmatrix}$$

则有

$$\left\{ \begin{aligned} \boldsymbol{S}_{11} &= \boldsymbol{S}_1\boldsymbol{R}_{11}\boldsymbol{S}_1 \\ \boldsymbol{S}_{22} &= \boldsymbol{S}_2\boldsymbol{R}_{22}\boldsymbol{S}_2 \\ \boldsymbol{S}_{12} &= \boldsymbol{S}_1\boldsymbol{R}_{12}\boldsymbol{S}_2 \end{aligned} \right\} \tag{5.6.24}$$

式(5.6.24)代入式(5.6.20)得

$$(\boldsymbol{R}_{22}^{-1}\boldsymbol{R}_{21}\boldsymbol{R}_{11}^{-1}\boldsymbol{R}_{12} - \lambda^2)\boldsymbol{S}_2\boldsymbol{v} = 0 \tag{5.6.25}$$

式(5.6.24)代入式(5.6.21)得

$$(\boldsymbol{R}_{11}^{-1}\boldsymbol{R}_{12}\boldsymbol{R}_{22}^{-1}\boldsymbol{R}_{12}-\lambda^2)\boldsymbol{S}_1\boldsymbol{u}=0 \tag{5.6.26}$$

故 λ^2 就是 $\boldsymbol{R}_{22}^{-1}\boldsymbol{R}_{21}\boldsymbol{R}_{11}^{-1}\boldsymbol{R}_{12}$ 的特征值,对应的特征向量是 $\boldsymbol{S}_2\boldsymbol{v}$。或 λ^2 是 $\boldsymbol{R}_{11}^{-1}\boldsymbol{R}_{12}\boldsymbol{R}_{22}^{-1}\boldsymbol{R}_{21}$ 的特征值,对应的特征向量是 $\boldsymbol{S}_1\boldsymbol{u}$。求出 $\boldsymbol{S}_2\boldsymbol{v}$ 和 $\boldsymbol{S}_1\boldsymbol{u}$ 以后,就可以求得 $\boldsymbol{u}$ 和 $\boldsymbol{v}$,这就是从矩阵 $\boldsymbol{R}$ 出发求 $\boldsymbol{u}$ 和 $\boldsymbol{v}$ 的方法。

3. 典型相关系数的统计检验

关于典型相关系数的检验方法,Bartlett 证明,在 $\boldsymbol{x}^{(1)}$ 和 $\boldsymbol{x}^{(2)}$ 不相关的假设下,统计量

$$Q_{r-1}=-\left[n-r-\frac{1}{2}(p+1)\right]\ln\Lambda_{r-1} \tag{5.6.27}$$

近似服从自由度为 $(p_1-r+1)(p-p_1-r+1)$ 的 χ^2 分布,n 是样本容量,可用于检验第 r 个相关系数的显著性。其中

$$\Lambda_{r-1}=(1-\lambda_r^2)(1-\lambda_{r+1}^2)\cdots(1-\lambda_{p_1}^2)=\prod_{i=1}^{p_1}(1-\lambda_i^2)$$

4. 计算实例

表 5.6.1 是长江中下游五站(上海、南京、芜湖、九江、武汉)平均的 6,7,8 月降水量 (x_1,x_2,x_3) 与 9 月 — 翌年 4 月的副热带高压面积指数资料 (x_4-x_{11})。$p_1=3$,$p-p_1=8$,$p=11$。资料年代是 1952—1980 年,$n=29$。

计算出相关矩阵

$$\boldsymbol{R}_{11}=\begin{bmatrix}1.000 & 0.165 & -0.199\\ 0.165 & 1.000 & 0.423\\ -0.199 & 0.423 & 1.000\end{bmatrix}$$

$$\boldsymbol{R}_{22}=\begin{bmatrix}1.00 & -0.08 & -0.01 & 0.14 & 0.05 & -0.02 & 0.00 & -0.07\\ -0.08 & 1.00 & 0.29 & 0.50 & 0.24 & 0.28 & 0.10 & 0.21\\ -0.01 & 0.29 & 1.00 & 0.71 & 0.47 & 0.52 & 0.47 & 0.47\\ 0.14 & 0.50 & 0.71 & 1.00 & 0.66 & 0.52 & 0.32 & 0.36\\ 0.05 & 0.24 & 0.47 & 0.66 & 1.00 & 0.71 & 0.47 & 0.52\\ -0.02 & 0.28 & 0.59 & 0.52 & 0.71 & 1.00 & 0.69 & 0.64\\ 0.00 & 0.10 & 0.47 & 0.32 & 0.47 & 0.69 & 1.00 & 0.84\\ -0.07 & 0.21 & 0.47 & 0.36 & 0.52 & 0.64 & 0.84 & 1.00\end{bmatrix}$$

表 5.6.1

序号	x_1	x_2	x_3	x_4	x_5	x_6	x_7	x_8	x_9	x_{10}	x_{11}	ξ_1	η_1
1	79.5	123.7	163.9	14	14	18	14	12	14	5	10	-0.407	-0.573
2	293.7	106.3	104.7	16	14	3	4	10	7	0	7	-0.346	-1.755
3	389.2	448.7	95.4	12	27	17	20	2	0	3	7	2.930	2.085
4	298.9	126.5	102.2	14	10	8	1	6	1	6	7	-0.151	-0.276
5	274.3	97.3	157.2	24	11	7	1	0	1	4	10	-0.489	0.303
6	172.7	257.5	132.4	8	3	10	4	0	0	3	6	0.941	1.771
7	55.5	59.6	218.4	19	13	14	14	19	11	17	18	-1.069	-0.909
8	221.8	73.5	57.0	20	11	10	16	10	10	12	8	-0.671	-0.388
9	211.9	116.2	73.0	16	21	15	15	12	9	3	8	-0.294	-0.878
10	191.9	57.8	84.4	28	17	17	16	10	3	11	10	-0.864	-0.192
11	156.5	243.4	246.2	17	5	14	7	2	7	7	5	0.703	0.549
12	86.3	145.1	224.4	29	18	12	9	2	5	3	4	-0.252	-0.733
13	305.5	58.7	37.1	29	7	17	13	7	10	7	4	-0.724	-0.916
14	137.4	138.7	174.0	23	12	0	0	2	0	6	3	-0.228	-1.038
15	137.5	102.4	27.9	15	11	16	12	15	10	4	10	-0.446	-1.023

续表

序号	x_1	x_2	x_3	x_4	x_5	x_6	x_7	x_8	x_9	x_{10}	x_{11}	ξ_1	η_1
16	130.4	79.6	37.1	20	18	10	6	3	1	0	0	-0.672	-0.831
17	71.6	105.4	80.6	10	14	3	5	0	0	1	0	-0.515	0.319
18	139.4	507.9	238.0	11	8	12	0	0	5	19	21	3.160	2.621
19	197.2	215.5	84.5	22	11	13	14	9	10	14	19	0.610	0.830
20	218.0	72.6	77.8	21	14	9	7	0	0	0	0	-0.699	-0.066
21	182.1	103.8	105.0	14	17	9	5	0	0	0	6	-0.460	0.782
22	159.8	127.8	45.5	13	22	26	15	10	19	18	21	-0.206	0.989
23	155.3	259.5	96.0	26	7	9	6	0	0	0	0	0.976	-0.230
24	278.4	140.9	190.4	12	19	11	9	4	0	0	2	-0.107	0.149
25	243.3	64.5	99.9	16	11	0	2	0	0	0	4	-0.772	0.048
26	143.4	166.2	160.9	10	19	13	8	7	15	14	8	0.044	-0.514
27	115.1	40.3	26.9	19	24	11	12	11	19	15	16	-1.042	-1.137
28	238.2	165.1	50.9	19	19	12	19	14	8	10	17	0.201	0.144
29	219.1	257.4	289.5	23	20	12	10	4	9	11	19	0.849	0.870
平均	189.8	153.9	120.0	17.9	14.4	11.3	9.1	5.9	6.0	6.7	8.6	0	0
均方差	78.12	108.41	71.39	5.79	5.70	5.45	5.72	5.43	5.89	6.04	6.47	1	1

$$\boldsymbol{R}_{12}=\begin{bmatrix}0.02 & 0.11 & -0.05 & 0.09 & -0.16 & -0.30 & -0.26 & -0.11\\ -0.31 & -0.63 & 0.15 & -0.06 & -0.37 & -0.18 & 0.18 & 0.25\\ -0.02 & -0.06 & -0.09 & -0.32 & -0.26 & -0.11 & 0.15 & 0.15\end{bmatrix}$$

求得
$$\boldsymbol{U}=\begin{bmatrix}0.06365 & 0.69479 & 0.80213\\ 1.00994 & 0.04591 & -0.54804\\ -0.05880 & -0.60168 & 0.98667\end{bmatrix}=(\boldsymbol{u}_1\boldsymbol{u}_2\boldsymbol{u}_3)$$

$$\mathbf{V}=\begin{bmatrix}-0.40825 & -0.11486 & 0.60047\\ -0.23318 & -0.02086 & 0.30754\\ 0.19344 & -0.28083 & -0.00223\\ 0.56181 & 1.13832 & -0.65351\\ -0.96026 & -0.11683 & 0.12726\\ -0.46304 & -0.29926 & -0.61532\\ 0.11199 & -0.75954 & -0.52907\\ 0.72650 & 0.27776 & 0.79659\end{bmatrix}=(\boldsymbol{v}_1\boldsymbol{v}_2\boldsymbol{v}_3) \tag{5.6.28}$$

$\lambda_1=0.7727, \lambda_2=0.4737, \lambda_3=0.3835$，这样，第一对典型变量为

$$\begin{cases}\xi_1=0.06365x_1^*+1.00994x_2^*-0.0588x_3^*\\ \eta_1=-0.40825x_4^*-0.23318x_5^*+0.19344x_6^*\\ \qquad +0.56181x_7^*-0.96026x_8^*-0.46304x_9^*\\ \qquad +0.11199x_{10}^*+0.72650x_{11}^*\end{cases} \tag{5.6.29}$$

第一典型相关系数 $r_{\xi_1\eta_1}=0.7727$。将29年的变量的标准化资料，代入式(5.6.29)，得第一典型变量逐年值也列在表5.6.1中。

5. 应用

(1)典型相关系数的分析

典型相关系数反映了两组变量之间的相关。因此，当典型相关系数大时，说明这两组变量从总的方面看，相关比较密切。例如为了分析影响长江中下游6,7,8月降水量的前期环流特征，将长江中下游6,7,8月降水量作为第一组变量 $p_1=3$；将表示北半球环流特征的副高面积指数、北半球极涡中心强度、亚洲地区经(纬)向环流指数、欧亚地区经(纬)向环流指数、前期月降水量、月平均气温作为第二组变量 $p-p_1=8, p=11$。从上年9月开始到当年4月为止。逐月计算这两组变量的典型相关系数，年代是1951—1980年。计算结果见图5.6.1。图中两条虚线分别是0.01,0.05信度的相关系数临界值。

由图 5.6.1 看出，影响长江中下游 6,7,8 月降水量的前期月份是 1 月(0.01 信度)，其次是上年 9 月和 12 月，当年 4 月和 2 月(0.05)。可以说，冬季各月均较重要，最显著的是 1 月、秋季 9 月，春季 4 月也较重要。

图 5.6.1 是对北半球环流特征的总情况而言。为了知道各环流特征量的重要性，是必须作进一步分析的。

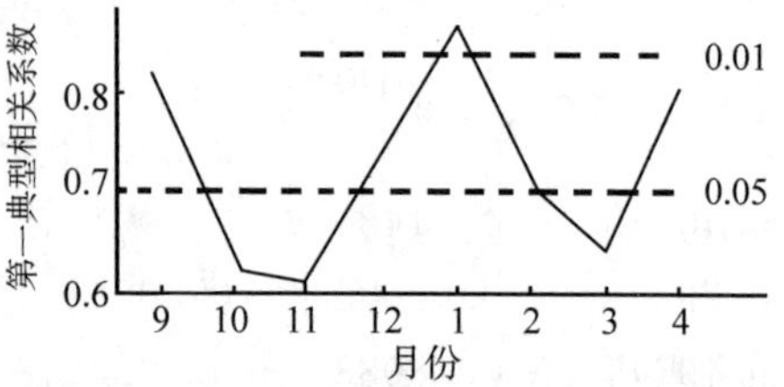

图 5.6.1 长江中下游 6,7,8 月降水量与前期环流的典型相关(逐月)

(2)典型变量组合系数的分析

典型变量的组合系数就是 $\boldsymbol{u}$ 和 $\boldsymbol{v}$ 的各个分量，当变量标准化后，组合系数就是相应变量的权重系数。分析这些权重系数的数值和符号是典型相关分析常用的方法。组合系数 $\boldsymbol{u}$ 和 $\boldsymbol{v}$ 的分量可用来构成典型场，可结合气象知识，分析典型场之间的同时间的或不同时间的相关关系。这时，权重绝对值大的空间点(或变量)往往能提供许多有意义的结果。

(3)典型变量的分析与利用

首先，我们可以对典型相关系数最大的第一对典型变量 ξ_1、η_1，分析它们随时间的演变特征与规律，以及所反应的天气学意义。此处，由于典型变量所特有的性质，可以建立典型变量之间回归关系，设将 ξ_i 作为因变量，η_i 作为自变量，有 $\xi_i = b_i\eta_i$。利用式(5.6.23)可证 $b_i = \lambda_i$。全部写出即为

$$\begin{bmatrix} \xi_1 \\ \xi_2 \\ \vdots \\ \xi_{p_1} \end{bmatrix} = \begin{bmatrix} \lambda_1 & & & \mathbf{0} \\ & \lambda_2 & & \\ & & \ddots & \\ \mathbf{0} & & & \lambda_{p_1} \end{bmatrix} \begin{bmatrix} \eta_1 \\ \eta_2 \\ \vdots \\ \eta_{p_1} \end{bmatrix} \tag{5.6.30}$$

而据式(5.6.30)

$$\begin{bmatrix} \boldsymbol{u}_1^T \\ \boldsymbol{u}_2^T \\ \vdots \\ \boldsymbol{u}_{p_1}^T \end{bmatrix} \boldsymbol{x}^{(1)} = \begin{bmatrix} \lambda_1 & & & \mathbf{0} \\ & \lambda_2 & & \\ & & \ddots & \\ \mathbf{0} & & & \lambda_{p_1} \end{bmatrix} \begin{bmatrix} \boldsymbol{v}_1^T \\ \boldsymbol{v}_2^T \\ \vdots \\ \boldsymbol{v}_{p_1}^T \end{bmatrix} \boldsymbol{x}^{(2)}$$

则
$$X^{(1)} = (U \cdot U^T)^{-1} U \cdot \Lambda \cdot V^T X^{(2)}$$
$$X^{(1)} = S_{11} U \Lambda V^T \cdot X^{(2)} \qquad (5.6.31)$$
其中
$$U = (u_1 u_2 \cdots u_{p_1}) \qquad V = (v_1 v_2 \cdots v_{p_1})$$
$$\Lambda = \begin{bmatrix} \lambda_1 & & & \mathbf{0} \\ & \lambda_2 & & \\ & & \ddots & \\ \mathbf{0} & & & \lambda_{p_1} \end{bmatrix}$$
而
$$x^{(1)} = (x_1 x_2 \cdots x_{p_1})^T \quad x^{(2)} = (x_{p_1+1} x_{p_1+2} \cdots x_p)^T$$
式(5.6.31)中如果取全部特征值和特征向量，结果就是用 $x_{p_1+1}, x_{p_1+2}, \cdots, x_p$ 作为自变量建立 $x_1, x_2, \cdots, x_{p_1}$ 的 p_1 个回归方程。但是，在典型相关分析中，我们可以取少数典型相关因子来代替全部变量。例如，我们取 k 个最大的 λ 时，式(5.6.31) 中的 U 只取 k 列，Λ 取 k 行 k 列，V 取 k 列，但因为 U, S_{11} 均是 p_1 行的矩阵，V 是 $p-p_1$ 行的矩阵，所以结果仍是对 $x_1, x_2, \cdots, x_{p_1}$ 建立 p_1 个回归方程，自变量为 $x_{p_1+1}, x_{p_1+2}, \cdots, x_p$，但这时的方程已排除了随机因素的影响。

典型变量还可以与原始变量再求相关，从而分析出一些有意义的结果。Nicholls (1987)用典型相关研究了与南方涛动的遥相关。他将 9 月份开始直到第 3 年 6 月为止，共 22 个月的达尔文海平面气压作为第一组变量，为了控制变量数，用两个月的平均值，这样共 11 个变量。同一时段的塔希堤海平面气压为第二组变量。进行典型相关分析，将所得的第一典型变量与原始的变量求相关系数。而且历时 3a，作出相关系数图，见图 5.6.2。

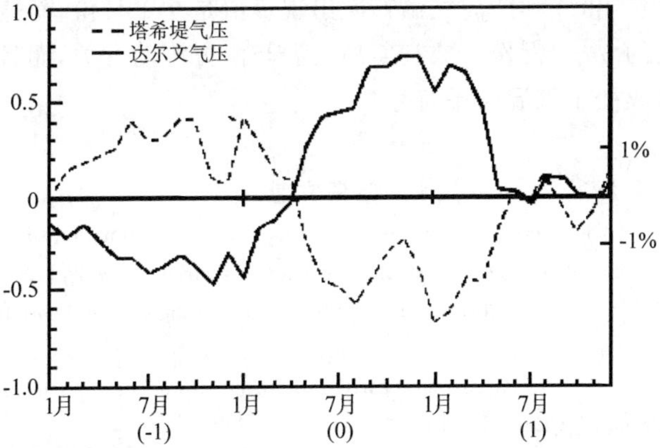

图 5.6.2　达尔文气压与塔希堤气压的第一典型变量与原始变量的相关系数(据 Nicholls，1987)

由图看出,强的达尔文、塔希提气压距平反位相前有一个符号相反的反位相趋势。另一个特征是塔希提的气压在10—11月的典型变量值比较小,因而在相关图上有两个“槽”。而赤道东太平洋海温在10—11月也有一个最低值。所以塔希堤气压的双峰结构可能与SST双峰结构有关。另外,图5.6.2表明,这二组变量的反位相是同时发生的,没有显示滞后现象。

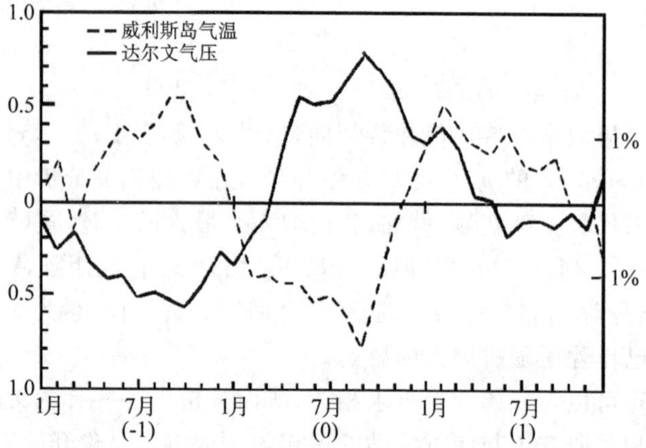

图 5.6.3 威利斯岛气温与达尔文气压第一典型变量与原始变量的相关系数(据 Nicholls,1987)

Nicholls 的另一个例子是研究达尔文气压与威利斯岛气温的典型相关。他在这个例子中揭露出,威利斯岛气温距平符号的改变发生在达尔文气压距平变号前3个月。由图5.6.3看出,威利斯岛气温首次出现负值是在1月份,而达尔文气压距平由负转正值是偏迟的3—4月份。威利斯岛气温与南方涛动有关,而且在达尔文气压距平符号改变前已改变了气温距平符号。

参考文献

Barnett T P, Preisendorfer R. 1987: Origins and levels of monthly and seasonal forecast skill for United States surface air temperatures determined by canonical correlation analysis. *Mon. Wea. Rev.*, **115**(9):1825-1850.

Barnston A G, Ropelewski C F. 1992. Prediction of ENSO episodes using canonical correlation analysis. *J. Climate*, **5**(11):1316-1345.

Barnston A G, He Y X. 1996. Skill of canonical correeation analysis forecasts of 3－month mean surface climate in Hawaii and Alaska. *J. Climate*, **9**(10):2579-2605.

Barnston A G, Smith T M. 1996. Specification and prediction of global surface temperature and precipitation from Global SST using CCA. *J. Climate*, **9**(11):2660-2697.

Glahn H R. 1968. Canonical correlation and its relationship to discriminant analysis and multiple regression. *J. Atmos. Sci.*, **25**(1):23-31.

Guiot J. 1985. The extrapolation of recent climatological series with spectral canonical regression. *J. Climate*, **5**(3):325-335.

Nicholls N. 1987. The use of canonical correlation to teleconnections. *Mon. Wea. Rev.*, **115**(2):393-399.

Shabbar A, Barnston A G. 1996. Skill of seasonal climate forecasts in Canada using canonical correlation analysis. *Mon. Wea. Rev.*, **124**(10):2370-2385.

施能,孙立平,申建北. 1984. 典型相关方法及其在天气分析和预报中的应用. 南京气象学院学报,**7**(4):250-254.

施能,王永波,马丽. 2001. 浙江省夏季降水的区域特征. 科技通报,**17**(5):10-15.

王学仁. 1982. 地质数据的多变量统计分析. 北京:科学出版社.

张尧庭,方开泰. 1982. 多元统计分析引论. 北京:科学出版社.

朱盛明,祝浩敏,朱炳南. 1985. 因子场的典型相关分析在解释数值预报产品中的应用. 气象,**11**(9):2-5.

第六章　气象场的各种经验正交展开及其应用

气象场经验正交展开或 EOF(empirical orthogonal function)分析，它与主成分分析在原理与方法上有相似之处，但也有区别。近来，气象场经验正交展开有许多新的研究与应用。在气象科研中有极广泛的应用，所以我们单独列一章作较详细的介绍。

第一节　气象场的经验正交展开

一个气象要素场可看成时间和空间的函数。例如

$$\boldsymbol{X} = (x_{it}) = \begin{bmatrix} x_{11} & x_{12} & \cdots & x_{1n} \\ x_{21} & x_{22} & \cdots & x_{2n} \\ \vdots & \vdots & \vdots & \vdots \\ x_{m1} & x_{m2} & \cdots & x_{mn} \end{bmatrix} \tag{6.1.1}$$

$$i = 1,2,\cdots,m \qquad j = 1,2,\cdots,n$$

m 是空间点，它可以是网格点，测站等。n 是时间点，也就是样本数。$\boldsymbol{X}$ 中的第 j 列 $x_j = (x_{1j}x_{2j}\cdots x_{mj})^T$ 就是第 j 个空间场。气象场的自然正交展开，是将 $\boldsymbol{X}$ 分解为时间函数 $\boldsymbol{Z}$ 和空间函数 $\boldsymbol{V}$ 两部分

$$\boldsymbol{X} = \boldsymbol{VZ} \tag{6.1.2}$$

或

$$x_{it} = \sum_{k=1}^{m} v_{ki} z_{kt} \tag{6.1.3}$$

其中

$$\boldsymbol{V} = (\boldsymbol{v}_1 \boldsymbol{v}_2 \cdots \boldsymbol{v}_m) = \begin{bmatrix} v_{11} & v_{21} & \cdots & v_{m1} \\ v_{12} & v_{22} & \cdots & v_{m2} \\ \vdots & \vdots & \vdots & \vdots \\ v_{1m} & v_{2m} & \cdots & v_{mm} \end{bmatrix} \tag{6.1.4}$$

$v_j = (v_{j1}, v_{j2}\cdots v_{jm})^T$ 是第 j 个典型场，它仅仅是空间的函数。

$$\boldsymbol{Z}=\begin{bmatrix} z_{11} & z_{12} & \cdots & z_{1n} \\ z_{21} & z_{22} & \cdots & z_{2n} \\ \vdots & \vdots & \vdots & \vdots \\ z_{m1} & z_{m2} & \cdots & z_{n2} \end{bmatrix} \tag{6.1.5}$$

由式(6.1.2)得第 j 个空间场可表示为

$$\begin{bmatrix} x_{1j} \\ x_{2j} \\ \vdots \\ x_{mj} \end{bmatrix}=\begin{bmatrix} v_{11} \\ v_{12} \\ \vdots \\ v_{1m} \end{bmatrix} z_{1j}+\begin{bmatrix} v_{21} \\ v_{22} \\ \vdots \\ v_{2m} \end{bmatrix} z_{2j}+\cdots+\begin{bmatrix} v_{m1} \\ v_{m2} \\ \vdots \\ v_{mm} \end{bmatrix} z_{mj} \tag{6.1.6}$$

或

$$\boldsymbol{x}_j=\boldsymbol{v}_1 z_{1j}+\boldsymbol{v}_2 z_{2j}+\cdots+\boldsymbol{v}_m z_{mj} \tag{6.1.7}$$

$$j=1,2,\cdots,n$$

式(6.1.6)和式(6.1.7)说明,第 j 个实际场 $\boldsymbol{x}_j$ 可表示为 m 个空间典型场,按不同的权重线性叠加而成。我们的任务是将 $\boldsymbol{X}$ 分解为 $\boldsymbol{V}$ 和 $\boldsymbol{Z}$。$\boldsymbol{V}$ 的每一列表示一个空间典型场,它只与空间有关,但并不是固定不变的典型场,而是由实际资料经验确定,故又称经验正交函数。

这种分解要求正交,即典型场(经验正交函数)正交:

$$\boldsymbol{v}_i \cdot \boldsymbol{v}_j=\begin{cases} 0 & i \neq j \\ 1 & i=j \end{cases} \qquad i,j=1,2,\cdots m \tag{6.1.8}$$

或

$$\boldsymbol{V}^T\boldsymbol{V}=\boldsymbol{I}$$

时间权重系数也要求正交

$$\boldsymbol{Z}\cdot\boldsymbol{Z}^T=\boldsymbol{\Lambda}=\begin{bmatrix} \lambda_1 & & & \boldsymbol{0} \\ & \lambda_2 & & \\ & & \ddots & \\ \boldsymbol{0} & & & \lambda_m \end{bmatrix} \tag{6.1.9}$$

或

$$\sum_{t=1}^{n} z_{kt}^2=\lambda_k \tag{6.1.10}$$

1. 分解方法

由式(6.1.2),得

$$\boldsymbol{X}\cdot\boldsymbol{X}^T=\boldsymbol{V}\cdot\boldsymbol{Z}\cdot\boldsymbol{Z}^T\cdot\boldsymbol{V}^T \tag{6.1.11}$$

令

$$\boldsymbol{A}=\boldsymbol{X}\cdot\boldsymbol{X}^T \tag{6.1.12}$$

则 A 为实对称矩阵,据实对称矩阵分解定理,一定有

$$\boldsymbol{V}^T\boldsymbol{A}\boldsymbol{V}=\boldsymbol{\Lambda} \tag{6.1.13}$$

或

$$\boldsymbol{A}=\boldsymbol{V}\boldsymbol{\Lambda}\boldsymbol{V}^T \tag{6.1.14}$$

其中 $\boldsymbol{V}$ 的列是 $\boldsymbol{A}$ 的特征向量(参见式 5.1.7)，$\boldsymbol{\Lambda}$ 是 $\boldsymbol{A}$ 的特征值组成的对角矩阵。

由式(6.1.14)和式(6.1.12)可知，$\boldsymbol{V}$ 应该用 $\boldsymbol{XX}^T$ 的特征向量作为列构成。当 $\boldsymbol{V}$ 求出以后，利用

$$\boldsymbol{Z} = \boldsymbol{V}^T\boldsymbol{X} \tag{6.1.15}$$

或

$$z_{it} = \sum_{k=1}^{m} v_{ik} x_{kt} \tag{6.1.16}$$

$$i = 1,2,\cdots,m \qquad t = 1,2,\cdots,n$$

Z 求出 $\boldsymbol{Z}$ 。分解工作即可完成。

2. 误差的估计与计算

经验正交函数具有收敛快的特点，如果我们将 A 的特征值从大到小排列，$\lambda_1 \geqslant \lambda_2 \geqslant \lambda_3 \cdots \geqslant \lambda_m$，对应特征向量 $\boldsymbol{v}_1, \boldsymbol{v}_2, \cdots, \boldsymbol{v}_m$ 组成 $\boldsymbol{V} = (\boldsymbol{v}_1 \boldsymbol{v}_2 \cdots \boldsymbol{v}_m)$，再据 $\boldsymbol{Z} = \boldsymbol{V}^T\boldsymbol{X}$ 求出 $\boldsymbol{Z}$。这时，我们只要取 $p \ll m$ 个特征向量场($\boldsymbol{V}$ 中前面 p 列) 就能近似地反映 $\boldsymbol{X}$ 场，即 $p \ll m$ 时

$$\boldsymbol{X} \approx \hat{\boldsymbol{X}} = {}_m\boldsymbol{V}_p \cdot \boldsymbol{Z}_n \tag{6.1.17}$$

其中

$$\hat{\boldsymbol{X}} = (\hat{x}_{it})$$

$$i = 1,2,\cdots,m \qquad t = 1,2,\cdots,n$$

是用 p 个特征向量时的拟合场。而

$$\boldsymbol{X} - \hat{\boldsymbol{X}} = (x_{it} - \hat{x}_{it})$$

$$i = 1,2\cdots,m \qquad t = 1,2\cdots,n$$

是误差场。可以证明(见本章附录)

$$Q = \sum_{i=1}^{m}\sum_{t=1}^{n}(x_{it} - \hat{x}_{it})^2 = \sum_{i=1}^{m}\lambda_i - \sum_{i=1}^{p}\lambda_i \tag{6.1.18}$$

因此，第 i 个特征向量场对 $\boldsymbol{X}$ 场的贡献率为

$$\lambda_i \Big/ \sum_{i=1}^{m}\lambda_i \tag{6.1.19}$$

取前面 p 个特征向量时的累积贡献率为

$$\sum_{i=1}^{p}\lambda_i \Big/ \sum_{i=1}^{m}\lambda_i \tag{6.1.20}$$

相对误差为

$$\left(\sum_{i=1}^{m}\lambda_i - \sum_{i=1}^{p}\lambda_i\right) \Big/ \sum_{i=1}^{m}\lambda_i \tag{6.1.21}$$

3. 计算实例

对如下 $\boldsymbol{X}$ 场作经验正交展开

$$\boldsymbol{X}=\begin{bmatrix}2 & 0 & 4 & -2\\ 2 & -2 & 0 & -2\end{bmatrix}\qquad \begin{matrix}m=2\\ n=4\end{matrix}$$

$$\boldsymbol{A}=\boldsymbol{X}\cdot\boldsymbol{X}^T=\begin{bmatrix}24 & 8\\ 8 & 12\end{bmatrix}$$

求 $\boldsymbol{A}$ 的特征值和特征向量。特征方程为

$$\begin{vmatrix}24-\lambda & 8\\ 8 & 12-\lambda\end{vmatrix}=0$$

解方程 $\lambda^2+36\lambda+224=0$，得 $\lambda_1=28,\lambda_2=8$。

求 $\lambda_1=28$ 的特征向量　$\boldsymbol{v}_1=(v_{11},v_{12})^T$

$$\begin{cases}(24-28)v_{11}+8v_{12}=0\\ 8v_{11}+(12-28)v_{12}=0\end{cases}$$

解上式，得 $v_{11}=2v_{12}$，取 $v_{12}=1,v_{11}=2$。标准化后为

$$\boldsymbol{v}_1=(\frac{2}{\sqrt{5}}\quad\frac{1}{\sqrt{5}})^T$$

求 $\lambda_2=8$ 的特征向量　$\boldsymbol{v}_2=(v_{21}\quad v_{22})^T$

$$\begin{cases}(24-8)v_{21}+8v_{22}=0\\ 8v_{21}+(12-8)v_{22}=0\end{cases}$$

解上式，得 $v_{21}=1,v_{22}=-2$。标准化后为

$$\boldsymbol{v}_2=(\frac{1}{\sqrt{5}}-\frac{2}{\sqrt{5}})^T$$

所以

$$\boldsymbol{V}=\begin{bmatrix}\frac{2}{\sqrt{5}} & \frac{1}{\sqrt{5}}\\ \frac{1}{\sqrt{5}} & -\frac{2}{\sqrt{5}}\end{bmatrix}$$

$$\boldsymbol{Z}=\boldsymbol{V}^T\boldsymbol{X}=\begin{bmatrix}\frac{6}{\sqrt{5}} & -\frac{2}{\sqrt{5}} & \frac{8}{\sqrt{5}} & -\frac{6}{\sqrt{5}}\\ -\frac{2}{\sqrt{5}} & \frac{4}{\sqrt{5}} & \frac{4}{\sqrt{5}} & \frac{2}{\sqrt{5}}\end{bmatrix}$$

经验正交分解完成。可以验证分解是否正确

$$\boldsymbol{V}\cdot\boldsymbol{Z}=\begin{bmatrix}\frac{2}{\sqrt{5}} & \frac{1}{\sqrt{5}}\\ \frac{1}{\sqrt{5}} & -\frac{2}{\sqrt{5}}\end{bmatrix}\begin{bmatrix}\frac{6}{\sqrt{5}} & -\frac{2}{\sqrt{5}} & \frac{8}{\sqrt{5}} & -\frac{6}{\sqrt{5}}\\ -\frac{2}{\sqrt{5}} & \frac{4}{\sqrt{5}} & \frac{4}{\sqrt{5}} & \frac{2}{\sqrt{5}}\end{bmatrix}$$

$$=\begin{bmatrix}2 & 0 & 4 & -2\\ 2 & -2 & 0 & -2\end{bmatrix}=\boldsymbol{X}$$

这时，第一个时间权重系数满足式(6.1.10)

$$\sum_{t=1}^{n} z_{1t}^{2} = \frac{36}{5} + \frac{4}{5} + \frac{64}{5} + \frac{36}{5} = 28 = \lambda_1$$

第二个时间权重系数

$$\sum_{t=1}^{n} z_{2t}^{2} = \frac{4}{5} + \frac{16}{5} + \frac{16}{5} + \frac{4}{5} = 8 = \lambda_2$$

现在，如果我们只取一个特征向量，即

$$\boldsymbol{V} = v_1 = (2/\sqrt{5} \quad 1/\sqrt{5})^T$$

则

$$\boldsymbol{Z} = \boldsymbol{V}^T\boldsymbol{X} = \left(\frac{2}{\sqrt{5}} \quad \frac{1}{\sqrt{5}}\right)\begin{bmatrix} 2 & 0 & 4 & -2 \\ 2 & -2 & 0 & -2 \end{bmatrix}$$

$$= \left(\frac{6}{\sqrt{5}} - \frac{2}{\sqrt{5}} \quad \frac{8}{\sqrt{5}} - \frac{6}{\sqrt{5}}\right)$$

这时，用一个特征向量拟合 $\boldsymbol{X}$ 场时

$$\hat{\boldsymbol{X}} = {}_2\boldsymbol{V}_1 \cdot {}_1\boldsymbol{Z}_4 = \begin{bmatrix} \frac{2}{\sqrt{5}} \\ \frac{1}{\sqrt{5}} \end{bmatrix}\left(\frac{6}{\sqrt{5}} \quad -\frac{2}{\sqrt{5}} \quad \frac{8}{\sqrt{5}} \quad -\frac{6}{\sqrt{5}}\right)$$

$$= \begin{bmatrix} \frac{12}{5} & -\frac{4}{5} & \frac{16}{5} & -\frac{12}{5} \\ \frac{6}{5} & -\frac{2}{5} & \frac{8}{5} & -\frac{6}{5} \end{bmatrix}$$

误差场为

$$\boldsymbol{X} - \hat{\boldsymbol{X}} = \begin{bmatrix} -\frac{2}{5} & \frac{4}{5} & \frac{4}{5} & \frac{2}{5} \\ \frac{4}{5} & -\frac{8}{5} & -\frac{8}{5} & -\frac{4}{5} \end{bmatrix}$$

样本的误差平方和为

$$Q = \sum_{t=1}^{m}\sum_{t=1}^{n}(x_{tj} - \hat{x}_{tj})^2 = 8$$

或者用式(6.1.18)为

$$Q = \sum_{t=1}^{2}\lambda_i - \sum_{t=1}^{1}\lambda_i = 8$$

结果相同。

这时，只取一个特征向量时的累积贡献率为 $\lambda_1/(\lambda_1 + \lambda_2) = 28/36 = 77.78\%$。

4. 经验正交函数的物理意义

在第一节中我们已经介绍了气象场的经验正交展开的方法与原理。实际上，气象场的经验正交展开问题，可以由另一种方法提出并推导出来。这种方法，对于理解经验正交函数的物理意义很有帮助。

为了便于理解起见，我们将需要分解的资料矩阵 ${}_m\boldsymbol{X}_n$ 理解为 n 张天气图或(位势高度图)，其中的每一张图由 m 个气象要素(或格点)的观测值组成。我们的问题是，需要求一张图(或一个空间的 m 维向量)，使它与已知的 n 张图平均来讲最相似。

$$\text{气象场}\quad X = \begin{pmatrix} x_{11} & \cdots & x_{1n} \\ \vdots & \ddots & \vdots \\ x_{m1} & \cdots & x_{mn} \end{pmatrix} = (\boldsymbol{x}_1 \quad \boldsymbol{x}_2 \quad \cdots \quad \boldsymbol{x}_n)$$

气象场 X 的转置表示为

$$X^T = \begin{pmatrix} \boldsymbol{x}_1^T \\ \boldsymbol{x}_2^T \\ \vdots \\ \boldsymbol{x}_n^T \end{pmatrix}$$

其中

$$\boldsymbol{x}_g = \begin{pmatrix} x_{1g} \\ x_{2g} \\ \vdots \\ x_{mg} \end{pmatrix} \qquad g = 1,2,\cdots,n$$

需要找一张图(或一个 m 维向量)，使它与已知 n 的张图平均来讲最相似。数学上就是找一个与 $\boldsymbol{x}_1,\boldsymbol{x}_2,\boldsymbol{x}_3,\cdots,\boldsymbol{x}_n$，平均来讲最相似的向量。这个向量就是 XX^T 的第一特征向量。证明如下：

设所求的向量是 V_1，用内积表示二个向量的相似的程度，所以 V_1 与图 $\boldsymbol{x}_1$ 的相似程度是 $V_1^T\boldsymbol{x}_1$，它的模是

$$(V_1^T\boldsymbol{x}_1)^2 = V_1^T\boldsymbol{x}_1\boldsymbol{x}_1^TV_1$$

它是个数。

V_1 与全部 $x_1,x_2,x_3,\cdots,x_n$，的平均相似程度是

$$\theta = \frac{V_1^T\boldsymbol{x}_1\boldsymbol{x}_1^TV_1 + V_1^T\boldsymbol{x}_2\boldsymbol{x}_2^TV_1 + \cdots + V_1^T\boldsymbol{x}_n\boldsymbol{x}_n^TV_1^T}{n}$$

$$= \frac{1}{n} V_1^T (\boldsymbol{x}_1 \quad \boldsymbol{x}_2 \quad \cdots \quad \boldsymbol{x}_n) \begin{pmatrix} \boldsymbol{x}_1^T \\ \boldsymbol{x}_2^T \\ \cdots \\ \boldsymbol{x}_n^T \end{pmatrix} V_1$$

$$= \frac{1}{n} V_1^T X X^T V_1$$

令
$$A = \frac{1}{n} X X^T$$
则
$$\theta = V_1^T A V_1$$

问题成为在 $V_1^T V_1 = 1$ 的条件下,求 θ 的极大值问题,令

$$\Phi = V_1^T A V_1 - \lambda (V_1^T V_1)$$

根据求极值方法,和向量的微分,得到

$$2AV_1 - 2\lambda V_1 = 0$$

或者
$$AV_1 = \lambda V$$

上式表示 V_1 就是 $A = \frac{1}{n} X X^T$ 的特征向量,λ 是 A 的特征值。取最大特征值对应的特征向量,AV_1 达到最大,θ 达到最大。这样我们就用另外一个方法推导了 EOF 方法。

所求的图(或 m 维向量)就是对 ${}_m\boldsymbol{X}_n$ 进行经验正交展开时的第一特征向量(或第一空间典型场)。这样,我们对经验正交函数的物理意义有了最基本的解释:第一经验正交函数具有与所要展开资料矩阵的 n 个样本最相似的特征。更具体的性质或意义,决定所展开的资料矩阵。例如,当 ${}_m\boldsymbol{X}_n$ 是用 1951—2000 年我国夏季的实测降水量(非距平场)组成时,则第一经验正交函数,就是平均来说与 1951—2000 年我国的 50 个夏季降水场最相似的特征场,通常,第一经验正交函数就可以解释为这 50 年的平均场,因为,平均来说,平均场总是与所平均的每个场是非常相似的。既然这时的第一经验正交函数可以解释为降水平均场,那么第一时间系数作为它的权重,就基本上对应我国大尺度的旱涝年了,大的时间系数值对应涝年,值小的系数对应我国夏季的旱年。

但是,当 ${}_m\boldsymbol{X}_n$ 是我国夏季 1951—2000 年的降水距平值组成时,则第一经验正交函数,就解释为平均来说与 1951—2000 年我国的 50 个夏季降水距平场场最相似的特征场,这时,第一经验正交函数就是经常见到夏季降水距平特征,它指出了经常出现的大尺度涝区及旱区。

5. EOF 展开时的特征值估计误差问题

EOF 分析是用有限的 n 个样本计算的,当 n 不相同时,EOF 的计算结果可能不

同。如何根据 n 选取有物理意义的 EOF 函数进行分析呢？我们知道，EOF 分析时，特征值 λ 已按降序排列 $\lambda_1 \geqslant \lambda_2 \cdots \geqslant \lambda_m$，这时所对应的特征向量，即典型场也是从大尺度过渡到中小尺度，最后，甚至是一些毫无物理意义的噪声。North 等(1982)人已研究过这个问题，提出

$$\delta\lambda_a \approx \lambda_a (2/n)^{\frac{1}{2}} \tag{6.1.22}$$

$\delta\lambda_a$ 是相邻的特征值之间的样本误差。当所计算的相邻二个特征值之间的差大于 $\delta\lambda_a$ 时，这两个特征值可分离、所对应的经验正交函数有意义。否则，当相邻特征值差小于 $\delta\lambda_a$ 时，特征值偏小的那个经验正交函数不具有物理意义。例如，第一特征值 $\lambda_1 = 10$，样本数为 50，则由式(6.1.22)，第二特征值 λ_2 必须小于 8 才有意义。所以，为了使 EOF 方法有效地处理问题。应该有较大的样本数 n，又有较快的收敛速度(这意味着 m 个变量关系比较密切、相关程度高)。

6. 时空转换

由于 $\boldsymbol{X}^T\boldsymbol{X}$ 和 $\boldsymbol{X}\boldsymbol{X}^T$ 的非零特征值是相同的，所以，当 $\boldsymbol{X}$ 由式(6.1.1)所表示，并且 $m \gg n$ 时，我们不计算 $\boldsymbol{X}\cdot\boldsymbol{X}^T$ 的特征值，而求出 $\boldsymbol{X}^T\cdot\boldsymbol{X}$ 的特征值，然后求 $\boldsymbol{X}\cdot\boldsymbol{X}^T$ 的特征向量，这种方法就是时空转换。

令 λ_i 是 $\boldsymbol{X}^T\cdot\boldsymbol{X}$ 的特征值，对应的特征向量为 $\boldsymbol{u}_i$，即

$$\boldsymbol{X}^T\cdot\boldsymbol{X}\boldsymbol{u}_i = \lambda_i\boldsymbol{u}_i \qquad i = 1,2,\cdots,k \qquad k \leqslant \min(m,n)$$

左乘 $\boldsymbol{X}$

$$\boldsymbol{X}\cdot\boldsymbol{X}^T\boldsymbol{X}\boldsymbol{u}_i = \lambda_i\boldsymbol{X}\boldsymbol{u}_i$$
$$\boldsymbol{A}\cdot\boldsymbol{X}\boldsymbol{u}_i = \lambda_i\boldsymbol{X}\boldsymbol{u}_i$$

故 $\boldsymbol{X}\cdot\boldsymbol{X}^T$ 的特征值也是 λ_i，特征向量为 $\boldsymbol{v}_i$

$$\boldsymbol{v}_i = \boldsymbol{X}\boldsymbol{u}_i \tag{6.1.23}$$

但 u_i 是规一化的特征向量，Xu_i 就不是规一化的了，它的模为

$$(\boldsymbol{X}\boldsymbol{u}_i)^T(\boldsymbol{X}\boldsymbol{u}_i) = \boldsymbol{u}_i^T\boldsymbol{X}^T\cdot\boldsymbol{X}\cdot\boldsymbol{u}_i = \lambda_i$$

所以规一化的 $\boldsymbol{v}_i$ 向量为

$$\boldsymbol{v}_i = \boldsymbol{X}\boldsymbol{u}_i \Big/ \sqrt{\lambda_i} \tag{6.1.24}$$

$$\boldsymbol{V} = (\boldsymbol{v}_1, \boldsymbol{v}_2, \cdots \boldsymbol{v}_m)$$

$$\boldsymbol{Z} = \boldsymbol{V}^T\boldsymbol{X} \qquad \boldsymbol{X} = \boldsymbol{V}\boldsymbol{Z}$$

例

$$\boldsymbol{X} = \begin{bmatrix} 3 & 11 \\ 8 & 2 \\ 7 & 8 \end{bmatrix} \qquad m = 3,\quad n = 2;\qquad m > n$$

我们根据 $X^T \cdot X$ 的特征值、特征向量来求 $X \cdot X^T$ 的特征值和特征向量

$$\boldsymbol{X}^T \cdot \boldsymbol{X} = \begin{bmatrix} 122 & 105 \\ 105 & 189 \end{bmatrix}$$

求得 $\lambda_1 = 265.714 \quad \lambda_2 = 45.285$

$$\boldsymbol{u}_1 = (0.590 \quad 0.807)^T \qquad \boldsymbol{u}_2 = (0.807 - 0.590)^T$$

$$\boldsymbol{v}_1 = \boldsymbol{X}\boldsymbol{u}_1 = (10.652 \quad 6.334 \quad 10.589)^T$$

标准化后
$$\boldsymbol{v}_1 = \begin{bmatrix} 10.652 \\ 6.334 \\ 10.589 \end{bmatrix} / \sqrt{256.714} = \begin{bmatrix} 0.653 \\ 0.389 \\ 0.650 \end{bmatrix}$$

或者据式(6.1.24)直接得到 $\boldsymbol{v}_1$。

类似求得标准化的 $\boldsymbol{v}_2$，即

$$\boldsymbol{v}_2 = (-0.604 \quad 0.785 \quad 0.139)^T$$

所以
$$\boldsymbol{V} = \begin{bmatrix} 0.653 & -0.604 \\ 0.389 & 0.785 \\ 0.650 & 0.139 \end{bmatrix}$$

$$\boldsymbol{Z} = \boldsymbol{V}^T \cdot \boldsymbol{X} = \begin{bmatrix} 9.616 & 13.162 \\ 5.434 & -3.970 \end{bmatrix}$$

Z 的行向量是时间系数，分别对应 λ_1, λ_2。展开式为

$$\begin{bmatrix} 3 & 11 \\ 8 & 2 \\ 7 & 8 \end{bmatrix} = \begin{bmatrix} 0.653 & -0.604 \\ 0.389 & 0.785 \\ 0.650 & 0.139 \end{bmatrix} \begin{bmatrix} 9.616 & 13.162 \\ 5.434 & -3.970 \end{bmatrix}$$

7. 资料的预处理问题

(1)以上介绍的经验正交展开方法是对 $\boldsymbol{X}$ 场的展开。$\boldsymbol{X}$ 场既可以是原始资料场，也可以是要素的距平场(由减过各空间点的平均值组成)，也可以是标准化资料场。所以，如果给出的 $\boldsymbol{X}$ 是原始资料场，而我们要求对 $\boldsymbol{X}$ 的距平场作展开，那就应该先对 $\boldsymbol{X}$ 场处理成距平场以后再进行展开。这时由式(6.1.12)算出的 $\boldsymbol{A}$ 就是变量的协方差矩阵。显然，当 $\boldsymbol{X}$ 是标准化资料场时，由式(6.1.12)算出的 $\boldsymbol{A}$ 是变量的相关矩阵。

(2) 当 $\boldsymbol{X}$ 是距平场资料时，据式(6.1.16)，第 k 个时间权重系数的平均值 $\bar{z}_k = \frac{1}{n}\sum_{t=1}^{n} z_{kt} = 0$，又根据式(6.1.10)，这时，第 k 个时间权重系数的方差是 λ_k，而 $\boldsymbol{A}$ 又是协方差矩阵，所以第 k 个时间权重系数就是第 k 个主成分，同样，当 $\boldsymbol{X}$ 由标准化变量组成时，第 k 个时间权重系数就是标准化变量的第 k 个主成分。但是，应指出，当 $\boldsymbol{X}$ 不是距平场时，式(6.1.12)的 $\boldsymbol{A}$ 矩阵不是协方差矩阵，第 k 个时间权重系数满足式(6.1.10)

但平均值 $\bar{z}_k \neq 0$，故方差不是 λ_k。这时，时间权重系数和主成份是有区别的。

3)经验正交展开时，求矩阵 $\boldsymbol{A}$ 时，式(6.1.12)可以除 n，由于特征向量要标准化，所以结果相同。但关系式(6.1.9)、式(6.1.18)要变化。对上例，列表表示如表 6.1.1。

表 6.1.1

	$\boldsymbol{X} = \begin{bmatrix} 2 & 0 & 4 & -2 \\ 2 & -2 & 4 & -2 \end{bmatrix}$	
	$\boldsymbol{A} = \frac{1}{n}\boldsymbol{X}\boldsymbol{X}^T = \begin{bmatrix} 6 & 2 \\ 2 & 3 \end{bmatrix}$	$\boldsymbol{A} = \boldsymbol{X}\boldsymbol{X}^T = \begin{bmatrix} 24 & 8 \\ 8 & 12 \end{bmatrix}$
相同	$\boldsymbol{V} = \begin{bmatrix} \frac{2}{\sqrt{5}} & \frac{1}{\sqrt{5}} \\ \frac{1}{\sqrt{5}} & -\frac{2}{\sqrt{5}} \end{bmatrix}$	同　左
相同	$\boldsymbol{Z} = \begin{bmatrix} \frac{6}{\sqrt{5}} & -\frac{2}{\sqrt{5}} & \frac{8}{\sqrt{5}} & -\frac{6}{\sqrt{5}} \\ -\frac{2}{\sqrt{5}} & \frac{4}{\sqrt{5}} & \frac{4}{\sqrt{5}} & \frac{2}{\sqrt{5}} \end{bmatrix}$	同　左
	贡献率　$\lambda_k / \sum_{i=1}^{m} \lambda_i$	同　左
	累积贡献率 $\sum_{i=1}^{p} \lambda_i / \sum_{i=1}^{m} \lambda_i$	同　左
不同	$\lambda_1 = 7, \lambda_2 = 2$	$\lambda_1 = 28, \lambda_2 = 8$
	$Q = \sum_{i=1}^{m}\sum_{t=1}^{n}(x_{it} - \hat{x}_{it})^2 = \left[\sum_{i=1}^{m}\lambda_i - \sum_{i=1}^{p}\lambda_i\right] \times n$	$Q = \sum_{i=1}^{m}\sum_{t=1}^{n}(x_{it} - \hat{x}_{it})^2 = \sum_{i=1}^{m}\lambda_i - \sum_{i=1}^{p}\lambda_i$

8. 二维经验正交展开的各种模型

前已指出、经验正交展开时，m 作为空间点，n 作为时间点仅是一个相对的概念。下面我们来举出几种展开方案来说明这个问题。

设有 m 个测站，n_j 个季(或月)，n_k 年。例如 12 个月 160 个测站的 40 年的某要素值，则 $m = 160, n_j = 12, n_k = 40$。由此可组成三个类型资料矩阵

某年：　$\boldsymbol{X}_1 = {}_m(x_{ij})_{n_j}$

某月：　$\boldsymbol{X}_2 = {}_m(x_{ik})_{n_k}$

某站：　$\boldsymbol{X}_3 = {}_{n_j}(x_{ij})_{n_k}$

我们看到，像 X_3 这样的资料矩阵，实际上是二个时间点(月份、年)，它也可进行经验正交展开。表 6.1.2 给出一般情况下的展开方案，即实对称矩阵 A 的计算式以及特征向量的意义。

表 6.1.2

方案	A 矩阵	A 的阶	特征向量的意义
1	$X_3 \cdot X_3{}^T$	n_j	某站月际变化特征
2	$X_3{}^T \cdot X_3$	n_k	某站年际变化特征
3	$X_1 \cdot X_1{}^T$	m	某年空间分布特征
4	$X_1{}^T \cdot X_1$	n_j	某年月际变化特征
5	$X_2 \cdot X_2{}^T$	m	某月空间分布特征
6	$X_2{}^T \cdot X_2$	n_k	某月年际变化特征

由表 6.1.2 看出，本节开始介绍的分解方法实际上是属于表中的 3、5 方案，将 m 作为空间点。如果我们将 n_j 作为空间点，则有 1、4 方案；n_k 作为空间点，则有 2、6 方案。另外，如果矩阵 $\boldsymbol{X}$ 的元素是指某时间在不同测站、不同高度的要素值，这时没有时间点，只有空间点：一个指示测站，一个表示层次。同样可以做 EOF 展开，一个二维气象场均可作经验正交展开。当要素值相关密切时，收敛速度很快，使用这个方法的效果往往是比较好的。所以，经验正交展开的方法是应用很广的，读者可以比较容易地在各类气象、农业、地质、水文、医学等文献中找到它们的应用。

9. 气象场的经验正交展开方法的应用

实例 1 1951—2002 年我国年降水量场的经验正交展开及其分析。

将 1951—2002 年我国 160 观测站的年总降水量进行 EOF 分析。资料矩阵为 ${}_mX_n = (x_{ij})$，x_{ij} 为第 i 站第 j 年的年总降水量。$m=160$(站)，$n=52$(年)。表 6.1.3 给出特征值贡献率。

表 6.1.3 1951—2002 年我国年降水量场经验正交展开特征值的贡献率

特征值序号	1	2	3	4	5
贡献率	96.63%	0.58%	0.40%	0.21%	0.17%
累积贡献率	96.63%	97.21%	97.61%	97.82%	98.02%

从表 6.1.3 看出，经验正交展开的收敛速度是很快的，5 个特征向量上已经反映了 160 个站年降水量场的 98.02% 信息。作为一个实例，我们这里仅分析前 3 个特征向量(图 6.1.1—图 6.1.3)。首先，在第一特征向量图(图 6.1.1(a))看出它是一个大尺度的特征场，数值从南向北递减，高值区在长江以南，我国的东南部是高值中心，低值区在我国的西北部。这个特征实际上就是多年的年平均降水量场的特征。将平均的年降水量场图(略)与第一特征向量图比较，它们的形态非常相似，计算的相

似系数达到 0.99 以上(1.0 为完全相同)。所以第一特征向量图就解释为平均年降水量场。因为这个特征场有很大的权重,所以某年的大(小)的时间系数基本上就是对应全国涝(旱)年。图 6.1.1(b),是对应第一特征向量的逐年的时间系数变化图。从该图看出,在 1954,1973,1975,1983,1998 年时间系数大于 1.5 倍的均方差,是明显的大值,这些年正是我国大范围的涝年;而在 1963,1978,1986 年时间系数小于1.5 倍的均方差,是明显的小值,这些年正是年降水量的明显偏少年。此外,时间曲线有非常弱的正趋势,但很不明显,这表明我国大范围年的总降水量近 52 年来的非常弱的正趋势变化。

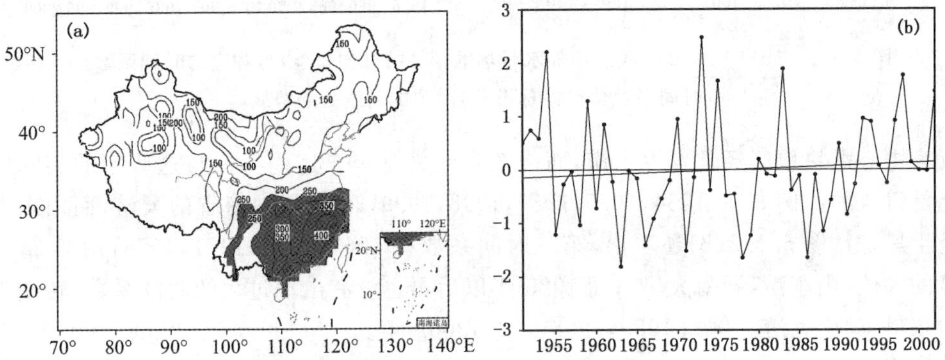

图 6.1.1　1951—2002 年我国年降水量场的第 1 特征向量(a)与对应的时间系数(b)
时间系数值已经标准化,图中的斜线是趋势线

图 6.1.2(a)是第二特征向量图,看出它是一个大尺度的北正南负的特征,负区在广东,福建,江西,浙江省南部和广西西部等,其北为明显的正区。它表示我国经常会出现的一个大尺度的南涝(旱),北旱(涝)的距平呈相反的年降水量特征。从图 6.1.2(b)看,这种特征有明显的负趋势,说明近 52 年来,我国有更容易或更经常出现的是北旱南涝的特征。从该图还看出,在 1954,1956,1963,1977,1991 年时间系数大于 1.5 倍的均方差,是明显的大值,这些年正是我国大范围的北涝南旱年。而在 1978,1992,1994,1997,2001 年时间系数小于 1.5 倍的均方差,是明显的负值,这些年是我国年降水量的明显北旱南涝年,注意到这些年全部出现在 20 世纪 70 年代中期以后,表示目前我国北旱南涝的特征是需要特别注意的,这可能与 70 年代中期以后的全球与我国明显变暖有直接关系。

图 6.1.3(a)是第三特征向量图,看出在它也是一个的北正南负的特征,但是,空间尺度比第二特征向量小些,负区以湖南长沙附近为中心,范围包括 25°～31°N,110°～120°E 的区域;正区基本上在山东省。表示这两个地区距平相反的年降水量特征。从图 6.1.3(b)看,这种特征有明显的负趋势,说明近 52 年来,以湖南长沙附

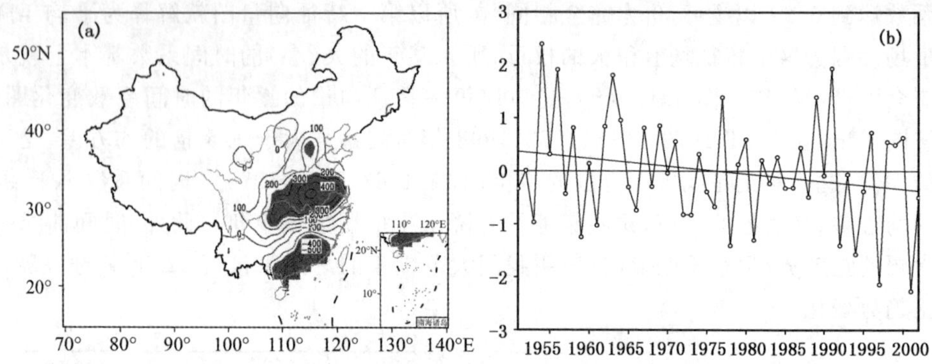

图 6.1.2　1951—2002 年我国年降水量场的第 2 特征向量(a)与对应的时间系数(b)
时间系数值已经标准化,图中的斜线是趋势线

近为中心那块地区经常发生水涝,而山东省经常是旱。这些特征与这些年的实际情况是符合的。例如在,1954,1975,1989,1998,1999,2002 年湖南省的大涝,而山东省是干旱。从图 6.1.3(b)还看出,第三时间系数在 1963,1964,1971,1978,1985 是明显的大值(山东涝,湖南大旱);而 1985 年以后再也没有出现过大的时间系数,转变为山东旱,湖南大涝。例如 1989,1998,1999,2002 年。

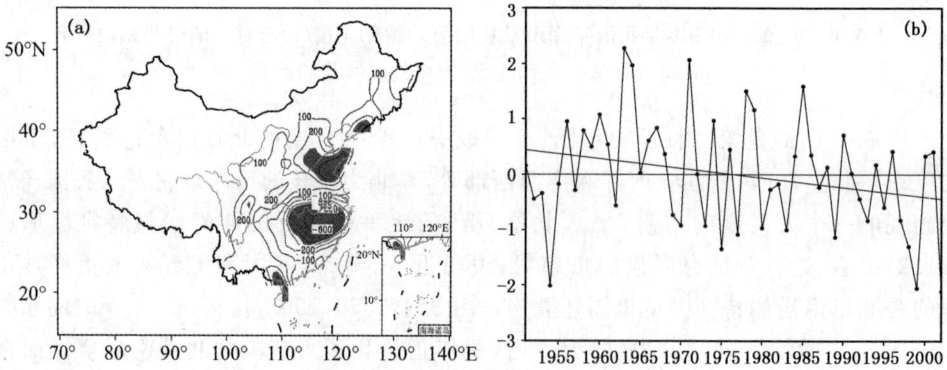

图 6.1.3　1951—2002 年我国年降水量场的第 3 特征向量(a)与对应的时间系数(b)
时间系数值已经标准化,图中的斜线是趋势线

需要指出某年的降水量的分布是各特征向量与该年的各时间系数乘积的代数和。由于前几个特征向量有最大的贡献率,所以某年的降水量的大尺度分布特征就基本上可以由前几个特征向量与时间系数乘积的代数和表示。

实例 2　应用经验正交展开方法划分区域旱涝年。

通常我们将区域中观测站的降水量平均值,作为区域旱涝的指标。但是,当区域的地理范围比较大时，区域中各测站降水量的平均值可以相差比较大，这样区域平均值就主要取定于那些降水量比较大的观测站。而经验正交展开方法，是将降水场的第一特征向量的分量作为权重来加权各个观测站的，这就比较合理。所以，经验正交展开也可以用来表示某个区域的旱涝年。现在我们用1951—1999年浙江省36站的夏季降水资料划分了浙江省夏季(6—8月)旱涝年来说明该方法(施能等 2001a, 2001b, 2001c)。

首先 我们组成资料矩阵为${}_mX_n=(x_{ij})$，x_{ij}是第i站第j年的6—8月总降水量。$m=36$，$n=39$(1961—1999年)。将资料矩阵${}_mX_n$分解为

$$ {}_mX_n = {}_mV_{m\,m}Z_n $$

其中${}_mV_m$是空间函数，而${}_mZ_n$则是时间系数矩阵。我们是对整个浙江省划分旱涝，降水的第一经验正交函数表示了浙江省大尺度降水平均特征，它的第一时间系数是我们区别浙江省范围旱涝年的主要依据。此外，我们还采用另外二个划分旱涝年的方法进行了比较。一种方法就是用区域平均值，也就是按区域平均值大小划分旱涝；另一方法是逐年统计区域中全部36个站中具有降水量是正距平的站数。显然，它也能提供区域旱涝的信息，因为大范围的降水正(负)距平对应大范围的涝(旱)。但是要注意，这时距平是各个站分别对本站平均值的求距平，不是对整个区域平均值的距平。表6.1.4给出了1961—1999年逐年按3种方法的排序的结果。可以看出它们有比较好的对应关系，也就是如果某第一经验交分解的时间系数大，则该分解区域内的平均降水量多(正距平值大)，同时区域内的降水正距平的站数也多，可以划分为涝年；反之，就划分为旱年。如果我们认为旱、涝年的频率不能超过总年数的1/3。那么我们给出3种排序的最大(小)的13年(表6.1.4)，用它们共同的年份作为旱涝年应该是合适的。这样1997，1983，1999，1994，1992，1989，1993，1982，1980，1975年处在3种排序的前10位，将它们选取为浙江省涝年。1967，1971，1986，1964，1978，1963，1991，1961，1979，1966，1981 1968处在3种排序的最小的前12位，我们就将它们选取为浙江省的旱年。

图6.1.4是1961—1999年浙江省夏季旱年及涝年的平均降水距平图，它们有明显的区别。它们的差值图(略)，用t统计量检验方法，36个观测站全部达到0.01信度的统计显著性，表明我们划分的浙江省的旱涝年之间有明显的差异。实际上在我们划分的所有的旱(涝)年中，36个站中至少有26个观测站是夏季降水负(正)距平；其中有30个以上测站出现夏季降水负(正)距平的频率为6/10(10/12)，表明这些年确实是浙江省内大范围内的旱(涝)年。

表 6.1.4　浙江省夏季 旱涝年表(1961—1999 年)

排 序	按经验正交分解 第一时间系数	按 36 个站的夏季 降水平均距平	按 36 个站中降水 正距平站数	旱/涝年 涝 10 年旱 12 年
	1999	1999	1997	1997
	1997	1997	1983	1983
	1992	1989	1999	1999
	1989	1992	1994	1994
	1993	1993	1992	1992(涝)
	1983	1983	1989	1989
大	1994	1994	1993	1993
	1982	1980	1982	1982
	1975	1982	1980	1980
	1980	1975	1975	1975
	1990	1995	1995	
	1995	1990	1987	
	1996	1996	1977	
	1967	1967	1967	1967
	1971	1971	1971	1971
	1986	1986	1986	1986
	1964	1964	1963	1963
	1978	1978	1964	1964
	1963	1963	1979	1979(旱)
小	1991	1961	1961	1961
	1961	1991	1966	1966
	1979	1979	1978	1978
	1966	1981	1991	1991
	1981	1966	1981	1981
	1968	1968	1968	1968
	1970	1985	1970	

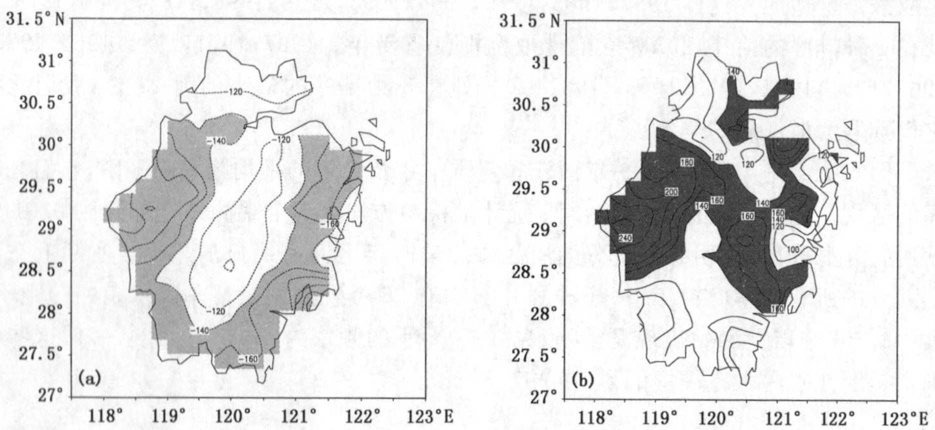

图 6.1.4　浙江省夏季旱年(a)及涝年(b)的平均降水距平图

虚线表示负距平,单位:mm。灰(黑)区的负(正)表示距平值大于 140 mm

第二节　扩展的经验正交函数(EEOF)分析

经验正交函数的优点在于它经常能用相对少的函数及其相联系的时间权重来描述复杂的气象场的变化。然而，我们知道气象场不仅在空间上有高度的相关性而且在时间上有显著的自相关及交叉相关。同时利用空间、时间上的相关性压缩资料可能会比经典的 EOF 分析更有效、也更利于物理解释。Weare 等(1982)提出的扩展 EOF 分析，它的基本方法类似 EOF 分析，但原始资料矩阵包含了几个时间上连续的值。

1. 分解方法

设 m 为空间点，n 为时间点。EEOF(extended empirical orthogonal function)考虑了时间上的自相关及交叉相关，取

$$\boldsymbol{X}=\begin{bmatrix} x_{11} & x_{12} & \cdots & x_{1n-2} \\ x_{21} & x_{22} & \cdots & x_{2n-2} \\ \vdots & \vdots & \vdots & \vdots \\ x_{m1} & x_{m2} & \cdots & x_{mn-2} \\ x_{12} & x_{13} & \cdots & x_{1n-1} \\ x_{22} & x_{23} & \cdots & x_{2n-1} \\ \vdots & \vdots & \vdots & \vdots \\ x_{m2} & x_{m3} & \cdots & x_{mn-1} \\ x_{13} & x_{14} & \cdots & x_{1n} \\ x_{23} & x_{24} & \cdots & x_{2n} \\ \vdots & \vdots & \vdots & \vdots \\ x_{m3} & x_{m4} & \cdots & x_{mn} \end{bmatrix}_{3m\times n-2} \tag{6.2.1}$$

我们看到 $\boldsymbol{X}$ 阵实际上是由 $t,t+1,t+2$ 三个时刻的资料组成。第一行到第 m 行资料对应 t 时刻，第 $m+1$ 行到第 $2m$ 行对应 $t+1$ 时刻，第 $2m+1$ 行到第 $3m$ 行对应 $t+2$ 时刻。

$$\boldsymbol{A}=\boldsymbol{X}\cdot\boldsymbol{X}^T \tag{6.2.2}$$

$\boldsymbol{A}$ 是一个后延相关矩阵，因为它既包含同时刻，又包含后延 1 时刻，2 个时刻的元素值的相乘的和。$\boldsymbol{A}$ 矩阵为 $3m$ 阶。可以求出 $3m$ 个特征值，$\lambda_1,\lambda_2,\cdots,\lambda_{3m}$，以及 $3m$ 个特征向量 $\boldsymbol{v}_1,\boldsymbol{v}_2,\boldsymbol{v}_3,\cdots,\boldsymbol{v}_{3m}$。其中每一个特征向量都是 $3m$ 维列向量。由此

$$\boldsymbol{V}=(\boldsymbol{v}_1,\boldsymbol{v}_2,\cdots,\boldsymbol{v}_{3m}) \tag{6.2.3}$$

$$\boldsymbol{Z}=\boldsymbol{V}^T\boldsymbol{X} \tag{6.2.4}$$

分解式即为

$$X = V \cdot Z \tag{6.2.5}$$

2. 分析及应用

EEOF 分析方法与 EOF 的分析略有不同。因为特征向量是 $3m$ 维，故有

$$v_i = (\underbrace{v_{i1}\, v_{i2} \cdots v_{im}}_{\text{对应}t_1} \quad \underbrace{v_{im+1} \cdots v_{i2m}}_{\text{对应}t_2} \quad \underbrace{v_{i2m+1} \cdots v_{i3m}}_{\text{对应}t_3})^T$$

所以 v_1 所对应 m 个空间点有 3 张特征向量图，分别对应 t_1, t_2, t_3 时刻。我们可以比较这三个时刻的特征向量图，分析形势的变化及前进，后退的速度，这种附加信息在传统的经验正交展开中是得不到的。由于时间系数矩阵 Z 是 $3m$ 行，$n-2$ 列，所以，相应的时间权重也可由 Z 中得到。

需要指出，EEOF 分析的资料矩阵不一定在 $t, t+1, t+2$ 时次上给出，也可以 $t, t+3, t+5$ 时次，甚至 $t, t+2, t+4$ 时次。EEOF 方法也有其缺点，例如当资料场中时间的持续性比较差的时候，经验正交函数可能不如 EOF 更易解释。此外，EEOF 方法的收敛性比 EOF 慢些，对计算机速度与内存的要求也比较高。

在大气环流及异常天气分析方面，应用 EEOF 方法，并取得了一些有意义的结果。下面我们给出他们对原始资料的一些处理方法。

由于大气环流异常在不同时间尺度上和空间上具有内在的联系，因此，有必要将某一层的高度的逐月距平场联合进行 EOF 分析。张邦林、丑纪范等（1993）用 500hPa 逐月高度距平组成下列资料矩阵

$$_{Lm}X_n = \begin{bmatrix} _mF_{1n} \\ _mF_{2n} \\ \vdots \\ _mF_{12n} \end{bmatrix}$$

n:样本数　1951—1984,34a

m:空间格点　288 格点

L:12 个月

这样 X 是 $L \cdot m$ 个空间点，n 个时间点。$_mF_{in}$ 就是第 i 个月历年的 500hPa 高度距平场。$R_{ij} = {_m(F_i)_n} \cdot {_m(F_j)_n}^T$，是第 i 个月与第 j 个月月平均高度距平场的协方差矩阵，而

$$R = (_{Lm}X_m) \cdot (_{Lm}X_n)^T$$

即

$$R = {_{Lm}}\begin{bmatrix} R_{11} & R_{12} & \cdots & R_{1L} \\ R_{21} & R_{22} & \cdots & R_{2L} \\ \vdots & \vdots & \vdots & \vdots \\ R_{L1} & R_{L2} & \cdots & R_{LL} \end{bmatrix}_{Lm}$$

R 矩阵中不仅包含了各月平均高度距平场本身的分布结构，还包括了各月资料之间的相互联系。求 R 的特征值和特征向量，拟合精度为

$$Q(k) = \sum_{i=1}^{k} \lambda_i \Big/ \sum_{i=1}^{m \cdot L} \lambda_i$$

近似取 k 个特征值，则

$$_{Lm}\boldsymbol{X}_n \approx {}_{Lm}\boldsymbol{V}_k \cdot \boldsymbol{Z}_n$$

$$_{Lm}\boldsymbol{V}_k = ({}_{Lm}\boldsymbol{v}_1 \ {}_{Lm}\boldsymbol{v}_2 \cdots {}_{Lm}\boldsymbol{v}_k)$$

其中

$$_{Lm}\boldsymbol{v}_n = \begin{bmatrix} _m(\boldsymbol{v}_1)_i \\ _m(\boldsymbol{v}_2)_i \\ \vdots \\ _m(\boldsymbol{v}_L)_i \end{bmatrix} \qquad i = 1,2,\cdots,k$$

$_m(\boldsymbol{v}_i)_k$ 是对应第 i 个月的第 k 特征向量。$_k\boldsymbol{Z}_n$ 则为时间系数矩阵。$_m(v_i)_k$ 的 m 个值的空间分布表示了第 i 个月的 500hPa 距平场的第 k 个典型场，具有天气意义。将 $_m(\boldsymbol{v}_1)_1$ 与其余 $_m(\boldsymbol{v}_2)_1,\cdots,{}_m(\boldsymbol{v}_{12})_1$ 求相似系数，结果表明 $_m(\boldsymbol{v}_1)_1$ 与 $_m(\boldsymbol{v}_7)_1$ 的相似系数最小，表示冬、夏季 500hPa 距平场分布有明显差异。将各月的第一特征向量与滞后 1 个月的第一特征向量求相似。结果，5 月份、9 月份的第一特征向量的滞后 1 个月的相似程度最差，表示第一特征向量在 6 月和 10 月的突变过程。由于第一特征向量的解释方差最大，所以大气环流的 6 月和 10 月突变是非常重要的过程。此外，对时间系数的分析表明，第二时间系数在 1962 年有突变，而另一些时间系数则有准周期性。

EEOF 分析还可用于月平均环流的垂直结构分析中。这时，组成资料矩阵 $_{Lm}\boldsymbol{X}_n$ 的 $_m\boldsymbol{F}_{in}$ 分别用第 i 层资料来代替。但这时只能对某个月或季分别进行（靳立亚等 1993）。

EEOF 分析还可用于两个要素场的联合相关特征的研究。

第三节　向量场的经验正交展开

风场是一个向量场，它由东西风分量 u 和南北风分量 v 组成。如果我们分别对标量场 u、标量场 v 进行经验正交展开，由于它们的空间函数不能组合成一个特征风场，对应的时间权重不相同。给流场研究带来困难。因为风场向量可看成复数，所以，可以直接用一个复元素矩阵的展开方法来解决。下面介绍的方法是将复矩阵的特征值和特征向量问题化为求实矩阵的特征值和特征向量问题，方法比较简单。

1. 展开方法

设 x_{ij} 是向量场风，它可认为是东西方向风 u_{ij} 和南北向风 g_{ij} 组成，表示成复数

$$x_{ij} = u_{ij} + \mathrm{i}g_{ij}$$
$$i = 1,2,\cdots,m \quad j = 1,2,\cdots,n \tag{6.3.1}$$

下角 i,j 分别表示空间点、时间点。

将式(6.3.1)的复元素矩阵转化为实元素矩阵 $\boldsymbol{X}$

$$_{2m}\boldsymbol{X}_n = \begin{bmatrix} u_{11} & u_{12} & \cdots & u_{1n} \\ u_{21} & u_{22} & \cdots & u_{2n} \\ \vdots & \vdots & \vdots & \vdots \\ u_{m1} & u_{m2} & \cdots & u_{mn} \\ g_{11} & g_{12} & \cdots & g_{1n} \\ g_{21} & g_{22} & \cdots & g_{2n} \\ \vdots & \vdots & \vdots & \vdots \\ g_{m1} & g_{m2} & \cdots & g_{mn} \end{bmatrix}_{2m} \tag{6.3.2}$$

$_{2m}\boldsymbol{X}_n$ 的前 m 行是 m 个空间点在 n 个时间点的东西向风，而后 m 行则对应南北向风。

下面的计算方法与经典的标量场 EOF 展开相同

$$\boldsymbol{A} = \boldsymbol{X} \cdot \boldsymbol{X}^T \tag{6.3.3}$$

$\boldsymbol{A}$ 是 $2m$ 阶对称矩阵，有 $2m$ 个特征值及 $2m$ 个特征向量 $\boldsymbol{v}_1,\boldsymbol{v}_2,\cdots,\boldsymbol{v}_{2m}$，每一个特征向量是 $2m$ 维

$$\boldsymbol{V} = (\boldsymbol{v}_1 \quad \boldsymbol{v}_2 \quad \cdots \quad \boldsymbol{v}_{2m}) \tag{6.3.4}$$

时间系数矩阵为

$$\boldsymbol{V} = \boldsymbol{V}^T\boldsymbol{X} \tag{6.3.5}$$

特征风场可以从特征向量场中得到。例如，第一特征向量 $\boldsymbol{v}_1 = (v_{i1} \quad v_{i2} \quad \cdots \quad v_{im} \quad v_{im+1} \quad v_{im+2} \quad \cdots \quad v_{i2m})^T$，是一个 $2m$ 维的列向量，它的前 m 个元素对应 m 个空间点的 u(东西风)，后 m 个元素值对应 m 个空间点的 g(南北风)。将它们叠加在一起，由此得出 m 个空间点的向量风场，组成风场的特征向量场。

2. 风场的经验正交展开和计算实例

下面是 1948－2004 年 7—8 月 500hPa 月平均水平风场的 EOF 分析的实例(顾泽等 2007)。

为研究水平平均风场异常与我国夏季天气的关系，使用 NCEP/NCAR1951—2004 年全球月平均风场资料，风场的范围是 10°～60°N，70°～140°E 地区，共有 609 个风场资料格点。根据本节风场的 EOF 分析方法，我们需要将 609 个格点的 U,V 合并起来，组成为空间点 m＝1218(609×2)，时间点 n＝54 的资料矩阵 $_{1218}X_{54}$。在 $_{1218}X_{54}$ 中的前 1－609 行依次存放格点纬向风 U；在 $_{1218}X_{54}$ 的后 610－1218 行中存放对

应格点的经向风 V。然后使用通常的标量场的 EOF 方法，计算出特征向量和对应的时间权重系数。特征向量有 609×2 个值，将前(后)609 个值同时赋值 609 个点上，分别作为 U、V 的特征量，就可以分析特征向量图了(是二维的流场图)，对应的时间权重系数是 1951—2004 年的逐年权重值。(顾泽等 2007)首先比较了 1000hPa，500hPa，200hPa 的风场的层次，将 3 层研究区域的风场全部进行了 EOF 分解，将它们的时间权重系数与我国盛夏的 160 个站的温度、降水量分别计算相关图，然后比较 160 个相关系数中达到一定信度的站数。结果表明，500hPa 的风场变化与我国盛夏的温度、降水量的关系比其他 2 个层次风场明显的好。图 6.3.1 就是 500hPa7—8 月平均的风场 EOF 分解的第一特征向量图(a)和对应的时间权重系数(b)。第一特征向量的方差贡献高达 83.13%，它的图形与 54 个逐年风场平均来说最相似，所以这个主模态的时间权重系数变化足以能够反映 7－8 月 500hPa 风场异常的主要变化特征。

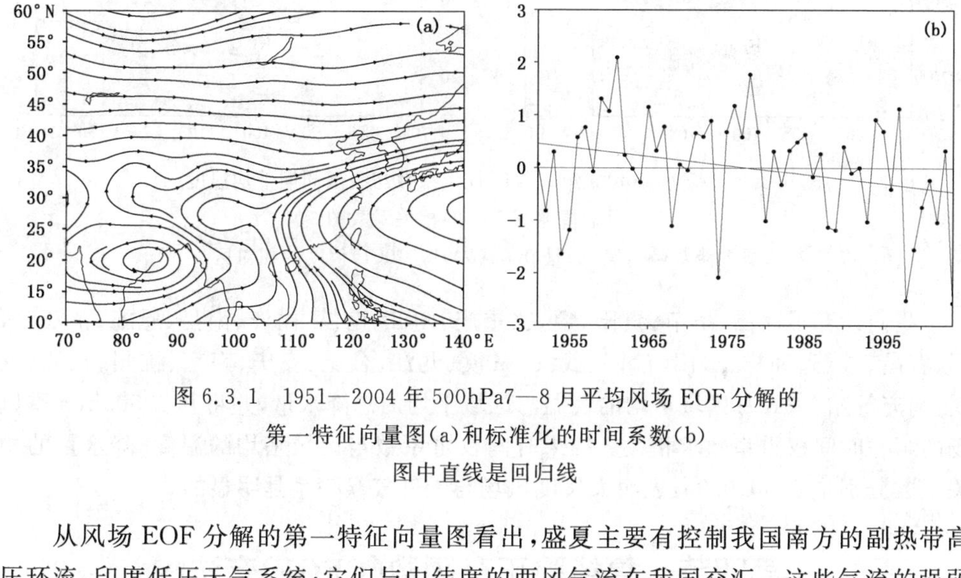

图 6.3.1　1951—2004 年 500hPa7—8 月平均风场 EOF 分解的
第一特征向量图(a)和标准化的时间系数(b)
图中直线是回归线

从风场 EOF 分解的第一特征向量图看出，盛夏主要有控制我国南方的副热带高压环流，印度低压天气系统；它们与中纬度的西风气流在我国交汇。这些气流的强弱变化反映在对应的时间权重系数变化中。时间权重系数有很大的年际变化，有长期负趋势(趋势系数为－0.27，达到 0.05 信度)和年代际变化，大约从 1950 年代中期—1970 年代末时间权重系数大，之后时间权重系数值比较小；特别是 1970 年代末开始，时间权重系数经常是负值。

风场的这些不同异常特征与我国夏季的天气气候关系极其明显。图 6.3.2 是 500hPa 风场 EOF 分解的第一时间权重系数与我国温度、降水量的同期的相关系数图。在图 6.3.2(a)上，我们看到风场 EOF 分解的第一时间权重系数与我国温度有非常强的相关。据统计,达到 0.001,0.01,0.05 信度的相关站数分别为 35,42,76 站,明显通过了气象场的蒙特卡罗模拟检验。最强的正相关区在整个长江流域上游和中游,负相关区在东北北部,齐齐哈尔及其以北的海拉尔、嫩江等,华南的阳江、湛江、海口、汕头也有明显的负相关区。图 6.3.2(b)是风场的第一时间权重系数与我国 7—8 月总降水量的相关图。我们看到虽然相关没有图 6.3.2(a)好,达到 0.001,0.01,0.05 信度的相关站数分别为 13,30,54 站,但是它们仍通过了气象场随机蒙特卡罗模拟检验。表明 500hPa 风场异常与我国降水量关系明显。

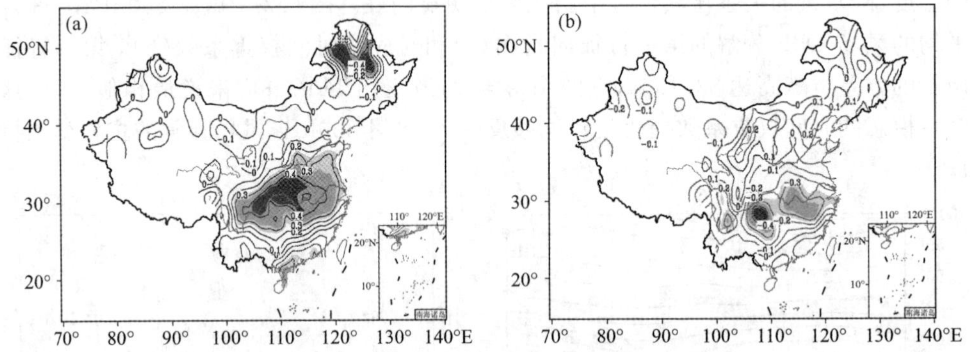

图 6.3.2　盛夏 500hPa 第一时间权重系数与我国同期平均温度(a)和月总降水量(b) 的相关系数图

图中淡灰(灰,黑色)是 0.05(0.01,0.001)信度的相对区

我们计算了西昌、毕节、贵阳、遵义、重庆、内江、南昌、丽江、南昌、恩施、芷江、酉阳、宜昌、常德、钟祥、岳阳、信阳、武汉、贵溪、九江、合肥、安庆、南京、杭州、长沙、屯溪,南充等站 7—8 月区域平均的气温与区域平均的总降水量,并将其与 500hPa 季风场的第一时间权重系数求相关。结果时间权重系数与区域平均的温度、降水量的相关系数分别是 0.50、0.36,表明大尺度风场与天气气候关系是明显的。

第四节　复经验正交函数(CEOF)方法

复经验正交函数(complex expirical orthogonal function),简记 CEOF 是 Barnett(1983)用于研究季风和信风系统之间相互作用时采用的一种方法。这种方法能清楚地表现出物理量场位相的变化及空间传播特征。而一般的经验正交函数只能揭露空间波动的驻波振动现象,对行波无能为力。

由于复经验正交展开要用到复矩阵、复特征向量,所以我们先介绍一些基础知识。

1. 基础知识

(1)复元素矩阵及 Hermite(埃尔米特)矩阵

若矩阵的元素由复元素组成,这个矩阵称为复数矩阵。其中应用最广泛的 Hermite 矩阵,其定义如下:

若 $\widetilde{\boldsymbol{A}^T}=\boldsymbol{A}$,或 $\boldsymbol{A}^H=\boldsymbol{A}$,称 $\boldsymbol{A}$ 为 Hermite 矩阵。这里～表示复共轭,T 表示转置。H 表示转置共轭。

例如

$$\boldsymbol{A}=\begin{bmatrix} 2 & 3-3\mathrm{i} \\ 3+3\mathrm{i} & 5 \end{bmatrix} \tag{6.4.1}$$

就是 Hermite 矩阵,它满足 $\widetilde{\boldsymbol{A}^T}=\boldsymbol{A}$。

对于共轭运算有

$$\tilde{\tilde{\boldsymbol{A}}}=\boldsymbol{A} \qquad \widetilde{\boldsymbol{A}+\boldsymbol{B}}=\tilde{\boldsymbol{A}}+\tilde{\boldsymbol{B}}$$

$$\widetilde{CA}=\tilde{C}\tilde{A} \qquad \widetilde{AB}=\tilde{A}\cdot\tilde{B}$$

这里 C 为实数,$\boldsymbol{A},\boldsymbol{B}$ 为矩阵。

对于共轭转置有

$$(\boldsymbol{A}^H)^H=\boldsymbol{A} \qquad (\boldsymbol{A}+\boldsymbol{B})^H=\boldsymbol{A}^H+\boldsymbol{B}^H$$

$$(C\boldsymbol{A})^H=\tilde{C}\boldsymbol{A}^H \qquad (\boldsymbol{AB})^H=\boldsymbol{B}^H\cdot\boldsymbol{A}^H$$

若用〈,〉表示内积,则复数时的内积表示为 $\boldsymbol{X}^H\cdot\boldsymbol{Y}=\langle\boldsymbol{X},\boldsymbol{Y}\rangle$。如果 $\boldsymbol{A}$ 是 Hermite 矩阵,则

$$\langle\boldsymbol{X},\boldsymbol{AY}\rangle=\langle\boldsymbol{AX},\boldsymbol{Y}\rangle$$

因为

$$右端\langle\boldsymbol{AX},\boldsymbol{Y}\rangle=(\boldsymbol{AX})^H\cdot\boldsymbol{Y}=\boldsymbol{X}^H\cdot\boldsymbol{A}^H\boldsymbol{Y}=\boldsymbol{X}^H\cdot\boldsymbol{A}\cdot\boldsymbol{Y}=左端$$

(2)Hermite 矩阵的性质

性质 1 若 $\boldsymbol{A}=\boldsymbol{A}^H$,则对所有的复向量 $\boldsymbol{x}$,$\boldsymbol{x}^H\boldsymbol{A}\boldsymbol{x}$ 是实的。

性质 2 Hermite 矩阵的特征值都是实数。

性质 3 Hermite 矩阵的复特征向量,若它们对应不同的特征值,则它们彼此正交。

性质 4 若 A 为 Hermite 矩阵,则存在酉矩阵,使

$$\boldsymbol{U}^H\cdot\boldsymbol{AU}=\mathrm{diag}(\lambda_i)=\boldsymbol{\Lambda}$$

于是

$$\boldsymbol{A}=\lambda_1\boldsymbol{x}_1\boldsymbol{x}_1{}^H+\lambda_2\boldsymbol{x}_2\boldsymbol{x}_2{}^H+\cdots+\lambda_n\boldsymbol{x}_n\boldsymbol{x}_n{}^H$$

称为谱分解定理。

上面的例子中

$$U=\frac{1}{\sqrt{3}}\begin{bmatrix}1 & 1-\mathrm{i}\\ 1+\mathrm{i} & -1\end{bmatrix}\qquad U^{-1}AU=\begin{bmatrix}8 & 0\\ 0 & -1\end{bmatrix}$$

若 $\boldsymbol{U}$ 是酉矩阵，则

$$\|\boldsymbol{U}\boldsymbol{x}\|=\|\boldsymbol{x}\|\qquad(\boldsymbol{U}\boldsymbol{x})^H(\boldsymbol{U}\boldsymbol{y})=\boldsymbol{x}^H\cdot\boldsymbol{y}$$

2. 复经验正交展开方法

(1)展开方法

设实资料矩阵元素为 $u_{it}(i=\overline{1,m},\quad t=\overline{1,n})$，下标 i,t 分别表示空间点和时间点。首先用 Hilbert 变换，变换出虚部资料 $\hat{u}_{it}$，组成复数矩阵

$$\boldsymbol{U}(\boldsymbol{X},t)={}_m\boldsymbol{U}_n=(u_{it}+\mathrm{i}\hat{u}_{it})\tag{6.4.2}$$

则 CEOF 模型为

$${}_m\boldsymbol{U}_n(\boldsymbol{X}、t)={}_m\boldsymbol{B}_m(\boldsymbol{X})\cdot{}_m\boldsymbol{A}_n(t)\tag{6.4.3}$$

满足

$${}_m\boldsymbol{B}_m^H\boldsymbol{B}_m=\boldsymbol{I}$$

$${}_m\boldsymbol{A}_n\cdot({}_m\boldsymbol{A}_n)^H=\boldsymbol{\Lambda}\tag{6.4.4}$$

${}_m\boldsymbol{B}_m$ 是空间函数，列向量正交。${}_m\boldsymbol{A}_n$ 是时间函数，行向量正交。

因为

$$\begin{aligned}\boldsymbol{U}\cdot\boldsymbol{U}^H&={}_m\boldsymbol{B}_m\boldsymbol{A}_n({}_m\boldsymbol{A}_n)^H\cdot{}_m\boldsymbol{B}_m{}^H\\&={}_m\boldsymbol{B}_m\cdot\boldsymbol{\Lambda}\cdot{}_m\boldsymbol{B}_m{}^H\end{aligned}\tag{6.4.5}$$

而 $\boldsymbol{U}\cdot\boldsymbol{U}^H$ 是一个 Hermite 矩阵，据性质 4

$${}_m\boldsymbol{B}_m^H(\boldsymbol{U}\cdot\boldsymbol{U}^H)\cdot{}_m\boldsymbol{B}_m=\Lambda\tag{6.4.6}$$

比较式(6.4.5)与式(6.4.6)可知，${}_m\boldsymbol{B}_m$ 是由 $\boldsymbol{U}\cdot\boldsymbol{U}^H$ 的特征向量作为列向量组成。由此

$${}_m\boldsymbol{A}_n={}_m\boldsymbol{B}_m{}^H\cdot\boldsymbol{U}$$

综上所述，CEOF 计算归结为求 Hermite 矩阵 $\boldsymbol{U}\cdot\boldsymbol{U}^H$ 的特征值和特征向量问题。

根据 ${}_m\boldsymbol{B}_m$，${}_m\boldsymbol{A}_n$ 可以得到如下一些函数：

空间振幅函数(第 k 个)

$$\mathrm{S}_k(x)=[{}_m\boldsymbol{B}_k(x)\cdot{}_m\widetilde{\boldsymbol{B}}_k(x)]^{1/2}$$

它表示第 k 个特征向量长度的空间分布。

空间位相函数

$$\theta_k(x)=\tan^{-1}\left[\frac{\mathrm{Im}[{}_m\boldsymbol{B}_k(x)]}{\mathrm{Re}[{}_m\boldsymbol{B}_k(x)]}\right]$$

Im 和 Re 分别表示虚部和实部。$\theta_k(x)$ 表示扰动在各空间位置的相对位相。在$(-\pi,\pi)$内取值。

时间振幅函数

$$R_k(t)=[{}_k\boldsymbol{A}_n(t)\cdot{}_k\widetilde{\boldsymbol{A}}_n(t)]^{\frac{1}{2}}$$

表示第 k 个特征向量的复时间系数振幅随时间的变化。

时间位相函数

$$\Phi_k(t)=\tan^{-1}\left[\frac{\mathrm{Im}[{}_k\boldsymbol{A}_n(t)]}{\mathrm{Re}[{}_k\boldsymbol{A}_n(t)]}\right]$$

表示第 k 个特征向量的时间系数位相随时间的变化。

(2)Hilbert(希尔伯特)变换

CEOF 分析时,要将原实序列变为复数序列,这可以通过 Hilbert 变换来实现。

将原序列记为 $u_i(t)$,用 Hilber 变换把这一时间序列变为它的虚部,记为

$$\hat{u}_i(t)=\sum_{t=-L}^{L}u_i(t-l)h(l)\qquad L\text{ 取 }7\sim 25 \tag{6.4.7}$$

其中

$$h(l)=\begin{cases}\dfrac{2}{\pi l}\sin^2(\dfrac{\pi l}{2}) & l\neq 0\\ 0 & l=0\end{cases} \tag{6.4.8}$$

这一过程实际上是滤波过程,过滤后的时间序列 $\hat{u}_i(t)$ 的频率响应为 1,位相差$\frac{\pi}{2}$。

如果在时间域方面考虑,$u_i(t)$ 作傅立叶展开

$$u_i(t)=\sum_{\omega}[a_i(\omega)\cos\omega t+b_i(\omega)\sin\omega t]$$

则

$$\begin{aligned}\hat{u}_i(t)&=\sum_{\omega}[a_i(\omega)\cos(\omega t+90^\circ)+b_i(\omega)\sin(\omega t+90^\circ)]\\&=\sum_{\omega}[b_i(\omega)\cos\omega t-a_i(\omega)\sin\omega t]\end{aligned}$$

ω 为圆频率,$a_i(\omega)$,$b_i(\omega)$ 为傅立叶系数。

当虚部 $\hat{u}_i(t)$ 得到后,利用式(6.4.2)得到复数矩阵,即可进行 CEOF 分析。CEOF 的结果并不是很容易解释的,由于振幅与位相都要考虑,所以解释变得更难了。

第五节　气象场的奇异值分解(SVD)

在第一节我们介绍了对气象场进行 EOF 分解的方法,它需要对协方差矩阵或相关矩阵求特征值和特征向量。这时的协方差矩阵或相关矩阵是实对称矩阵。如果不是实对称矩阵的分解,而是 $m\times n$ 的一个实矩阵的分解,则称为奇异值分解。这种方向已应用于气象研究问题,因为它实际上推广了 EOF 分解方法,所以显示出许多优点。

1. 基本概念

奇异值分解(singular value decomposition,简写为 SVD),是将 $m\times n$ 阶实矩阵分解为

$$A = U\begin{bmatrix}\Sigma & 0\\ 0 & 0\end{bmatrix}V^T \tag{6.5.1}$$

其中 U 是 $m\times m$ 的列正交矩阵,V 是 $n\times n$ 的列正交矩阵,而

$$\Sigma = \mathrm{diag}(\sigma_1,\sigma_2,\cdots,\sigma_r) \qquad r\leqslant \min(m,n)$$

且 $\sigma_1\geqslant\sigma_2\geqslant\cdots\sigma_r>0$,$\sigma_i$ 称为奇异值。

式(6.5.1)可以用节缩形式表示

$$A = U\cdot\Sigma V^T \tag{6.5.2}$$

这时的 U,V 都只取 r 列,奇异值 r 个。

因为

$$A^T\cdot A = V\cdot\Sigma^T\cdot U^T\cdot U\cdot\Sigma V^T$$

$$= V\cdot\begin{bmatrix}\sigma_1^2 & & 0\\ & \ddots & \\ 0 & & \sigma_r^2\end{bmatrix}V^T$$

所以,$\sigma_1^2,\sigma_2^2,\cdots,\sigma_r^2$ 是 $A^T\cdot A$ 的特征值,而 V 是由对应 $\sigma_i{}^2$ 的 $A^T\cdot A$ 的特征向量组成。同样,由 $A\cdot A^T$ 可知,$\sigma_1^2,\sigma_2^2,\cdots,\sigma_r^2$ 也是 $A\cdot A^T$ 的特征值,U 则是由 $A\cdot A^T$ 的特征向量来组成。事实上 $A\cdot A^T$ 与 $A^T\cdot A$ 有相同的非负特征值,A 的奇异值正是这些特征值的正的平方根。u_i,v_i 分别组成 U,V 矩阵

$$\begin{aligned}U &= (u_1\quad u_2\quad\cdots\quad u_r)\\ V &= (v_1\quad v_2\quad\cdots\quad v_r)\end{aligned}\qquad r\leqslant\min(m,n)$$

v_i 称为右奇向量,u_i 称为左奇向量。

EOF 展开实际上是 SVD 展开的特殊例子。设有两个气象场 ${}_{m_1}X_n$,${}_{m_2}Y_n$。m_1,m_2 是空间点,n 是时间点。令

$$A = XY^T$$

则 A 是 $m_1\times m_2$ 矩阵,对 A 的分解就是实矩阵的奇异分解。而 EOF 分解是对 $m_1\times m_1$ 的实对称矩阵进行分解(不妨认为 $A=X\cdot X^T$,即式(6.1.12))。所以 SVD 方法可研究二个场之间的相关,而 EOF 方法则不能。

2. 分解实例

$$A = \begin{bmatrix}1 & 1 & -1\\ 2 & 1 & 0\\ 1 & -1 & 0\\ -1 & 2 & 1\end{bmatrix}\qquad \begin{aligned}m_1 &= 4\\ m_2 &= 3\end{aligned}$$

$$\boldsymbol{U} = \begin{bmatrix} 0.276393 & 0.507093 & 0.723608 \\ 0.447214 & 0.676124 & -0.447215 \\ 0.447214 & -0.169031 & -0.447215 \\ -0.723609 & 0.507072 & -0.276394 \end{bmatrix}$$

$$\boldsymbol{\Sigma} = \begin{bmatrix} 2.802511 & & \boldsymbol{0} \\ & 2.645748 & \\ \boldsymbol{0} & & 1.070458 \end{bmatrix}$$

$$\mathbf{V}^T = \begin{bmatrix} 0.835549 & -0.417775 & -0.356822 \\ 0.447214 & 0.894428 & -0.00001 \\ -0.319152 & 0.159575 & -0.934173 \end{bmatrix}$$

$$\boldsymbol{A} = \boldsymbol{U\Sigma V}^T$$

3. SVD 方法在气象学中的应用

SVD 方法在数学上有许多应用，例如利用 SVD 求 $\boldsymbol{A}$ 的广义逆，利用广义逆求解线性方程组等。我们这里介绍的是 SVD 方法在气象研究、分析预报中的应用。

设两个气象要素场 ${}_{m1}\boldsymbol{X}_n$，${}_{m2}\boldsymbol{Y}_n$。$\boldsymbol{A} = \boldsymbol{X} \cdot \boldsymbol{Y}^T$，将 $\boldsymbol{A}$ 作 SVD 分解

$$ {}_{m1}\boldsymbol{A}_{m2} = \boldsymbol{U\Sigma V}^T \tag{6.5.3}$$

其中

$$ {}_{m_1}\boldsymbol{U}_r = (\boldsymbol{u}_1 \quad \boldsymbol{u}_2 \quad \cdots \quad \boldsymbol{u}_r)$$

$$ {}_{m_2}\boldsymbol{V}_r = (\boldsymbol{v}_1 \quad \boldsymbol{v}_2 \quad \cdots \quad \boldsymbol{v}_r)$$

$$ r \leqslant \min(m_1, m_2)$$

分别是 m_1 维，m_2 维的 r 个正交的列向量矩阵，对应奇异值 $\sigma_1 \geqslant \sigma_2 \geqslant \cdots \sigma_r > 0$ 。类似 EOF 分解，$\boldsymbol{u}_i$ 是 $\boldsymbol{X}$ 场的第 i 个典型场元素，而 $\boldsymbol{v}_i$ 是 $\boldsymbol{Y}$ 场的第 i 个典型场的元素。现在，我们将 $\boldsymbol{X}$,$\boldsymbol{Y}$ 场按各自的奇向量完全展开

$$ {}_{m_1}\boldsymbol{X}_n = {}_{m_1}\boldsymbol{U}\ {}_r\boldsymbol{T}_n \tag{6.5.4}$$

$$ {}_{m_2}\boldsymbol{Y}_n = {}_{m_2}\boldsymbol{V}\ {}_r\boldsymbol{Z}_n \tag{6.5.5}$$

其中

$$ {}_r\boldsymbol{T}_n = \begin{bmatrix} x_{11} & x_{12} & \cdots & x_{1n} \\ x_{21} & x_{22} & \cdots & x_{2n} \\ \vdots & \vdots & \vdots & \vdots \\ x_{r1} & x_{r2} & \cdots & x_{rn} \end{bmatrix} \tag{6.5.6}$$

$$ {}_r\boldsymbol{Z}_n = \begin{bmatrix} y_{11} & y_{12} & \cdots & y_{1n} \\ y_{21} & y_{22} & \cdots & y_{2n} \\ \vdots & \vdots & \vdots & \vdots \\ y_{r1} & y_{r2} & \cdots & y_{rn} \end{bmatrix} \tag{6.5.7}$$

是 r 个行向量正交的时间权重系数矩阵，分别与 $\boldsymbol{U}$，$\boldsymbol{V}$ 对应。注意，我们这里 x_{ij} 特指是 $\boldsymbol{T}$ 的元素，而 y_{ij} 是特指 $\boldsymbol{Z}$ 的元素，而不是指 $\boldsymbol{X}$，$\boldsymbol{Y}$ 中的元素，因为我们完全可将 $\boldsymbol{X}$，$\boldsymbol{Y}$ 改换成别的符号。

$$\begin{cases} {}_r\boldsymbol{T}_n = ({}_{m_1}\boldsymbol{U}_r)^T \cdot {}_{m_1}\boldsymbol{X}_n \\ {}_r\boldsymbol{Z}_n = ({}_{m_2}\boldsymbol{V}_r)^T \cdot {}_{m_2}\boldsymbol{Y}_n \end{cases} \tag{6.5.8}$$

由式(6.5.3)

$$\boldsymbol{U}^T \cdot \boldsymbol{XY}^T \cdot \boldsymbol{V} = \boldsymbol{\Sigma}$$

即

$${}_r\boldsymbol{T}_n \cdot ({}_r\boldsymbol{Z}_n)^T = \boldsymbol{\Sigma} \tag{6.5.9}$$

上式表示，奇异值就是气象要素场按各自奇向量展开的时间系数的内积。

现在我们来求奇异向量典型场的时间权重系数之间的相关系数。

$$\begin{cases} \text{对}\quad {}_r\boldsymbol{T}_n:\ \ \bar{x} = \dfrac{1}{n}\sum_{t=1}^{n} x_{it} \\ \text{对}\quad {}_r\boldsymbol{Z}_n:\ \ \bar{y}_i = \dfrac{1}{n}\sum_{t=1}^{n} y_{it} \end{cases} \tag{6.5.10}$$

$$i = 1,2,\cdots,r$$

所以，左右奇异向量的时间系数的相关系数

$$r_{ij} = \frac{\sum_{t=1}^{n}(x_{it}-\bar{x}_i)\cdot\sum_{t=1}^{n}(y_{jt}-\bar{y}_j)}{\left[\sum_{t=1}^{n}(x_{it}-\bar{x}_i)^2\cdot\sum_{t=1}^{n}(y_{jt}-\bar{y}_j)^2\right]^{\frac{1}{2}}} \tag{6.5.11}$$

$$i,j = 1,2,\cdots,r$$

表示两个典型场之间相关紧密程度。

当 $\boldsymbol{X}$，$\boldsymbol{Y}$ 由中心化资料组成时，${}_r\boldsymbol{T}_n$，${}_r\boldsymbol{Z}_n$ 也由中心化资料组成，$\bar{x}_i$，$\bar{y}_i = 0(i = 1,2,\cdots,r)$。则

$$r_{ij} = \frac{\sum_{t=1}^{n} x_{it}\cdot y_{jt}}{\left[\sum_{t=1}^{n} x_{it}{}^2 \cdot \sum_{t=1}^{n} y_{jt}^2\right]^{\frac{1}{2}}} \tag{6.5.12}$$

据式(6.5.9)，上式的分子为 σ_{ij}，即

$$\sigma_{ij} = \sum_{t=1}^{n} x_{it}\cdot x_{jt} = \begin{cases} 0 & i \neq j \\ \sigma_i & i = j \end{cases}$$

所以式(6.5.12)化为

$$r_i = \frac{\sigma_i}{M_i} \qquad i = 1,2,\cdots,r \tag{6.5.13}$$

其中
$$M_i = \sqrt{\sum_{t=1}^{n} x_{it}^2 \cdot \sum_{t=1}^{n} y_{it}^2}$$
是左右奇异向量时间系数模的乘积。式(6.5.13)表示，当两个气象场由中心化资料组成时，它们按各自的奇异向量展开，则第 i 对奇异向量的时间系数之间的相关系数与奇异值只差一个常数。根据 r_i 的大小可以分析二个典型场之间的相关。

SVD 的第 i 对空间分布型所表示的方差量为 σ_i^2。而奇异值已按大小降序排列，这样，用前 k 个模所解释的方差，即展开精度为

$$\mathrm{CSCF}_k = \sum_{i=1}^{k} \sigma_i^2 \Big/ \sum_{i=1}^{r} \sigma_i^2 \tag{6.5.14}$$

此外，左、右奇异向量对各自场的展开精度也可以算出。第 i 个奇异向量的时间系数的方差为

$$s_x^2(i) = \sum_{t=1}^{n} x_{it}^2 \qquad s_y^2(i) = \sum_{t=1}^{n} y_{it}^2$$

总方差为

$$ss_x = \sum_{i=1}^{r} s_x^2(i) \qquad ss_y = \sum_{i=1}^{r} s_y^2(i)$$

则第 i 个左右奇异向量对各自场的展开精度为

$$\frac{s_x^2(i)}{ss_x} \times 100\% \qquad \frac{s_y^2(i)}{ss_y} \times 100\% \tag{6.5.15}$$

据 Wallace 的研究与命名，左、右奇异向量图或典型场分别称为左、右非齐次相关图。因为从左(右)奇向量得到的空间分布型与用右(左)时间系数同左(右)观测场的相关系数仅相差比例常数。故称为非齐次相关(heterogeneous correlation)。如果将左(右)时间系数与左(右)观测场求相关，这里所得的相关图称为同类相关图(homogeneous correlation)，但同类相关图与左(右)奇向量图不成正比。

4. 气象学应用的实例

(1)冬季 SST 与 500hPa 高度场的奇异分解

Wallace 等(1992)研究了冬季太平洋地区 SST 与 500hPa 高度场的奇异分解。海表温度取自 COADS 资料，从 1946 年 12 月到 1985 年 2 月，$N=39$。两个资料场均作标准化处理。SST 取 4°(纬度)×10°(经度)，太平洋地区共 157 格点，$m_1=157$。500hPa 高度取自 NMC 月平均高度场资料，47×51 八角形格点，$m_2=125$。

图 6.5.1 是太平洋海表温度与 500hPa 高度奇异值分解的第一对奇向量图，非齐次相关图。由图看出，在海表温度的典型分布是北太平洋中部，约 45°N，155°W 附近有一个中心，整个北太平洋中部 SST 恰好与热带东太平洋 SST 反位相，该典型场解

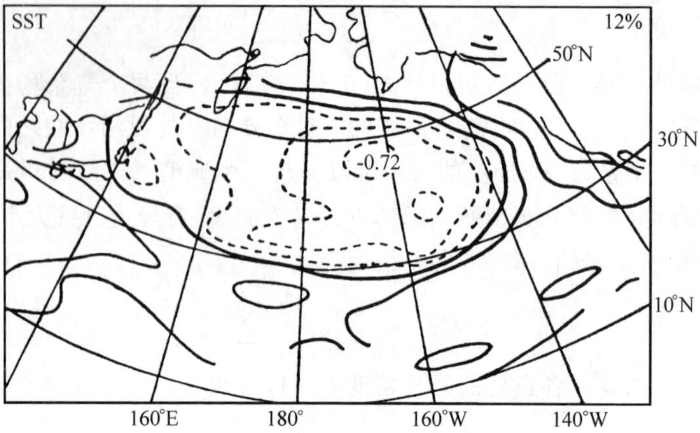

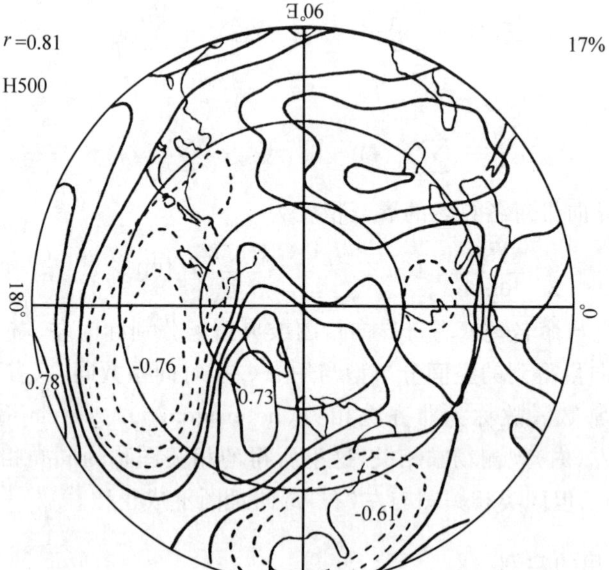

图 6.5.1　太平洋海表温度与 500hPa
高度奇异值分解第一对奇异向量图(引自 Wallace,1992)

释太平洋地区 SST 方差的 12%;相应的 500hPa 高度分布的典型场则是太平洋北美型(PNA),它解释 500hPa 高度方差的 17%。这一对奇异向量的时间系数的相关系数达到 0.81,解释方差为 52%。Wallace所计算的第二奇向量图能解释 23%的总方差。海温场的典型场是 50°N,160°E 的西北太平洋是负中心,其南 30°N 是正中心,10°～30°N 是负区;500hPa 的第二奇向量场是西太平洋遥相关型(WP),图略。

(2)用奇异分解研究大气环流遥相关型的季节变化

大气环流的遥相关型是高度场上跷跷板结构，某地高度增加、相隔遥远的另一地高度降低。Wallace 和 Gutzler(1981)研究出冬季 500hPa 具有 5 种遥相关结构。这些遥相关型的强度具有很大的年际变化，与天气气候关系密切。但是，在夏季，大气是否还存在这 5 个遥相关型，它们的强度怎样？中心位置是否改变？这些问题并没有完全解决。施能等用 SVD 方法研究了遥相关型的季节变化问题。以西太平洋型(WP)为例，冬季西太平洋型定义为

$$WP=\frac{1}{2}[H^*(60°N,155°E)-H^*(30°N,155°E)]$$

H^* 是 500hPa 的标准化高度。施能等将 12 月份开始至来年 11 月的 H^*（60°N，155°E）作为左场 $\boldsymbol{X}$，而相应时段的 H^*（30°N，155°E）作为右场 $\boldsymbol{Y}$，从 1951/1952—1989/1990 年。据此 $m_1=12$，$m_2=12$，$n=39$。图 6.5.2 是计算的第一模，它解释总方差的 20%。实线是第一左奇向量，虚线是第一右奇向量，它们分别解释各自场的 13%，15%的方差。

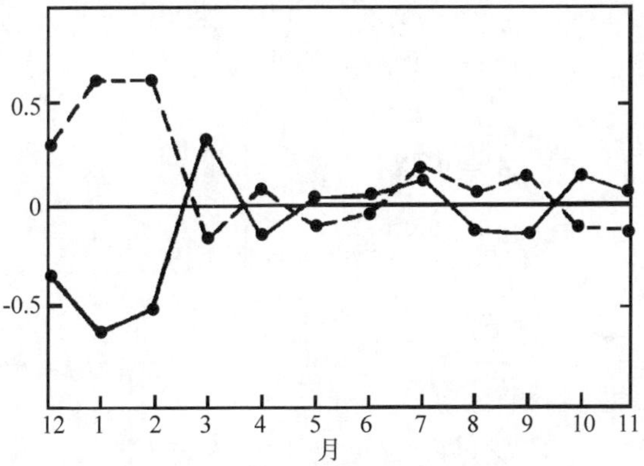

图 6.5.2　WP 遥相关型的 SVD 展开的第一模

由图 6.5.2 看出 WP 型在冬季确实有强的反位相结构。但是，WP 型有比较明显的季节变化，到春季，格点的跷跷板结构的强度减弱，到夏季，几乎不能认为是一种跷跷板结构。这表明遥相关中心移动了或者已经消失。据施能、朱乾根(1994)的计算，夏季 WP 遥相关中心向东移，南端向北收缩。从图 6.5.2 还可看出，2—3 月份，左、右奇向量权重系数改变符号。特别是左场，从明显负值转为明显正值。实际的资料表明，60°N，155°E 的距平符号在 2—3 月份趋于反号，改变符号频率是 26/39，距平值的相关系数为 −0.32，达到 0.05 以上信度。有关用 SVD 方法研究遥相关型的其他结果，请参阅有关文献。SVD 方法的特征模也需要统计检验，详细方法可参阅相关文献(施能，梁佳兴 1996；施能 1996)。

第六节 附 录

附录 1 证明 $$Q=\sum_{i=1}^{n}\sum_{j=1}^{n}(x_{ij}-\hat{x}_{ij})^2=\sum_{t=1}^{m}\lambda_i-\sum_{i=1}^{p}\lambda_i \tag{6.6.1}$$

证:预备等式

$$\mathbf{A}=\mathbf{X}\cdot\mathbf{X}^T$$

即 $$a_{ij}=\sum_{t=1}^{n}x_{it}\cdot x_{jt}$$

$$\mathbf{AV}=\lambda\mathbf{V},\qquad \mathbf{A}\boldsymbol{v}_i=\lambda_i\boldsymbol{v}_i$$

即 $$\sum_{k=1}^{m}a_{jk}v_{ik}=\lambda_i v_{ij}$$

$$\mathbf{X}=\mathbf{VZ}$$

即 $$x_{ij}=\sum_{k=1}^{m}v_{ki}z_{kj}$$

$$\hat{x}_{ij}=\sum_{k=1}^{m}v_{ki}z_{kj}$$

$$\mathbf{Z}=\mathbf{V}^T\mathbf{X}$$

即 $$z_{kj}=\sum_{i=1}^{m}v_{ki}x_{ij}$$

$$\sum_{i=1}^{p}\boldsymbol{v}_{ki}^2=1$$

$$\sum_{i=1}^{m}v_{ki}\cdot v_{'kj}=0\qquad k\neq k'$$

展开式(6.6.1)为

$$Q=\sum_{i=1}^{m}\sum_{j=1}^{n}(x_{ij}^2-2x_{ij}\hat{x}_{ij}+\hat{x}_{ij}^2)$$

$$=\sum_{i=1}^{m}\sum_{j=1}^{n}x_{ij}^2-2\sum_{i=1}^{m}\sum_{j=1}^{n}x_{ij}\hat{x}_{ij}+\sum_{i=1}^{m}\sum_{j=1}^{n}\hat{x}_{ij}^2 \tag{6.6.2}$$

上式右端第一项为

$$\sum_{i=1}^{m}\sum_{j=1}^{n}x_{ij}^2=\sum_{i=1}^{m}(\sum_{j=1}^{n}x_{ij}^2)=\sum_{i=1}^{m}a_{ii}=\sum_{i=1}^{m}\lambda_i \tag{6.6.3}$$

式(6.6.2)右端第二项为

$$2\sum_{i=1}^{m}\sum_{j=1}^{n}x_{ij}\hat{x}_{ij} = 2\sum_{i=1}^{m}\sum_{j=1}^{n}x_{ij}\cdot\sum_{t=1}^{p}v_{ti}z_{ij}$$
$$=2\sum_{i=1}^{m}\sum_{j=1}^{n}x_{ij}\cdot\sum_{t=1}^{p}v_{ti}\cdot\sum_{k=1}^{m}v_{tk}x_{kj}$$
$$=2\sum_{i=1}^{m}\sum_{t=1}^{p}v_{ti}\cdot\sum_{k=1}^{m}v_{tk}\cdot a_{ik}$$
$$=2\sum_{t=1}^{m}\sum_{t=1}^{p}v_{ti}\cdot\lambda_t v_{ti}$$
$$=2\sum_{t=1}^{p}\lambda_t\cdot\sum_{i=1}^{m}v_{ti}^2$$
$$=2\sum_{t=1}^{p}\lambda_t = 2\sum_{i=1}^{p}\lambda_i \qquad (6.6.4)$$

式(6.7.2)右端第三项为

$$\sum_{i=1}^{m}\sum_{j=1}^{n}\hat{x}_{ij}^2 = \sum_{i=1}^{m}\sum_{j=1}^{n}\sum_{k=1}^{p}v_{ki}\cdot z_{ki}\cdot\sum_{q=1}^{p}v_{qi}z_{qj}$$
$$=\sum_{j=1}^{n}\sum_{q=1}^{p}\sum_{k=1}^{p}z_{kj}\cdot z_{qj}\cdot\sum_{i=1}^{m}v_{ki}\cdot v_{qi}$$
$$=\sum_{j=1}^{n}\sum_{k=1}^{p}z_{kj}\cdot z_{kj}$$
$$=\sum_{j=1}^{n}\sum_{k=1}^{p}\cdot\sum_{i=1}^{m}v_{ki}x_{ij}\cdot\sum_{t=1}^{m}v_{kt}x_{tj}$$
$$=\sum_{k=1}^{p}\sum_{i=1}^{m}v_{ki}\cdot\sum_{t=1}^{m}v_{kt}\cdot a_{it}$$
$$=\sum_{k=1}^{p}\sum_{i=1}^{m}v_{ki}\cdot\lambda_k v_{ki} = \sum_{k=1}^{p}\lambda_k \qquad (6.6.5)$$

将式(6.6.3)—(6.6.5)代入式(6.6.2)，即得

$$Q=\sum_{i=1}^{m}\lambda_i-\sum_{i=1}^{p}\lambda_i$$

式(6.6.1)得证。

附录 2　风场的经验正交分析程序

```
      PROGRAM WINDEOF
C     本程序用于风场的经验正交分析，分解的场为 F(NUV,N)，即 F(2 * M,N)
C     N:时间长度(本程序是年数，为 57 年，1948—2004 年)
```

```
C     M:气象场的格点数。本程序 M=(61－41＋1)＊(57－29＋1)=21＊29=609
C     KS=－1,是对读入的资料场直接 EOF 分解,
C     KS=0,对读入的资料场的距平场 EOF 分解;
C     KS=1:对读入的资料场标准化处理后 EOF 分解
C     KV:特征值输出数,KVT:特征向量输出数
C     MNH=MIN(M,N)
C     **** 程序需修改:区域格点范围 K1—K4;月份;资料和路径;KS 取值 *****
C     **** 这里 EOF 范围:(10°～60°N,70°～140°E),格点序:(41—61,29—57) *****
      PARAMETER(k1=41,k2=61,k3=29,k4=57,N=57,MNH=57)
      PARAMETER M=(k4－k3＋1)＊(k2－k1＋1),NUV=2＊M,KS=－1,KV=10,
      KVT=5)
      REAL U500(144,73,684),U6(144,73,57),U7(144,73,57),U8(144,73,57)
      REAL V500(144,73,684),V6(144,73,57),V7(144,73,57),V8(144,73,57)
      REAL UIZ(k4,k2,N),VIZ(k4,k2,N) ,UI(k4－k3＋1,k2－k1＋1,N)
      DIMENSION  F(NUV,N),A(MNH,MNH),S(MNH,MNH),ER(KV,4)
      DIMENSION  DF(NUV),V(MNH),AVF(NUV), VI(k4－k3＋1,k2－k1＋1,N)
      REAL UOZ(k4－k3＋1,k2－k1＋1,kvt),VOZ(k4－k3＋1,k2－k1＋1,KVT)
      REAL UO(144,73,KVT),VO(144,73,KVT)
C     读入特定层次的全球风场数据,这里是读 500hPa1948—2004 年全球风场数据
      open(1,file='d:\696uvw\u500.grd',form='binary')
      do 10  k=1,684
10    read(1)((u500(i,j,k),i=1,144),j=1,73)
      close(1)
      open(2,file='d:\696uvw\v500.grd',form='binary')
      do 20 k=1,684
20    read(2)((v500(i,j,k),i=1,144),j=1,73)
      close(2)
C     ****** 选出特定的(6,7,8)月的全球风场数据 ******
      do 11  k=1,57
      do 11  i=1,144
      do 11  j=1,73
      u6(i,j,k)=u500(i,j,(k－1)＊12＋6)
      u7(i,j,k)=u500(i,j,(k－1)＊12＋7)
      u8(i,j,k)=u500(i,j,(k－1)＊12＋8)
      v6(i,j,k)=v500(i,j,(k－1)＊12＋6)
      v7(i,j,k)=v500(i,j,(k－1)＊12＋7)
11    v8(i,j,k)=v500(i,j,(k－1)＊12＋8)
```

```
C      ** 再选出特定区域的夏季逐年风场数据(下面的i,j是格点位置坐标) **
       do 12  i=K3,K4
       do 12  j=K1,K2
       do 12  k=1,N
       uIZ(i,j,k)=(u6(i,j,k)+u7(i,j,k)+u8(i,j,k))/3.0
12     vIZ(i,j,k)=(v6(i,j,k)+v7(i,j,k)+v8(i,j,k))/3.0
C      **** 为了放入EOF程序,要使格点数为自然序列 *****
C      **** UI存放的是纬向风,VI存放的是经向风 *****
       do 13 i=1,K4-k3+1
       do 13 j=1,k2-k1+1
       do 13 k=1,N
       uI(i,j,k)=uIZ(i+k3-1,j+k1-1,k)
13     vI(i,j,k)=vIZ(i+k3-1,j+k1-1,k)
C      ** 将纬向风UI与经向风VI放到一个矩阵中,进行经验正交分解 **
       do  it=1,N
       do  j=1,K2-K1+1
       do  i=1,K4-K3+1
       F((j-1)*(K4-K3+1)+i,it)=UI(i,j,it)
       F(M+(j-1)*(K4-K3+1)+i,it)=VI(i,j,it)
       ENDDO;ENDDO;ENDDO
       write(*,*)'OK1,  CONNECT  U  AND  V'
C      *** 风场经验正交分解 ,F(2*M,N)就是要分解的资料矩阵 ***
       CALL  TRANSF(NUV,N,F,AVF,DF,KS)
       CALL  FORMA(NUV,N,MNH,F,A)
       CALL  JCB(MNH,A,S,0.00001)
       CALL  ARRANG(KV,MNH,A,ER,S)
       CALL  TCOEFF(KVT,KV,NUV,N,MNH,S,F,V,ER)
C      ***** 输出有格式的特征向量,输出KVT=5个 ****
       WRITE(*,*)'ok2'
       WRITE(6,'(5i7)')(ii,ii=1,kvt)
C      ****** 输出KVT=5个(列), 每列有2*M行 *******
       WRITE(6,'(i5,5f9.2)')(i,(f(i,j)*1000,j=1,kvt),i=1,NUV)
       WRITE(*,*)'ok3'
C      ** 为了突出研究区域忽略其它的点,需要令其它点为-9.99E+33 **
       DO it=1,kvt
       DO j=1,73
       DO i=1,144
```

```
      UO(i,j,it)=-9.99E+33
      VO(i,j,it)=-9.99E+33
      ENDDO;ENDDO;ENDDO
C     **** 为了画图,需要格点对应关系,所以要恢复原来的格点区域 ****
      DO  it=1,kvt
      DO  j=1,(K2-K1+1)
      DO  i=1,(K4-K3+1)
      UOZ(i,j,it)=f((j-1)*(K4-K3+1)+i,it)
      VOZ(i,j,it)=f(M+(j-1)*(K4-K3+1)+i,it)
      ENDDO;ENDDO;ENDDO
C     **** 对应到格点区域上 ****
      DO it=1,kvt
      DO j=k1,K2
      DO i=k3,K4
      UO(i,j,it)=UOZ(i-K3+1,j-K1+1,it)
      VO(i,j,it)=VOZ(i-K3+1,j-K1+1,it)
      ENDDO;ENDDO;ENDDO
C     ** 输出 3 个特征向量场(放大 1000 倍)仅用于 GRADS 绘图需要 **
      open(51,file='d:\result\weig-500-U1.grd',form='binary')
      open(52,file='d:\result\weig-500-U2.grd',form='binary')
      open(53,file='d:\result\weig-500-U3.grd',form='binary')
      open(60,file='d:\result\weig-500-V1.grd',form='binary')
      open(61,file='d:\result\weig-500-V2.grd',form='binary')
      open(62,file='d:\result\weig-500-V3.grd',form='binary')
      write(51)   ((UO(i,j,1)*1000,i=1,144),j=1,73)
      write(52)   ((UO(i,j,2)*1000,i=1,144),j=1,73)
      write(53)   ((UO(i,j,3)*1000,i=1,144),j=1,73)
      write(60)   ((VO(i,j,1)*1000,i=1,144),j=1,73)
      write(61)   ((VO(i,j,2)*1000,i=1,144),j=1,73)
      write(62)   ((VO(i,j,3)*1000,i=1,144),j=1,73)
C     ********** 输出时间系数,用于 GRADS 绘图 **********
      WRITE(*,*)'ok4'
      open(56,file='d:\result\wtime-500.grd', form='binary')
      write(56)((s(i,j),j=1,kvt),i=1,N)
C     *********** 输出时间系数 ************
      write(6,'(5f9.2)')((s(i,j),j=1,kvt),i=1,N)
      write(*,*)'ok5'
```

```
C       ************* 输出特征值排序,贡献率等 *************
        CALL  OUTER(KV,ER)
        CALL  OUTVT(KVT,NUV,N,MNH,S,F)
        write( * , * ) 'over'
        STOP
        END

        SUBROUTINE  TRANSF(M,N,F,AVF,DF,KS)
C       ***** 根据 KS 的值对资料矩阵进行处理 ******
        DIMENSION F(M,N),AVF(M),DF(M)
        DO 5 I=1,M
        AVF(I)=0.0
5       DF(I)=0.0
        IF(KS) 30,10,10
10      DO 14  I=1,M
        DO 12  J=1,N
12      AVF(I)=AVF(I)+F(I,J)
        AVF(I)=AVF(I)/N
        DO 14 J=1,N
        F(I,J)=F(I,J)-AVF(I)
14      CONTINUE
        IF(KS.EQ.0) THEN
        RETURN
        ELSE
        DO 24  I=1,M
        DO 22  J=1,N
22      DF(I)=DF(I)+F(I,J) * F(I,J)
        DF(I)=SQRT(DF(I)/N)
        DO 24 J=1,N
        F(I,J)=F(I,J)/DF(I)
24      CONTINUE
        ENDIF
30      CONTINUE
        RETURN
        END
        SUBROUTINE  FORMA(M,N,MNH,F,A)
C       * 对处理后的资料矩阵 F 计算出矩阵 A,准备用于求特征值与特征向量 *
```

```
      DIMENSION F(M,N),A(MNH,MNH)
      IF(N-M) 40,50,50
40    DO 44  I=1,MNH
      DO 44  J=I,MNH
      A(I,J)=0.0
      DO 42 IS=1,M
42    A(I,J)=A(I,J)+F(IS,I)*F(IS,J)
      A(J,I)=A(I,J)
44    CONTINUE
      RETURN
50    DO 54  I=1,MNH
      DO 54  J=I,MNH
      A(I,J)=0.0
      DO 52 JS=1,N
52    A(I,J)=A(I,J)+F(I,JS)*F(J,JS)
      A(J,I)=A(I,J)
54    CONTINUE
      RETURN
      END
      SUBROUTINE JCB(M,A,S,EPS)
C     **** 对矩阵 A 求特征值与特征向量 ****
      DIMENSION A(M,M),S(M,M)
      DO 30  I=1,M
      DO 30  J=1,I
      IF(I-J) 20,10,20
10    S(I,J)=1.
      GO TO 30
20    S(I,J)=0.
      S(J,I)=0.
30    CONTINUE
      G=0.
      DO 40  I=2,M
      I1=I-1
      DO 40 J=1,I1
40    G=G+2.*A(I,J)*A(I,J)
      S1=SQRT(G)
      S2=EPS/FLOAT(M)*S1
```

```
      S3=S1
      L=0
50    S3=S3/FLOAT(M)
60    DO 130  IQ=2,M
      IQ1=IQ-1
      DO 130  IP=1,IQ1
      IF(ABS(A(IP,IQ)).LT.S3)  GOTO 130
      L=1
      V1=A(IP,IP)
      V2=A(IP,IQ)
      V3=A(IQ,IQ)
      U=0.5*(V1-V3)
      IF(U.EQ.0.0) G=1.
      IF(ABS(U).GE.1E-10) G=-SIGN(1.,U)*V2/SQRT(V2*V2+U*U)
      ST=G/SQRT(2.*(1.+SQRT(1.-G*G)))
      CT=SQRT(1.-ST*ST)
      DO 110  I=1,M
      G=A(I,IP)*CT-A(I,IQ)*ST
      A(I,IQ)=A(I,IP)*ST+A(I,IQ)*CT
      A(I,IP)=G
      G=S(I,IP)*CT-S(I,IQ)*ST
      S(I,IQ)=S(I,IP)*ST+S(I,IQ)*CT
110   S(I,IP)=G
      DO 120  I=1,M
      A(IP,I)=A(I,IP)
120   A(IQ,I)=A(I,IQ)
      G=2.*V2*ST*CT
      A(IP,IP)=V1*CT*CT+V3*ST*ST-G
      A(IQ,IQ)=V1*ST*ST+V3*CT*CT+G
      A(IP,IQ)=(V1-V3)*ST*CT+V2*(CT*CT-ST*ST)
      A(IQ,IP)=A(IP,IQ)
130   CONTINUE
      IF(L-1) 150,140,150
140   L=0
      GO TO  60
150   IF(S3.GT.S2) GOTO 50
      RETURN
```

```
      END
      SUBROUTINE ARRANG(KV,MNH,A,ER,S)
C     * 生成从大到小的特征值序列、累积特征值、特征值贡献率和累积贡献率 *
      DIMENSION A(MNH,MNH),ER(KV,4),S(MNH,MNH)
      TR=0.0
      DO 211  I=1,MNH
      TR=TR+A(I,I)
211   ER(I,1)=A(I,I)
      MNH1=MNH-1
      DO 210 K1=MNH1,1,-1
      DO 210 K2=K1,MNH1
      IF(ER(K2,1).LT.ER(K2+1,1)) THEN
      C=ER(K2+1,1)
      ER(K2+1,1)=ER(K2,1)
      ER(K2,1)=C
      DO 205  I=1,MNH
      C=S(I,K2+1)
      S(I,K2+1)=S(I,K2)
      S(I,K2)=C
205   CONTINUE
      ENDIF
210   CONTINUE
      ER(1,2)=ER(1,1)
      DO 220  I=2,KV
      ER(I,2)=ER(I-1,2)+ER(I,1)
220   CONTINUE
      DO 230 I=1,KV
      ER(I,3)=ER(I,1)/TR
      ER(I,4)=ER(I,2)/TR
230   CONTINUE
C     *********** 输出全部特征值的和 **********
      open(16,file='d:\result\results-500.txt')
      WRITE(16,250)  TR
250   FORMAT(/5X,'TOTAL EIGENVALUE=',F20.5)
      RETURN
      END
```

```
      SUBROUTINE  TCOEFF(KVT,KV,M,N,MNH,S,F,V,ER)
      DIMENSION  S(MNH,MNH),F(M,N),V(MNH),ER(KV,4)
      DO 360  J=1,KVT
      C=0.
      DO 350  I=1,MNH
350   C=C+S(I,J)*S(I,J)
      C=SQRT(C)
      DO 160 I=1,MNH
160   S(I,J)=S(I,J)/C
360   CONTINUE
      IF(M.LE.N) THEN
      DO 390  J=1,N
      DO 370  I=1,M
      V(I)=F(I,J)
      F(I,J)=0.
370   CONTINUE
      DO 380  IS=1,KVT
      DO 380  I=1,M
380   F(IS,J)=F(IS,J)+V(I)*S(I,IS)
390   CONTINUE
      ELSE
      DO 410  I=1,M
      DO 400  J=1,N
      V(J)=F(I,J)
      F(I,J)=0.
400   CONTINUE
      DO 410  JS=1,KVT
      DO 410  J=1,N
      F(I,JS)=F(I,JS)+V(J)*S(J,JS)
410   CONTINUE
      DO 430 JS=1,KVT
      DO 420 J=1,N
      S(J,JS)=S(J,JS)*SQRT(ER(JS,1))
420   CONTINUE
      DO 430  I=1,M
      F(I,JS)=F(I,JS)/SQRT(ER(JS,1))
430   CONTINUE
```

```
      ENDIF
      RETURN
      END
      SUBROUTINE  OUTER(KV,ER)
C     **** 输出特征值、累积特征值、特征值贡献率合和累积贡献率 *****
C     **** 输出的特征值从大到小排序,共 KV=10 行 4 列 *****
      DIMENSION ER(KV,4)
      write(16,510)
510   FORMAT(/30X,'EIGENVALUE   AND   ANALYSIS ERROR',/)
      write(16,520)
520   FORMAT(10X,1HH,8X,5HLAMDA,10X,6HSLAMDA,11X,2HPH,12X,3HSPH)
      write(16,530)  (IS,(ER(IS,J),J=1,4),IS=1,KV)
530   FORMAT(1X,I10,4F15.5)
      write(16,540)
540   FORMAT(//)
      RETURN
      END
      SUBROUTINE  OUTVT(KVT,M,N,MNH,S,F)
C     **** 输出特征向量和时间系数 ****************
C     **** 每个特征向量有 2*M 行,前(后)M 行分别对应纬向风(经向风) **
C     **** 每个时间系数有 N 行 ************
      DIMENSION F(M,N),S(MNH,MNH)
      write(16,560)
560   FORMAT(15X,'*** EIGENVECTORS ***',/)
      write(16,570) (IS,IS=1,KVT)
570   FORMAT(3X,10I7)
      DO 550  I=1,M
      IF(N.GE.M) THEN
      write(16,580)  I,(S(I,JS)*1000,JS=1,KVT)
580   FORMAT(i6,11F7.2,/)
      ELSE
      write(16,590)  I,(F(I,JS)*1000,JS=1,KVT)
590   FORMAT(i6,12F7.2)
      ENDIF
550   CONTINUE
      write(16,720)
720   FORMAT(//)
```

```
      write(16,610)
610   FORMAT(15X,'*** TIME-COEFFICENT SERIES ***'/)
      write(16,620) (IS,IS=1,KVT)
620   FORMAT(3X,10I7)
      DO 600 J=1,N
      IF(N.GE.M) THEN
      write(16,630) J,(F(IS,J),IS=1,KVT)
630   FORMAT(i5,10F8.2)
      ELSE
      write(16,640) J,(S(J,IS),IS=1,KVT)
640   FORMAT(i5,10F8.2)
      ENDIF
600   CONTINUE
      RETURN
      END
```

参考文献

Barnett. T P. 1983. Interaction of the monsoon and Pacific trade wind system at interannual time scales. part I. The equatorial zone. *Mon. Wea. Rev.*, **111**(4):756-773.

Bretherton C S, Smith C, Wallace J M. 1992. An intercomparison of methods for finding coupled patterns in climate Data. *J. Climate*, **5**(6):541-560.

Barnett T P, Preisendorfer R W. 1987. Origins and levels of monthly and seasonal forecast skill for United States surface air temperature determined by canonical correlation analysis. *Mon. Wea Rev.*, **115**(9):1825-1850.

Change X H, Dunkerton T J. 1995. Orthogonal relation of spatial patterns derived from singular value decomposition analysis. *J. Climate*, **8**(11):2631-2643.

Cherry S. 1996. Singular value decomposion analysis and canonical correlation analysis. *J. Climate*, **9**(9):2003-2009.

Horel J D. 1984. Complex principal component analysis: theory examples. *J. Appl. Meteor.*, **23**(12):1660-1673.

Hsu H H. 1994. Relationship between tropical heating and global circulation: interannual variability. *J. Geophys. Res.*, **99**(5):10473-10489.

Iwasaka N, Wallace J M. 1995. Large scale air-sea interaction in the Northern Hemisphere from a view point of variation of surface heat flux by SVD analysis. *J. Meteor. Soc. Japan*, **73**(4):781-794.

Newman M. 1995. A caveat concerning singular value decomposition. *J. Climate*, **8**(2):352-360.

North G R, Bell T L, Cahalan R F, Moeng F J. 1982. Sampling errors in the estimation of empirical orthogonal function. *Mon. Wea Rev.*, **110**(7):699-706.

Prohaska J. 1976. A technique for analyzing the linear relationships between two meteorological fields. *Mon. Wea. Rev.*, **104**(11):1345-1353.

Shen S, Lau K M. 1995. Biennal oscillation associated with the east Asian summer monsoon and tropical sea surface temperatures. *J. Meteor. Soc. Japan*, **73**(1):105-124.

Wallace J M. Gutaler D S. 1981. Teleconnections in the geopotential height field during the Northern Hemisphere winter. *Mon. Wea. Rev.*, **109**(4):785-812.

Wallace J M, Smith C, Bretheron C S. 1992. Singular value decomposition of wintertime sea surface temperature and 500hPa height anomalies. *J. Climate*, **5**(6):561-576.

Weare B C, Nasstrom J S. 1982. Examples of extended empirical orthogonal function analysis. *Mon. Wea. Rev.*, **110**(6):481-485.

顾泽,封国林,顾骏强,施能. 2007. 我国盛夏500hPa风场的EOF分析及其与大尺度气候异常的关系. 气象科学,**27**(3):246-252.

靳立亚,张邦林,丑纪范. 1993. 北半球月平均环流异常垂直结构的综合分析. 大气科学,**17** (3):310-318..

施能. 1996. 近40年东亚冬季风强度变化的多时间尺度特征及其与我国天气气候的关系. 应用气象学报,**7**(2):175-182.

施能,梁佳兴. 1996. 用SVD方法研究大气环流遥相关型的季节变化,气候学研究——气候研究与应用,第4辑. 北京:气象出版社,61-65.

施能,马丽,袁晓玉. 2001. 近50年浙江省气候变化特征分析. 南京气象学院学报, **24**(2):207-213.

施能,王永波. 2001. 浙江省夏季降水的区域特征. 科技通报,**17**(5):10-16.

施能,袁晓玉,陈绿文,黄先香. 2001. 浙江省夏季旱涝年及前期异常特征. 南京气象学院学报, **24**(4):498-504.

施能. 1989. 南方涛动指数的多元统计分析及其与北半球500hPa月平均环流的关系. 气象学报,**47**(4):457-466.

施能. 1996. 气候诊断研究中的SVD显著性检验的方法. 气象科技,**24**(4):5-7.

施能. 1997. 气象学中的SVD方法的一些问题. 气象科技,**25**(4):8-12.

施能,朱乾根,古文保,黄进. 1994. 夏季北半球500hPa月平均场的遥相关型及其与我国季风降水异常的关系. 南京气象学院学报. **17**(1):1-7.

施能,朱乾根,贵彬贵. 1996. 近40年东亚夏季风强度及其我国夏季大尺度天气气候异常. 大气科学. **20**(5):575-583.

张邦林,丑纪范,刘洁. 1993. 500hPa月平均高度距平场统一的时空结构研究. 气象学报,**51**(2):221-231.

周紫东,王五在,杜行远. 1983. 向量场的经验正交展开及其应用. 气象学报,**41**(1):24-33.

第七章　判别分析

第一节　贝叶斯准则的二组判别

首先，我们有必要区别两个容易混淆的概念：判别和分类。所谓判别是我们已有两个或更多的总体，并且已知每个总体中的若干个样本，问题是要根据这些总体中的样本去建立一种判别规则，使我们能将某个新的个体归属于正确的总体，而事先我们并不知道此个体来自哪一个总体。而分类问题是我们有总体的全部样本，我们要将它们分组（分类），使这些组尽可能的性质不相同。显然，在判别分析中，组是已知，要将新样本正确地归入组，而分类中的组正是需要确定的。

这一节我们首先介绍二组判别问题。二组判别问题也属于二分类预报问题。其预报原则已在第四章讲过。所以我们直接从式(4.2.9)、式(4.2.10)出发。为了与多组判别统一起见，这里用 $L(A/\overline{A})$ 表示对 A 空报的损失（即第四章 L_2）用 $L(\overline{A}/A)$ 表示对 A 漏报的损失（即第四章 L_1）。也就是用 $L(A_i/A_j)$ 表示决策规则指示 A_i，而实际天气是 A_j 时的损失。式(4.2.9)化为

$$\begin{cases} g(\boldsymbol{x}) = \dfrac{P(A)f_A(\boldsymbol{x})L(\overline{A}/A)}{P(\overline{A})f_{\overline{A}}(\boldsymbol{x})L(A/\overline{A})} \geqslant 1 & \text{则 } A \\ g(\boldsymbol{x}) = \dfrac{P(A)f_A(\boldsymbol{x})L(\overline{A}/A)}{P(\overline{A})f_{\overline{A}}(\boldsymbol{x})L(A/\overline{A})} < 1 & \text{则 } \overline{A} \end{cases} \tag{7.1.1}$$

经常假定满足 $P(A)L(\overline{A}/A) = P(\overline{A})L(A/\overline{A})$ 的条件，即两类预报错误的损失比与它们的气候概率成反比

$$\begin{cases} g(\boldsymbol{x}) = \dfrac{f_A(\boldsymbol{x})}{f_{\overline{A}}(\boldsymbol{x})} \geqslant 1 & \text{则 } A \\ g(\boldsymbol{x}) = \dfrac{f_A(\boldsymbol{x})}{f_{\overline{A}}(\boldsymbol{x})} < 1 & \text{则 } \overline{A} \end{cases} \tag{7.1.2}$$

此即为用于理想用户的二分类预报的贝叶斯准则。不难看出，对于正态总体，便于使用的判别函数不是 $g(\boldsymbol{x})$ 而是 $\ln(\boldsymbol{x})$。这是因为正态分布的概率密度具有自然数为对

数底的特征。

1. 线性判别函数

当 $\boldsymbol{x}$ 服从 m 维正态分布时，概率密度函数为

$$f_A(\boldsymbol{x}) = \frac{|\Sigma|^{-\frac{1}{2}}}{(2\pi)^{m/2}}\exp\left\{-\frac{1}{2}[\boldsymbol{x}-\boldsymbol{\mu}(A)]^T\Sigma^{-1}[\boldsymbol{x}-\mu(A)]\right\} \tag{7.1.3}$$

$$f_{\bar{A}}(\boldsymbol{x}) = \frac{|\Sigma|^{-\frac{1}{2}}}{(2\pi)^{m/2}}\exp\left\{-\frac{1}{2}[\boldsymbol{x}-\boldsymbol{\mu}(\bar{A})]^T\Sigma^{-1}[\boldsymbol{x}-\boldsymbol{\mu}(\bar{A})]\right\} \tag{7.1.4}$$

这里已认为两类协方差阵相等，即 $\Sigma(A)=\Sigma(\bar{A})=\Sigma$。式(7.1.3)和式(7.1.4)中的 $\boldsymbol{x}$ 是 m 维列向量，$\boldsymbol{x}=(x_1x_2\cdots x_m)^T$。$\boldsymbol{\mu}(A)$ 和 $\boldsymbol{\mu}(\bar{A})$ 是两类 m 维均值的列向量

$$\boldsymbol{\mu}(A)=[\mu_1(A)\quad \mu_2(A)\cdots\mu_m(A)]^T$$

$$\boldsymbol{\mu}(\bar{A})=[\mu_1(\bar{A})\quad \mu_2(\bar{A})\cdots\mu_m(\bar{A})]^T$$

将式(7.1.3)和式(7.1.4)代入式(7.1.2)中，取对数并用 $U(\boldsymbol{x})$ 表示

$$\begin{aligned}U(\boldsymbol{x}) &= \ln\frac{P(A)L(\bar{A}/A)f_A(\boldsymbol{x})}{P(A)L(A/\bar{A})f_{\bar{A}}(\boldsymbol{x})}\\ &=\frac{1}{2}\{[\boldsymbol{x}-\boldsymbol{\mu}(\bar{A})]^T\Sigma^{-1}[\boldsymbol{x}-\boldsymbol{\mu}(\bar{A})]\\ &\quad-[x-\boldsymbol{\mu}(A)]^T\Sigma^{-1}[x-\boldsymbol{\mu}(A)]\}\\ &\quad+\ln\frac{P(A)L(\bar{A}/A)}{P(\bar{A})L(A/\bar{A})}\end{aligned} \tag{7.1.5}$$

$U(\boldsymbol{x})>0$ 报 A 类，$U(\boldsymbol{x})<0$ 报 $\bar{A}$ 类。

式(7.1.5)展开，再加减 $\frac{1}{2}\boldsymbol{\mu}(A)^T\Sigma^{-1}\boldsymbol{\mu}(\bar{A})$，可化为

$$\begin{aligned}U(\boldsymbol{x}) &= \left[\boldsymbol{x}-\frac{\boldsymbol{\mu}(A)+\boldsymbol{\mu}(\bar{A})}{2}\right]^T\Sigma^{-1}[\boldsymbol{\mu}(A)-\boldsymbol{\mu}(\bar{A})]\\ &\quad+\ln\frac{P(A)L(\bar{A}/A)}{P(\bar{A})L(A/\bar{A})}\end{aligned} \tag{7.1.6}$$

上式可以化简为

$$U(\boldsymbol{x}) = \sum_{i=1}^{m}a_ix_i+k \tag{7.1.7}$$

其中

$$a_i = (-1)^{i+m}\ |\Sigma|^{-1}\begin{vmatrix}\Sigma^{(i)}\\ \boldsymbol{\mu}^T(A)-\boldsymbol{\mu}^T(\bar{A})\end{vmatrix} \tag{7.1.8}$$

$$k=|\Sigma|^{-1}\begin{vmatrix}\boldsymbol{\Sigma} & \dfrac{\boldsymbol{\mu}(A)+\boldsymbol{\mu}(\bar{A})}{2}\\ \boldsymbol{\mu}^T(A)-\boldsymbol{\mu}^T(\bar{A}) & \boldsymbol{0}\end{vmatrix}+\ln\frac{P(A)L(\bar{A}/A)}{P(\bar{A}L(A/\bar{A})} \tag{7.1.9}$$

式(7.1.8)中的 $\Sigma^{(i)}$ 是矩阵 Σ 中去掉第 i 行后得到。

具体计算时，式(7.1.8)和式(7.1.9)中的 $\Sigma, \boldsymbol{\mu}(A), \boldsymbol{\mu}(\bar{A})$ 分别用样本值进行估计。也就是用样本方差阵 $\boldsymbol{S}$ 去估计 Σ，用样本均值向量 $\overline{\boldsymbol{x}(A)}$ 去估计 $\boldsymbol{\mu}(A)$，$\overline{\boldsymbol{x}(\bar{A})}$ 去估计 $\boldsymbol{\mu}(\bar{A})$。

判别函数式(7.1.7)的优点是直接给出判别函数的显式，它不需要解方程。只要求出各因子的两类的平均值，因子间的相关系数，因子的方差，代入公式就得到判别函数。

2. 二次判别函数

线性判别函数是在两类方差阵 $\Sigma(A)=\Sigma(\bar{A})=\Sigma$ 时得到的。更一般的情况，$\Sigma(A)\neq\Sigma(\bar{A})$ 时，亦即

$$f_A(x)=\frac{|\Sigma(A)|^{-\frac{1}{2}}}{(2\pi)^{m/2}}\exp\left\{-\frac{1}{2}[\boldsymbol{x}-\boldsymbol{\mu}(A)]^T\Sigma^{-1}(A)[\boldsymbol{x}-\boldsymbol{\mu}(A)]\right\} \quad (7.1.10)$$

$$f_{\bar{A}}(x)=\frac{|\Sigma(\bar{A})|^{-\frac{1}{2}}}{(2\pi)^{m/2}}\exp\left\{-\frac{1}{2}[\boldsymbol{x}-\boldsymbol{\mu}(\bar{A})]^T\Sigma^{-1}(\bar{A})[\boldsymbol{x}-\boldsymbol{\mu}(\bar{A})]\right\} \quad (7.1.11)$$

仍将式(7.1.10)、式(7.1.11)代入式(7.1.1)中，取自然对数并用 $W(\boldsymbol{x})$ 表示

$$\begin{aligned}W(\boldsymbol{x})=&\frac{1}{2}\{[\boldsymbol{x}-\boldsymbol{\mu}(\bar{A})]^T\Sigma^{-1}(\bar{A})[\boldsymbol{x}-\boldsymbol{\mu}(\bar{A})]\\&-[\boldsymbol{x}-\boldsymbol{\mu}(A)]^T\sum{}^{-1}(A)[\boldsymbol{x}-\boldsymbol{\mu}(A)]\}^T\\&+\ln\frac{P(A)L(\bar{A}/A)|\Sigma(\bar{A})|^{\frac{1}{2}}}{P(\bar{A})L(A/\bar{A})|\Sigma(A)|^{\frac{1}{2}}}\end{aligned} \quad (7.1.12)$$

$W(\boldsymbol{x})>0$ 时，报 A 类；$W(\boldsymbol{x})<0$ 时，报 $\bar{A}$ 类。式(7.1.12)也可以化简为

$$W(\boldsymbol{x})=\sum_{i=1}^{m}\sum_{j=1}^{m}a_{ij}x_ix_j+\sum_{i-1}^{m}b_ix_i+k \quad (7.1.13)$$

其中

$$\begin{aligned}a_{ij}=&\frac{1}{2}(-1)^{i+j}[|\Sigma(\bar{A})|^{-1}|\Sigma^{(i,j)}(\bar{A})|\\&-|\Sigma(A)|^{-1}|\Sigma^{(i,j)}(A)|]\end{aligned} \quad (7.1.14)$$

$$\begin{aligned}b_i=&(-1)^{i+m}\left[|\Sigma(A)|^{-1}\begin{vmatrix}\Sigma^{(i)}(A)\\ \boldsymbol{\mu}^T(A)\end{vmatrix}\right.\\&\left.-|\Sigma(\bar{A})|^{-1}\cdot\begin{vmatrix}\Sigma^{(i)}(\bar{A})\\ \boldsymbol{\mu}^T(\bar{A})\end{vmatrix}\right]\end{aligned} \quad (7.1.15)$$

$$\begin{aligned}k=&\frac{1}{2}\left[|\Sigma(A)|^{-1}\begin{vmatrix}\Sigma(A) & \boldsymbol{\mu}(A)\\ \boldsymbol{\mu}^T(A) & \boldsymbol{0}\end{vmatrix}\right.\\&\left.-\Sigma(A)|^{-1}\begin{vmatrix}\Sigma(\bar{A}) & \boldsymbol{\mu}(\bar{A})\\ \boldsymbol{\mu}^T(\bar{A}) & \boldsymbol{0}\end{vmatrix}\right]\end{aligned}$$

$$+\ln\frac{P(A)L(\overline{A}/A)\,|\Sigma(\overline{A})|^{\frac{1}{2}}}{P(\overline{A})L(A/\overline{A})\,|\Sigma(A)|^{\frac{1}{2}}} \tag{7.1.16}$$

式中矩阵 $\Sigma^{(i,j)}$ 是矩阵 Σ 中去掉第 i 行,第 j 列后得到,而 $\Sigma^{(i)}$ 是矩阵 Σ 中去掉第 i 行后得到。具体计算时,均用样本值代替。

3. 判别函数的计算及实例

在式(7.1.16)、式(7.1.9)中均有一个常数 k 要计算,k 的算式中包含比较难以确定的损失比 $\dfrac{L(\overline{A}/A)}{L(A/\overline{A})}$。但是,上述的比值仅仅出现在常数项中,它并不影响因子的权重系数。所以,在计算判别函数时,通常使用比较简易的方法,略去常数 k 的计算,将 n 个历史个例(其中 A 类天气 n_A 个,$\overline{A}$ 类天气 $n_{\overline{A}}$ 个,$n_A+n_{\overline{A}}=n$) 代入判别函数,按实际情况确定判别函数的临界值 W_0。当 $W>W_0$ 时预报某类,反之预报另一类。

例 1:表 7.1.1 是某气象站预报有无春旱的实际资料。x_1,x_2 预报因子(因子含义略)$y=1$ 是 A 类,代表有春旱,$y=2$ 是 $\overline{A}$ 类,代表无春旱。计算得 A 类时的均值向量 $\overline{\boldsymbol{x}(A)}$,和协方差矩阵 $\boldsymbol{S}(A)$ 为

$$\overline{\boldsymbol{x}(A)}=(24.3167\quad -2.4333)^T$$

$$\boldsymbol{S}(A)=\begin{bmatrix}4.27806 & 0.36889\\ 0.36889 & 0.48889\end{bmatrix}$$

$\overline{A}$ 类时的均值向量 $\overline{\boldsymbol{x}(\overline{A})}$ 和协方差阵 $\boldsymbol{S}(\overline{A})$ 为

$$\overline{\boldsymbol{x}(\overline{A})}=(22.0250\quad -1.3625)^T$$

$$\boldsymbol{S}(\overline{A})=\begin{bmatrix}0.23938 & -0.06094\\ -0.06094 & 0.21234\end{bmatrix}$$

$$(a_{ij})=\begin{bmatrix}2.128 & 0.741\\ 0.741 & 1.446\end{bmatrix}$$

$$(b_i)=(-90.961\quad -31.475)^T$$

所以

$$W(\boldsymbol{x})=2.128x_1^2+1.482x_1x_2+1.446x_2^2-90.961x_1-31.475x_2 \tag{7.1.17}$$

为了求得判别函数的临界值,将历史资料代入式(7.1.17)求出判别函数的值(见表7.1.1最右列)。可看出 A 类的 $W(\boldsymbol{x})$ 值偏大,最小值为 -963.71。$\overline{A}$ 类的 $W(\boldsymbol{x})$ 值偏小,最大值为 -966.98。区分很清楚。临界值为 -963.71 到 -966.98 之间,可取 -965.3为临界值。判别规则为

$$W(\boldsymbol{x})>-965.3\quad A\text{类};W(\boldsymbol{x})<-965.3\quad \overline{A}\text{类}。$$

实际上,由行列式

$$\begin{vmatrix} 2.128 & 0.741 \\ 0.741 & 1.446 \end{vmatrix} > 0$$

据二次曲线分类理论可知 $W(\boldsymbol{x}) = -965.3$ 是一条椭圆曲线。

表 7.1.1

	x_1	x_2	y(类)	$W(\boldsymbol{x})$
1	24.8	−2.0	1(A) •	−951.57
2	24.1	−2.8	1	−956.51
3	22.1	−0.7	2($\bar{A}$) *	−970.90
4	21.6	−1.8	2	−968.02
5	20.6	−3.4	1	−950.66
6	23.5	−1.7	1	−963.71
7	22.0	−0.8	2	−970.99
8	22.8	−1.8	2	−966.98
9	25.5	−1.6	1	−941.93
10	22.7	−1.5	2	−968.08
11	21.5	−1.0	2	−970.76
12	27.4	−3.1	1	−908.84
13	22.1	−2.0	2	−967.49
14	21.4	−1.3	2	−969.72
平均	23.0071	−1.8214		

这个例子如果用线性判别，则需计算不分类时的协方差矩阵 $\boldsymbol{S}$

$$\boldsymbol{S} = \begin{bmatrix} 3.256380 & -0.477704 \\ -0.477704 & 0.61168 \end{bmatrix}$$

然后代入式(7.1.9)，计算判别函数系数

$$U(x_1x_2) = 0.5048x_1 - 1.3564x_2 \tag{7.1.18}$$

将资料代入 $U(x_1x_2)$ 中，找出临界值 $U_0 = 14.06$。当 $U(x_1x_2) > 14.06$，时 A 类；$U(x_1x_2) < 14.06$ 时，$\bar{A}$ 类

$$0.5048x_1 - 1.3564x_2 = 14.06$$

这是一条直线(图 7.1.1 中直线)。图中看出，两种方法的拟合结果都是 14/14。然而，利用线性判别时，判别的直线不太自然。

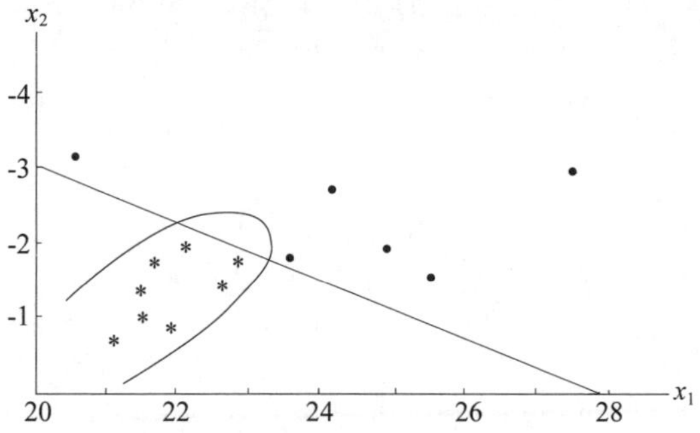

图 7.1.1　线性、非线性判别图

第二节　费希尔准则的线性判别

在第一节我们详细介绍和推导了判别函数。可以看出，在贝叶斯准则下，如果 $\boldsymbol{\Sigma}(A)=(\boldsymbol{\Sigma}\overline{A})=\boldsymbol{\Sigma}$ 则得到的判别函数是线性的，当 $\boldsymbol{\Sigma}(A)\neq\boldsymbol{\Sigma}(\overline{A})$ 时，判别函数是二次的。这节我们要介绍判别分析的其他准则。此外，对判别函数的临界值问题、判别误差问题、判别分析中的统计检验问题作一简单介绍。

1. 费希尔(Fisher)准则的线性判别函数

这种判别准则是先假定判别函数是 m 个因子的线性组合，如果要判别的现象分两类，A 和 $\overline{A}$。个例数为 n_A 和 $n_{\overline{A}}$，$n_A+n_{\overline{A}}=n$。判别系数 $c_1,c_2,\cdots,c_m$ 的确定是使组间方差与组内方差的比达到最大

$$I=\frac{\text{组间方差}}{\text{组内方差}}=\frac{E}{F} \tag{7.2.1}$$

达到最大，其中

$$E=[\overline{U(A)}-\overline{U(\overline{A})}]^2=\sum_{p=1}^{m}[c_p(\overline{x_p(A)}-\overline{x_p(\overline{A})})]^2$$

$$=(\sum_{p=1}^{m}c_pd_p)^2 \tag{7.2.2}$$

而

$$d_p=\overline{x_p(A)}-\overline{x_p(\overline{A})}$$

$$F=\sum_{i=1}^{n_A}[U_i(A)-U(\overline{A})]^2+\sum_{i=1}^{n_{\overline{A}}}[U_i(\overline{A})-\overline{U(\overline{A})}]^2 \tag{7.2.3}$$

所以 I 是 $c_1,c_2,\cdots c_m$ 的函数。将 I 对 $c_i(i=1,2,\cdots,m)$ 求偏导数，

$$\frac{\partial I}{\partial c_p}=\frac{\partial}{\partial c_p}=(\frac{E}{F})=0 \qquad p=1,2,\cdots,m$$

即

$$\frac{1}{F}\frac{\partial E}{\partial c_p}=\frac{E}{F^2}\frac{\partial F}{\partial c_p}$$

或

$$\frac{\partial E}{\partial c_p}=I\frac{\partial F}{\partial c_p} \qquad p=1,2,\cdots m \tag{7.2.4}$$

由式(7.2.2)

$$\frac{\partial E}{\partial c_p}=2d_p\cdot\sum_{p=1}^{m}c_pd_p$$

由式(7.2.3)

$$F=\sum_{t=1}^{n_A}\Big[\sum_{p=1}^{m}c_p(x_{pt}(A)-\overline{x_{pt}(A)})\Big]^2$$

$$+\sum_{t=1}^{n_{\bar{A}}}\left[\sum_{p=1}^{m}c_p(x_{pt}(\bar{A})-\overline{x_{pt}(\bar{A})})\right]^2$$

$$\frac{\partial F}{\partial c_p}=2\sum_{t=1}^{n_A}(x_{pt}(A)-\overline{x_{pt}(A)})\cdot\sum_{p=1}^{m}c_p(x_{pt}(A)-\overline{x_{pt}(A)})$$

$$+2\sum_{t=1}^{m}(x_{pt}(\bar{A})-\overline{x_{pt}(\bar{A})})\cdot\sum_{p=1}^{m}c_p(x_{pt}(\bar{A})-\overline{x_{pt}(\bar{A})})$$

$$=2(c_1w_{p1}+c_2w_{p2}+\cdots+c_mw_{pm})$$

其中

$$w_{ij}=\sum_{t=1}^{n_A}[x_{it}(A)-\overline{x_i(A)}][x_{jt}(A)-\overline{x_j(A)}]$$

$$+\sum_{t=1}^{n_{\bar{A}}}[x_{it}(\bar{A})-\overline{x_i(\bar{A})}][x_j(\bar{A})-\overline{x_j(\bar{A})}] \tag{7.2.5}$$

所以式(7.2.4)化为

$$2d_p\cdot\sum_{p=1}^{m}c_pd_p=I\cdot 2(c_1w_{p1}+c_2w_{p2}+\cdots+c_mw_{pm})$$

即

$$d_p\left(\frac{1}{I}\sum_{p=1}^{m}c_pd_p\right)=c_1w_{p1}+c_2w_{p2}+\cdots+c_mw_{pm}$$

令　$\beta=\frac{1}{I}\sum_{p=1}^{m}c_pd_p$，将上式全部写出

$$\begin{cases}c_1w_{11}+c_2w_{12}+\cdots+c_mw_{1m}=d_1\beta\\ c_2w_{21}+c_2w_{22}+\cdots+c_mw_{2m}=d_2\beta\\ \cdots\cdots\cdots\cdots\\ c_1w_{m1}+c_2w_{m2}+\cdots+c_mw_{mm}=d_m\beta\end{cases}$$

令 $\beta=1$，所解出的 $c_1,c_2,\cdots c_m$ 的比例关系并不改变。由此得到求解 $c_1,c_2,\cdots c_m$ 的方程组为

$$\begin{cases}c_1w_{11}+c_2w_{12}+\cdots+c_mw_{1m}=\overline{x_1(A)}-\overline{x_1(\bar{A})}\\ c_2w_{21}+c_2w_{22}+\cdots+c_mw_{2m}=\overline{x_m(A)}-\overline{x_2(\bar{A})}\\ \cdots\cdots\cdots\cdots\\ c_1w_{m1}+c_2w_{m2}+\cdots+c_mw_{mm}=\overline{x_m(A)}-\overline{x_m(\bar{A})}\end{cases} \tag{7.2.6}$$

或写为

$$\boldsymbol{W}\cdot\boldsymbol{C}=\overline{\boldsymbol{x}(A)}-\overline{\boldsymbol{x}(\bar{A})} \tag{7.2.7}$$

其中

$$\boldsymbol{C}=(c_1c_2\cdots c_m)^T$$

$$\overline{\boldsymbol{x}(A)}=(\overline{x_1(A)}\ \overline{x_2(A)}\cdots\overline{x_m(A)})^T \tag{7.2.8}$$

$$\overline{\boldsymbol{x}(\bar{A})}=(\overline{x_1(\bar{A})}\ \overline{x_2(\bar{A})}\cdots\overline{x_m(\bar{A})})^T$$

$$\boldsymbol{W} = \begin{bmatrix} w_{11} & w_{12} & \cdots & w_{1m} \\ w_{21} & w_{22} & \cdots & w_{2m} \\ \vdots & \vdots & \vdots & \vdots \\ w_{m1} & w_{m2} & \cdots & w_{mm} \end{bmatrix}$$

w_{ij} 是第 i 个因子和第 j 个因子分两组计算的离差积和。由式(7.2.7)得判别系数为

$$\boldsymbol{C} = \boldsymbol{W}^{-1}[\overline{\boldsymbol{x}(A)} - \overline{x(\overline{A})}]$$

代入式(7.2.1),得费希尔线性判别函数为

$$U(\boldsymbol{x}) = \boldsymbol{x}^T\boldsymbol{W}^{-1}[\overline{\boldsymbol{x}(A)} - \overline{\boldsymbol{x}(\overline{A})}] \tag{7.2.9}$$

判别临界值用下面公式计算

$$U_c = \frac{n_A\,\overline{U(A)} + n_{\overline{A}}\,\overline{U(\overline{A})}}{n_A + n_{\overline{A}}} \tag{7.2.10}$$

当 $\overline{U(A)} > \overline{U(\overline{A})}$ 时,如果 $U(\boldsymbol{x}) > U_c$ 则将 $\boldsymbol{x}$ 归入 A 类,$U(\boldsymbol{x}) < U_c$,将 $\boldsymbol{x}$ 归入 $\overline{A}$ 类。

费希尔准则的线性判别函数实际与贝叶斯准则的线性判别函数一样,因为贝叶斯准则的线性判别函数据式(7.1.6),用样本值代入后得

$$U(\boldsymbol{x}) = \boldsymbol{x}^T\boldsymbol{S}^{-1}[\overline{\boldsymbol{x}(A)} - \overline{\boldsymbol{x}(\overline{A})}] - \frac{1}{2}[\overline{\boldsymbol{x}(\overline{A})} + \overline{\boldsymbol{x}(\overline{A})}]^T$$
$$\times \boldsymbol{S}^{-1}[\overline{\boldsymbol{x}(A)} - \overline{\boldsymbol{x}(\overline{A})}] + \ln\frac{P(A)L(\overline{A}/A)}{P(\overline{A})L(A/\overline{A})}$$

$U(\boldsymbol{x}) > 0$ 报 A 类,$U(\boldsymbol{x}) < 0$ 报 $\overline{A}$,上式可以改为

$$\boldsymbol{x}^T\boldsymbol{S}^{-1}[\overline{\boldsymbol{x}(A)} - \overline{\boldsymbol{x}(\overline{A})}] > \frac{1}{2}[\overline{\boldsymbol{x}(A)} + \overline{\boldsymbol{x}(\overline{A})}]^T\boldsymbol{S}^{-1}$$
$$\times [\overline{\boldsymbol{x}(A)} - \overline{\boldsymbol{x}(\overline{A})} + \ln\frac{P(A)L(\overline{A}/A)}{P(\overline{A})L(A/\overline{A})}] \tag{7.2.11}$$

时,报 A 类;反之报 $\overline{A}$ 类。

因为 $\boldsymbol{S}$ 是样本协方差矩阵,$\boldsymbol{W}$ 是组内离差积和矩阵,即式(7.2.5)

$$\boldsymbol{S} = \frac{1}{n-2}W$$
$$\boldsymbol{S}^{-1} = (n-2)\boldsymbol{W} \tag{7.2.12}$$

将式(7.2.12)代入式(7.2.11)中,得

$$\boldsymbol{x}^T\boldsymbol{W}^{-1}[\overline{\boldsymbol{x}(A)} - \overline{\boldsymbol{x}(\overline{A})}] > \frac{1}{2}[\overline{\boldsymbol{x}(A)} + \overline{\boldsymbol{x}(\overline{A})}]^T$$
$$\times W^{-1}[\overline{\boldsymbol{x}(A)} - \overline{\boldsymbol{x}(\overline{A})}] + (n-2)^{-1}\left(\ln\frac{P(A)L(\overline{A}/A)}{P(\overline{A})L(A/\overline{A})}\right)$$

上式左端与式(7.2.9)的费希尔判别函数一致,而右端利用式(7.2.7)和式(7.2.1)

$$\frac{1}{2}[\overline{\boldsymbol{x}(A)}+\overline{\boldsymbol{x}(\bar{A})}]^T W^{-1}[\overline{\boldsymbol{x}(A)}-\overline{\boldsymbol{x}(\bar{A})}]$$

$$+\ln\frac{P(A)L(\bar{A}/A)}{P(\bar{A})L(A/\bar{A})}(n-2)^{-1}$$

$$=\frac{1}{2}[\overline{\boldsymbol{x}(A)}+\overline{\boldsymbol{x}(\bar{A})}]^T\boldsymbol{c}+\ln\frac{P(A)L(\bar{A}/A)}{P(\bar{A})L(A/\bar{A})}(n-2)^{-1}$$

$$=\frac{1}{2}[\overline{U(A)}+\overline{U(\bar{A})}]+\ln\frac{P(A)L(\bar{A}/A)}{P(\bar{A})L(A/\bar{A})}(n-2)^{-1}$$

上式与费希尔判别函数的临界值式(7.2.10)相比较,可知,当

$$n_A=n_{\bar{A}}=\frac{n}{2},P(A)L(\bar{A}/A)=P(\bar{A})L(A/\bar{A})$$

时,它就是费希尔判别函数的临界值 U_c 。

综上所述,贝叶斯准斯的判别函数与费希尔线性判别函数的异同点如下:

第一,贝叶斯准则的判别函数是假定 $\boldsymbol{x}$ 服从 m 维正态分布,在错分损失达最小时的判别函数。通常,判别函数是 $\boldsymbol{x}$ 各分量的二次函数。当进一步假定两类的方差矩阵相等,就得到线性判别函数。推导费希尔线性判别时,表面上并没有要求 $\boldsymbol{x}$ 服从正态分布,也没有要求两类方差矩阵相等,但假定了判别函数是线性的,贝叶斯准则的判别函数没有此假定。从这一点看,费希尔准则的假定更直接、更多了。

第二,贝叶斯准则可以考虑两类不同错误的经济损失。但这只影响到判别函数的临界值。

第三,当 $n_A=n_{\bar{A}}=\frac{n}{2},P(A)\cdot L(\bar{A}/A)=P(\bar{A})L(A/\bar{A})$ 时,两种准则的线性判别函数是一样的。

例 2:对表 7.2.1 的资料,用费希尔准则建立判别函数。

首先计算两类均值的向量,用样本值代入得

$$\overline{\boldsymbol{x}(A)}=(32\quad 25)^T$$

$$\overline{\boldsymbol{x}(\bar{A})}=(44\quad 37)^T$$

再计算矩阵

$$\boldsymbol{W}=\begin{bmatrix}1218 & 369\\ 369 & 568\end{bmatrix}$$

$$\boldsymbol{C}=\boldsymbol{W}^{-1}\cdot[\overline{\boldsymbol{x}(A)}-\overline{\boldsymbol{x}(\bar{A})}]$$
$$=(-0.0043\quad -0.0183)^T$$

所以判别函数为

$$\boldsymbol{U}(\boldsymbol{x})=-0.0043x_1-0.0183x_2$$

取临界值为－0.7715，仅错一例(31/32)。

表 7.2.1

序	A类		$\overline{A}$类	
	x_1	x_2	x_1	x_2
1	20	20	36	31
2	22	26	37	36
3	23	17	39	42
4	25	22	41	35
5	25	28	42	36
6	27	18	43	33
7	29	24	43	39
8	29	31	46	35
9	31	24	48	41
10	31	26	50	35
11	34	25	51	38
12	34	27	52	43
13	35	19		
14	36	33		
15	37	26		
16	38	20		
17	39	29		
18	40	23		
19	42	30		
20	43	32		

2. 错误判别的理论估计方法

在线性判别的情况下可以对判别的误差进行理论估计。为此必须知道判别函数的分布。式(7.1.6)可改写为

$$U^*(\boldsymbol{x}) = \boldsymbol{x}^T\boldsymbol{\Sigma}^{-1}[\boldsymbol{\mu}(A) - \boldsymbol{\mu}(\overline{A})] - \frac{1}{2}[\boldsymbol{\mu}(A) + \boldsymbol{\mu}(\overline{A})]^T \times \boldsymbol{\Sigma}^{-1}[\boldsymbol{\mu}(A) - \boldsymbol{\mu}(\overline{A})]$$

判别规则为

$$U^*(\boldsymbol{x}) > \ln \frac{P(\overline{A})L(A/\overline{A})}{P(A)L(\overline{A}/A)} \text{时}, \quad \boldsymbol{x} \text{归入} A \text{类}$$

$$U^*(\boldsymbol{x}) < \ln \frac{P(\overline{A})L(A/\overline{A})}{P(A)L(\overline{A}/A)} \text{时}, \quad \boldsymbol{x} \text{归入} \overline{A} \text{类}$$

因为$\boldsymbol{x}$为m维正态分布，A类和$\overline{A}$类的数学期望为$\boldsymbol{\mu}(A)$和$\boldsymbol{\mu}(\overline{A})$，$A$类和$\overline{A}$类的协方差矩阵为$\Sigma$。所以在$A$类时，判别函数$U^*(\boldsymbol{x})$的数学期望为

$$E_A[U^*(\boldsymbol{x})] = \boldsymbol{\mu}^T(A)\Sigma^{-1}[\boldsymbol{\mu}(A) - \boldsymbol{\mu}(\overline{A})]$$
$$- \frac{1}{2}[\boldsymbol{\mu}(A) + \boldsymbol{\mu}(\overline{A})]^T\Sigma^{-1}[\boldsymbol{\mu}(A) - \boldsymbol{\mu}(\overline{A})]$$
$$= \frac{1}{2}[\boldsymbol{\mu}(A) - \boldsymbol{\mu}(\overline{A})]^T\Sigma^{-1}[\boldsymbol{\mu}(A) - \boldsymbol{\mu}(\overline{A})]$$
$$= \frac{1}{2}\Delta_m^2 \tag{7.2.13}$$

在 A 类时的方差

$$\begin{aligned} D_A[U^*(\boldsymbol{x})] &= E_A\{U^*(\boldsymbol{x}) - E_A[U^*(\boldsymbol{x})]\}^2 \\ &= E_A\{[\boldsymbol{x} - \boldsymbol{\mu}(A)]^T\Sigma^{-1}[\boldsymbol{\mu}(A) - \boldsymbol{\mu}(\overline{A})]\}^2 \\ &= E_A\{[\boldsymbol{\mu}(A) - \boldsymbol{\mu}(\overline{A})]^T\Sigma^{-1}[\boldsymbol{x} - \boldsymbol{\mu}(A)] \\ &\quad \cdot [\boldsymbol{x} - \boldsymbol{\mu}(\overline{A})^T\Sigma^{-1}[\boldsymbol{\mu}(A) - \boldsymbol{\mu}(\overline{A})]\} \\ &= [\boldsymbol{\mu}(A) - \boldsymbol{\mu}(\overline{A})^T\Sigma^{-1}[\boldsymbol{\mu}(A) - \boldsymbol{\mu}(\overline{A})] \\ &= \Delta_m^2 \end{aligned} \tag{7.2.14}$$

类似地，在 $\overline{A}$ 类时，判别函数 $U^*(\boldsymbol{x})$ 的数学期望 $E_{\overline{A}}[U^*(\boldsymbol{x})]$ 和方差 $D_{\overline{A}}[U^*(\boldsymbol{x})]$ 分别为

$$E_{\overline{A}}[U^*(\boldsymbol{x})] = -\frac{1}{2}\Delta_m^2 \tag{7.2.15}$$

$$D_{\overline{A}}[U^*(\boldsymbol{x})] = \Delta_m^2 \tag{7.2.16}$$

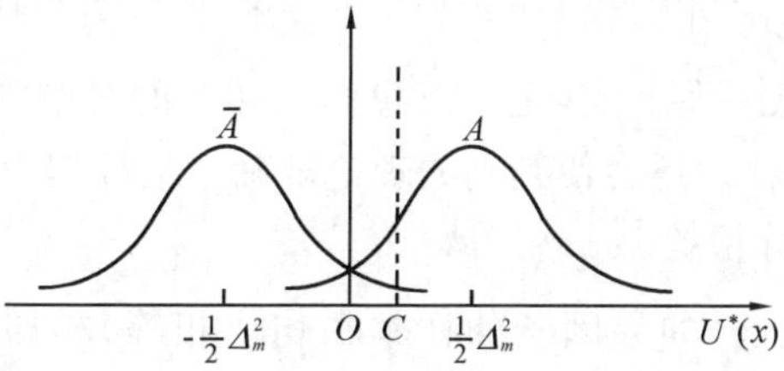

图 7.2.1　判别函数 $U^*(\boldsymbol{x})$ 在 A、$\overline{A}$ 类的概率分布图

因为 $\boldsymbol{x}$ 为正态分布，所以 $U^*(\boldsymbol{x})$ 也是正态分布，图 7.2.1 给出 $U^*(\boldsymbol{x})$ 在两类的分布情况。用 $P(\overline{A}/A)$，$P(A/\overline{A})$ 分别表示对 A 类和 $\overline{A}$ 类的理论判别误差。则

$$P(\overline{A}/A) = \int_{-\infty}^{c} \frac{1}{\sqrt{2\pi}\Delta_m} e^{\frac{(t-\frac{1}{2}\Delta_m^2)^2}{2\Delta_m^2}} dt = \int_{-\infty}^{\frac{c-\frac{\Delta_m^2}{2}}{\Delta_m}} \frac{1}{\sqrt{2\pi}} e^{-\frac{t^2}{2}} dt$$

$$P(A/\overline{A}) = \int_{c}^{\infty} \frac{1}{\sqrt{2\pi}\Delta_m} e^{-\frac{(t+\frac{1}{2}\Delta_m^2)^2}{2\Delta_m^2}} dt = \int_{\frac{c+\frac{\Delta_m^2}{2}}{\Delta_m}}^{\infty} \frac{1}{\sqrt{2\pi}} e^{-\frac{t^2}{2}} dt$$

$c=\ln\dfrac{P(\overline{A})L(A/\overline{A})}{P(A)L(\overline{A}/A)}$,通常取 $c=0$。这时判别误差

$$P(\overline{A}/A)=P(A/\overline{A})=\int_{-\infty}^{-\frac{\Delta m}{2}}\frac{1}{\sqrt{2\pi}}\mathrm{e}^{-\frac{t^2}{2}}\mathrm{d}t$$
$$=1-\Phi\left[\frac{\Delta_m}{2}\right] \tag{7.2.17}$$

Δ_m^2 是 m 个因子马哈拉诺比斯距离(Mahalanobis distance)的平方,容易算出。而 $\Phi\left(\frac{\Delta m}{2}\right)$ 可根据正态分布表查得。例如 $\Delta_m^2=4$,则 $\Delta_m=2$,$\Phi(1)=0.8413$,故分类的误差为 0.1587。

例 3:对例 2 计算理论分类的准确率。

用样本值代入计算公式(7.2.14),并用 D_m^2 表示 Δ_m^2 的估计值

$$\begin{aligned}D_m^2&=[\overline{\boldsymbol{x}(A)}-\overline{\boldsymbol{x}(\overline{A})}]^T\boldsymbol{S}^{-1}[\overline{\boldsymbol{x}(A)}-\overline{\boldsymbol{x}(\overline{A})}]\\&=[\overline{\boldsymbol{x}(A)}-\overline{\boldsymbol{x}(\overline{A})}]^T(n-2)\boldsymbol{W}^{-1}[\overline{\boldsymbol{x}(A)}-\overline{\boldsymbol{x}(\overline{A})}]\\&=[\overline{\boldsymbol{x}(A)}-\overline{\boldsymbol{x}(\overline{A})}]^T\cdot\boldsymbol{C}\cdot(n-2)]\\&=(-12\quad -12)\cdot 30\cdot\begin{bmatrix}-0.0043\\-0.0183\end{bmatrix}=8.136\end{aligned}$$

所以 $\Phi\left[\frac{D_m}{2}\right]=\Phi\left[\frac{2.8524}{2}\right]=\Phi(1.426)=0.923$。这就是总体的理论准确率。它比历史拟合率 31/32 要低一些。实际上,当我们用样本的马哈拉诺比斯距离代替理论上的马哈拉诺比斯距离时,还会使判别的理论准确率估计偏大。

3. 判别函数的统计检验

由式(7.2.6)中知道,如果因子的样本平均值相等,亦即 $\overline{x_i(A)}-\overline{x_i(\overline{A})}=0$,$(i=1,2,\cdots,m)$,则线性判别函数的系数 $c_1=c_2=\cdots=c_m=0$。所以两类平均值向量如果在统计上不显著,判别将无法进行,所以判别效果的检验就相当于两类平均值向量的差异的显著性检验。这种检验一般用于马哈拉诺比斯 D_m^2 统计量

$$D_m^2=[\overline{\boldsymbol{x}(A)}-\overline{\boldsymbol{x}(\overline{A})}]^T\boldsymbol{S}^{-1}[\overline{\boldsymbol{x}(A)}-\overline{\boldsymbol{x}(\overline{A})}]$$

设 $\boldsymbol{\mu}(A)$ 和 $\boldsymbol{\mu}(\overline{A})$ 是 A 和 $\overline{A}$ 两类的均值向量。检验统计假设 $\boldsymbol{\mu}(A)=\boldsymbol{\mu}(\overline{A})$。如果假设成立,则统计量

$$F=\frac{n_A n_{\overline{A}}(n_{\overline{A}}+n_A-m-1)}{m(n_A+n_{\overline{A}})(n_A+n_{\overline{A}}-2)}D_m^2 \tag{7.2.18}$$

服从自由度 $(m,n-m-1)$ 的 F 分布。故有:当给定信度 α,求出 F_α,若 $F\geqslant F_\alpha$,则拒绝 $\boldsymbol{\mu}(A)=\boldsymbol{\mu}(\overline{A})$ 的假设,判别效果好;若 $F<F_\alpha$,则接受 $\boldsymbol{\mu}(A)=\boldsymbol{\mu}(\overline{A})$ 的假设,判别

效果不好。

例 4:对例 1 的线性判别函数作判别效果检验,$\alpha = 0.05$。

因为 $n_A = 20, n_{\overline{A}} = 12, n = 32, m = 2, D_m^2$ 前已算得是 8.136 代入式(7.2.18),算得 $F = 29.493, \alpha = 0.05$ 时,$F_\alpha(2,29) = 3.33$。$F > F_\alpha$,拒绝 $\boldsymbol{\mu}(A) = \boldsymbol{\mu}(\overline{A})$ 的假设,判别效果显著。

4. 两类协方差矩阵相等的统计检验

在贝叶斯准的判别分析中,我们曾谈到当两类协方差矩阵 $\Sigma(A) = \Sigma(\overline{A})$ 时,判别函数是线性的,当$\Sigma(A) \neq \Sigma(A)$ 时,判别函数是二次判别函数,如何根据样本的协方差阵 $\boldsymbol{S}(A)$ 和 $\boldsymbol{S}(\overline{A})$ 来检验总体协方差矩阵$\Sigma(A)$ 和 $\Sigma(\overline{A})$ 是否相等方法如下:

设有两类样本方差矩阵 $\boldsymbol{S}(A), \boldsymbol{S}(\overline{A})$。两类个例数 $n_A, n_{\overline{A}}; n_{\overline{A}} + n_A = n$。而 m 是协方差矩阵的阶数,也就是因子个数。则计算

$$B = (n-2)\ln|\boldsymbol{S}| - (n_A - 1)\ln|\boldsymbol{S}(A)| - (n_{\overline{A}} - 1)\ln|\boldsymbol{S}(\overline{A})| \tag{7.2.19}$$

$$C = 1 - \frac{2m^2 + 3m - 1}{6(m+1)}\left[\frac{1}{n_A - 1} + \frac{1}{n_{\overline{A}} - 1} - \frac{1}{n-2}\right] \tag{7.2.20}$$

其中

$$\boldsymbol{S} = \frac{n_A}{n-2}\boldsymbol{S}(A) + \frac{n_{\overline{A}}}{n-2}\boldsymbol{S}(\overline{A})$$

是 $\Sigma = \Sigma(A) = \Sigma(\overline{A})$ 的理论估计。则在 $\Sigma(A) = \Sigma(\overline{A})$ 的假设下,$B \cdot C$ 具有 χ^2 分布,自由度为$\frac{m(m-1)}{2}$。所以当 $B \cdot C > \chi_\alpha^2$ 时,拒绝 $\Sigma(A) = \Sigma(\overline{A})$ 的假设,否则接受 $\Sigma(A) = \Sigma(\overline{A})$ 的假设。

例 5:在例 1 的二组判别例中,曾算得

$$\boldsymbol{S}(A) = \begin{bmatrix} 4.27806 & 0.36889 \\ 0.36889 & 0.48889 \end{bmatrix}$$

$$\boldsymbol{S}(\overline{A}) = \begin{bmatrix} 0.23938 & -0.06094 \\ -0.06094 & 0.21234 \end{bmatrix}$$

现检验 $\Sigma(A) = \Sigma(\overline{A})$。

因 $m = 2, n_A = 6, n_{\overline{A}} = 8$,先算出 $\boldsymbol{S}$

$$\boldsymbol{S} = \frac{6}{12}\boldsymbol{S}(A) + \frac{8}{12}\boldsymbol{S}(\overline{A}) = \begin{bmatrix} 2.2986 & 0.1438 \\ 0.1438 & 0.3860 \end{bmatrix}$$

$$|\boldsymbol{S}| = 0.8666 \qquad |\boldsymbol{S}(A)| = 1.955 \qquad |\boldsymbol{S}(\overline{A})| = 0.0471$$

$$B = 12\ln|\boldsymbol{S}| - 5\ln|\boldsymbol{S}(A)| - 7\ln|\boldsymbol{S}(\overline{A})| = 16.318$$

$$C = 1 - \frac{2 \times 4 + 6 - 1}{6(2+1)}\left[\frac{1}{5} + \frac{1}{7} - \frac{1}{12}\right] = 0.8126$$

$B \cdot C = 13.26$，当 $\alpha = 0.05$ 时，自由度为 3 的 χ^2 临界值为 7.815，$B \cdot C > \chi_\alpha^2$ 故拒绝 $\Sigma(A) = \Sigma(\bar{A})$ 的假设。这样，该例子使用二次判别是比较合适的。事实上从图 7.1.1 看出二次曲线的判别效果是相当好的。

第三节　多组判别、错分损失不同时的多组判别

设预报因子 $\boldsymbol{x}$ 是 m 维列向量 $\boldsymbol{x} = (x_1 x_2 \cdots x_m)^T$，欲将 m 维空间划分为 G 个子空间 $R_1^*, R_2^*, \cdots, R_G^*$。当 $\boldsymbol{x} \in R_j^*$ 时，则认为 $\boldsymbol{x}$ 来自第 j 个总体。这就是 G 组判别问题。这种问题可从两个途径去解定。其一是求出 $\frac{1}{2}G(G-1)$ 个二组判别函数，然后进行 G 组判别；其二是求出一个 G 组判别函数。

1. 利用二组判别函数进行多组判别

任意二组的线性判别函数可写为

$$U_{ij}(\boldsymbol{x}) = \ln \frac{P_i L(j/i) f_i(\boldsymbol{x})}{P_j L(i/j) f_j(\boldsymbol{x})} \tag{7.3.1}$$

$$i, j = 1, 2, \cdots, G \qquad i \neq j$$

据式(7.1.6)得

$$U_{ij}(\boldsymbol{x}) = \left[\boldsymbol{x} - \frac{1}{2}(\boldsymbol{\mu}_i + \boldsymbol{\mu}_j)\right]^T \Sigma^{-1}(\boldsymbol{\mu}_i - \boldsymbol{\mu}_j) + \ln \frac{P_i L(j/i)}{P_j L(i/j)} \tag{7.3.2}$$

式中 $\boldsymbol{\mu}_i, \boldsymbol{\mu}_j$ 是预报因子 $\boldsymbol{x}$ 在第 i 组和第 j 组的均值向量，由式(7.3.1) 知 $U_{ij} = -U_{ij}$。类似于式(7.1.5)，子空间 R_i^* 应如下确定

$$R_i^*: U_{ij}(\boldsymbol{x}) > 0 \tag{7.3.3}$$

$$j, i = 1, 2, \cdots, G \qquad i \neq j$$

表 7.3.1

因子	1 组	2 组	3 组
x_1	164.51	160.53	158.17
x_2	86.41	81.47	81.16
x_3	25.49	23.84	21.44
x_4	51.24	48.62	46.72

例 6：我们举一个 $G = 3$ 的实例。因子 x_1, x_2, x_3, x_4 的均值向量表示在表 7.3.1 中。均方差

$$\sqrt{S_{11}} = 5.74, \sqrt{S_{22}} = 3.20, \sqrt{S_{33}} = 1.75, \sqrt{S_{44}} = 3.50$$

样本方差矩阵 $\boldsymbol{S}$

$$S = \begin{bmatrix} 32.9476 & 10.743 & 1.782 & 3.966 \\ 10.748 & 10.24 & 1.173 & 2.430 \\ 1.782 & 1.173 & 3.0625 & 1.782 \\ 3.966 & 2.430 & 1.782 & 12.25 \end{bmatrix}$$

代入式(7.3.2)，并认为 $P_iL(j/i) = P_jL(i/j)$，得

$$\begin{cases} U_{12}(\boldsymbol{x}) = -0.0708x_1 + 0.4990x_2 + 0.3373x_3 \\ \qquad + 0.0887x_4 + 43.12 \\ U_{13}(\boldsymbol{x}) = -0.0003x_1 + 0.3550x_2 + 1.1063x_3 \\ \qquad + 0.1375x_4 + 62.49 \\ U_{23}(\boldsymbol{x}) = 0.0711x_1 - 0.1440x_2 + 0.7690x_3 \\ \qquad + 0.0488x_4 + 19.36 \end{cases} \tag{7.3.4}$$

判别区域为

$$R_1^*: U_{12}(\boldsymbol{x}) > 0 \qquad U_{13}(\boldsymbol{x}) > 0$$
$$R_2^*: U_{21}(\boldsymbol{x}) > 0 \qquad U_{23}(\boldsymbol{x}) > 0$$
$$R_3^*: U_{31}(\boldsymbol{x}) > 0 \qquad U_{32}(\boldsymbol{x}) > 0$$

将某个 $(\boldsymbol{x}) = (x_1x_2x_3x_4)^T$ 代入式(7.3.4) 中，如果 $U_{12}(\boldsymbol{x}) > 0$，$U_{13}(\boldsymbol{x}) > 0$，则将 $\boldsymbol{x}$ 归入第一组。

由式(7.3.1) 知 $U_{ij}(\boldsymbol{x}) = U_{ik}(\boldsymbol{x}) - U_{jk}(\boldsymbol{x})(i,j,k = 1,2,\cdots,G; i \neq j \neq k)$。所以式(7.3.4) 的判别函数仅两个是独立的，另一个是它们的线性组合。例如 $U_{12}(\boldsymbol{x}) = U_{13}(\boldsymbol{x}) - U_{23}(\boldsymbol{x})$。一般地，当进行 G 组判别，就只需求出 $\frac{1}{2}G(G-1)-1$ 个相互独立的两组判函数。

2. 多组线性判别函数

设被预报的天气分为 G 类。有 m 个预报因子，$\boldsymbol{x} = (x_1x_2\cdots x_m)^T$，$\boldsymbol{x}$ 来自 G 中任何一类。多组判别是根据历史观测资料，建立判别函数，将 $\boldsymbol{x}$ 划归 G 中的类。任何一个划分方法都可能有错分现象。如果实属总体 g 类的个体而被错分为 h 类导致的损失为 $L(h/g)$，则应有

$$L(h/g) \begin{cases} = 0 & 当\ h = g \\ > 0 & 当\ h \neq g \end{cases}$$

设 $f_g(\boldsymbol{x})$ 是第 g 类的概率密度函数，P_g 是第 g 类预报对象的气候概率，则给定一个个体 $\boldsymbol{x}$，它来自第 g 类的条件概率可由贝叶斯公式得出

$$P(g/\boldsymbol{x}) = \frac{P_g f_g(\boldsymbol{x})}{\sum_{k=1}^{G} P_k f_k(\boldsymbol{x})} \tag{7.3.5}$$

个体 $\boldsymbol{x}$,被错误地划归入 h 类的平均损失为

$$\sum_{\substack{g=1\\g\neq h}}^{G} P(g/\boldsymbol{x})\cdot L(h/g) = \sum_{\substack{g=1\\g\neq h}}^{G} \frac{P_g f_g(\boldsymbol{x})}{\sum_{k=1}^{G} P_k f_k(\boldsymbol{x})}\cdot L(h/g) \tag{7.3.6}$$

因为 $\sum_{k=1}^{G} P_k f_k(\boldsymbol{x})$ 是常数,所以欲使上式达最小,应使

$$E_h(\boldsymbol{x}) = \sum_{\substack{g=1\\g\neq h}}^{G} P_g f_g(\boldsymbol{x})\cdot L(h/g) \tag{7.3.7}$$

达到最小。为方便起见,令各种错分的损失相同,也就是当 $h=g$ 时,$L(h/g)=0$,当 $h\neq g$ 时,$L(h/g)=1$。则有

$$E_h(\boldsymbol{x}) = \sum_{\substack{g=1\\g\neq h}}^{G} P_g f_g(\boldsymbol{x}) = \sum_{g=1}^{G} P_g f_g(\boldsymbol{x}) - P_h f_h(\boldsymbol{x}) \tag{7.3.8}$$

当 $E_h(\boldsymbol{x})$ 达极小时,将有 $P_h f_h(\boldsymbol{x})$ 达极大。而根据贝叶斯公式

$$P(h/\boldsymbol{x}) = \frac{P_h f_h(\boldsymbol{x})}{\sum_{g=1}^{G} P_g f_g(\boldsymbol{x})}$$

故也应有 $P(h/\boldsymbol{x})$ 达极大,这样可按后验概率 $P(h/\boldsymbol{x})$ 达极大,将个体 $\boldsymbol{x}$ 划入 h 类。

如果预报因子向量 $\boldsymbol{x}$ 服从多元正态分布,不同组的方差矩阵认为相等,则等 g 组的密度函数为

$$f_g(\boldsymbol{x}) = \frac{|\Sigma|^{-\frac{1}{2}}}{(2\pi)^{m/2}}\exp\left[-\frac{1}{2}(\boldsymbol{x}-\boldsymbol{\mu}_g)^T\Sigma^{-1}(\boldsymbol{x}-\boldsymbol{\mu}_g)\right] \tag{7.3.9}$$

对 $P_g f_g(\boldsymbol{x})$ 取自然对数可得

$$U_g(\boldsymbol{x}) = \ln[P_g f_g(\boldsymbol{x})] = \ln P_g + \ln\frac{|\Sigma|^{-\frac{1}{2}}}{(2\pi)^{m/2}} - \frac{1}{2}(\boldsymbol{x}-\boldsymbol{\mu}_g)^T\Sigma^{-1}(\boldsymbol{x}-\boldsymbol{\mu}_g) \tag{7.3.10}$$

因为我们应将 $\boldsymbol{x}$ 划归入使式(7.3.10)达最大的第 g 类,所以将式(7.3.10)展开,略去与 g 无关的常数,写为

$$\ln[P_g f_g(\boldsymbol{x})] = \boldsymbol{x}^T\Sigma^{-1}\boldsymbol{\mu}_g + \ln P_g - \frac{1}{2}\boldsymbol{\mu}_g^T\Sigma^{-1}\boldsymbol{\mu}_g + \text{常数} \tag{7.3.11}$$

令

$$\boldsymbol{c}_g = \Sigma^{-1}\boldsymbol{\mu}_g = (c_{1g}c_{2g}\cdots c_{mg})^T \tag{7.3.12}$$

$$c_{0g} = \ln P_g - \frac{1}{2}\boldsymbol{\mu}_g^T\Sigma^{-1}\boldsymbol{\mu}_g \tag{7.3.13}$$

则判别函数为

$$U_g(\boldsymbol{x}) = c_{0g} + \sum_{i-1}^{m} c_{ig} x_i \qquad g = 1,2,\cdots,G \tag{7.3.14}$$

对于样本 $\boldsymbol{x}$,用样本平均值$\overline{\boldsymbol{x}_g}$ 代替 $\boldsymbol{\mu}_g$,用样本方差阵 $\boldsymbol{S}$ 代替 Σ,代入式(7.3.12) 和式(7.3.13) 中,计算出 G 个判别函数值:$U_1(\boldsymbol{x}),U_2(\boldsymbol{x}),\cdots,U_G(\boldsymbol{x})$ 。若有

$$U_h(\boldsymbol{x}) = \max_g[U_g(\boldsymbol{x})] \tag{7.3.15}$$

则将 $\boldsymbol{x}$ 划归入 h 类。其后验概率的计算可据

$$P(h/x) = \frac{P_h f_h(\boldsymbol{x})}{\sum_{g=1}^{G} P_g f_g(\boldsymbol{x})} = \frac{e^{U_h(\boldsymbol{x})}}{\sum_{g=1}^{G} e^{U_g(\boldsymbol{x})}} \tag{7.3.16}$$

例 7:已知长江中游 6 月降水分为三级,用 1,2,3 表示分别对应降水偏少、偏多、正常。

经 1951—1980 年观测得到 29a 样本数据(见表 7.3.2)。现需建立 4 因子的 3 级判别函数。

表 7.3.2

序	x_1	x_2	x_3	x_4	原分级	计算分级	后验概率
1	0.58	82.0	44.0	40.6	1	1	0.991
2	0.40	83.0	18.0	43.0	2	2	0.560
3	0.55	85.0	19.0	123.9	2	2	0.891
4	0.40	85.0	36.0	30.7	2	2	0.521
5	0.48	88.0	49.0	43.0	2	2	0.634
6	0.41	82.0	35.0	78.6	3	3	0.768
7	0.65	80.0	29.0	33.2	1	1	0.998
8	0.45	82.0	32.0	33.1	3	3	0.879
9	0.39	81.0	27.0	46.5	3	3	0.865
10	0.34	85.0	28.0	41.7	3	2	0.823
11	0.42	84.0	38.0	20.4	3	3	0.747
12	0.52	86.0	38.0	0.2	1	1	0.936
13	0.46	88.0	25.0	56.7	2	2	0.965
14	0.48	83.0	46.0	13.6	1	1	0.913
15	0.53	84.0	41.0	32.3	1	1	0.857
16	0.65	81.0	31.0	28.9	1	1	0.999
17	0.66	83.0	38.0	46.6	1	1	0.998
18	0.53	80.0	42.0	93.1	3	3	0.859
19	0.56	85.0	18.0	16.3	3	3	0.393
20	0.45	83.0	37.0	23.9	3	3	0.769
21	0.34	80.0	42.0	26.3	3	3	0.973
22	0.41	79.0	38.0	40.8	3	3	0.966
23	0.53	83.0	23.0	61.2	3	3	0.715
24	0.48	84.0	19.0	23.2	2	3	0.557
25	0.30	85.0	27.0	17.5	2	2	0.811
26	0.42	81.0	21.0	52.2	3	3	0.823
27	0.52	81.0	38.0	45.8	1	1	0.620
28	0.36	82.0	34.0	34.9	2	3	0.833
29	0.43	84.0	34.0	60.5	3	3	0.537

已知 $m=4, G=3, n_1=8, n_2=8, n_3=13, n=29$。

第一步，计算分组平均值$\overline{x_{ig}}$，总平均值$\overline{x_i}$。

$$\overline{x_{ig}}=\frac{1}{n_g}\sum_{k=1}^{n_g}x_{igk} \qquad i=1,2,3,4;\quad G=1,2,3$$

$$\overline{x_i}=\frac{1}{n}\sum_{g=1}^{G}\sum_{k=1}^{n_g}x_{igk} \qquad i=1,2,3,4$$

样本方差矩阵 $\boldsymbol{S}=(s_{ij})$

$$(s_{ij})=\frac{1}{n-3}\sum_{g=1}^{3}\sum_{k=1}^{n_g}(x_{igk}-\overline{x}_{ig})(x_{igk}-\overline{x}_{ig})$$

$$i,j=1,2,3,4$$

计算结果列于表 7.3.3。

表 7.3.3

项目		x_1	x_2	x_3	x_4
组平均	1 组	0.573750	82.50000	38.12500	30.15000
	2 组	0.428750	85.50000	28.37500	46.61250
	3 组	0.436923	82.23077	31.92308	45.73846
总平均		0.472414	83.06897	32.65517	41.67931
$\boldsymbol{S}$	x_1	0.0052585			
	x_2	0.0101627	4.0118343		（对称）
	x_3	−0.0190118	0.7588757	69.218195	
	x_4	0.7977755	−8.7352071	−18.251886	618.63690
$\boldsymbol{S}^{-1}$	x_1	274.64671			
	x_2	−1.60079	0.266734		（对称）
	x_3	0.67782	−0.0005824	0.01625	
	x_4	−0.035677	0.005668	−0.000468	0.002132

第二步，计算 $\boldsymbol{S}$ 的逆矩阵，结果见表 7.3.3。

第三步，计算判别系数。$\boldsymbol{C}_g=\boldsymbol{S}^{-1}\overline{x}_g\,(g=1,2,3)$。

例如

$$c_1=\boldsymbol{S}^{-1}\cdot\overline{x}_1$$

$$\boldsymbol{c}_1=\boldsymbol{S}^{-1}\cdot\begin{bmatrix}0.57375\\82.50000\\38.12500\\30.15000\end{bmatrix}=\begin{bmatrix}40.59873\\21.03609\\0.51304\\0.30855\end{bmatrix}$$

全部计算结果见表 7.3.4。

表 7.3.4

g	c_{0g}	c_{1g}	c_{2g}	c_{3g}	c_{4g}
1	−895.1045	40.5987	21.0361	0.5130	0.3086
2	−949.5105	−15.7094	22.0851	0.2339	0.4144
3	−889.4717	−6.3149	21.3077	0.3137	0.3922

第四步，计算判别函数常数项 $c_{0g}(g=1,2,3)$

$$c_{0g}=\ln P_g-\frac{1}{2}\bar{\boldsymbol{x}}_g^T\cdot\boldsymbol{c}_g \qquad g=1,2,3$$

例如

$$c_{01}=\ln\frac{8}{29}-\frac{1}{2}\bar{\boldsymbol{x}}_g^T\cdot\boldsymbol{c}_1$$

$$=\ln\frac{8}{29}-\frac{1}{2}(0.57375\quad 82.5\quad 38.125\quad 30.15)$$

$$\cdot\begin{bmatrix}40.59873\\21.03609\\0.51304\\0.30855\end{bmatrix}=-895.10452$$

计算结果见表 7.3.4。判别函数为

$$U_g(\boldsymbol{x})=c_{0g}+c_{1g}x_1+c_{2g}x_2+c_3x_{3g}+c_{4g}x_4$$
$$g=1,2,3$$

还可以求出判别函数对非独立样本资料的分组情况以及后验概率。例如，对第一样本，$\boldsymbol{x}=(0.58\quad 82\quad 44\quad 40.6)^T$ 代入判别函数得

$$U_1(\boldsymbol{x})=888.5030$$
$$U_2(\boldsymbol{x})=879.4673$$
$$U_3(\boldsymbol{x})=883.8190$$

因为 $U_1(\boldsymbol{x})=\max[U_g(\boldsymbol{x})]$，所以第一样本归入第一级。对 29 个样本计算分级，结果表示在表 7.3.2 中。可知，对非独立样本的准确率为 26/29，有三个样本错一个等级。

据式(7.3.16)可计算出后验概率，例如对第一样本，计算

$$P(1/\boldsymbol{x})=\frac{e^{U_1(\boldsymbol{x})}}{e^{U_1(\boldsymbol{x})}+e^{U_2(\boldsymbol{x})}+e^{U_3(\boldsymbol{x})}}$$

$$=\frac{e^0}{1+e^{U_2(\boldsymbol{x})-U_1(\boldsymbol{x})}+e^{U_3(\boldsymbol{x})-U_1(\boldsymbol{x})}}$$

$$=\frac{1}{1+e^{-9.03571}+e^{-4.68399}}=0.991$$

所有样本的后验概率见表 7.3.2。

3. 错分损失不同对判别效果的影响

式(7.3.14)的判别函数是在错分的经济损失相同时得到的。如果错分的损失认为不同,则需要从式(7.3.7)出发重新考虑。我们以三组线性判别为例,说明考虑错分经济损失不同时的判别问题。设三组判别的错分损失为

$$L(h/g) = \begin{bmatrix} 0 & 0.5 & 1 \\ 0.5 & 0 & 0.5 \\ 1 & 0.5 & 0 \end{bmatrix} \tag{7.3.17}$$

也就是正确分类时,损失为 0,错分两个等级的损失是错分一级损失的二倍(此即区别于 $L(h/g) = 1, h \neq g$ 的情况)。在此条件下,求出使式(7.3.7) 达极小的 h,则 $\boldsymbol{x}$ 划入 h 级。

由式(7.3.7)求得

$$\begin{aligned} E_1(\boldsymbol{x}) &= \sum_{g=1, g\neq h}^{3} P_g f_g(\boldsymbol{x}) L(1/g) \\ &= 0.5P_2 f_2(\boldsymbol{x}) + P_3 f_3(\boldsymbol{x}) \end{aligned} \tag{7.3.18}$$

类似可得

$$E_2(\boldsymbol{x}) = 0.5P_1 f_1(\boldsymbol{x}) + 0.5P_3 f_3(\boldsymbol{x}) \tag{7.3.19}$$

$$E_3(\boldsymbol{x}) = P_1 f_1(\boldsymbol{x}) + 0.5P_2 f_2(\boldsymbol{x}) \tag{7.3.20}$$

比较 $E_1(\boldsymbol{x}), E_2(\boldsymbol{x}), E_3(\boldsymbol{x})$ 的大小,得到判别规则是

$$\begin{cases} R_1^*: P_1 f_1(\boldsymbol{x}) > P_2 f_2(\boldsymbol{x}) + P_3 f_3(\boldsymbol{x}) \\ R_1^* \begin{cases} P_1 f_1(\boldsymbol{x}) < P_2 f_2(\boldsymbol{x}) + P_3 f_3(\boldsymbol{x}) \\ P_3 f_3(\boldsymbol{x}) < P_1 f_1(\boldsymbol{x}) + P_2 f_2(\boldsymbol{x}) \end{cases} \\ R_3^*: P_3 f_3(\boldsymbol{x}) > P_1 f_1(\boldsymbol{x}) + P_2 f_2(\boldsymbol{x}) \end{cases} \tag{7.3.21}$$

当 $\boldsymbol{x}$ 落在 R_i^* 区域时,则将 $\boldsymbol{x}$ 归入第 i 组($i = 1,2,3$)。这样的判别结果与

$$L(h/g) = \begin{bmatrix} 0 & 1 & 1 \\ 1 & 0 & 1 \\ 1 & 1 & 0 \end{bmatrix}$$

有什么不同呢?显然,这时,由式(7.3.8)得判别规则是

$$\begin{cases} R_1^*: P_1 f_1(\boldsymbol{x}) > P_2 f_2(\boldsymbol{x}), P_1 f_1(\boldsymbol{x}) > P_3 f_3(\boldsymbol{x}) \\ R_2^*: P_2 f_2(\boldsymbol{x}) > P_1 f_1(\boldsymbol{x}), P_2 f_2(\boldsymbol{x}) > P_3 f_3(\boldsymbol{x}) \\ R_3^*: P_3 f_3(\boldsymbol{x}) > P_1 f_1(\boldsymbol{x}), P_3 f_3(\boldsymbol{x}) > P_2 f_2(\boldsymbol{x}) \end{cases} \tag{7.3.22}$$

为了比较形象地说明判别结果的差别,我们利用所谓的三角概率图。这是一个等边三角形(见图 7.3.1)。如果从三角形内的任何一点 M 平行于三角形三条边作直线,得 ME、MG、MI 三条直线,则 $ME + MG + MI = AB = BC = AC$。所以我们可以在等

边三角形内安插一个三坐标 x,y,z 的坐标系，使 $MI=x,ME=y,MG=z$。如果 $AB=BC=AC=1$，则任何一个三维矢量 $(P^{(1)}P^{(2)}P^{(3)})(P^{(1)}+P^{(2)}+P^{(3)}=1)$ 可以用 ABC 内的相应点表示（如图 7.3.1 所示）。从 C 点开始向 A 方向取值是 $P^{(1)}$，从 A 点开始向 B 方向取值是 $P^{(2)}$，从 B 点开始向 C 方向取值是 $P^{(3)}$ 。

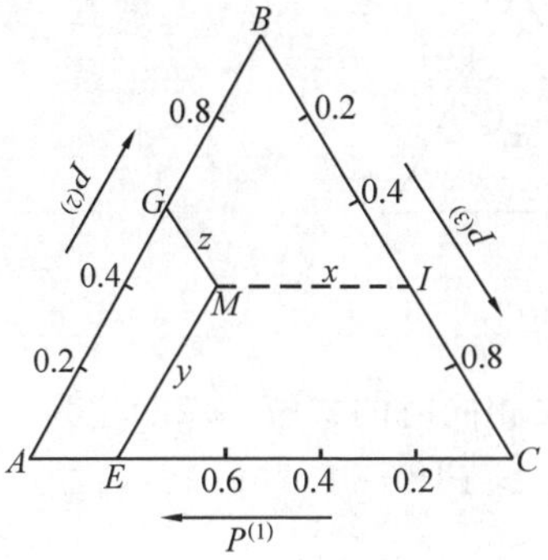

图 7.3.1　三角概率图

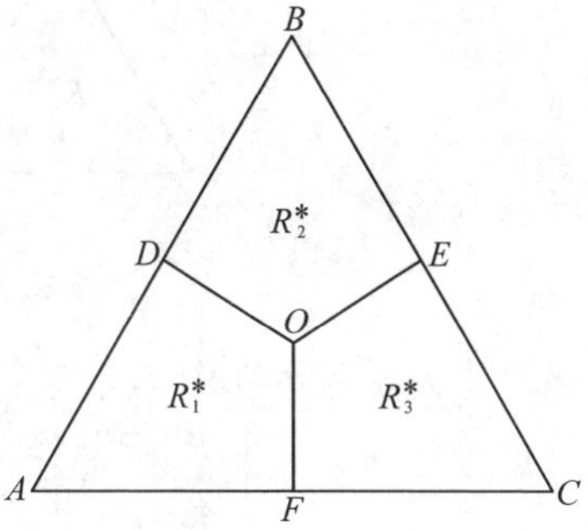

图 7.3.2　损失相同时

图 7.3.2 是用三角形的三条高将三角形分成六个区域，每个区域、每条直线对应 $P^{(1)},P^{(2)},P^{(3)}$ 的一个特定关系。这些关系是

区域　$AOD: P^{(1)}>P^{(2)}>P^{(3)}$

$AOF: P^{(1)}>P^{(3)}>P^{(2)}$

$COF: P^{(3)}>P^{(1)}>P^{(2)}$

$COE: P^{(3)}>P^{(2)}>P^{(1)}$

$BOD: P^{(2)}>P^{(1)}>P^{(3)}$

$BOE: P^{(2)}>P^{(3)}>P^{(1)}$

直线　$DF: P^{(1)}=P^{(2)}+P^{(3)}$

$EF: P^{(3)}=P^{(1)}+P^{(2)}$

$DE: P^{(2)}=P^{(1)}+P^{(3)}$

现在我们来寻找式(7.3.21)和式(7.3.22)在概率三角形内所对应的区域。为此要将这两个不等式的两端除 $P_1f_1(\boldsymbol{x})+P_2f_2(\boldsymbol{x})+P_3f_3(\boldsymbol{x})$。并使用记号

$$P^{(r)}=\frac{P_rf_r(\boldsymbol{x})}{P_1f_1(\boldsymbol{x})+P_2f_2(\boldsymbol{x})+P_3f_3(\boldsymbol{x})} \qquad (7.3.23)$$

$$r=1,2,3$$

因 $P^{(1)}+P^{(2)}+P^{(3)}=1$。所以错分损失不同时的式(7.3.21)为

$$\begin{cases} R_1^*: P^{(1)}>P^{(2)}+P^{(3)} \\ R_2^*: P^{(1)}<P^{(2)}+P^{(3)}, P^{(3)}<P^{(1)}+P^{(2)} \\ R_3^*: P^{(3)}>P^{(1)}+P^{(2)} \end{cases} \qquad (7.3.24)$$

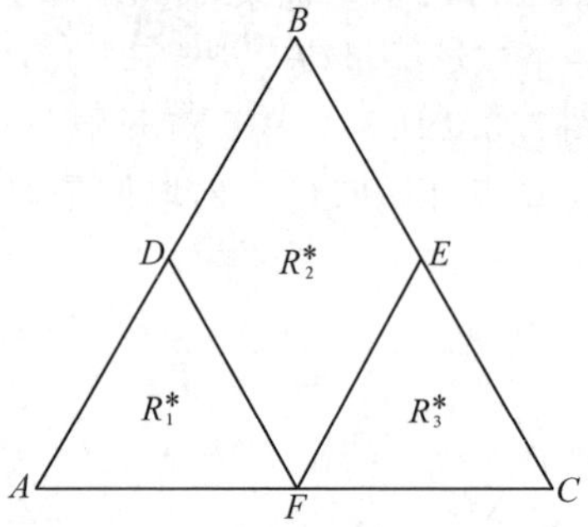

图 7.3.3　损失不同时

这样的概率对比关系表示在图 7.3.3 中。而损失相同时的式(7.3.22)化为

$$\begin{cases} R_1^* \ P^{(1)} > P^{(2)}, P^{(1)} > P^{(3)} \\ R_2^* \ P^{(2)} > P^{(1)}, P^{(2)} > P^{(3)} \\ R_3^* \ P^{(3)} > P^{(1)}, P^{(3)} > P^{(2)} \end{cases} \tag{7.3.25}$$

满足这样关系的区域表示在图 7.3.2 中。比较图 7.3.2 与图 7.3.3 可以看出，如果认为错分损失相同，则由于 R_1^* 和 R_3^* 的区域相接壤，而使 $P^{(1)}, P^{(2)}, P^{(3)}$ 的微小变化而导致从预报一个极端级别跳到预报另一个极端级别。如果考虑到错分损失不相同，则 $P^{(1)}, P^{(2)}, P^{(3)}$ 的微小变化不能使预报一个极端级别而转换到预报另一个极端级别，这是比较合理的。

据式(7.3.1)因为损失相同时的判别函数，应为

$$U_{ij}(\boldsymbol{x}) = \ln \frac{P_i f_i(\boldsymbol{x})}{P_j f_j(\boldsymbol{x})} \tag{7.3.26}$$

所以

$$\frac{P_i f_i(\boldsymbol{x})}{P_j f_j(\boldsymbol{x})} = \mathrm{e}^{U_{ij}(\boldsymbol{x})} \tag{7.3.27}$$

式(7.3.27)代入式(7.3.23)，就可用判别函数 $U_{ij}(\boldsymbol{x})$ 计算 $P^{(r)}$

$$P^{(r)} = \frac{\mathrm{e}^{U_{r3}(\boldsymbol{x})}}{\mathrm{e}^{U_{13}(\boldsymbol{x})} + \mathrm{e}^{U_{23}(\boldsymbol{x})} + 1} \qquad r = 1,2,3 \tag{7.3.28}$$

在概率三角形中，据 $P^{(1)}, P^{(2)}, P^{(3)}$ 找到相应的坐标点，如落入 R_i^* 区域，则预报第 i 级。

第四节　多组逐步判别

前面我们介绍了利用给定的 m 个因子建立 G 组判别函数的方法。如何利用给定的 m 个因子，选出重要的因子组成判别函数呢？这就是逐步判别方法。它的基本思

想与逐步回归相类似，即每一步进行统计检验，在尚未引入的因子中选出一个判别能力最强的因子进入判别函数，接着在已引入的变量中找出一个判别能力最差的因子进行剔除检验，检查它是否可以剔除。当没有变量剔除时，再考虑引入新的变量。这样，使最终的判别函数只包含判别能力强的预报因子。

1. 逐步判别预备知识

(1)组内离差矩阵、总离差矩阵

设欲进行 G 组判别，每组有 n_g 的历史个例，$(g=1,2,\cdots,G)$，$\sum_{g=1}^{G} n_g = n$ 为样本总数，共有 m 个预报因子可供挑选。则每一个资料可表示为 $x_{igk}(i=1,2,\cdots,m;\ g=1,2,G;\quad k=1,2,\cdots,n_g)$，因子的组平均 $\overline{x}_{ig}$ 和总平均 $\overline{x}_i$ 为

$$\overline{x}_{ig} = \frac{1}{n_g}\sum_{k=1}^{n_g} x_{igk} \qquad \begin{matrix} i=1,2,\cdots,m \\ g=1,2,\cdots,G \end{matrix} \tag{7.4.1}$$

$$\overline{x}_i = \frac{1}{n}\sum_{g=1}^{G}\sum_{k=1}^{n_g} x_{igk} \qquad i=1,2,\cdots,m$$

相对于组平均的离差积和为

$$w_{ij} = \sum_{g=1}^{G}\sum_{k=1}^{n_g}(x_{igk}-\overline{x}_{ig})(x_{jgk}-\overline{x}_{jg}) \tag{7.4.2}$$

$$i,j=1,2,\cdots,m$$

w_{ij} 可组成 m 阶矩阵，称为组内离差阵，用 $\boldsymbol{W}$ 表示

$$\boldsymbol{W} = (w_{ij})$$

相对于总平均的离差积和为

$$t_{ij} = \sum_{g=1}^{G}\sum_{k=1}^{n_g}(x_{igk}-\overline{x}_i)(x_{jgk}-\overline{x}_j) \tag{7.4.3}$$

$$i,j=1,2,\cdots,m$$

t_{ij} 可组成 m 阶矩阵，称为总离差阵，用 $\boldsymbol{T}$ 表示

$$\boldsymbol{T} = (t_{ij})$$

将 n_g 个资料认为是集中在组平均 $\overline{x}_{ig}$ 上，求出组平均与总平均的离差积和为

$$\sum_{g=1}^{G} n_g(\overline{x}_{ig}-\overline{x}_i)(\overline{x}_{jg}-\overline{x}_j) = t_{ij} - w_{ij} \tag{7.4.4}$$

上式用 t_{ij}，w_{ij} 的关系式代入，将求和号展开，利用式(7.4.1)就可以得证。由 $t_{ij}-w_{ij}$ 组成的 m 阶矩阵，称为组间离差阵，用 $\boldsymbol{T}-\boldsymbol{W}$ 表示

$$\boldsymbol{T}-\boldsymbol{W} = (t_{ij}-w_{ij})$$

由此，总离差阵，等于组内离差阵加组间离差阵。当资料给定后，总离差阵就不再改变。

(2)消去法计算行列式的值

我们知道，当行列式的阶数小于等于3时，可以用对角线法则计算行列式的值。当行列式的阶数大于3时，可以将行列式展开，降到3阶以下行列式，用对角线法则去计算行列式的值。逐步判别方法在选因子时，要计算行列式的值，上述的算法太烦，不能使用；另一方面，在组成判别函数时需要用求解求逆的消去法，能否在求行列式值时，也利用消去法呢？

设有矩阵 $\boldsymbol{W}=(w_{ij})$ 是 m 阶方阵，则用消去法求行列式 $|\boldsymbol{W}|$ 的方法是，对 W 的元素进行 $m-1$ 次消去变换，公式为

$$w_{ij}^{(l+1)}=\begin{cases}1/w_{LL}^{(l)} & i=j=L\\ w_{Lj}^{(l)}/w_{LL}^{(l)} & i=L,j\neq L\\ -w_{iL}^{(l)}/w_{LL}^{(l)} & i\neq L,j=L\\ w_{ij}^{(l)}-w_{iL}^{(l)}w_{Lj}^{(l)}/w_{LL}^{(l)} & i\neq L,j\neq L\end{cases}\tag{7.4.5}$$

式中 L 是消去变换的指标，无重复地取 $L=1,L=2,\cdots,L=m-1$（不一定按自然数顺序）。令 l 是矩阵的步数。如果未进行消去变换时的矩阵是0步矩阵，元素用 $w_{ij}^{(0)}$ 表示。$w_{ij}^{(l)}\,(l=1,2,\cdots,m-1)$ 是逐步消去变换后的矩阵，即

$$(w_{ij}^{(0)})\xrightarrow{L=1}(w_{ij}^{(1)})\xrightarrow{L=2}(w_{ij}^{(2)})\cdots\xrightarrow{L=m-1}(w_{ij}^{(m-1)})$$

则 $\boldsymbol{W}$ 的行列式为

$$|\boldsymbol{W}|=w_{11}^{(0)}\cdot w_{22}^{(1)}\cdot w_{33}^{(2)}\cdot\quad\cdots\quad\cdot w_{mm}^{(m-1)}$$

例如

$$|\boldsymbol{W}|=\begin{vmatrix}10 & 7 & 4\\ 7 & 7 & 3\\ 4 & 3 & 4\end{vmatrix}$$

用对角线法则算得值为50。若用消除法

$$\begin{vmatrix}10 & 7 & 4\\ 7 & 7 & 3\\ 4 & 3 & 4\end{vmatrix}\xrightarrow{L=1}\begin{vmatrix}0.1 & 0.7 & 0.4\\ -0.7 & 2.1 & 0.2\\ -0.4 & 0.2 & 2.4\end{vmatrix}$$

$$\xrightarrow{L=2}\begin{vmatrix}0.333 & -0.333 & 0.333\\ -0.333 & 0.476 & 0.095\\ -0.333 & -0.095 & 2.381\end{vmatrix}$$

由此得

$$|\boldsymbol{W}|=10\times 2.1\times 2.381=50.001$$

与对角线方法的结果完全一致（仅有微小计算误差）。此外，在矩阵变换的过程中，可以得到许多子行列式的解。例如，只变换一次时

$$10\times 2.1=21=\begin{vmatrix}10 & 7\\ 7 & 7\end{vmatrix}$$

(3)因子判别能力标准

在二组判别时，我们曾经讲过因子的组平均值向量在二组之间没有差异，判别就无效。必须重新选择因子。在 G 组判别时，就必须检验因子的组平均值在 G 组之间是否有明显差异。方法是计算威尔克斯统计量(Wilks statistic)

$$\Lambda = \frac{|\boldsymbol{W}|}{|\boldsymbol{T}|} \tag{7.4.6}$$

对 Λ 作统计检验。因此 Wilks 统计量就可以作为选因子的标准。因为当资料给定时，$|\boldsymbol{T}|$ 是不变的，当 $|\boldsymbol{W}|$ 小时，表示各组的样本点在组内比较集中，或者说在组间的差异比较大，从而 Λ 越小，m 个因子进行 G 组判别的能力越强。

单因子时，我们计算 $\Lambda_i = \frac{w_{ii}}{t_{ii}}(i = 1,2,\cdots,m)$，若 $\min\limits_{1\leqslant i\leqslant m}\Lambda_i = \Lambda_1$，则表示在单因子中，因子 x_1 作 G 组判别的能力最强。

当需要增加一个因子时，应计算

$$\Lambda_{1L} = \frac{\begin{vmatrix} w_{11} & w_{1L} \\ w_{L1} & w_{LL} \end{vmatrix}}{\begin{vmatrix} t_{11} & t_{1L} \\ t_{L1} & t_{LL} \end{vmatrix}} \qquad L = 2,3,\cdots,m$$

找出使 Λ_{1L} 达最小的下标 L 的值，设 $\min\limits_{2\leqslant L\leqslant m}\Lambda_{1L} = \Lambda_{12}$。这表示 x_2 和 x_1 组合后的 G 组判别效果比其他任何因子与 x_1 的组合好。Λ_{1L} 的分子和分母均是行列式，这样，为了找出最小的 Λ_{1L} 似乎应该计算 $2\times(m-1)$ 个行列式。但是，由于第一步已选进了一个因子(这里假定是 x_1)，在求单因子判别函数时，对 $\boldsymbol{W}$ 阵已作了一次消去变换 $\boldsymbol{W}^{(0)} \xrightarrow{L=1} \boldsymbol{W}^{(1)}$。据消去法求行列式的值的方法可知，此时

$$\Lambda_{1L} = \frac{w_{11}^{(0)}}{t_{11}^{(0)}} \cdot \frac{w_{LL}^{(1)}}{t_{LL}^{(1)}} \qquad L = 2,3,\cdots,m$$

所以，如果在 $\boldsymbol{W}^{(1)}$ 和 $\boldsymbol{T}^{(1)}$ 中计算 $(m-1)$ 个除法，即计算 $\frac{w_{LL}^{(1)}}{t_{LL}^{(1)}}(L = 2,3,\cdots,m)$ 找出使 $\frac{w_{LL}^{(1)}}{t_{LL}^{(1)}}$ 达最小的下标 L，就必定能使 Λ_{1L} 达最小。

设 $x_1,x_2,\cdots,x_r$ 的判别能力用 $\Lambda_{12\cdots r}$ 表示，用 $\Lambda_{12\cdots rL}$ 表示再增加一个因子 x_L 的判别能力，则有

$$\Lambda_{12\cdots rL} = \Lambda_{12\cdots r}\frac{w_{LL}^{(r)}}{t_{LL}^{(r)}} \tag{7.4.7}$$

或

$$\frac{w_{LL}^{(r)}}{t_{LL}^{(r)}} = \frac{\Lambda_{12\cdots rL}}{\Lambda_{12\cdots r}} = \Lambda_{L/12\cdots r} \tag{7.4.8}$$

表示 $x_1, x_2, \cdots, x_r$，引入以后，所增加的 x_L 的判别能力。这里上角 r 即是步数，也是引入判别函数的因子数。当前几步有剔除因子时，用 l 表示步数，$l \geqslant r$，则$\frac{w_{LL}^{(l)}}{t_{LL}^{(l)}}$ 表示逐步判别进行到第 l 步，有 r 个因子已引入判别函数时，因子 x_L 的判别能力表示为

$$\frac{w_{LL}^{(l)}}{t_{LL}^{(l)}} = \frac{\Lambda_{12\cdots rL}}{\Lambda_{12\cdots r}} = \Lambda_{L/12\cdots r}$$

所以，逐步判别在引入因子时，是在当步矩阵 $\boldsymbol{W}^{(l)}, \boldsymbol{T}^{(l)}$ 中对还未引入的变量 L 计算 $\frac{w_{LL}^{(l)}}{t_{LL}^{(l)}}$，找出使$\frac{w_{LL}^{(l)}}{t_{LL}^{(l)}}$ 达最小的指标 L，表示因子 x_L 在下一步有可能引进。是否能引进，要作统计检验。如果通过检验，则是 $\boldsymbol{W}^{(l)}, \boldsymbol{T}^{(l)}$ 作变换，即

$$\boldsymbol{W}^{(l)} \xrightarrow{L} \boldsymbol{W}^{(l+1)} \quad , \quad \boldsymbol{T}^{(l)} \xrightarrow{L} \boldsymbol{T}^{(l+1)}$$

如果逐步判别进行到第 l 步，有 r 个因子已引入判别函数，需要检查是否有变量可以剔除时，能否计算$\frac{w_{LL}^{(l)}}{t_{LL}^{(l)}}$ 找使 L 达最大的指标呢？不能。因为$\frac{w_{LL}^{(l)}}{t_{LL}^{(l)}} = \Lambda_{L/12\cdots r}$ 是 r 因子已引入的条件下，r 个因子以外的 x_L 的判别能力。而我们是要在 r 个已引入的变量中找一个判别能力最差的因子。我们不妨认为需要剔除的变量是第 l 步刚引进的，这时 x_L 的判别能力为$\frac{w_{LL}^{(l-1)}}{t_{LL}^{(l-1)}} = \Lambda_{L/(r-1)}$。$\Lambda$ 中下标表示在 $(r-1)$ 个因子已引入的条件下，x_L 的判别能力。当$\frac{w_{LL}^{(l-1)}}{t_{LL}^{(l-1)}}$ 通过检验时，在 l 步引入 x_L。$\frac{w_{LL}^{(l-1)}}{t_{LL}^{(l-1)}}$ 就是第 l 步有 r 个因子已引入判别函数时，在 r 个因子中的任意一个 x_L 的判别能力。应该找出使$\frac{w_{LL}^{(l-1)}}{t_{LL}^{(l-1)}}$ 达最大的指标 L，但我们已进行到了第 l 步，只有 $w_{LL}^{(l)}, t_{LL}^{(l)}$ 的值，如何计算$\frac{w_{LL}^{(l-1)}}{t_{LL}^{(l-1)}}$ 呢？

因为

$$\Lambda_{L/(r-1)} = \frac{w_{LL}^{(l-1)}}{t_{LL}^{(l-1)}} = \frac{1/w_{LL}^{(l)}}{1/t_{LL}^{(l)}} = \frac{t_{LL}^{(l)}}{w_{LL}^{(l)}} \tag{7.4.9}$$

所以，在第 l 步矩阵中，我们只需对已引入的变量 L 去计算$\frac{w_{LL}^{(l)}}{t_{LL}^{(l)}}$，找出使它达最小的下标 L，就表示 $\Lambda_{L/(r-1)}$ 达最大，x_L 就是已引入变量中判别能力最差的，对 x_L 作剔除检验。如果 x_L 能剔除，则进行消去变换，$\boldsymbol{W}^{(l)} \xrightarrow{L} \boldsymbol{W}^{(l+1)}, \boldsymbol{T}^{(l)} \xrightarrow{L} \boldsymbol{T}^{(l+1)}$。因为 $\boldsymbol{W}^{(l)}$ 已对 L 消去变换过，所以 $\boldsymbol{W}^{(l+1)}$ 已不包含因子 x_L。

综上所述，逐步判别进行到第 l 步有 r 个因子时，检查是否能引入因子或剔除因子时，形式上都是计算$\frac{w_{LL}^{(l)}}{t_{LL}^{(l)}}$ 找出使其达最小的 L，如果 x_L 已在判别函数中，则表示该

因子的判别能力最小；如果 x_L 还未进入判别函数，则表示该 x_L 的判别能力最大。这一点与逐步回归在形式上是有区别的。

(4)引入变量和剔除变量的统计检验

为了保证引入变量是真正重要的，应对当步准备选入的变量的判别能力作显著性检验。

引入的检验公式是

$$\begin{aligned} F_1 &= \frac{1-\Lambda_{L/12\cdots r}}{\Lambda_{L/12\cdots r}} \frac{n-r-G}{G-1} \\ &= \frac{t_{LL}^{(l)}-w_{LL}^{(l)}}{w_{LL}^{(l)}} \frac{n-r-G}{G-1} \end{aligned} \tag{7.4.10}$$

统计量 F_1 服从自由度为 $G-1$ 和 $n-r-G$ 的 F 分布。给定信度 α，若有 $F_1 > F_\alpha(G-1, n-r-G)$，则认为 x_L 的判别能力显著，下一步可引入 x_L（可进行消去变换）。

逐步判别中，为了保证剔除的变量是真正不重要的，应对准备剔除的变量的判别能力作剔除检验。剔除的 F 检验公式是

$$\begin{aligned} F_2 &= \frac{1-\Lambda_{L/(r-1)}}{\Lambda_{L/(r-1)}} \frac{n-(r-1)-G}{G-1} \\ &= \frac{w_{LL}^{(l)}-t_{LL}^{(l)}}{t_{LL}^{(L)}} \frac{n-G-r+1}{G-1} \end{aligned} \tag{7.4.11}$$

统计量 F_2 服从自由度 $G-1$ 和 $n-G-r+1$ 的 F 分布。给定信度 α，若有 $F_2 < F_\alpha(G-1, n-r-G+1)$，则认为 x_L 的判别能力已不显著，下一步可以剔除 x_L 。

我们看出，剔除公式 F_2 实际上是根据引入公式写出的。当 $F_2 > F_\alpha(G-1, n-r-G+1)$ 时，因子 x_L 在下一步不能剔除。而这个公式恰好表示了因子 x_L 在第 $l-1$ 步（这时仅 $r-1$ 个因子）满足了引入 x_L 的条件。这样，同逐步回归一样，逐步判别使上一步刚引入（剔除）的因子，在下一步不可能剔除（引入）。

2. 逐步判别方法计算步骤

第一阶段　准备工作。设原始数据为 x_{igk}，则首先计算各因子的组平均值 $\bar{x}_{ig}$ 和因子的总平均值 $\bar{x}_i$。再计算组内离差矩阵 $\boldsymbol{W}$ 和总离差矩阵 $\boldsymbol{T}$ 。

第二阶段　逐步计算。假设已计算到第 l 步（包括最初的第 0 步），判别函数中引入了 r 个变量（$r \leqslant l$），则第 $l+1$ 步的计算内容是：首先在已引入的 r 个变量中计算每个变量的判别能力，公式为

$$\Lambda_{L/(r-1)} = \frac{t_{LL}^{(l)}}{w_{LL}^{(l)}} \tag{7.4.12}$$

找出使 $\Lambda_{L/(r-1)}$ 达最大，即 $\frac{w_{LL}^{(l)}}{t_{LL}^{(l)}}$ 达最小的指标 L，表示 x_L 在 $l+1$ 步可能剔除。再对 x_L 作剔除检验，公式为

$$F_2 = \frac{w_{LL}^{(l)} - t_{LL}^{(l)}}{t_{LL}^{(l)}} \frac{n-G-r+1}{G-1} \tag{7.4.13}$$

当 $F_2 < F_\alpha(G-1, n-r-G+1)$ 时，第 $l+1$ 步先将 x_L 剔除。当没有因子可以剔除时，再考虑变量的引进。这时，在还未引入的变量中计算每个变量的判别能力，公式为

$$\Lambda_{L/12\cdots r} = \frac{w_{LL}^{(l)}}{t_{LL}^{(l)}} \tag{7.4.14}$$

找出使 $\Lambda_{L/12\cdots r}$ 达最小的指标 L，表示 x_L 在 $l+1$ 步可能引进。再对 x_L 作引入检验，公式为

$$F_1 = \frac{t_{LL}^{(l)} - w_{LL}^{(l)}}{w_{LL}^{(l)}} \frac{n-r-G}{G-1} \tag{7.4.15}$$

当 $F_1 > F_\alpha(G-1, n-r-G)$ 时，第 $l+1$ 步可以引进 x_L。所谓引入和剔除 x_L，都是对矩阵 $\boldsymbol{W}$ 和 $\boldsymbol{T}$ 消去第 L 列。公式为

$$w_{ij}^{(l+1)} = \begin{cases} 1/w_{LL}^{(l)} & i=j=L \\ w_{Lj}^{(l)}/w_{LL}^{(l)} & i=L, j\neq L \\ -w_{iL}^{(l)}/w_{LL}^{(l)} & i\neq L, j=L \\ w_{ij}^{(l)} - w_{iL}^{(l)} w_{Lj}^{(l)}/w_{LL}^{(l)} & i\neq L, j\neq L \end{cases} \tag{7.4.16}$$

$$t_{ij}^{(l+1)} = \begin{cases} 1/t_{LL}^{(l)} & i=j=L \\ t_{Lj}^{(l)}/t_{LL}^{(l)} & i=L, j\neq L \\ -t_{iL}^{(l)}/t_{LL}^{(l)} & i\neq L, j=L \\ t_{ij}^{(l)} - t_{iL}^{(l)} t_{Lj}^{(l)}/t_{LL}^{(l)} & i\neq L, j\neq L \end{cases} \tag{7.4.17}$$

既无变量可以引进，又无变量可以剔除时，逐步判别结束。从最终的 $\boldsymbol{W}$ 矩阵中可计算判别系数，写出判别函数。

第三阶段　判别分类。设逐步判别结束于第 1 步，已引入 r 个变量。则可以进行以下工作。

(1)计算判别系数

由多组判别的式(7.3.12)可知，判别函数系数为

$$c_{ig} = \sum_{j\in r} s_{ij}^{-1(l)} \overline{x}_{jg} \qquad g = 1,2,\cdots,G \tag{7.4.18}$$

而

$$s_{ij} = \frac{1}{n-G} w_{ij}$$

得

$$\boldsymbol{S}^{-1} = (n-G)\boldsymbol{W}^{-1} \tag{7.4.19}$$

所以

$$c_{ig} = (n-G)\sum_{j\in r} w_{ij}^{(l)} \overline{x}_{jg} \qquad g = 1,2,\cdots,G \tag{7.4.20}$$

$$c_{0g} = -\frac{1}{2}\sum_{i\in r} c_{ig}\overline{x}_{ig} + \ln P_g \tag{7.4.21}$$

$$g = 1,2,\cdots,G$$

求和号 $\sum\limits_{i\in r}$，$\sum\limits_{j\in r}$ 表示 i,j 应对选中的因子序号求和。

(2)检验 r 个因子的判别效果

对 G 个总体的判别效果检验用

$$-[n-1-(r+G)/2]\ln\Lambda_{(r)} \sim \chi^2[r(G-1)] \tag{7.4.22}$$

$\Lambda_{(r)}$ 是选入的 r 个因子的判别能力的 Wilks 统计量。

对任意两个总体 e 和 f 的判别效果用

$$\frac{n-G-r+1}{r(n-G)(n_e+n_f)}n_e n_f D_{ef}^2 \sim F(r,n-G-r+1)$$
$$e,f=1,2,\cdots,G \qquad e\neq f \tag{7.4.23}$$

其中 D_{ef} 是总体 e 和 f 间的马氏距离

$$D_{ef}^2=\sum_{i\in r}(c_{ie}-c_{if})(\overline{x}_{ie}-\overline{x}_{ij}) \tag{7.4.24}$$

(3)判别分类

设个体 $x=(x_1x_2\cdots x_r)^T$ 是任意一个预报因子向量(这里用 $x_1,x_2,\cdots,x_r$，表示从 m 个因子中选出的 r 个因子)。则逐个计算判别函数

$$U_g(x)=c_{0g}+\sum_{i\in r}c_{ij}x_i \quad g=1,2,\cdots,G \tag{7.4.25}$$

若 $U_h(x)=\max\limits_{1\leqslant g\leqslant G}\{U_g(x)\}$则把 x 划归第 h 个总体(组)。用式(7.3.16)可计算后验概率 $P(h/x)$ 。

例 8：对表 7.4.1 的资料，用逐步判别方法建立判别函数。

表 7.4.1

序号	原始资料							计算后($F=1.0$)	
	x_1	x_2	x_3	x_4	x_5	x_6	原分类	算后分类	后验概率
1	1.20	20.92	3.13	4.50	36.70	0.75	1	1	0.938
2	2.55	31.09	2.16	7.02	30.68	0.95	1	1	0.998
3	2.05	37.50	1.30	3.10	29.78	0.20	1	1	0.796
4	0.60	6.01	1.73	2.26	48.28	0.40	1	1	0.981
5	0.95	20.21	2.59	3.37	37.30	0.25	1	1	0.991
6	0.45	18.86	1.14	1.83	45.56	0.40	1	1	0.811
7	0.20	8.98	1.41	1.41	47.83	0.40	1	1	0.734
8	0.60	20.30	1.70	4.35	37.58	0.50	1	1	0.995
9	0.15	4.12	2.70	0.04	48.88	0.60	2	2	0.994
10	0.05	2.19	1.41	0.01	52.94	0.50	2	2	0.926
11	0.15	10.99	1.84	1.97	44.07	1.35	2	2	1.000
12	0.05	0.75	1.51	0.00	53.99	0.50	2	2	0.894
13	0.95	56.53	1.93	6.46	15.50	0.80	2	2	0.513
14	0.10	1.53	0.97	0.28	53.69	0.50	2	2	0.795
15	0.05	2.81	1.02	0.42	52.64	0.50	2	2	0.790

表 7.4.2

项　目		x_1	x_2	x_3	x_4	x_5	x_6
组均值	1	1.075	20.484	1.895	3.480	39.214	0.481
	2	0.214	11.274	1.626	1.312	45.959	0.679
总均值		0.673	16.186	1.769	2.468	42.361	0.573

由表 7.4.1 可知，$n = 15, G = 2, n_1 = 8, n_2 = 7, m = 6$。

第一阶段　准备工作。取 $F = 1.0$。计算分组平均值和总平均值。见表 7.4.2。

计算 $\boldsymbol{W}^{(0)}$ 矩阵和 $\boldsymbol{T}^{(0)}$ 矩阵

$$\boldsymbol{W}^{(0)} = \begin{bmatrix} 5.409 & 89.866 & 1.315 & 12.522 & -63.819 & 0.791 \\ 89.866 & 3206.031 & 22.982 & 360.667 & -2170.583 & 15.225 \\ 1.315 & 22.982 & 5.452 & 6.619 & -29.317 & 0.954 \\ 12.522 & 360.667 & 6.619 & 56.809 & -265.085 & 4.461 \\ -63.819 & -2170.583 & -29.317 & -265.085 & 1528.669 & -14.014 \\ 0.791 & 15.225 & 0.954 & 4.461 & -14.014 & 1.044 \end{bmatrix}$$

$$\boldsymbol{T}^{(0)} = \begin{bmatrix} 8.174 & 119.459 & 2.181 & 19.490 & -85.492 & 0.157 \\ 119.459 & 3522.671 & 32.240 & 435.222 & -2402.483 & 8.441 \\ 2.181 & 32.240 & 5.723 & 8.799 & -36.098 & 0.756 \\ 19.490 & 435.222 & 8.799 & 74.363 & -316.688 & 2.863 \\ -85.492 & -2402.483 & -36.098 & -319.688 & 1698.508 & -9.045 \\ 0.157 & 8.441 & 0.756 & 2.863 & -9.045 & 1.189 \end{bmatrix}$$

第二阶段　逐步计算。

第一步 $(l = 0, r = 0)$：计算因子的判别能力 $\dfrac{w_{ij}^{(0)}}{t_{ij}^{(0)}}(i = 1,2,\cdots,6)$

$$\min_i \left(\frac{w_{ii}^{(0)}}{t_{ii}^{(0)}}\right) = \frac{w_{11}^{(0)}}{t_{11}^{(0)}} = \frac{5.40857}{8.17433} = 0.66165$$

对因子 x_1 作引入的 F 检验，代入引入公式

$$F_1 = \frac{1 - 0.66165}{0.66165} - \frac{15 - 0 - 2}{2 - 1}$$

$$= 6.64785 > F = 1$$

通过检验，可引进 x_1。$\boldsymbol{W}^{(0)}$，$\boldsymbol{T}^{(0)}$ 两矩阵同时消去第 1 列，得 $\boldsymbol{W}^{(1)}$，$\boldsymbol{T}^{(1)}$

$$\boldsymbol{W}^{(1)} = \begin{bmatrix} 0.185 & -16.615 & -0.243 & -2.315 & 11.800 & -0.146 \\ 16.615 & 1712.870 & 1.125 & 152.614 & -1110.199 & 2.084 \\ 0.243 & 1.125 & 5.132 & 3.574 & -13.795 & 0.762 \\ 2.315 & 152.614 & 3.574 & 27.819 & -117.334 & 2.629 \\ -11.800 & -1110.199 & -13.795 & -117.334 & 775.628 & -4.681 \\ 0.146 & 2.084 & 0.762 & 2.629 & -4.681 & 0.928 \end{bmatrix}$$

$$T^{(1)} = \begin{bmatrix} 0.122 & -14.614 & -0.267 & -2.384 & 10.459 & -0.019 \\ 14.614 & 1776.910 & 0.371 & 150.404 & -1153.105 & 6.149 \\ 0.267 & 0.371 & 5.141 & 3.600 & -13.290 & 0.714 \\ 2.384 & 150.404 & 3.600 & 27.895 & -115.853 & 2.489 \\ -10.459 & -1153.105 & -13.290 & -115.853 & 804.373 & -7.405 \\ 0.019 & 6.149 & 0.714 & 2.489 & -7.405 & 1.186 \end{bmatrix}$$

类似地可计算第二步,第三步,第四步。结果见表 7.4.3。

表 7.4.3

步数(l)	1	2	3	4	5
引入(+)或剔除(−)的因子	$+x_1$	$+x_6$	$+x_4$	$-x_1$	$+x_5$
F 检验	6.6478	3.335	1.243	0.613	4.364
r(已引入的因子数)	x_1	x_1, x_6	x_1, x_6, x_4	x_6, x_4	x_6, x_4, x_5

$$W^{(2)} = \begin{bmatrix} 0.208 & -16.287 & -0.123 & -1.901 & 11.062 & -.158 \\ 16.287 & 1708.191 & -0.585 & 146.710 & -1099.689 & 2.245 \\ 0.123 & -0.585 & 4.507 & 1.416 & -9.954 & 0.821 \\ 1.901 & 146.710 & 1.416 & 20.371 & -104.074 & 2.833 \\ -11.062 & -1099.689 & -9.954 & -104.074 & 752.020 & -5.043 \\ -0.158 & -2.245 & -0.821 & -2.833 & 5.043 & 1.077 \end{bmatrix}$$

$$T^{(2)} = \begin{bmatrix} 0.123 & -14.514 & -0.255 & -2.344 & 10.339 & -0.16 \\ 14.514 & 1745.039 & -3.329 & 137.502 & -1114.725 & 5.183 \\ 0.255 & -3.329 & 4.712 & 2.102 & -8.834 & 0.602 \\ 2.344 & 137.502 & 2.102 & 22.672 & -100.316 & 2.098 \\ -10.339 & -1114.725 & -8.834 & -100.317 & 758.155 & -6.242 \\ -0.016 & -5.183 & -.602 & -2.098 & 6.242 & 0.843 \end{bmatrix}$$

第三步:$W^{(2)}, T^{(2)}$ 消去第 4 列,得

$$W^{(3)} = \begin{bmatrix} 0.385 & -2.597 & 0.009 & -0.093 & 1.350 & 0.107 \\ 2.597 & 651.587 & -10.784 & 7.202 & -350.152 & -18.155 \\ -0.009 & -10.784 & 4.409 & 0.070 & -2.719 & 0.624 \\ -0.093 & -7.202 & -0.070 & 0.049 & 5.109 & -0.139 \\ -1.350 & -350.152 & -2.719 & -5.109 & 220.310 & 9.428 \\ 0.107 & 18.155 & -.624 & -.139 & -9.428 & 1.471 \end{bmatrix}$$

$$T^{(3)} = \begin{bmatrix} 0.365 & -0.299 & -0.038 & -.103 & -0.032 & 0.201 \\ 0.299 & 911.129 & -16.077 & 6.065 & -506.332 & -7.542 \\ 0.038 & -16.077 & 4.517 & 0.093 & 0.466 & 0.407 \\ -0.103 & -6.065 & -0.093 & 0.044 & 4.425 & -0.093 \\ 0.032 & -506.332 & 0.466 & -4.425 & 314.292 & 3.042 \\ 0.201 & 7.542 & -0.407 & -0.093 & -3.042 & 1.037 \end{bmatrix}$$

第四步 ($l = 3, r = 3$):这时已引入 x_1, x_6, x_4。这一步应首先检查因子能否剔除。应计算 x_1, x_6, x_4 的判别能力,据式(7.4.12)

$$\Lambda_{1/64} = t_{11}^{(3)} / w_{11}^{(3)} = 0.94724$$

$$\Lambda_{6/14} = t_{66}^{(3)} / w_{66}^{(3)} = 0.704996$$

$$\Lambda_{4/16} = t_{44}^{(3)} / w_{44}^{(3)} = 0.89835$$

$\Lambda_{1/64}$ 是已入选量中最大的。表示在已入选的 x_1, x_6, x_4 中 x_1 的判别能力最差，有可能剔除。是否能剔除，应作剔除检验。

$$F_2 = \frac{1 - 0.94724}{0.94724} \frac{15 - 2 - 3 + 1}{2 - 1} = 0.6127 < F = 1$$

表示因子 x_1 判别能力已不显著，可以剔除。

将 $\boldsymbol{W}^{(3)}, \boldsymbol{T}^{(3)}$ 对第 1 列消去，得 $\boldsymbol{W}^{(4)}, \boldsymbol{T}^{(4)}$

$$\boldsymbol{W}^{(4)} = \begin{bmatrix} 2.595 & 6.739 & -0.023 & 0.242 & -3.504 & -0.277 \\ 6.739 & 669.084 & -10.844 & 7.831 & -359.251 & -18.874 \\ -0.023 & -10.844 & 4.409 & 0.067 & -2.688 & 0.626 \\ -0.242 & -7.831 & -0.067 & 0.026 & 5.436 & -0.113 \\ -3.504 & -359.251 & -2.688 & -5.436 & 225.042 & 9.803 \\ 0.277 & 18.874 & -0.626 & -0.113 & -9.803 & 1.441 \end{bmatrix}$$

$$T_{(4)} = \begin{bmatrix} 2.740 & 0.819 & 0.104 & 0.283 & 0.089 & -0.550 \\ 0.819 & 911.374 & -16.046 & 6.149 & -506.306 & -7.706 \\ 0.104 & -16.046 & 4.521 & 0.103 & 0.469 & 0.386 \\ -0.283 & -6.149 & -0.103 & 0.015 & 4.415 & -0.036 \\ 0.089 & -506.306 & 0.469 & -4.415 & 314.295 & 3.024 \\ 550 & 7.706 & -0.386 & -0.036 & -3.024 & 0.927 \end{bmatrix}$$

第五步 ($l = 4, r = 2$)：这一步是在还未入选的因子中(x_1, x_2, x_3, x_5) 继续挑选因子，计算结果是 x_5 能继续引进。$\boldsymbol{W}^{(4)}, \boldsymbol{T}^{(4)}$ 消去第 5 列得

$$\boldsymbol{W}^{(5)} = \begin{bmatrix} 2.541 & 1.144 & -0.065 & 0.158 & -0.016 & -0.125 \\ 1.144 & 95.586 & -15.135 & -0.847 & -1.596 & -3.226 \\ -0.065 & -15.135 & 4.377 & 0.002 & -0.012 & 0.743 \\ -0.158 & 0.847 & -0.002 & 0.158 & 0.024 & -0.350 \\ 0.016 & 1.596 & 0.012 & 0.024 & 0.004 & -0.044 \\ 0.125 & 3.226 & -0.743 & -0.350 & -0.044 & 1.868 \end{bmatrix}$$

$$\boldsymbol{T}^{(5)} = \begin{bmatrix} 2.740 & 0.962 & 0.104 & 0.285 & 0.000 & -0.551 \\ 0.962 & 95.753 & -15.290 & -0.964 & -1.611 & -2.834 \\ 0.104 & -15.290 & 4.520 & 0.110 & 0.001 & 0.382 \\ -0.285 & 0.964 & -0.110 & 0.077 & 0.014 & -0.078 \\ 0.000 & 1.611 & -0.001 & 0.014 & 0.003 & -0.010 \\ 0.551 & 2.834 & -0.382 & -0.078 & -0.010 & 0.956 \end{bmatrix}$$

第六步 ($l = 5, r = 3$)：这一步在已引入的变量 x_6, x_4, x_5 中找出判别能力最小的作剔除检验，结果 x_5 的判别能力最小，但 x_5 上一步刚引进，在这一步不可能满足剔除条件，故无因子剔除。再在未引入的因子(x_1, x_3, x_2) 中找判别能力最大的，这时 x_1 的判别能力比较大，作引入检验，结果 x_1 不能引进。至此，逐步判别结束，$\boldsymbol{W}^{(5)}, \boldsymbol{T}^{(5)}$ 就是

最终的矩阵,选进的因子是 x_4, x_5, x_6 。

第三阶段　计算判别系数 $c_{0g}, c_{ig}(i=4,5,6; g=1,2)$。结果见表 7.4.4。

表 7.4.4

g	c_{0g}	c_{4g}	c_{5g}	c_{6g}
1	−84.8290	17.2642	3.0858	−26.3531
2	−66.3473	14.0358	2.6826	−15.5126

判别函数为

$$U_g(x) = c_{0g} + c_{4g}x_4 + c_{5g}x_5 + c_{6g}x_6 \qquad g = 1,2$$

若 $U_h(\boldsymbol{x}) = \max\{U_g(\boldsymbol{x})\}$,则把 $\boldsymbol{x}$ 划归第 h 组。

计算后验概率,见表 7.4.1。

计算所判的二组间的马哈拉诺比斯距离,$D_{12}^2 = 6.421$。检验因子 x_4, x_5, x_6 的判别效果

$$F = \frac{n-G-r+1}{r(n-G)(n_1+n_2)} n_1 n_2 D_{12}^2 = 6.761$$

当 $\alpha = 0.01$ 时,$F_\alpha(r, n-G-r+1) = 6.22$。故判别效果已达 0.01 信度。判别结果见表 7.4.1。

第五节　利用马氏距离作多组判别

前面介绍的方法是用 n 个样本资料将 m 维空间划分为 G 个互不相交的子空间 R_i^* $(i=1,2,\cdots,G)$ 并建立判别规则(判别函数)的方法。这里介绍将 $\boldsymbol{x}$ 直接归组的方法。它并不建立判别函数。

在推导 G 组判别函数时,我们曾指出 $\boldsymbol{x}$ 应归入使 $\ln\{P_g f_g(\boldsymbol{x})\}$ 达最大的第 g 组。如果略去与 g 无关的项,并认为 P_g 也与 g 无关,略去 $\ln|\Sigma_g|^{\frac{1}{2}}$ 的差别,据式(7.3.10)这时欲使 $\ln\{P_g f_g(\boldsymbol{x})\}$ 达到极大,就必然有

$$\begin{aligned} &\Delta_m^2 = (\boldsymbol{x}-\boldsymbol{\mu}_g)^T \Sigma_g^{-1} (\boldsymbol{x}-\boldsymbol{\mu}_g) \\ &g = 1,2,\cdots,G \end{aligned} \tag{7.5.1}$$

达到极小。上式就是 $\boldsymbol{x}$ 与 $\boldsymbol{\mu}_g$ 马哈拉诺比斯距离平方,用 $\bar{\boldsymbol{x}}_g$ 代替 $\boldsymbol{\mu}_g$,$\boldsymbol{S}_g$ 代替 $\boldsymbol{\Sigma}_g$,即可算出 G 个 Δ_m^2 的估计值 D_m^2,使 Δ_m^2 达到极小的 h 就是 $\boldsymbol{x}$ 应归入的第 h 组。

如果要知道 $\boldsymbol{x}$ 归入 h 组的可靠程度,则可以进行统计检验,据式(7.2.18)

$$F = \frac{n_h(n_h - m)}{(n_h+1)(n_h-1)m} D_m^2 \tag{7.5.2}$$

其中 n_h 是第 h 组(该组与 $\boldsymbol{x}$ 的 D_m^2 最小)的个例数,m 为因子个数。F 服从自由度(m,

$n_h - m$) 的 F 分布。所以由式(7.5.2) 计算的 F 小于信度 α 下的 F 临界值 F_α 时,可将 $\boldsymbol{x}$ 归入 h 组。如果 $F > F_\alpha$,表示当今的 $\boldsymbol{x}$ 比较特殊,不能归入任何组。式(7.5.2) 只需对 Δ_m^2 达最小的 h 组进行检验,不必对 G 个 D_m^2 均作检验。因为 $\boldsymbol{x}$ 总是判入 D_m^2 极小的组。

例 9:设有 75 个样本的两个因子数据,已将样本分为三组。$n_1 = 24, n_2 = 31, n_3 = 20$。组平均

$$\bar{\boldsymbol{x}}_1 = (2.1 \quad 4.8)^T$$

$$\bar{\boldsymbol{x}}_2 = (3.9 \quad 4.6)^T$$

$$\bar{\boldsymbol{x}}_3 = (2.2 \quad 1.1)^T$$

协方差矩阵为

$$\mathbf{S}_1 = \begin{bmatrix} 1.043 & 0.042 \\ 0.042 & 0.931 \end{bmatrix}$$

$$\mathbf{S}_2 = \begin{bmatrix} 1.503 & 0.165 \\ 0.165 & 0.265 \end{bmatrix}$$

$$\mathbf{S}_3 = \begin{bmatrix} 0.974 & 0.707 \\ 0.707 & 1.050 \end{bmatrix}$$

现有一个新样本 $\boldsymbol{x} = (x_1 \quad x_2)^T = (2 \quad 1)^T$,我们要判别 $\boldsymbol{x}$ 应归入哪一组。并检验显著性。

首先应算出 $\boldsymbol{S}_1, \boldsymbol{S}_2, \boldsymbol{S}_3$ 的逆矩阵,它们分别为

$$\boldsymbol{S}_1^{-1} = \begin{bmatrix} 0.961 & -0.043 \\ -0.043 & 1.076 \end{bmatrix}$$

$$\boldsymbol{S}_2^{-1} = \begin{bmatrix} 0.714 & -0.445 \\ -0.445 & 4.050 \end{bmatrix}$$

$$\boldsymbol{S}_3^{-1} = \begin{bmatrix} 2.008 & -1.352 \\ -1.352 & 1.863 \end{bmatrix}$$

对 $\boldsymbol{x}$ 计算与第一组的 D_m^2

$$(D_m^2)_{g=1} = (2 - 2.1 \quad 1 - 4.8) \begin{pmatrix} 0.961 & 0.043 \\ -0.043 & 1.076 \end{pmatrix}$$

$$\times \begin{pmatrix} -0.1 \\ -3.8 \end{pmatrix} = 15.514$$

类似可算出 $\boldsymbol{x}$ 与第二组的 $D_m^2 = 48.978$,$\boldsymbol{x}$ 与第三组的 $D_m^2 = 0.0449$。因为 D_m^2 在第三组时最小,所以 $\boldsymbol{x}$ 应归入第三组,$h = 3$。检验显著性时,算出 F

$$F = \frac{n_3(n_3 - m)}{(n_3 + 1)(n_3 - 1)_m} D_m^2$$

$$= \frac{20(20-2)}{(20+1)(20-1)\times 2}0.0449$$

$$= 0.02 < F_{0.05}(2,18) = 3.55$$

表示 **x** 与第三组差异很不显著，**x** 可归入第三组。

用马哈拉诺比斯距离判别时要计算逆矩阵，这比较麻烦，但这实际上是 G 组二次判别，是不等协方差矩阵条件下的判别，与组成 G 组二次判别函数的计算量相比，仍简单得多。但是，当 P_g 与 g 有关，$\ln|\Sigma_g|^{\frac{1}{2}}$ 的差别不能略去时，除了计算式(7.5.1)的 Δ_m^2 以外，还应计算 $\ln P_g + \ln|\Sigma_g|^{\frac{1}{2}}$ 项，而将 **x** 归入使下式

$$\ln P_g + \ln|\Sigma_g|^{\frac{1}{2}} - \frac{1}{2}\Delta_m^2 \qquad g = 1,2,\cdots,G \tag{7.5.3}$$

达极大的第 g 组。

参考文献

Shi Neng. 1986. Quadratic discrimination through orthogonal transformation and its application to long-range forecasting of drought and excessive rainfall. *Adv. Atmos. Sci.*, **3**(1):125-298.

施能，1992. 应用 Kullback 散度的二次判别方法. 数学的实践与认识，(2):44-51.

施能，曹鸿兴. 1992. 一个诊断厄尼诺的三组判别模型. 气象，**18**(12):9-13.

施能，陈辉，屠其璞. 1997. 1951—1994 年我国东部夏季雨带的统计诊断分析. 南京气象学院学报，**20**(2):181-185.

施能，程极益. 1983. 利用正交变换的二次判别方法及其在长期汛期预报中的应用. 南京气象学院学报，**6**(1):71-81.

施能，屠其璞，王建新. 1992. 考虑错分损失不同时的逐步多组判别与二次判别. 气象科学，**12**(3):258-265.

施能. 1979. 气象分类预报中的二次判别法. 气象，**2**(7):1-3.

黄先杏，炎利军，施能. 2006. 华南前汛旱涝影响因子和预报方法. 热带气象学报. **22**(5):431-438.

杨自强. 1976. 判别分析与逐步判别. 计算机应用与应用数学，(10):1-29.

张尧庭，方开泰. 1982. 多元统计分析. 北京：科学出版社.

中国科学院计算中心概率统计组编. 1979. 概率统计计算. 北京：科学出版社.

第八章　聚类分析

聚类分析是研究样本或变量指标分类问题的一种多元统计分析方法。在气象学中存在许多分类问题，例如天气过程分类、环流分型、降水量气温的分类、天气区域的划分、预报因子的合并归类、相似年的确定等。这些问题都可以用聚类分析方法解决。用聚类分析进行分类是与判别分析不同的。判别分析时，类型与其类型数是已知的，它根据一批来自各类的样本资料去建立一个判别函数对未知类别的样本进行判别和归类。而聚类分析时，所给的样本的类型和其类型数均是未知的，正是需要通过聚类分析方法去确定应该划分的类型和数目。

聚类分析根据其方法的不同可区分为系统聚类法、分解法、逐步调整聚类（动态聚类）法、模糊聚类法，而以系统聚类法使用最多。根据聚类对象的不同又有 Q 型聚类（对样本聚类）和 R 型聚类（对变量指标聚类）的区别。但它们在聚类原理上没有区别。

第一节　相似性统计量

设有 n 个样本的 m 个测量指标的样本集 $\boldsymbol{X}$，记为

$$\boldsymbol{X}=\begin{bmatrix} x_{11} & x_{12} & \cdots & x_{1n} \\ x_{21} & x_{22} & \cdots & x_{2n} \\ \vdots & \vdots & \vdots & \vdots \\ x_{m1} & x_{m2} & \cdots & x_{mn} \end{bmatrix} \tag{8.1.1}$$

第 $j(j=1,2,\cdots,n)$ 个样本为矩阵 $\boldsymbol{X}$ 的第 j 列所描述，所以，任两个样本 $\boldsymbol{x}_j$ 和 $\boldsymbol{x}_k$ 之间的相似程度可用 $\boldsymbol{X}$ 中的第 j 列和第 k 列来描述。任何两个变量 x_i 和 x_j 之间的相似程度可用 $\boldsymbol{X}$ 的第 i 行和第 $\boldsymbol{j}$ 行的相关程度来描述。

在聚类分析中，必须有一个度量两个样本（或变量）相似程度的数量指标，这些数量指标叫做相似性统计量。这些统计量有两大类，一类称距离系数，另一类称相似系数。

1. 距离系数

在 Q 型聚类时，将每个样本看成 m 维空间的一个点。若 $\boldsymbol{x}_j$ 和 $\boldsymbol{x}_k$ 的距离越近，则这

两个样本性质越相近，否则当 $\boldsymbol{x}_j$ 和 $\boldsymbol{x}_k$ 之间的距离很远时，两个样本就越不相似。

(1)欧氏距离

$$d_{jk}=\sqrt{\sum_{i=1}^{m}(x_{ij}-x_{ik})^2}=\sqrt{(\boldsymbol{x}_j-\boldsymbol{x}_k)^T\cdot(\boldsymbol{x}_j-\boldsymbol{x}_k)}$$

$$j,k=1,2,\cdots,n \tag{8.1.2}$$

欧氏距离的大小与变量的量纲有关，为消去量纲的影响，应将数据进行标准化，其方法已在第一章介绍过。

对变量而言，也可以计算变量之间的欧氏距离。这时是在 n 维空间来研究，第 j 和第 k 个变量的向量分别是$(x_{j1}x_{j2}\cdots x_{jn})$和$(x_{k1}x_{k2}\cdots x_{kn})$，可类似计算出欧氏距离。

(2)马哈拉诺比斯距离(平方)

$$D_{jk}^2=(\boldsymbol{x}_j-\boldsymbol{x}_k)^T\boldsymbol{S}^{-1}(\boldsymbol{x}_j-\boldsymbol{x}_k) \tag{8.1.3}$$

$$j,k=1,2,\cdots,n$$

其中 $\boldsymbol{S}^{-1}$ 是协方差矩阵的逆矩阵，即

$$\boldsymbol{S}=(s_{ij})$$

$$s_{ij}=\frac{1}{n}\sum_{t=1}^{n}(x_{it}-\overline{x}_i)(x_{jt}-\overline{x}_j) \tag{8.1.4}$$

$$i,j=1,2,\cdots,m$$

由式(8.1.3)看出，当 $\boldsymbol{S}$ 为单位矩阵时，马哈拉诺比斯距离就是欧氏距离的平方。这意味着，如果变量是标准化的(方差为1)，而且不相关(协方差为0)，则计算样本的欧氏距离其结果与马哈拉诺比斯距离结果完全一致。所以，马哈拉诺比斯距离考虑了变量的相关性，比欧氏距离更合理些。但计算较繁。如果考虑对欧氏距离作改进，那么可以采用主成分方法找出 m 个变量的主成分，然后计算欧氏距离。

2. 相似系数(夹角余弦)

把任何两个样本 $\boldsymbol{x}_j$ 和 $\boldsymbol{x}_k$ 看成 m 维空间的两个向量。则相似系数就是这两个向量夹角的余弦，用 $\cos\theta_{jk}$ 表示为

$$\cos\theta_{jk}=\frac{\boldsymbol{x}_j^T\cdot\boldsymbol{x}_k}{\|\boldsymbol{x}_j\|\,\|\boldsymbol{x}_k\|}=\frac{\sum_{i=1}^{m}x_{ij}x_{ik}}{\sqrt{\sum_{i=1}^{m}x_{ij}^2\sum_{i=1}^{m}x_{ik}^2}} \tag{8.1.5}$$

$$j,k=1,2,\cdots,n$$

$-1\leqslant\cos\theta_{jk}\leqslant 1$。$\cos\theta_{jk}=1$，表示 $\boldsymbol{x}_j$ 和 $\boldsymbol{x}_k$ 互相平行，方向相同，完全相似。$\cos\theta_{jk}=-1$，表示 $\boldsymbol{x}_j$ 和 $\boldsymbol{x}_k$ 互相平行但方向相反，称完全不相似。所以相似系数仅与 $\boldsymbol{x}_j$ 和 $\boldsymbol{x}_k$ 之间的夹角大小有关，而与它们的实际大小无关。如令 $\hat{\boldsymbol{x}}_j=c\boldsymbol{x}_j$，$\hat{\boldsymbol{x}}_k=d\boldsymbol{x}_k$，则 $\hat{\boldsymbol{x}}_j$ 与 $\hat{\boldsymbol{x}}_k$ 的夹

角的余弦用 $\cos\hat{\theta}_{jk}$ 表示为

$$\cos\hat{\theta}_{jk} = \mathrm{sgn}(d \cdot c) \cdot \cos\theta_{jk} \tag{8.1.6}$$

$\mathrm{sgn}(d \cdot c)$ 是取 $(d \cdot c)$ 的符号。

同样，对 m 个变量我们也可以计算它们的相似系数，这是在 n 维空间的两个向量的夹角的余弦。

3. 相关系数

第 j 个变量和第 k 个变量的相关系数 r_{jk} 为

$$r_{jk} = \frac{\sum_{t=1}^{n} x_{jt}^{0} \cdot x_{kt}^{0}}{\sqrt{\sum_{t=1}^{n}(x_{jt}^{0})^{2} \cdot \sum_{t=1}^{n}(x_{kt}^{0})^{2}}} \tag{8.1.7}$$

$$j,k = 1,2\cdots,m$$

式(8.1.7)中 x_{jt}^{0}, x_{kt}^{0} 分别是第 j 个和第 k 个变量的中心化变量。将式(8.1.7)与夹角余弦公式相比较，可知变量之间的相关系数就是该变量中心化处理以后的夹角余弦(相似系数)。

相关系数一般用于 R 型分析中。

4. 综合指标

上述的这些相似统计量，相互关系较密切，但也可能出现一些矛盾情况。例如，当 $D_{jk} > D_{jk}{'}$ 时，$\cos\theta_{jk} > \cos\theta_{jk}{'}$，样本 k 和 k' 究竟谁更相似于样本 j 没有肯定的结论。为此，设计了各种综合指标。常用的有

$$f_{jk} = \cos\theta_{jk} + \frac{1}{1 + D_{jk}} \quad i,k = 1,2\cdots,n \tag{8.1.8}$$

$-1 \leqslant f_{jk} \leqslant 2$，其值越大越相似。

在聚类分析中，测量指标与相似性统计量的选择取是个很重要的问题。这直接关系到最终的聚类结果，必须做过细的工作。显然，测量指标的选择取决定于要解决问题的物理背景，我们要选择那些与聚类结果直接的有密切联系的变量作为测量因子或者指标。当测量指标选定以后，选择什么样的相似性统计算量也是极其重要的；这同样决定于所要解决问题的物理背景。在同样的测量指标下，采用了不同的相似性统计量作为相似或者相近的标准，就有不同的聚类结果。举个简单的例子来说，如果我们有 3 个样品，A，B，C。样品 A 是个正立方体，体积是 $5\mathrm{m}^3$；样品 B 也是个正立方体(形状当然与样品 A 相同)，体积仅是 $1\mathrm{m}^3$；样品 C 基本上是个正立方体(但是它的正立方体的某个角缺损了)，体积是 $4.95\mathrm{m}^3$。现在，我们要将这 3 个样品聚类。显

然,如果将A与C归类,主要是考虑了它们的体积差不多大小(即使形状有些小的差异);从相似性统计量来说,这就是选择了距离系数。而如果认为A与B应该归类,则是考虑了它们的形状完全相同(即使样品A与B它们体积大小差别很大);从相似性统计量来说,他是选择了相似系数(A与B的相似系数为1.0,完全相似)。反过来说,如果我们选择了距离系数作为相似性统计量,必然是A与C归并同一类;如果选择了相似系数作为相似性统计量,其结果是A与B归并为同一类。这说明选择了不同的相似性统计量,就有不同的聚类结果。这个问题,试图通过数学上的某些指标来解决是不可能的。必须对问题进行必要的物理意义的探讨与理解。一般来说,当测量指标的数值大小是影响聚类问题的重要因子时,我们就选择距离系数;当测量指标的变化与趋势特征成为影响问题的重要因子时,我们就采用相似系数。

相关系数与相似系数也是两个完全不同的概念。变量A与变量B可以计算相关系数,只需要变量A与变量B在不同的时间点同时有观测(测量)值就可以了;或者说需要有变量A与变量B的时间序列。但是,变量A与变量B之间是不可以计算相似系数的。但是,如果变量A在空间不同的观测站点可以有个空间分布图(我们称为图1)。变量B也可以在空间不同的观测站点有个空间分布图(我们称它为图2)。图1与图2之间就可以计算出相似系数,但是并不能计算相关系数。这时的相似系数是图1与图2之间的相似系数,而不是变量A与变量B之间相关系数。所以相似系数是不同变量(或者相同变量)在空间分布的相似系数。当然,相同变量的空间分布之间也可以计算相似系数,但是需要在不同的时间段。例如,1958年7月与1998年7月的降水量分布是否相似?就可以计算相似系数去衡量。总之,任何图形之间都可以计算相似系数,来定量比较它们空间分布的相似程度;而不同变量的时间序列之间可以计算相关系数,来反映它们相关的密切程度。这是两个不同的概念。

第二节　系统聚类法

系统聚类法是一种将种类由多变到少的方法。是目前应用最多的一种聚类方法。我们以Q型聚类方法说明这种方法。

表 8.2.1

i \ j	1	2	3	…	$n-1$
2	u_{21}				
3	u_{31}	u_{32}			
⋮	⋮	⋮	⋮	⋮	⋮
n	u_{n1}	u_{n2}	u_{n3}	…	u_{nn-1}

首先,选定相似性统计量,并对n个样本计算出它与其它样本之间的相似性统计

量,作出相似矩阵,如表 8.2.1 所示。显然,相似矩阵是对称的,即 $u_{ij}=u_{ji}$,所以列出对角线以下的值就可以了。然后进行逐月归类,其步骤如下。

第一步　各样本各自成一类。

第二步　最相近(似)的样本并成一类。如果 $u_{jk}=\min\limits_{i,j}(u_{ij})$,则第 j 个样本与第 k 个样本最相似,先将它们合并成新类。

第三步　计算新类与其余各类的相似统计量。这里涉及到类与类之间如何定义和计算相似统计量。再根据相似统计量进行合并。如果所有的样本还未归成一类,则重复第二、第三步。直到所有样本归成一类为止。

下面我们介绍如何计算类与类之间的相似性统计量。并用 d_{ij} 表示样本 $\boldsymbol{x}_i$ 和 $\boldsymbol{x}_j$ 之间的距离(为方便起见,这里相似统计量认为是距离)用 D_{JK} 表示类 G_J 和 G_k 之间的距离。

1. 最短距离法

$$D_{JK}=\min_{i\in G_J,j\in G_K} d_{ij} \tag{8.2.1}$$

也就是 G_J 类和 G_K 类的距离用这两类的样本中的最近样本之间的距离来表示。

若 G_J 和 G_K 两类合并成新类 G_{JK},新类 G_{JK} 和其它类 G_L 之间的距离为

$$\begin{aligned}D_{L,JK}&=\min_{i\in G_L,j\in G_{JK}} d_{ij}=\min\{\min_{i\in G_L,j\in G_J} d_{ij},\ \min_{i\in G_L,j\in G_K} d_{ij}\}\\&=\min\{D_{L,J},D_{L,K}\}\end{aligned}$$

例 1: 表 8.2.2 给出两个因子,10 个资料的数据。作 Q 型聚类(用最短距离法)。首先由(8.1.6)算出样本间的欧氏距离矩阵,用表 8.2.3 给出。

表 8.2.2

序	1	2	3	4	5	6	7	8	9	10
x_1	25.0	25.3	29.1	28.0	25.2	24.2	24.0	28.8	28.2	24.7
x_2	13.7	13.4	15.0	14.8	13.6	11.0	12.9	13.9	17.2	15.6

表 8.2.3

	2	3	4	5	6	7	8	9	10
1	0.42	4.30	3.20	0.22	2.82	1.28	3.81	4.74	1.92
2		4.12	3.04	0.22	2.64	1.39	3.54	4.78	2.28
3			1.12	4.14	6.33	2.52	1.14	2.38	4.44
4				3.05	5.37	4.43	1.20	2.41	3.39
5					2.79	1.39	3.61	4.69	2.06
6						1.91	5.44	7.38	4.63
7							4.90	6.01	2.79
8								3.35	4.44
9									3.85

第一次将样本 1,2,5 合并,用最短距离法计算与其余各类的距离,得表 8.2.4。

第二次应将样本 4,3 合并成一类。继续算出 3,4 类与其余各类的距离,得表 8.2.5。

表 8.2.4

	3	4	6	7	8	9	10
1,2,5	4.12	3.04	2.64	1.28	3.54	4.69	1.92
3		**1.12**	6.33	5.52	1.14	2.38	4.44
4			5.37	4.43	1.20	2.41	3.39
6				1.91	5.44	7.38	4.63
7					4.90	6.01	2.79
8						3.35	4.44
9							3.85

表 8.2.5

	3,4	6	7	8	9	10
1,2,5	3.04	2.64	1.28	3.54	4.69	1.92
3,4		5.37	4.43	**1.14**	2.38	3.39
6			1.91	5.44	7.38	4.63
7				4.90	6.01	2.79
8					3.35	4.41
9						3.85

由表 8.2.5 看出,第三次应将 3.4 与 8 合并,得表 8.2.6。表 8.2.6 中最小值是 1.28,所以下一步是 1,2,5 与 7 合并,用最短距离方法计算出表 8.2.7。表 8.2.7 中最小值是 1.92,所以下一步是 1,2,5,7 与 10 合并,用最短距离方法计算出表 8.2.8。根据表 8.2.8 中 最小值是 2.38,所以下一步是 3,4,8 与 9 合并,用最短距离方法计算出表 8.2.9。从表 8.2.9 中看出,下一步应该是 1,2,5,7,10 与 6 合并,用最短距离方法计算出表 8.2.10。

表 8.2.6

	3,4,8	6	7	9	10
1,2,5	3.04	2.64	**1.28**	4.69	1.92
3,4,8		5.37	4.43	2.38	3.39
6			5.44	7.38	4.63
7				6.01	2.79
9					3.85

表 8.2.7

	3,4,8	6	9	10
1,2,5,7	3.04	2.64	4.69	**1.92**
3,4,8		5.37	2.38	3.39
6			7.38	4.63
9				3.85

表 8.2.8

	3,4,8	6	9
1,2,5,7,10	3.04	2.64	3.85
3,4,8		5.37	**2.38**
6			4.63

表 8.2.9

	3,4,8,9	6
1,2,5,7,10	3.04	**2.64**

表 8.2.10

	3,4,8,9
1,2,5,7,10,6	**3.04**

以上过程用聚类图表示为图 8.2.1。

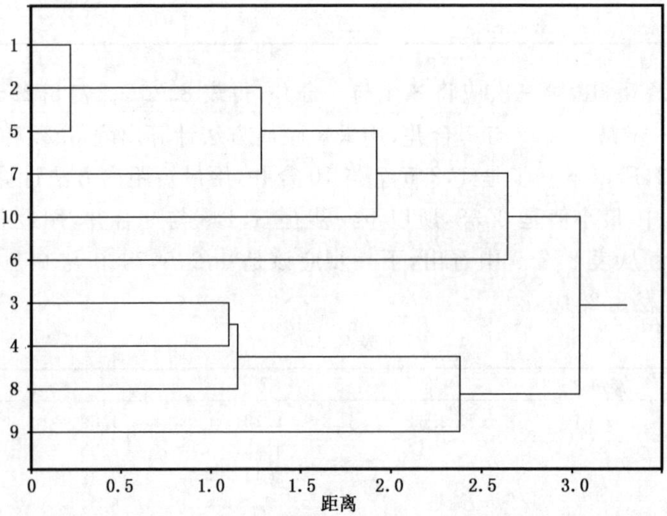

图 8.2.1 最短距离方法聚类图

2. 最远距离法

定义两类间的距离是两类中样本间的最远距离。因而有

$$D_{JK} = \max_{i \in G_J, j \in G_K} d_{ij} \quad (8.2.2)$$

类似地，当 G_J 和 G_k 合并成新类 G_{JK} 后，与 G_L 的距离为

$$D_{L,JK} = \max\{D_{L,J}, D_{L,K}\}$$

仍对表 8.2.3 用最远距离法聚类。首先还是 1,2,5 合并，得到表 8.2.11。根据表 8.2.11，最小值是 1.12，所以下一步是 3 与 4 合并，用最远距离方法计算出表 8.2.12。表 8.2.12 中最小值是 1.20，所以下一步是 3,4 与 8 合并，用最远距离方法计算出表 8.2.13。表 8.2.13 中最小值是 1.39，表示下一步应该是 1,2,5 与 7 合并，用最远距离方法计算出表 8.2.14。表 8.2.14 中最小值是 2.79，所以下一步是 1,2,5,7 与 10 合并，得表 8.2.15。再下一步是 3,4,8 与 9 合并，用最远距离方法计算，得表 8.2.16。再下一步是 1,2,5,7,10 与 6 合并，得表 8.2.17。根据表 8.2.17，将 1,2,5,7,10,6 与 3,4,8,9 合并为一大类。

表 8.2.11

	3	4	6	7	8	9	10
1,2,5	4.30	3.20	2.82	1.39	3.81	4.78	2.28
3		**1.12**	6.33	5.52	1.14	2.38	4.44
4			5.37	4.43	1.20	2.41	3.39
6				1.91	5.44	7.38	4.63
7					4.90	6.01	2.79
8						3.35	4.44
9							3.85

表 8.2.12

	3,4	6	7	8	9	10
1,2,5	4.30	2.82	1.39	3.81	4.78	2.28
3,4		6.33	5.52	**1.20**	2.41	4.44
6			1.91	5.44	7.38	4.63
7				4.90	6.01	2.79
8					3.35	4.44
9						3.82

表 8.2.13

	6	7	9	10
1,2,5	2.82	**1.39**	3.81	2.28
3,4,8	6.33	5.52	3.35	4.44
6		1.91	7.38	4.63
7			6.01	2.79
9				3.82

表 8.2.14

	6	9	10
1,2,5,7	4.63	6.01	**2.79**
3,4,8	6.33	3.35	4.44
6		7.38	4.63
9			3.82

表 8.2.15

	6	9
1,2,5,7	4.63	6.01
3,4,8	6.33	**3.35**
6		7.38

表 8.2.16

	6
1,2,5,7,10	**4.63**
3,4,8,9	7.38

表 8.2.17

	3,4,8,9
1,2,5,7,10,6	7.38

以上过程用聚类图表示为图 8.2.2。

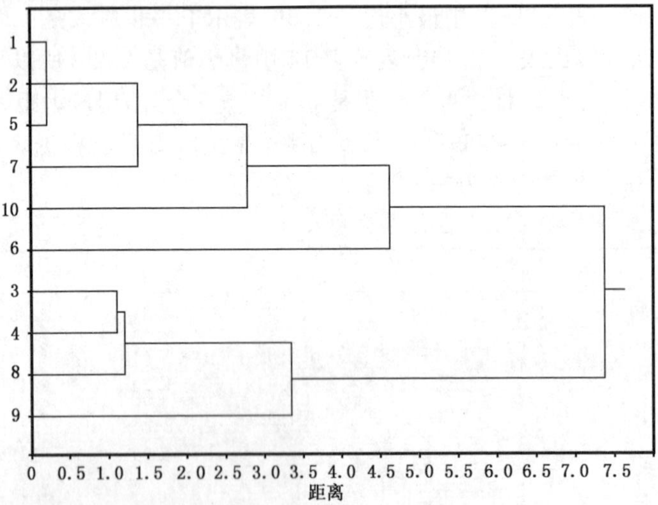

图 8.2.2 最远距离方法聚类图

比较,图 8.2.1 与图 8.2.2,我们看出它们很少有区别。10 个样本如果聚为两类,两种方法有相同的结果:1,2,3,7,10,6 成一类;3,4,8,9 为另一类。聚为 3 类时,仍有相同的结果,也就是 1,2,3,7,10 成一类,样本 6 单独类;3,4,8,9 为一类。当聚为 4 类时,1,2,3,7,10 成一类,6 单独类;3,4,8 成为一类,9 单独类,两种方法结果仍相同。需要指出,无论是最短距离法还是最远距离法,当需要归并找最相近的样本(或者变量)时,永远是在相似性统计量的表中的距离系数中找最小值(在相似系数中找最大值),这样就可以找到最相近的样本(或者变量)进行归并。当样本(或者变量)归并后,就需要计算新近归并成类的样本(或者变量)与原来已经(或者还没有)归并的样本(或者变量)的相似性统计量。这时最短距离方法是用类与样本(或者变量)的最短距离(或者最大相似系数)作为新类与样本的相似性统计量;而最远距离法是用类与样本还是最远距离(最小相似系数)来表示归并后的新类与样本(或者变量)的相似性统计量。它们的区别也就在这里。当然我们在计算新近归并的类与原来已经(或者还没有)归并的样本(或者变量)的相似性统计量时,还可以有下面的其他方法。

3. 重心法

设第 J 类和第 K 类的样本重心记为 $\bar{\boldsymbol{x}}_J$ 和 $\bar{\boldsymbol{x}}_K$，则 G_J 类和 G_K 类的距离用重心之间的距离定义为

$$D_{JK} = d_{\bar{x}_J \bar{x}_K} \tag{8.2.3}$$

如果 G_J 类有样本 n_J 个，G_K 类样本数为 n_K，合并成新类 G_{JK}，有样本类 $n_{JK} = n_J + n_K$，相应重心向量用 $\boldsymbol{x}_{J,K}$ 表示，则

$$\bar{\boldsymbol{x}}_{J,K} = \frac{1}{n_{J,K}}(n_J \bar{\boldsymbol{x}}_J + n_K \bar{\boldsymbol{x}}_K)$$

若 G_{JK} 类再与 G_L 类联接，并用欧氏距离计算距离，则

$$D_{L,JK}^2 = d_{\bar{x}_L \bar{x}_{JK}}^2 = (\bar{\boldsymbol{x}}_L - \bar{\boldsymbol{x}}_{J,K})^T(\bar{\boldsymbol{x}}_L - \bar{\boldsymbol{x}}_{J,K})$$

上式可以化为

$$D_{L,JK}^2 = \frac{n_J}{n_{J,K}} D_{L,J}^2 + \frac{n_K}{n_{J,K}} D_{L,K}^2 - \frac{n_J n_K}{n_{J,K}^2} D_{J,K}^2 \tag{8.2.4}$$

这种方法的缺点是重心不能代表样本的分布特点。改进的方法是用同一类中所有样本与另一类所有样本之间的距离（或其他相似系数）的平均值作为联接两类相似性水平的标志，这就是所谓类平均法，或均值联接法。

4. 均值联接法

设 G_J 类有 n_J 个样本，G_K 类有 n_K 个样本，则两类的距离系数 D_{JK} 的平方定义为

$$D_{JK}^2 = \frac{1}{n_J n_K} \sum_{i \in G_J, j \in G_K} d_{ij}^2 \tag{8.2.5}$$

若 G_J 与 G_K 并成新类 G_{JK}，然后再与 G_L 类联接，这时的距离系数为 $D_{L,JK}^2$，则有

$$\begin{aligned}
D_{L,JK}^2 &= \frac{1}{n_L \cdot n_{J,K}} \sum_{i \in G_L, j \in G_{JK}} d_{ij}^2 \\
&= \frac{1}{n_L \cdot n_{J,K}} \left(\sum_{i \in G_L, j \in G_J} d_{ij}^2 + \sum_{i \in G_L, j \in G_K} d_{ij}^2 \right) \\
&= \frac{1}{n_{J,K}} \left(\frac{n_J}{n_L \cdot n_J} \sum_{i \in G_L, j \in G_J} d_{ij}^2 + \frac{n_K}{n_L \cdot n_K} \sum_{i \in G_L, j \in G_K} d_{ij}^2 \right) \\
&= \frac{n_J}{n_{J,K}} D_{L,J}^2 + \frac{n_K}{n_{J,K}} D_{L,K}^2
\end{aligned} \tag{8.2.6}$$

事实上，我们并不一定要用平方距离来平均，而直接用距离来平均，即定义

$$D_{JK} = \frac{1}{n_L \cdot n_{J,K}} \sum_{i \in G_L, j \in G_{JK}} d_{ij} \tag{8.2.7}$$

这时同样有

$$D_{L,JK}=\frac{n_J}{n_{J,K}}D_{L,J}+\frac{n_K}{n_{J,K}}D_{L,K} \tag{8.2.8}$$

5. 离差平方和法

这种分类的思想来自方差分析，如果类分得好，同类样本的离差平方和应当小，类与类之间的离差平方和应当较大。

设 n 个样本分为 $G_1,G_2,\cdots,G_K$ 类。若用 n_g 表示第 g 类的样本数，用 $\bar{\boldsymbol{x}}_g$ 表示第 g 类的重心，用 $\boldsymbol{x}_{ig}$ 表示第 g 类第 i 个样本（这也是 m 维向量），则第 g 类的 n_g 个样本的离差平方和是

$$Q_g=\sum_{i=1}^{n_g}(\boldsymbol{x}_{ig}-\bar{\boldsymbol{x}}_g)^T(\boldsymbol{x}_{ig}-\bar{\boldsymbol{x}}_g) \tag{8.2.9}$$

$$g=1,2\cdots,K$$

总的类内离差平方和为

$$Q=\sum_{g=1}^{K}Q_g=\sum_{g=1}^{K}\sum_{i=1}^{n_g}(\boldsymbol{x}_{ig}-\bar{\boldsymbol{x}}_g)^T(\boldsymbol{x}_{ig}-\bar{\boldsymbol{x}}_g) \tag{8.2.10}$$

当 K 固定时，要选择使 Q 达极小的分类。但是，当 n 和 K 比较大时，可能的分类是非常多的，这时要选择最小的 Q 实际上是不可能的。为此提出使 Q 达局部极小的分类法。这就是首先使 n 个样本各自成一类，这时 $Q_g=0,Q=0$。然后，将 Q 增加最小的两个样本合并成一类，这时类的数目减至 $n-1$ 类，然后再合并其中的两类，使 Q 增加最小，直至所有样本聚成一类为止。

设 G_J 类和 G_K 类的类内离差平方和为 Q_J 与 Q_K，G_J 与 G_K 合并成 G_{JK} 类后的类内的离差平方和为 Q_{JK}。则定义 G_J 类和 G_K 类合并后的离差和的增量为

$$D_{J,K}^2=Q_{JK}-Q_J-Q_K \tag{8.2.11}$$

这个增量可理解为 G_J 类和 G_K 类的相似性指标（或距离）。我们选择使 D_{JK}^2 为最小的 G_J 类和 G_K 类首先合并，可以证明

$$D_{J,K}^2=\frac{n_Jn_K}{n_J+n_K}(\bar{\boldsymbol{x}}_J-\bar{\boldsymbol{x}}_K)^T(\bar{\boldsymbol{x}}_J-\bar{\boldsymbol{x}}_K) \tag{8.2.12}$$

以及递推公式

$$D_{L,JK}^2=\frac{n_L+n_J}{n_L+n_J+n_K}D_{LJ}^2+\frac{n_L+n_K}{n_L+n_J+n_K}D_{LK}^2-\frac{n_L}{n_L+n_J+n_K}D_{JK}^2 \tag{8.2.13}$$

式中 $\bar{\boldsymbol{x}}_J,\bar{\boldsymbol{x}}_k$ 分别是 G_J 类和 G_K 类的重心。

现在我们来说明聚类过程开始时，如何计算单个样本 i 和 j 之间的 D_{ij}^2。由式(8.2.12)得

$$D_{ij}^2 = \frac{1}{2}(\bar{\boldsymbol{x}}_i - \bar{\boldsymbol{x}}_j)^T(\bar{\boldsymbol{x}}_i - \bar{\boldsymbol{x}}_j)$$

这正好是样本 i 和样本 j 的欧氏距离平方的一半。

例 2:已知六个样本的欧氏距离平方之半(如表 8.2.18 所示),用离差平方和方法聚类。在表 8.2.18 中,$D_{1,3}^2 = 1.5$ 最小,将样本 3 与样本 4 合并。用式(8.2.13)计算 3、4 类合并后的新类与样本 1,2,5,6 的离差平方和的增量。例如

表 8.2.18

	2	3	4	5	6
1	5.5	10	9.5	7	3
2		13.5	18	20.5	4.5
3			**1.5**	7	3
4				2.5	4.5
5					7

表 8.2.19

	2	3,4	5	6
1	5.5	12.5	7	**3**
2		20.5	20.5	4.5
3,4			5.833	4.5
5				7

$$D_{1,34}^2 = \frac{2}{3} \times 10 + \frac{2}{3} \times 9.5 - \frac{1}{3} \times 1.5 = 12.5$$

类似可算出 $D_{2,34}^2 = 20.5$,$D_{5,34}^2 = 5.883$,$D_{6,34}^2 = 4.5$,得表 8.2.19。在表 8.2.19 中,$D_{16}^2 = 3$ 最小,将样本 1 和样本 6 合并。用式(8.2.13) 计算得 $D_{2,16}^2 = 5.667$,$D_{34,16}^2 = 11.25$,$D_{5,16}^2 = 8.333$,得表 8.2.20。在表 8.2.10 中,$D_{2,16}^2 = 5.667$ 最小,表示样本 2 与样本 1、6 应合并。仍用式(8.2.13) 算得 $D_{34,2.16}^2 = 19.033$,$D_{5,2.16}^2 = 15.083$,得表 8.2.19。

表 8.2.20

	2	3,4	5
1,6	**5.667**	11.25	8.333
2		20.5	20.5
3,4			5.833

表 8.2.21

	3,4	5
1,2,6	19.033	15.083
3,4		**5.833**

在表 8.2.21 中，显然应将样本 5 与样本 3,4 合并，计算出

$$\begin{aligned} D_{126,5.34}^2 &= \frac{4}{6}D_{126,5}^2 + \frac{5}{6}D_{126,34}^2 - \frac{3}{6}D_{5,34}^2 \\ &= \frac{2}{3}(15.083) + \frac{5}{6}(19.033) - \frac{1}{2}(5.833) \\ &= 23 \end{aligned}$$

得到表 8.2.22。

所以整个聚类过程表示为图 8.2.3。

表 8.2.22

	5,34
126	23

上面我们介绍了许多聚类的方法，除了这些方法以外，还有其他一些方法。例如分解法、模糊聚类法等。但是实际上，当资料矩阵 **X** 给定时，各种分类方法的结果差异并不大。但是当改变变量时，Q 型聚类的结果就有较大的差别。如何选择合适的变量，对样本进行聚类呢?这就要仔细分析物理过程和聚类的目的。例如，我们要进行农业气候区划，那么应将台站作为样本，将对农作物生育和产量有显著作用的指标作为变量进行 R 型聚类。如果指标的数值大小是影响农业气候区的主要因素，则可以用距离系数作为相似性统计量，如果指标的变化趋势即相似性是主要因素，则可以用相似系数作为相似性统计量。这样才能得到合理的结果。

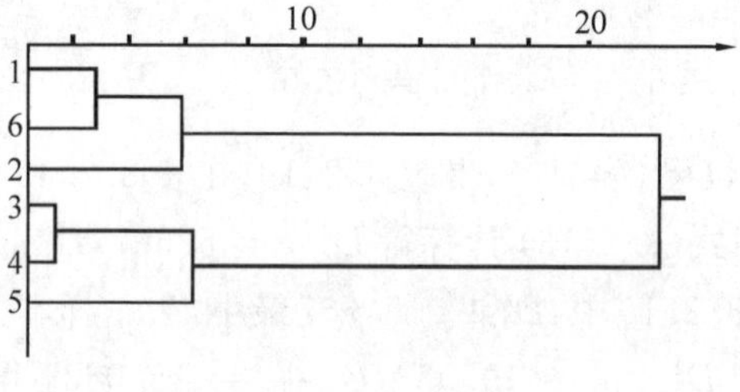

图 8.2.3　离差平方和法聚类结果

聚类分析用于预报时，实际上就是选相似。所以应该将预报因子作为变量指标，以便使预报因子属于同一类时，预报对象也属于同一类，这样就可用于预报。此外，对预报因子进行 R 型聚类时，可将预报因子归类，从而挑选不属于同一类的预报因子来建立预报关系，做到预报因子数量的缩减，减少预报因子之间的相关性。

最后，我们要指出，分类和聚类是有区别的。以样本的聚类为例，显然，在聚类时，我们是根据 m 个测量指标来衡量 n 个样本的相似程度，而将样本归并成若干类。这时，我们始终用 m 个变量来衡量样本的相似程度。但是，在分类时，作为分类的依据，或者说这 m 个变量可以是不同的。例如每天的天气可分类为晴天类和雨天类。但如果要将雨天类再分类，其分类标准可以不同于对晴天类再分类所使用的标准。前者（雨天）可以用雨量大小作为标准；后者（晴天）完全可以用温度高低再分类。

参考文献

曹鸿兴，陈国范．1980．天气过程的模糊划分．科学通报，**25**(10)：457-460．

陈国范．1976．模糊数学和天气预报．气象，**2**(6)：22-24．

方开泰，潘恩沛．1982．聚类分析．北京：地质出版社．

施能．1986．江苏省月降水场的区划、异常性及其在长期天气预报中的应用．气象科学，**5**(2)：18-27．

张尧庭，方开泰．1982．多元统计分析引论．北京：科学出版社．

第九章　奇异谱分析

奇异谱分析(singular spectrum analysis,简称 SSA)和多通道奇异谱分析(multichannel singular spectrum analysis,简称 MSSA)作为数字信号处理技术早就被应用了(Broomhead 和 King,1986)。SSA 和 MSSA 的功能是,对于原序列 x_t 隐含的波形信号从它的含噪声的有限长观测序列中提取出来,所以它特别适合于研究有周期振荡的系统。在气象中,最早应用 SSA 方法的是 Vautard 和 Ghil(1989)。目前,在气候变率分析和预报中采用 SSA 已逐渐增多。这种方法,看起来是一种时间序列分析方法,但是,实质上 SSA 是一种变形的经验正交展开,或主成分分析。通常的经验正交展开或主成分分析是对空间离散的场的序列展开。而 SSA,在数学上是将 EOF 应用于时间滞后排列的相空间中。在气象中,EOF(或主成分分析)已为大家所熟悉。所以,从传统 EOF 分析方法出发,说明 SSA 方法的原理比较方便。

第一节　常规 EOF 和主成分分析

为便于比较,我们采用国外介绍 SSA 方法的符号与术语。为此我们首先用 SSA 方法中的符号与术语来描叙第五章的主成分分析或第六章的 EOF。设分析的变量是中心化(距平)或标准化的。则根据第六章,在 L 个空间点上的 N 次观察资料表示为

$$\boldsymbol{X} = \begin{bmatrix} X_{11} & X_{12} & \cdots & X_{1i} & \cdots & X_{1N} \\ X_{21} & X_{22} & \cdots & X_{2i} & \cdots & X_{2N} \\ \vdots & \vdots & \vdots & \vdots & \vdots & \vdots \\ X_{L1} & X_{L2} & \cdots & X_{Li} & \cdots & X_{LN} \end{bmatrix} \tag{9.1.1}$$

第 i 时间的观察向量为

$$\boldsymbol{X}_i = [X_{1i} \quad X_{2i} \quad X_{3i} \quad \cdots \quad X_{Li}]^T \tag{9.1.2}$$

EOF 分解就是将 $\boldsymbol{X}$ 分解为空间函数 $\boldsymbol{E}$(在第六章中表示为 $\boldsymbol{V}$)和时间函数 $\boldsymbol{A}$(在第六章中表示为 $\boldsymbol{Z}$)

$$\boldsymbol{X} = \boldsymbol{VZ} = \boldsymbol{EA} \tag{9.1.3}$$

其中 $\boldsymbol{E}$(或 $\boldsymbol{V}$)的第 k 列是 $\boldsymbol{X}$ 的协方差矩阵(或相关矩阵)$\boldsymbol{T}$ 的第 k 个特征值($\lambda_1 > \lambda_2 >$

$\cdots>\lambda_L$）所对应的特征向量

$$\boldsymbol{T}=(\boldsymbol{X}\boldsymbol{X}^T)/N \tag{9.1.4}$$

λ_k 与 E^k 满足特征方程

$$\boldsymbol{T}E^k=\lambda_k E^k \tag{9.1.5}$$

而 $\boldsymbol{A}$ 的第 k 行是 X 第 k 个时间系数或主成分，它是状态向量在特征向量上的投影

$$a_i^k=\boldsymbol{X}_i E^k=\sum_{j=1}^{L} X_{ji}E_j^k \tag{9.1.6}$$

式(9.1.3)的分量形式是

$$X_{li}=\sum_{k=1}^{L} a_i^k E_l^i \tag{9.1.7}$$

因此，第 k 个特征成分重建原来变量的表示为

$$X_{li}^k=a_i^k E_l^k \tag{9.1.8}$$

由几个特征成分的子集 B 重建的原变量场为

$$\sum_{k\in B} X_{li}^k=\sum_{k\in B} a_i^k E_l^k \tag{9.1.9}$$

E^k 称为空间 EOF 函数（$\boldsymbol{E}$ 的列）表示为 S－EOF；a^k 称为空间主成分（$\mathbf{A}$ 的行）表示为 S－PC；a_i^k 是 E^k 型在 i 时间权重。众所周知，气象场的 EOF 展开和多元统计中的主成分分析原本是两种不同的提法，但当变量是距平或标准化距平时，这两种提法分别采用最小二乘法和拉格朗奇条件极值法导出的算法是相同的，EOF 展开的时间系数就是主成分，不再加以区分。

第二节　奇异谱分析的原理与方法

1. 时间 EOF(T－EOF)和时间主成分(T－PC)

SSA 分析的对象是一维时间序列 $x_1,x_2,x_3,\cdots,x_N$。把时间序列时迟地排列

$$\boldsymbol{X}=\begin{bmatrix} x_1 & x_2 & \cdots & x_{N-M+1} \\ x_2 & x_3 & \cdots & x_{N-M+2} \\ \vdots & \vdots & \vdots & \vdots \\ x_M & x_{M+1} & \cdots & x_N \end{bmatrix}\equiv\begin{bmatrix} x_{10} & x_{11} & \cdots & x_{1,N-M} \\ x_{20} & x_{21} & \cdots & x_{2,N-M} \\ \vdots & \vdots & \vdots & \vdots \\ x_{M0} & x_{M1} & \cdots & x_{M,N-M} \end{bmatrix} \tag{9.2.1}$$

$\boldsymbol{X}$ 的第 i 个状态向量为式(9.2.2)

$$\boldsymbol{X}_i=\begin{bmatrix} x_{i+1} \\ x_{i+2} \\ \vdots \\ x_{i+m} \end{bmatrix}\equiv\begin{bmatrix} X_{li} \\ X_{2i} \\ \vdots \\ X_{mi} \end{bmatrix}\quad i=0,1,2,\cdots N-M \tag{9.2.2}$$

共 $N-M+1$ 个状态，矩阵 $\boldsymbol{X}$ 中的元素与原来时间序列的对应关系为 $X_{ji}=x_{j+i}$，后延量 M 称为窗口长度或嵌入维数(window length or embedding dimension)。

类似于常规的 EOF 方法式(9.1.7)，SSA 展开为

$$x_{j+i}=X_{ji}=\sum_{k=1}^{M}a_i^kE_j^k \tag{9.2.3}$$

据式(9.1.4)，SSA 时的矩阵 $\boldsymbol{T}$ 表示为 $\boldsymbol{T}_x$

$$\boldsymbol{T}_x=\begin{bmatrix} C(0) & C(1) & C(2) & \cdots & \cdots & C(M-1) \\ C(1) & C(0) & C(1) & \cdots & \cdots & \cdots \\ C(2) & C(1) & C(0) & \cdots & \cdots & \cdots \\ \vdots & \vdots & \vdots & \vdots & \vdots & \vdots \\ \vdots & \vdots & \vdots & \vdots & C(0) & C(1) \\ C(M-1) & C(M-2) & \cdots & \cdots & C(1) & C(0) \end{bmatrix} \tag{9.2.4}$$

这时候，E^k 就是 $\boldsymbol{T}_x$ 的特征向量。$\boldsymbol{T}_x$ 具有 Toeplitz 结构，主对角线元素是时间序列 x 的方差(或称为迟后为 0 的自协方差)。$C(j)$ 为时间序列 x 迟后为 j 的自协方差，$0\leqslant j\leqslant M-1$。$T_x$ 由式(9.2.5)、式(9.2.6)计算，这就是最常用的 Yule-Walker 估计方法

$$C(j)=\frac{1}{N}\sum_{i=1}^{N-j}x_ix_{i+j} \tag{9.2.5}$$

或

$$C(j)=\frac{1}{N-j}\sum_{i=1}^{N-j}x_ix_{i+j} \tag{9.2.6}$$

$$j=0,1,2,\cdots M-1$$

式(9.2.6)的无偏性比式(9.2.5)小。

$\boldsymbol{T}_x$ 的特征向量 E^k 就是 M 个分量构成一个时间序列，它反映时间序列 x 中的时间演变型。在 SSA 中称为时间 EOF(T－EOF)以区别通常的 EOF 分析(S－EOF)，而第 k 个主成分，根据式(9.1.6)，定义为状态向量在第 k 个特征向量上的投影

$$a_i^k=X_iE^k=\sum_{j=1}^{M}x_{i+j}E_j^k \quad 0\leqslant i\leqslant N-M \tag{9.2.7}$$

状态向量有 $N-M+1$ 个，所以主成分的长度为 $N-M+1$。在 SSA 中称 a_i^k 为时间主成分(T－PC)以区别 EOF 分析中的(S－PC)，a_i^k 是 E^k 表示的时间型在原序列 $x_{i+1},x_{i+2},x_{i+3},\cdots,x_{i+M}$ 时间段的权重。

2. 谱性质

每个 T－PC 是一个时间序列，它的功率谱与原序列 $x_1,x_2,x_3,\cdots,x_N$ 的功率谱之间存在关系。由式(9.2.7)，a_i^k 可以看作是由 x 序列加权滑动平均得到的，这种运算相当于数字滤波，$E_j^k(j=1\sim M)$ 是滤波系数。由有关数字滤波器的知识得知，滤波

器的频率响应函数 $H(f)$ 是滤波系数的傅里叶变换，即

$$H(f) = \widetilde{E}^k(f) = \sum_{j=1}^{M} E_j{}^k e^{i2\pi fj}$$

其中 $i = \sqrt{-1}$；$H(f)$ 的模 $|H(f)|$ 就是频率为 f 的成分的振幅的输出与输入的比；模方 $|H(f)|^2$ 是相应的功率谱之比。记输出 a^k 的功率谱为 $p_k(f)$，输入 x 序列的功率谱为 $p_x(f)$，则

$$p_k(f) = p_x(f) \mid H(f) \mid^2 = p_x(f) \left| \widetilde{E}^k(f) \right|^2 \tag{9.2.8}$$

而利用 E^k 的正交性、三角函数的正交性和 E^k 的归一化 $\left[\sum_{j=1}^{M}(E_j^k)^2 = 1\right]$，可以证明

$$\begin{aligned} &\left|\widetilde{E}^k(f)\right|^2 \\ &= \sum_{j=1}^{M} E_j^k(\cos 2\pi fj + \sqrt{-1}\sin 2\pi fj) \cdot \\ &\quad \sum_{i=1}^{M} E_i^k(\cos 2\pi fi + \sqrt{-1}\sin 2\pi fi) \\ &= \sum_{j=1}^{M}\sum_{i=1}^{M} E_j^k E_i^k(\cos 2\pi fj + \sqrt{-1}\sin 2\pi fj) \cdot \\ &\quad (\cos 2\pi fi + \sqrt{-1}\sin 2\pi fi) = M \end{aligned}$$

所以

$$\frac{1}{M}\sum_{i=1}^{M} \left|\widetilde{E}^k(f)\right|^2 = 1 \tag{9.2.9}$$

由式(9.2.8)与式(9.2.9)得

$$p_x(f) = \frac{1}{M}\sum_{k=1}^{M} p_k(f) \tag{9.2.10}$$

式(9.2.10)是 SSA 中的重要公式，它表示原序列的功率谱被分解为各 T－PC 的功率谱贡献之和。它可以帮助滤去噪声和选取感兴趣的特征周期重新建立原序列。在具体操作时，Penland 和 Ghil 等(1991)将 SSA 与时间序列的最大熵谱方法结合起来。据他们的研究，将 T－PC 进行最大熵谱分析，可以预先压制虚假的谱峰，同时维持最大熵谱方法高分辨率的优良特性。有关最大熵谱方法(MEM)的内容可以参考时间序列方面的书及文献(曹鸿兴等 1979)。

3. 重建成分(reconstructed components，RC)

考虑我们感兴趣的 E^k 与 a^k 的子集 B，由它们重建一个长度为 N 的序列 $y_1, y_2, y_3, \cdots, y_N$。使

$$Q_B(y) = \sum_{j=1}^{M}\sum_{i=1}^{N-M}(y_{i+j} - \sum_{k\in B} a_i^k E_j^k)^2 \tag{9.2.11}$$

达到最小。上式的解为

$$y_i = \frac{1}{M}\sum_{j=1}^{M}\sum_{k\in A} a_{i-j}^{k} E^{k_j} \qquad 当\ M \leqslant i \leqslant N-M+1 \tag{9.2.12a}$$

$$y_i = \frac{1}{i}\sum_{j=1}^{i}\sum_{k\in A} a_{i-j}^{k} E_j^{k} \qquad 当\ 1 \leqslant i \leqslant M-1 \tag{9.2.12b}$$

$$y_i = \frac{1}{N-i+1}\sum_{j=i-N+M}^{M}\sum_{k\in B} a_{i-j}^{k} E_j^{k} \qquad 当\ N-M+2 \leqslant i \leqslant N \tag{9.2.12c}$$

当由单独的 E^k 与 a^k 重建第 k 个 RC，记为 x^k。M 个 RC 有迭加性，即原序列可以表示为所有重建成分的和

$$x = \sum_{k=1}^{M} x^k \tag{9.2.13}$$

上式是 SSA 应用中的重要公式，它表明原序列的功率谱被分解为各 T－PC 功率谱贡献之和。它可帮助我们滤去噪声和选取感兴趣的特征成分重建原序列。

4. 识别周期振荡成分方法

根据 SSA 原理，当序列中存在一个周期振荡成分时，SSA 得到一对接近相等的特征值，对应的一对 T－EOF 正交，一对 T－PC 正交。不失一般性，设这对特征周期成分的序号为 k 和 $k+1$。它们的和是一个周期振荡。我们举例说明。设有一个周期成分

$$x_t = A\cos(\omega t)$$

在 SSA 的计算中的时间迟后为 s，即

$$\begin{aligned} x_{t+s} &= A\cos[\omega(t+s)] \\ &= A\cos\omega t\ \cos\omega s - A\sin\omega t\ \sin\omega s \end{aligned}$$

对照 SSA 展开公式(9.2.3)可以看出，$\cos\omega s$ 和 $\sin\omega s$ 就是没有标准化的 $\text{T}-\text{EOF}_k$ 和 $\text{T}-\text{EOF}_{k+1}$，而 $A\cos\omega t$ 和 $-A\sin\omega t$ 是对应的时间系数(T－PC)。由于时间系数的方差就是特征值，所以 $\lambda_k = \lambda_{k+1} = A^2/2$。两个时间 EOF 函数正交并具有相同的频率 ω，两个时间主成分 $A\cos\omega t$ 和 $-A\sin\omega t$ 相互正交。

但是，用有限资料计算时，即使是周期信号，也不能做到 $\lambda_k = \lambda_{k+1}$，但是 T－EOF 正交，T－PC 也正交。所以，实际用这些条件识别周期振成分较为困难，为此，Vautard 和 Ghil(1989)根据谱性质提出 2 个补充判据：

1) $\text{T}-\text{EOF}_k$ 和 $\text{T}-\text{EOF}_{k+1}$ 应该有相接近的频率。因而，在频率 $f=0.0$ 到 0.5 之间的 500 个等距离的 f 上计算出 $|\widetilde{E}^k(f)|^2$ 与 $|\widetilde{E}^{k+1}(f)|^2$，找出使 $|\widetilde{E}^k(f)|^2$ 与 $|\widetilde{E}^{k+1}(f)|^2$ 达到最大值的频率，分别记为 f_k，f_{k+1} 记 $\delta f = |f_k - f_{k+1}|$，$\delta f$ 应该很小，至少要求 $\delta f < 1/2m$。一般取 $\delta f < 0.75/2M$。

2) $|\widetilde{E}^k(f^*)|^2$ 和 $|\widetilde{E}^{k+1}(f^*)|^2$ 足够大。若原序列 x_i 中频率在 f_k 与 f_{k+1} 之间的频率 f^* 的振荡完全由这个特征成分表示出来，则从式(9.2.9)

$$(|\widetilde{E}^k(f^*)|^2 + |\widetilde{E}^{k+1}(f^*)|^2)/M = 1$$

在实际情况下，一个特征成分不可能与一个频率对应。所以适当降低这个标准取

$$(|\widetilde{E}^k(f^*)|^2 + |\widetilde{E}^{k+1}(f^*)|^2)/M > 2/3$$

这表示原序列中介于 f_k 与 f_{k+1} 之间的频率 f^* 的振荡的方差至少有 2/3 被这个特征成分表示出来。将满足判据 1)、2)条件的一对特征成分的两个 RC 之和是原序列的一个周期振荡。

5. 识别趋势或甚低频振荡

我们还可以直接对每个 T－PC 进行序列的统计检验。检验序列是否有显著的趋势。方法是计算趋势系数或 Kendall 的非参数检验方法。

6. 窗口长度 M 的选取

SSA 中适当选取 M 是关键。一般说来，M 愈大，谱分辨率愈灵敏。Vautard 等(1989)建议，如果想识别频率为 L 的振荡，并希望谱带宽为 $2\delta f_0$，则可取各 $1/f_0 < M < 1/2\delta f_0$。但是 f_0 和 $2\delta f_0$ 一般难以事先知道。经过一些试验表明，当窗口长度为 M 时，能较好地识别出周期为 $M/5 \sim M$ 的振荡。另一方面，选取 M 还要考虑客观条件，即资料序列的长度 N，为了防止最大迟后 $M-1$ 的自协方差中的估计的统计误差不超过估计量本身，M 不应超 $N/3$ 。

第三节　为什么称时间 EOF 为奇异谱分析

从第二节我们看到，SSA 分析的对象是一维时间序列 $x_1, x_2, x_3, \cdots, x_N$，由它组成后延量为 M，有 $N-M+1$ 个状态的矩阵 $\boldsymbol{X}$。对 $\boldsymbol{X}$ 进行 EOF 分解就可以了。那么，这种本质上是经验正交分解的方法为什么称为奇异谱分析呢？

我们知道，在线性代数中，奇异值分解(singular value decomposition)是比求特征值更具有普遍性的矩阵运算。

可以证明，对 $\boldsymbol{X}$ 作奇异值分解时的左奇异向量就是 EOF 分解时的 T－EOF，右奇异向量与 T－PC 关系密切，而 EOF 分解的特征值就是奇异值的平方的缘故。

定理：假定 $\boldsymbol{A}$ 为 $m \times n$ 实矩阵，则 $\boldsymbol{A}$ 一定有一个奇异分解

$$\boldsymbol{A} = \boldsymbol{P\Sigma Q}^T \tag{9.3.1}$$

$\boldsymbol{P}, \boldsymbol{Q}$ 分别称为左、右奇异向量(都是列)，它们内部正交

$$\boldsymbol{\Sigma} = \begin{bmatrix} \sigma_1 & & \\ & \ddots & \\ & & \sigma_m \end{bmatrix} \quad \sigma_i \text{ 为为奇异值} \tag{9.3.2}$$

对 $\boldsymbol{X}$ 作时间 EOF 分解时，矩阵 $\boldsymbol{X}$ 为 $N-M+1$ 个状态的后延量为 M 的矩阵

$$\boldsymbol{X} = \boldsymbol{EA} \tag{9.3.3}$$

$\boldsymbol{E}$ 是 $\boldsymbol{XX}^T$ 的特征向量作为列。而 $\boldsymbol{A} = \boldsymbol{E}^T\boldsymbol{X}$

$\boldsymbol{E}$（列正交）为时间（T－EOF）矩阵

$\boldsymbol{A}$（行正交）为时间（T－PC）矩阵

$$\boldsymbol{XX}^T = \boldsymbol{EAA}^T\boldsymbol{E}^T = \boldsymbol{E}\begin{bmatrix} \lambda_1 & & \\ & \ddots & \\ & & \lambda_m \end{bmatrix}\boldsymbol{E}^T \tag{9.3.4}$$

如果对 $\boldsymbol{X}$ 作奇异谱分解，类似式(9.3.1)

$$\boldsymbol{X} = \boldsymbol{P\Sigma Q}^T \tag{9.3.5}$$

$$\boldsymbol{XX}^T = \boldsymbol{P\Sigma Q}^T\boldsymbol{Q\Sigma}^T\boldsymbol{P}^T = \boldsymbol{P}\begin{bmatrix} \sigma_1^2 & & \\ & \ddots & \\ & & \sigma_m^2 \end{bmatrix}\boldsymbol{P}^T \tag{9.3.6}$$

比较式(9.3.4)与式(9.3.6)可以看出，$\boldsymbol{X}$ 作时间 EOF 分解时左奇异向量 E(T－EOF)，就是对 $\boldsymbol{X}$ 做奇异值分解的左奇异向量 $\boldsymbol{P}$，奇异值的平方就是 $\boldsymbol{XX}^T$ 的特征值：$\sigma_i^2 = \lambda_i$，而用式(9.3.5) 计算的 $\boldsymbol{\Sigma Q}^T$（奇异值为元素的对角矩阵与右奇异向量的相乘）就是时间 EOF 分解时的 T－PC。所以，习惯上已将时间 EOF 分解称为奇异谱分析。

第四节　奇异谱分析在气象中的应用

SSA 主要用于识别所研究系统的振荡周期。进一步还可以利用识别的振荡周期，对有意义的 T－PC 做出延伸预报，然后根据重建公式(9.2.12)，用预报的 T－PC 和原来计算的 T－EOF 计算出原变量的预报。例如，Penland 和 Ghil(1991)的研究工作。

下面我们给出浙江省夏季降水量指数的奇异谱分析与最大熵谱分析。图 9.4.1 是浙江省夏季降水量指数的时间变化距平曲线。图中还有高斯滤波曲线及降水的直线回归。其中降水指数定义为浙江省的杭州、宁波、衢州、温州这 4 个站的标准化的降水值的和。图中已经将这个数列再进行一次标准化处理。

用上述方法对浙江夏季降水指示数进行 SSA 分析。结果表明，它具有趋势变化的 RC 及 3 对 RC。图 9.4.2 给出成对 RC 叠加后的结果。

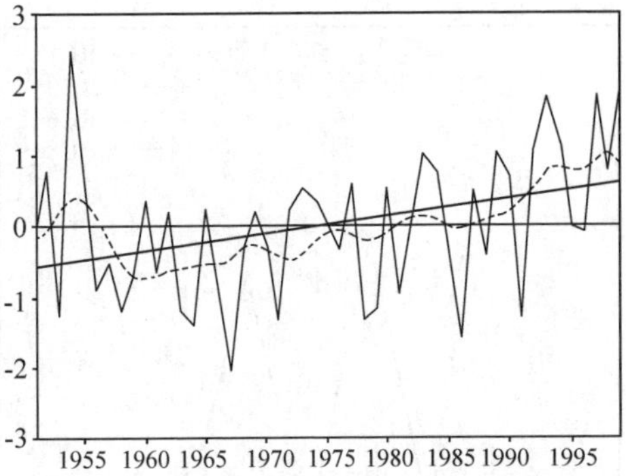

图 9.4.1 浙江省夏季降水量指数的时间变化距平曲线
及高斯滤波曲线(虚线)(图中的实线是直线回归)

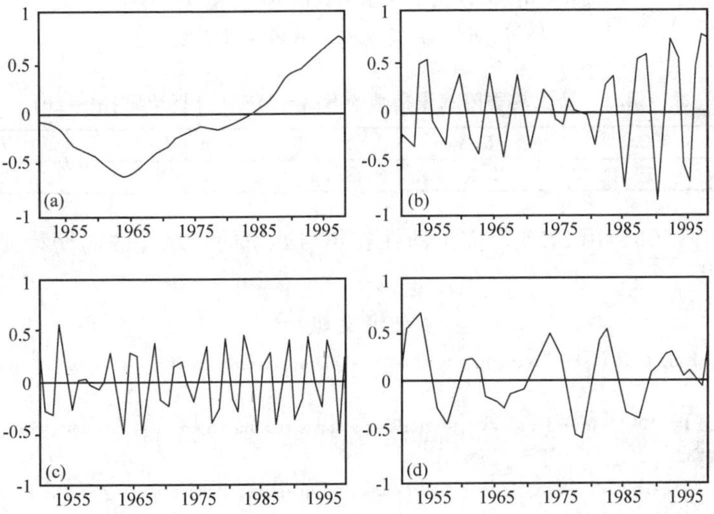

图 9.4.2 浙江夏季降水量指数的 RC1(a),RC3+RC4(b),
RC6+RC7(c),RC8+RC9(d)

从图 9.4.2 看出,浙江夏季降水表现为 4 种不同的周期特征。长期趋势变化 RC1,5a 周期 RC3+RC4,3~4a 周期 RC6+RC7,10a 周期 RC8+RC9。然后,对夏季降水指数的 RC1,RC3+RC4,RC6+RC7 与 RC8+RC9 分别计算最大熵谱的谱图,见图 9.4.3。可以看出,它们的周期分别为长期趋势,5a、3.33a、10a。如果将图中的 RC 全部叠加(图略),可以基本上重建原来的夏季降水指数序列,即图 9.4.1。因为它们解释了夏季降水总方差的 73.4%。

表 9.4.1 给出了浙江夏季降水量指数的 SSA-MEM 分析结果。

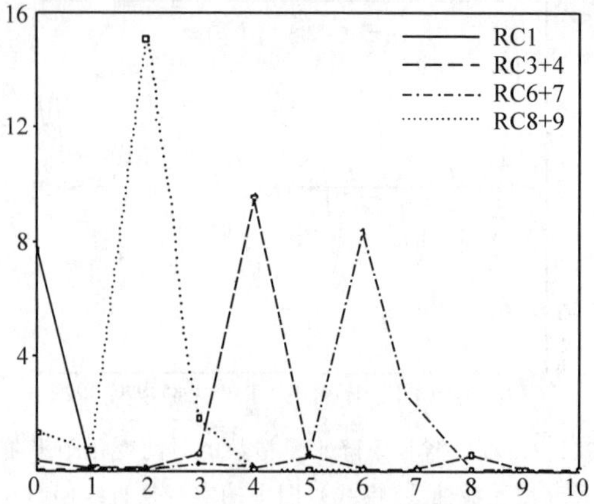

图 9.4.3　浙江夏季降水指数的 RC1,RC3+RC4,
RC6+RC7,RC8+RC9 的最大熵谱图

表 9.4.1　浙江夏季降水量指数的 SSA－MEM 分析结果(M=10)

周期(a)	3.3	5	10	长期趋势	和
方差%	17.1	22.5	14.1	19.7(正)	73.4

顾骏强等(2001)用 SSA 研究了浙江省年与四季的降水量的周期特征。

参考文献

Broomhead D S, King G P. 1986. Extracting qualitative dynamics from experimental data. *Physica D.*, **20**:217-236.

Ghil M, Vautard R. 1991. Interdecadal oscillations and the warming trend in global temperature time series. *Nature*, **350**:324-327.

Jiang N, Neelin J D, Ghil M. 1995. Quasi-quadrennial and quasi-biennial variability in the Equatorial Pacific. *Clim. Dyn.*, **12**(2):101-112.

Keppenne C L, Ghil M. 1992. Adaptive filtering and prediction of the southern oscillation index. *J. Geophys. Res.*, **97**(D18):20449-20454.

Penland C, Ghil M, Weickmann K M. 1991. Adaptive filtering and maximum entropy spectra, with application to changes in atmospheric angular momentum. *J. Geophys. Res.*, **96**(D12):22659-22671.

Plaut G, Vautard R. 1994. Spells of low-frequency oscillation and weather regimes in the northern hemisphere. *J. Atmos. Sci.*, **51**(2):210-236.

Vautard R, Ghil M. 1989. Singular spectrum analysis in nonlinear dynamics with applications to paleoclimatic time Series. *Physica D.*, **35**:395-424.

曹鸿兴,罗乔林. 1979. 气象历史序列的最大熵谱分析. 科学通报, **24**(8):351-355.

丁裕国,江之红,施能,朱艳峰. 1999. 奇异交叉谱分析及其在气候诊断中的应用. 大气科学, **23**(1):91-100.

顾骏强,施能,王永波. 2001. 近 50 年浙江省旱、涝气候变化及特征. 热带气象, **17**(4):207-213.

吴洪宝. 1997. 奇异谱与多通道奇异谱. 气象教育与科技,(4):1-10.

第十章　气象统计预报中的统计检验

在气象研究与预报中经常要进行相关分析及合成分析，根据相关系数的大小指出密切的相关区及相关变量。用合成分析方法确定前期(或同期)大气环流在不同的天气、气候状态(某要素正、负距平，强、弱季风，……)下，后期(或同期)另一要素场或环流场有无明显差异，以确定不同气候态的影响程度。这些方法能否成功的关键在于所得的结果是否具有统计学意义及可能的物理解释。对于第二个问题，需要对研究对象做深入细致的物理成因、经验等多方面的研究，往往不是统计方法本身所能解决的。对于第一个问题，属于统计检验问题，它是研究第二个问题的基础，是首先需要解决重要的问题。除非客观条件不允许进行这项工作，否则，当所得的结果不具有统计学意义时，就只能认为是一个随机的不可信的结果，从而在预报使用时失败。因为相关系数是用有限资料计算的，所以相关系数也是随机变量。用有限样本资料计算的相关系数比较大，在无限总体中变量是否还存在相关？EOF，SVD 等方法也是用有限样本资料计算的，资料长度或者空间变量数不同时，EOF，SVD 结果就有区别，EOF，SVD 的结果是否可靠？这也是统计检验问题。如果这些问题不解决，就无法进行物理本质的探索，而且还有可能对分析与预报造成误导，使研究与预报走向歪路。本章更深入地叙述气象学中的统计检验问题。

第一节　趋势变化对相关系数的影响

统计预报中选择合适的预报因子是个非常重要的，它直接影响统计预报的效果。本节我们说明影响年际相关分析的重要问题，也就是变量的趋势变化对年际相关系数的影响。这个问题目前正变得非常迫切与重要。我们知道 20 世纪 80 年代以后全球气候明显变暖，这反映在年，季、月的平均气温，海温都有了明显的正趋势，某些地区由于持续干旱，降水量明显地负趋势。在 500 hPa 位势高度场上，高纬度的位势高度明显负趋势，而低纬度的高度明显正趋势(陈辉等 2000)。当计算相关的两个变量都具有明显的趋势时，年际相关特征是否会受到明显的影响？从理论上说，气象要素的时间变化有各种不同的时间尺度，可能包括长期趋势变化，年代际变化和年际变化，而统计预报需要的是年际相关系数，将包含不同时间尺度变化特征的时间序列求相关，是否可能使某一尺度(例如年际相关分析)的相关系数受到歪曲，从而影响分析与预报？我们经常使用滤波方法，在变量的时间序列中滤掉年际变化，滤出慢变的年代际变化或长期趋势。通过计算，我们会发现，滤波后的慢变的分量之间的相关系数提高了许多。这时如果还用传统的 t 检验方法及 t 统计量的临界值(明显偏低)进行检验，就可能使实际上不显著相关的变量通过了统计检验。下面我们首先给出具体的计算实例来说明趋势变化是如何影响相关系数的计算结果(施能等 2007)。

1. 趋势变化对相关系数的影响

图 10.1.1(a)中的实、虚线分别是变量 x,y 的时间变化图，样本容量是 53。我们看到 x,y 之间的数值并没有关系，计算它们的样本相关系数值几乎为零(0.001)，我们称它为原相关系数。但是，如果 x,y 的变化是叠加在两个趋势变化上的，也就是分别将这两条线旋转一个角度，例如成为图 10.1.1(b)的形式，我们可以理解为变量 x,y 分别叠加了一个回归方程，成为 $\tilde{x}$，$\tilde{y}$。这时，如果再次对 $\tilde{x}$ 和 $\tilde{y}$ 之间的数值计算相关系数，它已经明显地不等于零了，它们的相关系数是 −0.33，这就是带有趋势变化后的相关系数。这个问题在气象上相当于年际变化不相关的两个气象变量，如果它们分别带长期趋势变化，那么会计算出年际相关系数为 −0.33，这显然这是一个虚假的年际相关结果。我们的问题是带有趋势变化成分的相关系数与原相关系数之间有什么关系？显然它除了与原来无趋势成分的 x,y 的取值有关，还与样本的容量 n 及其所叠加的两个趋势变化的回归方程的回归系数有关。目前还没有办法根据样本的容量 n 和两个趋势变化的回归系数，从没有趋势变化成分的相关系数推导出带有趋势变化成分的相关关系，或者反过来推导。也就是说这是一个有待解决的理论

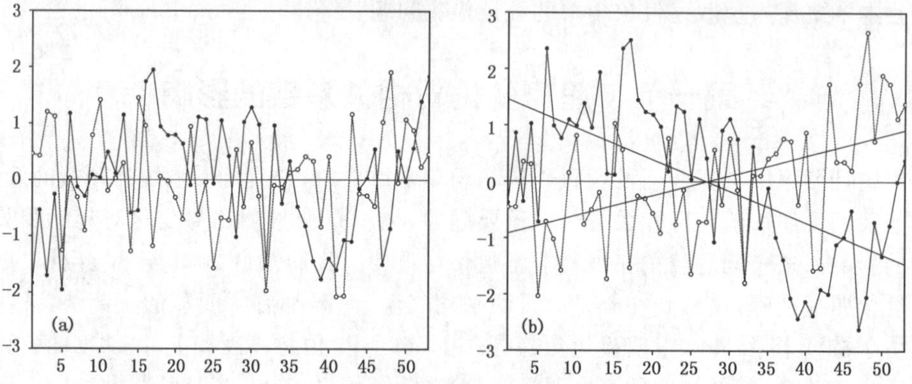

图 10.1.1　变量 x,y(a)和带有趋势成分的变量 $\tilde{x}$，$\tilde{y}$ (b)的时间变化曲线

图(b)中的直线分别是 $\tilde{x}$，$\tilde{y}$ 的回归直线

问题。这个问题在利用相关方法作为预报和诊断的一类问题中是非常重要而有现实意义的。

2. 趋势变化的定量指标

在第三章中我们已经定义了表示变量 x 的长期趋势变化的指标。这就是式(3.1.15)的趋势系数 r_{xt}，它与回归系数 b 是有如下关系

$$b = r_{xt}(\sigma_x / \sigma_t) \tag{10.1.1}$$

σ_x, σ_t 分别是 变量 x 和自然数列 $1,2,...,n$ 的样本均方差。对趋势系数，可以使用通常的相关系数的统计检验方法或者蒙特卡罗统计检验。由于 r_{xt} 是无单位的，所以可以根据它的数值大小比较并推断变量趋势大小，它有非常广泛的应用。下面我们用数值实验方法研究样本的容量为 n 的无趋势的原相关系数和有趋势变化成分(趋势变化大小用趋势系数来衡量)的变量之间相关系数的关系。

3. 趋势变化对年际变化的影响(数值实验)

在 x, y 的总体不相关的原假设成立的条件下，样本相关系数是 r_{xy} 的函数

$$t = \frac{r_{xy}}{\sqrt{1 - r_{xy}^2}} \sqrt{n-2} \tag{10.1.2}$$

服从自由度 $n-2$ 的 t 分布。但是当二个变量 x, y 分别有长期趋势成分时，n 次观测相互独立的假定得不到满足，从而不能推导出式(10.1.2)服从自由度 $n-2$ 的 t 分布。这时因为 x, y 分别有了的趋势变化，自由度与也不好确定，式(10.1.2)理论上就不能成立。也就是说，有了趋势变化后，样本相关系数的概率分布及相应的统计检验方法还需要研究。数值实验方法就是：反复地大量地计算出带有趋势变化的两个变量的相关系数的一批数据，它们与原相关系数、两个变量的和样本容量 n 一起构成了它们之间关系的一批实验值，实施的方案如下：

首先，假设 x_t 和 y_t 的是样本容量为 n 随机数序列，它们完全没有趋势分量。也就是它们是的趋势系数为零、样本相关系数也为零的随机序列。本实验中将 n 分别取为 53 和 30 进行不同的实验。x_t 和 y_t 的样本相关系数当然非常接近 0.0(理论值为零)。然后，我们产生二个序列的样本容量是 n，带有趋势变化的随机序列，将它们分别叠加到原来的无趋势变化的随机序列 x_t 和 y_t 上，分别得到序列 $\tilde{x}_t$ 和 $\tilde{y}_t$。对叠加有趋势变化的序列 $\tilde{x}_t$ 和 $\tilde{y}_t$ 再计算相关系数，这时我们发现样本相关系数已经很不接近零了，因为它们包含了趋势变化的影响。我们将所叠加的趋势变化的趋势系数在 $-1.0 \sim 1.0$ 之间变化，进行大量的数值计算与实验。每次实验由于某一个(或者两个)的趋势系数在改变，$\tilde{x}_t$ 和 $\tilde{y}_t$ 的相关系数也在变化。这样我们得到了，一批随着叠加的趋系数而变化的相关系数。我们可以绘出它们变化的图(图 10.1.2)，说明趋势

变化对年际变化的影响。

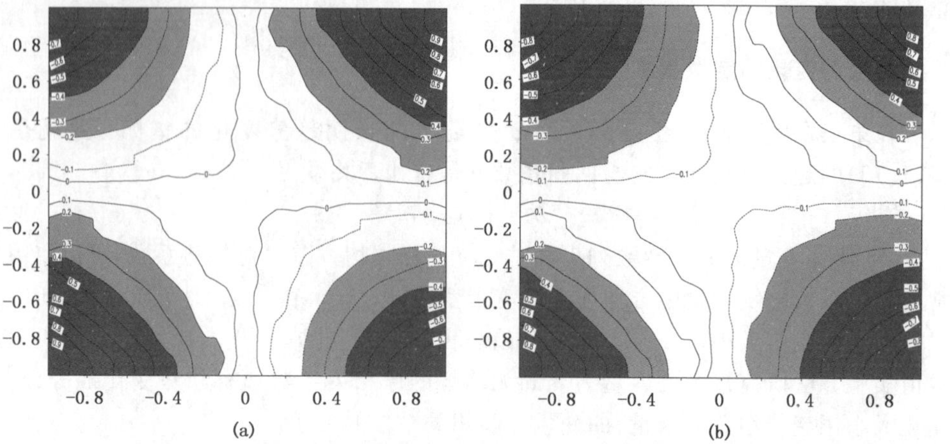

图 10.1.2　趋势变化对相关系数的影响

原变量的趋势系数和相关系数都为零。(a):$n=53$;(b):$n=30$。图中数值是带有趋势变化的变量后的相关系数(纵、横坐标分别是趋势系数)虚线为负值。

1)图 10.1.2 的左上(下)部与图的右下(上)部是负(正)区。这表示两个变量分别叠加一个的趋势变化的相反的趋势变化,会使这二原变量之间的相关系数减小(正相关的数值减小,负相关变的更大)。当两个变量分别叠加一个相同的趋势变化(不论正、负),会使两个变量之间的相关系数增大(正相关变得更明显,负相关变得不明显)。

2)影响的对称性和趋势的可交换性。图 10.1.2 中的两幅图的左上(下)部与分别与图的右下(上)部是对称的,表示有对称性而且与样本数无关。这表示我们如果将变量分别叠加相反(或者相同)的趋势变化,只要它们的趋势变化数值相同,它们叠加的变量互相交换,影响效果是一样的。但是,图的上下部并不对称,相同趋势的所对应的数值的绝对值比相反趋势的所对应的数值的绝对值大些。这表示两个变量有相同的变化趋势时,对原变量相关的影响会更大些。

3)比较图的左、右两幅图和具体的计算数据。可以看出,样本数比较小时,两个相反趋势对原来变的影响(负相关增加,正相关减小)比样本数大时大些。反之,样本数比较小时,两个相同趋势对原来变量的影响(负相关减小,正相关增加)比样本数大时小些。

4. 趋势变化对年际变化的影响:气象实例

冬季西伯利亚高压是影响我国冬季天气的重要的天气系统,也是北半球冬季重要的大气活动中心。近50年来,冬季西伯利亚高压异常偏弱,它的强度有非常明显的负趋势。用40°～50°N,90°～100°E的冬季(12月—2月)的平均的海平面气压作为冬季西伯利亚高压强度指数。我们计算出1951/1952—1999/2000年冬季西伯利亚高压强度指数的趋势系数为－0.68(非常明显的减弱)。这样强的负趋势变化会明显影响、歪曲与其进行相关分析的年际相关系数的大小。

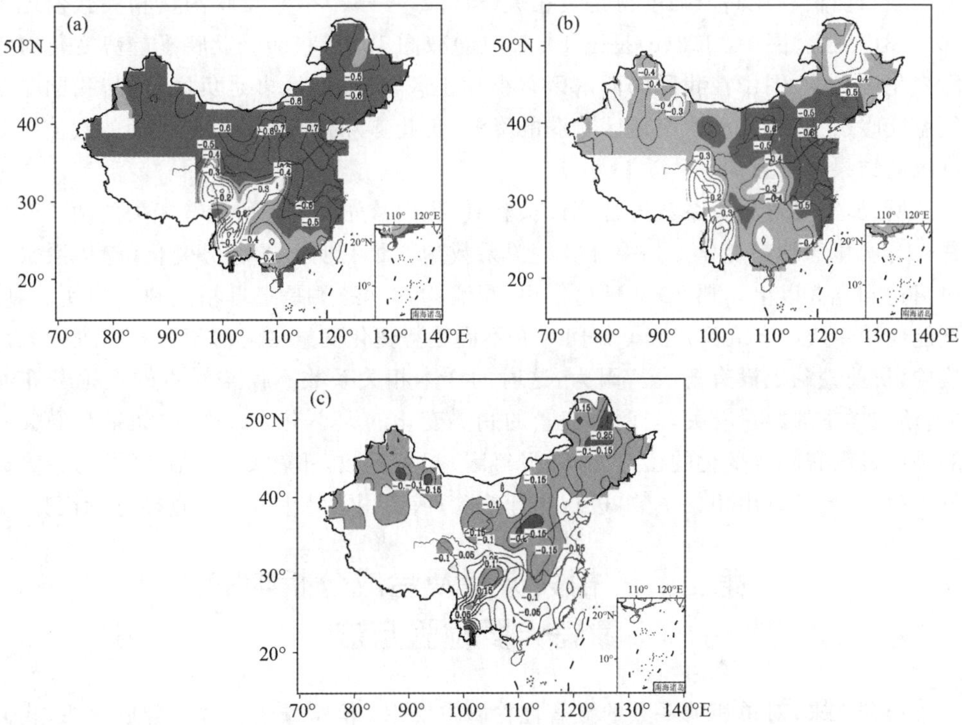

图10.1.3　冬季西伯利亚高压强度与我国冬季气温的相关图

(a):带有趋势的相关图;(b):消去趋势后的相关图;(c):(a)－(b)。图(a),(b)中的数值在0.5,0.4以上分别用黑、灰表示。图(c)中的数值在0.2,0.1以上分别用黑、灰表示。虚线表示负值。

图10.1.3(a)是保留趋势变化特征时的相关图,图中在我国的三北地区和华中、华东有若干－0.7以上的负相关中心。而图10.1.3(b)是消去相关变量趋势变化特征后的相关图,它应该是真实地反映了西伯利亚高压强度与我国冬季气温的年际变化的相关图。我们看到虽然图10.1.3(b)总的特征与图10.1.3(a)相似。但是还有明显的区别,首先－0.5以上的高负相关面积比图10.1.3(a)小得多:高负相关区不包括西北和东北的北部,基本上不包括华中。其次,负相关的强度比图10.1.3(a)

弱,没有出现−0.7 的负相关中心。另外,在我国的西南地区,图 10.1.3(b)的负相关强度似乎比比图 10.1.3(a)强些。图 10.1.3(b)的结果应该更符合西伯利亚高压强度与我国冬季气温的年际变化的相关的解释。事实上,由于我国的西北地区的经度位置太偏西,而东北的北部位置又太偏东,偏北,他们受到冬季西伯利亚高压强度环流系统的影响应该比华北、华东小。图 10.1.3(b)的负相关还说明,我国西南地区冬季气温与西伯利亚高压强度也是负相关(−0.2～−0.3),它反映的负相关数值比图 10.1.3(a)强。图 10.1.3(c)是图 10.1.3(a)减图 10.1.3(b)。反映了趋势变化对年际变化的影响,图中在我国的西南区有小片正区,其他地区多是负区,这与我国冬季气温变暖(正趋势),而西南地区有弱的降温(负趋势)的特征一致,与前面的数值实验推测的结果是一致的。

所以,需要对相关系数进行统计检验时,我们首先要考虑所计算相关的两个变量是否有明显的趋势变化。如果计算相关系数的变量有明显的趋势变化(趋势系数绝对值达到 0.3 以上),那么,从理论上说,观测样本已经不是来自相互独立的实验,就不能使用传统的 t 检验方法。如何对有不同趋势变化变量之间的相关系数进行统计检验,目前理论上没有解决。因为,这时的样本相关系数不仅与样本的概论分布有关,还与样本的容量有关,与两个变量的趋势变化的大小有关。这时,如果我们关心的是仅是没有趋势变化的变量之间的(年际)相关系数,那就要需要将变量的趋势成分去掉后,再计算出相关系数,进行统计检验;或者用蒙特卡罗方法直接进行检验。

第二节　相关分析及合成分析中的蒙特卡罗检验方法

长期以来,对单相关系数的显著性检验主要用 t 检验方法。对于合成分析,我们可以用样本平均值差异的 t 检验方法。这些检验方法,都属于统计学中的参数的统计检验。它需要样本服从正态度分布和其他的一些假定。下面我们给出了相关分析及合成分析中非参数的统计检验。

1. 相关系数的非参数检验——蒙特卡罗检验

假定有任意概率分布的气象变量 x 的 n 次观测(n 为样本容量),与 x 的相关系数(绝对值)至少多大才能认为与变量 x 有相关呢?蒙特卡罗方法是用随机数序列与变量 x 的序列求出模拟相关系数,长度为 x 的随机数序列可以由机器程序大量产生(例如 10000 次)。假如已经计算了 10000 个模拟的随机相关系数,则将 10000 个模拟的随机相关系数的绝对值从大到小排序,最大的序号为 1。序号为 10、100、500 的模拟相关系数的值分别为 $r_{0.001}$ 、$r_{.001}$ 、$r_{0.05}$,它们分别作为相关系数的临界值。当实际计算的变量之间的相关系数大于上述模拟产生的临界值时，认为相关系数通过了蒙特卡罗检验，(信度分别为 0.001，0.01，0.05)。施能等(1997)对上述蒙特卡罗检验方法与传统的相关系数 t 检验方法进行过比较，结果 当实验次数足够地多，并且计算相关的变量满足联合正态度分布时，蒙特卡罗模拟得到的临界值与 t 统计量的临界值几乎没有差异。但是，对不同地区、不同时间段的变量进行计算时发现，由于变量不服从正态分布和独立样本的统计检验条件，蒙特卡罗方法的临界相关系数与相同的信度下的 t 检验的临界值并不一致。当信度标准比较低时(0.05，或 0.10)，蒙特卡罗方法的临界相关系数绝大多数不低于 t 检验的临界相关系数(特别是气温)。认为当相关系数的检验的信度标准比较低时要慎用 t 检验方法。

如何用蒙特卡罗方法产生随机数序列的方法？目前经常使用有两种方法。第一种方法是通过计算机不断地随机产生一个正态(0，1)序列与气象变量 x 求相关，计算出随机相关系数，从而得到由相关系数组成的随机序列。第二种方法是将要计算相关的两个变量中的一个变量的资料取值的顺序给打乱(这也可以通过计算机产生随机数做到)，每打乱一次序列，可以计算出一个随机相关系数。这样也得到全部由模拟相关系数组成的相关系数的序列。第二种处理方法的针对性似乎更好些。因为这种模拟计算时，可以保持原变量的概率分布和参数全部不改变。

但是，它们必须对每个具体问题分别计算。

2. 合成分析中样本平均值差异显著性的蒙特卡罗检验

合成分析是气象学分析与预报中的经常使用的方法。它是将某两种不同特征或者状态的气象变量进行合成，也就是求不同状态下的某气象要素 x 的平均值，比较它们有没有明显的差异？例如，假定在 A、B 两种气候状态下分别为强，弱南方涛动，某气象变量 x 的样本值为

A 状态：　94、197、16、38、99、141、23　　　　$n_A=7$

B 状态：　52、104、146、10、50、31、40、27、46　　$n_B=9$

我们知道，即使 A、B 两种气候状态对 x 没有影响，因为随机样本的原因，x 在 A、B 两种气候态的平均值也不可能是相同的，也就是说需要进行统计检验，从统计学角度回答 A、B 两种气候态下，气象变量 x 有无明显不同？如果有明显的不同，我们可以说 A、B 两种气候态对变量有了显著的影响。通常的参数检验方法就是通过比较它们的样本平均值来推断它们总体的均值是否可信相等？这就是需要使用合成分析中的 t 检验方法。

设 $\overline{x}_A$，$\overline{x}_B$；s_A^2，s_B^2；n_A，n_B 分别是 A、B 两种气候态下的平均值、方差、样本数。则检验两个样本的总体平均值有无显著差异，计算统计量

$$t=\frac{\overline{x}_A-\overline{x}_B}{\sqrt{\frac{(n_A-1)s_A^2+(n_B-1)s_B^2}{n_A+n_B-2}}\sqrt{\frac{1}{n_A}+\frac{1}{n_B}}} \tag{10.2.1}$$

该式遵从自由度$\nu=n_A+n_B-2$的t分布。t检验可用于检验两个样本总体平均值有无显著差异。当给定某信度α，对应有t_α值。当$|t|>t_\alpha$时，认为两个样本总体平均值有显著差异，也就是在两种不同的气候态下，变量x有显著的差异。

这就是t检验方法。但是，这种检验方法理论上要求需要样本来自正态总体以及A、B两种气候状态下的总体的均方差可信相等的假定。蒙特卡罗模拟的检验方法是依大量的计算作为代价，摆脱了正态分布和其他的各种假定。

首先，蒙特卡罗方法是将上述气候态下的样本值看为n_A+n_B中任意取出的一种取法。上例中，两种气候态下有16个样本($n_A+n_B=16$)划分为$n_A=7$，$n_B=9$二组就相当于16个样本任取7个(或9个)。这应该共有16! /(7! 9!)=11440种取法一般情况下有$(n_A+n_B)!/(n_A!n_B!)$种取法。上例中的一个具体的划分仅是11440中的一种划分。对每一种排列组合的方法可以产生一次蒙特卡罗模拟计算。也就是对每一种取法可计算出变量x的一个样本均值差$\overline{x}_A-\overline{x}_B$的绝对值$|\overline{x}_A-\overline{x}_B|$，将所有可能的$|\overline{x}_A-\overline{x}_B|$从大到小排序，如果具体气候态所对应的那种取法的$|\overline{x}_A-\overline{x}_B|$落入最大的1%(5%)范围之内，小概率事件发生，就认为A、B两种气候态对气象变量x有了明显的影响，这种推断的可靠性为99%(95%)，信度为0.01(0.05)。

除了用不同的排列组合的方法产生蒙特卡罗模拟计算以外。还可以用如下方法进行蒙特卡罗模拟计算。$n_A+n_B=n$。利用随机数发生器，在1－n自然数区间内产生均匀分布的随机数，也就是随机地排列自然数1,2,3,…,n。每一次序号的随机排列对应一次n_A个A状态和n_B个B状态的重组。对于重组的状态，仍然用公式(10.2.1)去计算t统计量的值。就这样进行大量的模拟计算，例如计算10000次，(每次的n_A个A状态，n_B个B状态都是重组的，或者是一种新的排列)。然后对得到的10000个t统计量的绝对值进行从大到小的排序(最大的序号为1)。序号为10、100、500的模拟相关系数的值分别为为$t_{0.001}$、$t_{0.01}$、$t_{0.05}$作为t统计量临近界值。当需要检验的A,B两种状态的差异的t统计量的值的绝对值大约于$t_{0.001}$、$t_{0.01}$、$t_{0.05}$时就认为合成分析通过了蒙特卡罗检验，(信度分别为0.001、0.01、0.05)。

从上所述，无论是相关系数的显著性检验还是合成分析中均值差异的显著性检验，都可以用蒙特卡罗模拟方法解决。这种方法摆脱了正态分布和其他各种假定，但计算量大。可以说，目前的高速计算机已经向统计检验理论的应用价值提出了有力的挑战。

第三节　气象场相关的统计检验

另一个更为重要的问题是某个气象要素与某个气象要素场的相关问题。我们经常需要研究一个气象变量(例如:季、月降水量,季、月气温等)与一个气象场(例如:北半球或者全球的前期或同期的海温场,500hPa 高度场,……)求相关,然后在气象场中找出所谓相关密切的关键区。因为统计检验方法并不适用于大量的重复实验后检验。显然,如果我们将一个气象要素的时间序列与成千上万个并非气象资料的无意义的数据序列组成的"气象场"求相关时,必然也能在大量相关系数中找到若干个"高相关",并且能通过相关系数"显著性检验"的标准,显然这些高相关实际是不可能的虚假的高相关。高速电子计算机又为我们进行这种大批量的相关计算提供了可能。如何防止或检测这种虚假的高相关呢?我们知道,全球范围的气象场资料是由成千上万个格点或测站资料组成的,所以,与气象场计算相关就类似于大量、重复实验。这样大量的计算格点相关,总会有些格点或者测站的相关系数达到了相关系数显著性检验的标准。那么,有多少个格点或测站通过显著性检验才能认为要素与气象场之间有相关呢?Livezey 等(1983)与 Gordon(1986)早已提出过这个问题,并给出过解决方法。显然,如果气象场中格点值是相互独立的,则可以用二项分布计算出达到显著性标准的格点数的下限(Overland 等 1982)。但事实上气象场的空间格点有相关性,而且不同的气象场有不同紧密程度的空间相关性。这样就不可能有统一的模式来解决变量与气象场相关的显著性检验问题。Livezey 等(1983)曾用蒙特卡罗统计模拟方法来做实际相关场的检验,这种检验需要大量的模拟计算,但是,在计算机高速发展的今天已不难实现。

1. 气象场相关与合成分析中的蒙特卡罗检验

如果 x 需要与一个气象场 Y 场中的某格点求相关,而 Y 有很多格点(或者测站)。例如,当全球气象资料的分辨率为 2.5°纬度×2.5°经度时,全球就有 10512 个格点。这样,我们就计算了 10512 个相关系数。如此大量的相关系数进行统计检验,也可以找到所谓的"相关密切区"。但是,这很可那是因为我们计算了 1 万多个相关系数的缘故,实际上 x 与气象场 Y 并不相关。如何防止或检测这种虚假的高相关呢?可以使用气象场的蒙特卡罗检验方法(施能等 2004;Overland 等 1982)。也就是通过蒙特卡罗模拟技术,给出一个区域面积(格点数)的临界的标准。通过显著性检验的相关密切区的面积(格点数)必须大于这个模拟的临界标准,关键区才是可靠的。

2. 用蒙特卡罗检验模拟技术，求格点数的临界值

气象场的蒙特卡罗的统计检验认为，“相关密切区”的面积（包含的格点总数）必须大于格点数的临界值，才能认为要素 x 与气象场 Y 的相关是可靠的。临界格点数可以用如下的模拟的方法实现。首先，我们将 x 与气象场 Y 全部格点的进行相关分析（变量 x 与场 Y 计算相关系数，或者将变量 x 的气候状态与气象场 Y 进行一次合成分析，计算 t 统计量），记录下在总格点中通过了显著性检验的格点数。然后进行模拟计算，也就是过蒙特卡罗模拟技术随机改变量 x 的排序，（或者将 x 的气候状态重组），对随机改变排序后的 x 与气象场 Y 进行再进行相应的相关分析或者合成分析，对于这样计算得到得的结果也进行显著性经验，记录下在这次模拟计算中通过显著性检验的格点数，这称为一次模拟计算。然后通过再次随机改变 x，进行第二次模拟计算。这样的模拟计算大量进行，例如进行了 10000 次。每次都可以统计出总格点中通过了显著性检验的格点数。这样我们得到了通过了显著性检验的格点数的一个序列，这个序列的样本数应该就是蒙特卡罗模拟实验的总次数。然后对这个格点数的序列进行从大到小的排序，最大的序号为 1。令序号为 10、100、500 的格点数为 $G_{0.001}$、$G_{0.01}$、$G_{0.05}$，显然有 $G_{0.001} > G_{0.01} > G_{0.05}$，它们就是格点数的临界标准。气象场的相关与合成分析中的蒙特卡罗检验认为，变量 x 与气象场 Y 进行相关分析得到关键区（通过显著性检验）的格点数（面积）至少应该大于 $G_{0.05}$，才能认为变量 x 与气象场 Y 是相关的，关键区是可靠存在的（信度为 0.05）。否则，认为“关键区”是仍是不可靠的，认为它是大量计算相关系数后随机产生的虚假的“关键区”。

第四节　多维统计检验、风场的统计检验

风是非常重要的气象要素，它与天气变化有直接的关系。一般来说，我们使用的风资料是由大量格点组成的风场。所以，风是由纬向风速 u 与经向风速 v 来组成，或者用风速与风向角度来组成。这样，风场就是个二维向量场，这使得用风场资料分析与预报天气、气候问题比利用普通的标量场困难得多。如何得到风场对同期或者后期降水（旱涝）、温度有显著影响的风场的关键区？如何用统计方法检验这个风场关键区的可靠性与显著性？这就需要对二维的风场的相关特征进行风场相关的显著性检验。这时，如果我们分别对 u 分量与 v 分量（或者风速与风向）进行显著性检验，则只能得到风异常的个别特征，并不是二维风场的异常特征。所以，对风的统计检验必须用多维统计检验方法，而不是通常对标量场的检验方法。下面我们就来介绍这种统计检验方法。

根据数学界的多维统计检验的原理，我们先给出二维的风场进行统计检验的实

施方法，再根据 Livezey 等(1983)与 Wolter 等(1999)的思路给出进行风场蒙特卡罗的统计检验的方法(施能等 2004)。

1. 合成风场的统计检验

我们用风场与涝、旱年的合成分析为例来介绍这种统计检验方法。设在 n 样本中有涝年 n_A 年、旱年 n_B 年。n_A+n_B 可以等于 n，这时是全部年划分为涝、旱年。n_A+n_B 不等于 n 时，表示还可以有正常降水年。涝、旱年合成的风场的差值图为 E。E 图由 N 个格点组成。每个格点都有对应的旱、涝年的平均风($u(A)$,$\bar{u}(B)$;$v(B)$,$\bar{v}(B)$)。根据多维统计检验方法，涝、旱风的差异是否显著，是否有统计意义，可以计算 F 统计量

$$F=\frac{n_A n_B(n_A+n_B-m-1)}{m(n_A+n_B)(n_A+n_B-2)}D_m^2 \tag{10.4.1}$$

式中的 $m=2$，而 D_m^2是则旱、涝年平均风之间的 Mahalanobis 距离

$$D_m{}^2=(\overline{X}(A)-\overline{X}(B))^T S^{-1}(\overline{X}(A)-\overline{X}(B)) \tag{10.4.2}$$

D_m^2可以用合成风场差异图及旱、涝年逐年的资料计算，它是一个数值。

需要按格点逐步点地计算出来，计算方法如下：

$$\overline{X}(A)=\begin{pmatrix}\bar{u}(A)\\ \bar{v}(A)\end{pmatrix}$$

是全部涝年某格点纬向 u、经向风 v 的平均矢量，

$$\overline{X}(B)=\begin{pmatrix}\bar{u}(B)\\ \bar{v}(B)\end{pmatrix}$$

是全部旱年该格点纬向风 u、经向风 v 的平均矢量，所以，$\overline{X}(A)-\overline{X}(B)$ 是该格点涝年 A 与旱年 B 平均风的差，是个二维向量。

$$S=(s_{ij}) \qquad i,j=1,2 \tag{10.4.3}$$

$$\begin{aligned}s_{11}=[&\sum_{t=1}^{n_A}(u_t(A)-\bar{u}(A))(u_t(A)-\bar{u}(A))\\&+\sum_{t=1}^{n_B}(u_t(B)-\bar{u}(B))(u_t(B)-\bar{u}(B))]/(n_A+n_B)\end{aligned} \tag{10.4.4}$$

$$\begin{aligned}s_{22}=[&\sum_{t=1}^{n_A}(v_t(A)-\bar{v}(A))(v_t(A)-\bar{v}(A))\\&+\sum_{t=1}^{n_B}(v_t(B)-\bar{v}(B))(v_t(B)-\bar{v}(B))]/(n_A+n_B)\end{aligned} \tag{10.4.5}$$

$$s_{12}=[\sum_{t=1}^{n_A}(u_t(A)-\bar{u}(A))(v_t(A)-\bar{v}(A))$$

$$+\sum_{t=1}^{n_B}(u_t(B)-\bar{u}(B))(v_t(B)-\bar{v}(B))]/(n_A+n_B) \qquad (10.4.6)$$

$$s_{21}=[\sum_{t=1}^{n_A}(v_t(A)-\bar{v}(A))(u_t(A)-\bar{u}(A))$$

$$+\sum_{t=1}^{n_B}(v_t(B)-\bar{v}(B))(u_t(B)-\bar{u}(B))]/(n_A+n_B) \qquad (10.4.7)$$

而

$$s_{21}=s_{12} \qquad (10.4.8)$$

所以，s_{ij} 是分别对涝、旱年的纬向风 u、经向风 v 求协方差后相加，然后除涝、旱年的总数。从而计算出每个格点的 F 统计量。当 F 统计量大于信度为 α 自由度为 $(m,n-m-1)$ 的 F 分布的临近值 F_α 时，则该格点的旱、涝年的风的差异有显著的意义，否则，差异是随机的。这种检验对全部风场差值图(E 图)的 N 个格点分别进行，通过显著区检验的格点可以组成相关密切区，从而可以找到影响旱涝变化的风场关键区。

2. 风场显著区的检验

虽然对差异进行了 F 统计量检验，找到了与旱涝变化关系密切的风场关键区。但是，如果我们计算的是一个有大量格点组成全球风场，原则上还需要进行蒙特卡罗模拟的统计检验，也就是对一个气象场的关键区所包含的相关显著的格点数应该超过一定的标准，相关才是可靠的，否则，相关区仍然可能是随机的不可靠的。类似第三节的方法，如何对风场显著区进行蒙特卡罗统计检验？可以设计如下的二维的蒙特卡罗模拟的统计检验方法。设总的样本数是 n ，n_A 和 n_B 是其中的两种气候状态，$n \geqslant n_A + n_B$ 。

首先，我们利用随机数发生器，在 $1-n$ 区间内产生均匀分布的随机数，将这个随机数排序，从而产生 $1-n$ 内自然数的随机排列。此基础上重组旱、涝年。也就是随机选取了 n_A 个年认为是“涝年”，n_B 个认为“旱年”事件。

第二步，对重组的 n_A 个“涝年”与 n_B 个“旱年”(这并不是真正的涝、旱年)仍进行二维风场进行合成分析，并进行合成风场差异的显著性检验。对每个格点计算式(10.4.2)与式(10.4.1)，统计该次实验时 F 统计量大于的临界值 F_α(信度为 α，自由度为 $m,n-m-1$)的总格点数，这就是一次蒙特卡罗模拟实验。这样的实验与计算被大量进行，例如 10000 次，每次实验时的“涝”、“旱”年都是通过随机数重组的，应该是不完全相同的。每次实验都可以得到 F 大于 F_α 的格点数。这样，我们就得一个格点数的序列，该序列的样本容量就是蒙特卡罗模拟实验的次数，10000 次。

最后，第三步，通过对这个格点数的序列进行从大到小的排序，就容易找到 95%，99%，99.9%置信水平下的格点的临界值。例如，我们实验了 10000 次，将

10000 次实验中通过 F 检验的格点数组成的序列从大到小排序列(最大的序号为1)。序号为 10、100、500 的格点数为 $G_{0.001}$ 、$G_{0.01}$ 、$G_{0.05}$ 它们分别是就是 99.9%, 99%,95%的置信水平的蒙特卡罗模拟检验的临界值。真正涝、旱年合成风场差异检验时,F 统计量大于 F_α 的总格点数要超过蒙特卡罗模拟实验结果的格点数临界值,才能认为旱、涝年的风场的差异通过了蒙特卡罗模拟的检验,确实是有意义的。合成分析进行蒙特卡罗模拟时,它的显著格点的临界值只能针对具体的资料来计算的,不可能是固定的,它的临界值只能通过大量的模拟实验得到。

3. 应用

实例(施能等 2004):取长江中下游 5 站夏季 6—8 月平均降水量正(负)距平最大的 7 年作为涝(旱)年。涝年为 1954,1969,1980,1991,1996,1998,1999;旱年为 1958,1961,1966,1967,1968,1978,1985。它们的距平值都大于 1 倍的均方差,是长江中下游严重的涝、旱年。风场资料来自 NCEP 的 1948—2001 年的月平均风场资料。图 10.4.1(a)是涝年风场平均图,而图 10.4.1(b)是旱年风场平均图。

我们可以看出图 10.4.1(a)与图 10.4.1(b)明显的差异,而它们的差值图是 10.4.1(c)。在图 10.4.1(c)上,我们很难看出那里是有明显统计意义的差异显著区,为此需要进行统计检验。

图 10.4.2 是我们计算的风场差异的 F 统计量图,它已经通过了风场的蒙特卡罗模拟的统计检验。从图 10.4.2 我们可以明显看出风场差异的显著区(达到 0.01 信度):90°～130°E,40°～50°N 的涝年是偏东风、东北风(旱年偏西风、西南风)异常区;105°～145°E,25°～40°N 的涝年西风异常(旱年东风)异常区;105°～135°E,10°～20°N 的涝年东风(旱年西风)异常区。这些区域的 500hPa 风异常直接与长江中下游夏季涝、旱有关,信度也高。在澳大利亚以西 75°～95°E,25°～35°S,涝年是东风(旱年西风)异常;在澳大利亚以东的南太平洋 150°～170°E,20°～30°S,涝年是东北风(旱年西风)异常,也达到 0.01 信度。此外,在赤道非洲,赤道美洲及赤道东太平洋,也有 0.05 显著区,似乎反映了长江中下游夏季降水量异常的全球特征及季风降水量遥相关;也就是与西非季风雨,北美季风雨和澳洲冬季风的关系。但是,直接影响长江中下游旱涝的环流异常是在我国的东部及东部沿海。在图 10.4.1(a)与图 10.4.1(b)看出,北太平洋的阿留申地区,在旱涝年的环流是相反的,涝年反气旋性环流(旱年气旋性环流)异常,但是从图 10.4.2 的显著性检验看,该征兆不是显著重要的。这与该地区的风场的均方差大有关系。事实上,在我们还可以对前期的风场,找到差异明显的显著区,用显著区的平均风作为预报因子,制作长江中下游夏季涝、旱预报工具。这个例说明对风场进行统计检验的重要性。这种风场差异的计算,在时间上可以与旱、涝同时间,也可以风场超前(了解前期风场预测旱、涝),也可以风场滞后(大

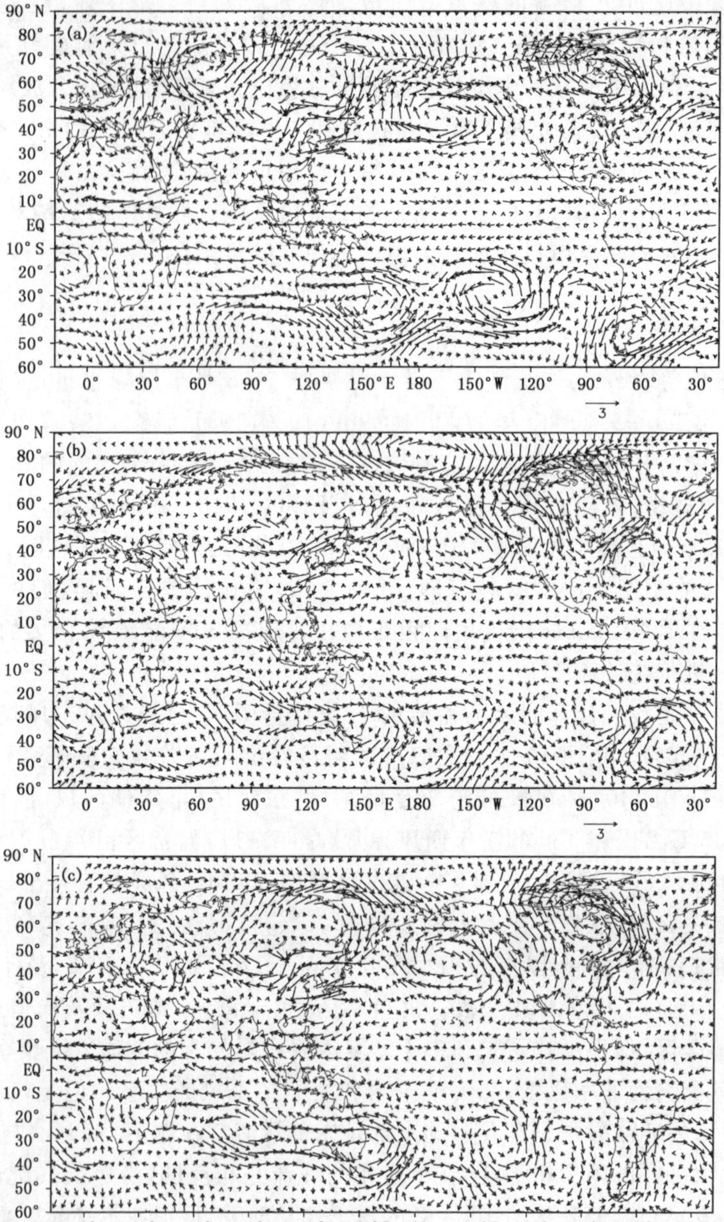

图 10.4.1　长江中下游夏季 500 hPa 全球风场距平图及差值图
(a)涝年;(b)旱年;(c) 涝年平均减旱年平均

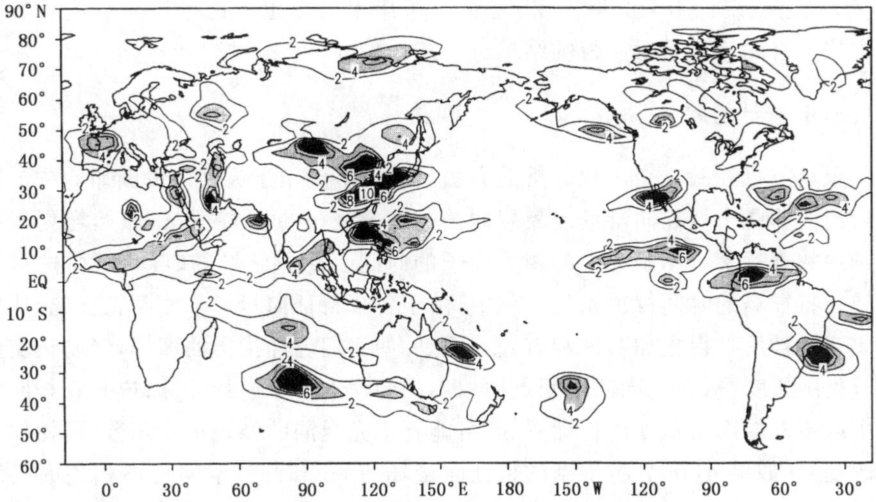

图 10.4.2　长江中下游夏季涝、旱年 500hPa 全球风场差值图的 F 统计量检验
图中的灰及黑灰为达到 0.05,0.01 信度的显著区

尺度旱、涝影响后期风场)。这样得到的结果的随机性只有 1%或 5%(信度标准),但是需要大量的计算。需要指出,经过这二步统计检验后得到的旱、涝年风场的差值显著区,如果风场是超前的,就可以作为预报大尺度旱、涝的预报信号。

本节的 FORTRAN 计算程序可见本章的附录 1 与附录 2。

第五节　EOF,SVD 的统计检验

我们知道统计方法仅是资料计算的结果,它本身并不能直接导出因果关系。因此想用统计方法的计算结果来得到气象要素的变化成因的解释是很困难的。我们在使用相关系数,回归方程和时间序列分析方法时,已经有了这样的认识。但是,像经验正交函数分析(EOF),奇异谱分解(SVD)等一些涉及气象场的相关分析的问题中,就缺少这方面的警惕性。经常看到没有经过统计经验就将气象场的一些计算结果不适当地解释为气象场之间的因果关系。实际上,EOF,SVD 模态是由样本资料计算的,它们都是样本的函数,其结果是随机变量。随机变量就有概率分布与统计检验问题。如果 EOF,SVD 的一些结果通不过统计检验,那就是不具有统计意义的不可靠的结果。这时如果我们过多地、不适当地信任了一个有限资料的计算结果,或者错误地解读它为因果关系,就很可能在气象研究与预报中造成潜在的危险和误导。实际上,我们知道,气象场的空间维数往往比样本数大得多,在某些使用 EOF、SVD 方法的研究工作中,气象场的空间维数超过样本数的 10 余倍,这样所得的 EOF 模

态、SVD 模态在统计上未必有意义，在物理概念上自然也不能进行过分的解释。解决的方法是首先应该是对所得的结果进行统计检验。

1. EOF 统计检验

气象场进行经验正交函数分析的方法已经广泛应用于天气候诊断研究中。EOF 分析给出的前几个特征向量场能最好地描述气象场的重要特征，比原始场更集中反映了场的物理意义。原始场中各相关因子的时间变化导致场的时间变化，这可以集中反映在特征场的时间权重系数变化中，由于各个特征向量场是相互正交的，所以场的真实变化被反映得更加明显和有效。但是，如我们已经指出的那样，经验正交函数本身就是随机变量，在相同的空间点中取不同的样本容量进行计算；或者在相同的空间场中取不同的网格精度进行计算，就可能有不完全同的经验正交函数(即使样本容量不改变)。如果 EOF 分析得到的特征向量场与一个时间，空间均不相关的噪声场的特征向量场统计上没有区别，那 EOF 的结果就完全没有意义；反之则认为 EOF 分析结果有统计意义。如何将有明确意义的特征向量场与一个时间，空间均不相关的噪声场的特征向量场区别开来？这就是经验正交函数(EOF)的统计检验问题。为此，Overland 和 Preisendorfer(1982)提出了蒙特卡罗检验方法，指出在进行 EOF 分析时，需要挑选这样的特征值，这个特征值对应的特征向量及物理信号必须在噪声场的特征水平以上。

设 λ_j ，$j=1,2,\cdots,m$ 为样本容易量为 n 的 m 维矩阵 ${}_mX_n$ 的气象场经过 EOF 分析后的特征值，并且

$$\lambda_1 \geqslant \lambda_2 \geqslant \cdots \geqslant \lambda_m \tag{10.5.1}$$

将特征值标准化，也就是除以特征值的和，得的标准化的特征值序列(施能 1996)

$$T_j = \frac{\lambda_j}{\sum_{j=1}^{m} \lambda_j} \qquad j = 1,2,\cdots,m \tag{10.5.2}$$

现在，我们的原假设是气象资料组是从不相关的高斯总体中随机抽取的。为此，需要利用随机数发生器生成 m 个长度为 n 的独立不相关的高斯序列，它们的平均值为零而方差为 1，然后，仍采用对真实气象资料计算时的相同的处理方法，进行 EOF 计算方法，算出的它们特征值，这时的特征值表示为 δ_j ，这样的 1 次计算，称为 1 次蒙特卡罗实验。这样的实验与计算被重复的大量进行，例如，进行了 1000 次，得到各次实验的特征值序列，

$$\delta_j^r, \qquad j = 1,2,\cdots,m\ ; r = 1,2,\cdots,1000$$

对于第 r 的特征值，也需要类似式(10.4.1)进行从大到小的排列，即

$$\delta_1^r \geqslant \delta_2{}^r \geqslant \cdots \geqslant \delta_m^r, j=1,2,\cdots,m; r=1,2,\cdots,1000$$

然后类似式(10.4.2)可以计算出的

$$U_j^r = \frac{\delta_j^r}{\sum_{j=1}^{m} \lambda_j^r} \qquad r=1,2,\cdots,1000 \tag{10.5.3}$$

将全部 r (1000 次)实验的 U_j^r 进行从大到小的排列

$$U_j^1 \geqslant U_j^2 \geqslant \cdots \geqslant U_j^{1000} \qquad \begin{matrix} j=1,2,\cdots,m \\ j=1,2,\cdots,m \end{matrix} \tag{10.5.4}$$

Preisendorfer 和 Barnett(1977),提出 EOF 统计检验法则,认为:由气象要素场计算的第 j 个特征值的大小需要分别同随机场计算的对应信度为 0.01,与 0.05 的 U_j^{10},U_j^{50} 比较。当 $T_j \geqslant U_j^{10}$ ($T_j \geqslant U_j^{50}$)时,可以认为第 j 个特征值及其所对应的特征向量已经明显区别于随机场的结果,是有意义的,信度分别为 0.01(0.05)。Overland 和 Preisendorfer(1982)将这种检验方法用于白岭海气旋资料的 EOF 分析实际例中,第一特征向量解释了 22.3%的资料总方差,第二、三、四、五特征向量分别解释了 9.9%、9.1%、8.1%、6.5%的资料总方差。经过统计检验,说明结果除了第一特征向量以外,其他的特征向量已不能与时间、空间均不相关的噪声场的特征向量场区别开来,是没有意义的。

以后,有人还提出了更严格的标准,也就是气象要素场计算的第 j 个特征值的大小,T_j 永远与 U_1^{10},U_1^{50} 去比较,当 $T_j \geqslant U_1^{10}$ ($T_j \geqslant U_1^{50}$)时,第 j 个特征值及其所对应的特征向量才是有意义的,信度分别为 0.01(0.05)。根据 Overland 和 Preisendorfer 的意见(1982),上叙述提出的统计检验方法,既可以用于对相关矩阵的 EOF 分析也可以用于对协方差矩阵的 EOF 分析。

以后 Iwasaka 和 Wallace(1995)在检验时 SVD 时提出了另一种生成随机不相关的矩阵的方法,同样也适合于 EOF 的统计检验。这种方法不是利用随机数发生器生成 m 个长度为 n 的随机矩阵 ${}_mX_n$,而是将原来的气象场的空间点的时间序列在时间上随机地变化,也就是随机地改变空间点原来样本的序号,或者说是将样本资料在时间打乱后来生成随机矩阵 ${}_mX_n$。每改变一次就是一次模拟,进行 1000 实验,再用上面相同的方法来确定真正的特征向量场是否能与随机矩阵(噪声场)的 ${}_mX_n$ 的特征向量场区别开来。此外,EOF 模态的统计检验还有本书第六章第一节的 North 等(1982)的方法。但是,看来本章的方法实际上更严格、合理些。

2. SVD 模态的统计检验

气象场相关特征的分析技术,近来已经广泛用于气象诊断中。这种方法的介绍可以参考本书的第六章,或者 Wallace 等(1992)。无疑地,它是分析气象场相关特征的有用技术。但是,SVD 模态是从两个气象场的样本资料计算的,是样本的函数,所以存在统计显著性的问题。Shen 和 Lau(1995),Iwasaka 和 Wallace(1995)都指出SVD 的模态要经过显著性检验,除非样本容量比所分析的气象场的空间维持数大得多,但是这在气象分析与预报中几乎是很少可能的。下面就是 SVD 的检验方法。我们知道,SVD 可以计算出 $r=\min(m_1,m_2)$个特征模态。但是,这些特征模特态是否全部有统计意义?我们应该分析几个特征模特态?应该有个明确的标准。Shen 等(1995)和 Iwasaka 等(1995)提出了两种用蒙特卡罗检验技术的 SVD 模态显著性的方法。

类似 EOF 的统计检验,我们检验 SVD 模态,就是将 SVD 计算的奇异值与两个时间,空间均不相关的噪声场的 SVD 得到的奇异值区分开来。如果,他们在一定的信度下有明显的区别,就认为 SVD 计算的奇异值及其所以对应的特征模态是有意义的。假设 σ_j , $j=1,2,\cdots,r$ 是用两个气象场计算的奇异值,我们将它们排序

$$\sigma_1 \geqslant \sigma_2 \geqslant \sigma_3 \geqslant \cdots \geqslant \sigma_r$$

再将它们标准化处理

$$T_j = \frac{\sigma_j}{\sum_{j=1}^{r}\sigma_j} \qquad j=1,2,\cdots,r \tag{10.5.5}$$

现在,我们的原假设是两个气象资料组是从不相关的高斯总体中随机抽取的。为此,需要利用随机数发生器生成两个气象场空间点分别为 m_1, m_2 及样本容量为 n 高斯分布的两个资料矩阵,每个场的资料序列在时间、空间上是均不相关的,并且平均值为零而方差为 1。然后,对这两个场进行模拟的 SVD 计算。这时计算的奇异值表示为 $d_j(j=1,2,\cdots r)$,称为 1 次蒙特卡罗实验。因为需要进行大量的实验。每次模拟计算都需要改变两个随机数发生器产生的资料矩阵。第 k 次模拟计算的奇异值,用 $d_j^k, j=1,2,\cdots r$,表示。上角表示第 k 次的奇异值。如果进行了 $k=1000$ 次实验,得到奇异值的 d_j^k 序列。

从而可以得到 r 个奇异值的排序

$$d_1^k \geqslant d_2^k \geqslant d_3^k \geqslant \cdots\cdots \geqslant d_r^k \qquad k=1,2,\cdots,1000$$

令标准化变量

$$U_j^k = \frac{d_j^k}{\sum_{j=1}^{r} d_j^k} \qquad \begin{array}{l} j=1,2,\cdots,r \\ k=1,2,\cdots,1000 \end{array} \tag{10.5.6}$$

然后,对于固定的 j,排序 U_j^k ,满足

$$U_j^1 \geqslant U_j^2 \geqslant \cdots\cdots \geqslant U_j^{1000} \qquad j=1,2,\cdots,r$$

可以得到 U_j^{10} 、U_j^{50} ,$(j=1,2,\cdots,r)$。U_j^{10} (U_j^{50}) 表示由随机数发生器产生的时、空不相关的两个资料矩阵,进行 SVD 运算时计算出来的奇异值,在进行标准化处理后的数

值大于 U_j^{10}（U_j^{50}）的可能性只有 1%（5%）（是个小概率事件）。

所以，当 $T_j \geqslant U_j^{10}$（$T_j \geqslant U_j^{50}$）时，才能认为第 j 对 SVD 模（奇异值）是超偶然的，从而认为在统计学上是显著的，显著性水平为 0.01（0.05），值得进一步分析其物理意义。

因为大的奇异值对应了大的 CSCF，所以，首先比较 T_1 与 U_1^{10}（或者 U_1^{50}），进而比较 T_2 与 U_2^{10}（U_2^{50}），依次类推。

Shen 等（1995）将东亚季风雨场与 3 个月后的印度洋、太平洋的 SST 场进行 SVD 分析，$n = 20$，$m_1 = 57$，$m_2 = 100$，检验了 SVD 模态，结果它的 6 个模态是统计显著性。

Iwasaka 等（1995）提出了稍微不同的另一检验方法。这种方法似乎更合理。因为它保持了原来的 ${}_{m_1}X_n$（左），${}_{m_2}Y_n$（右）场的空间结构。对于给定的资料矩阵 ${}_{m_1}X_n$，${}_{m_2}Y_n$，Iwasaka 等（1995）的检验方法提出，将其中一个场的资料在时间上随机地变化，也就是随机地改变原来样本的序号后，再进行 SVD 计算，每改变一次就是一次模拟，也进行 1000 次实验。可以得到 1000 次 SVD 的 r 个奇异值的排序的模拟值，然后再进行类似上面方法的计算，得到 U_j^{10}（U_j^{50}），再将实际场的 T_j 的与 U_j^{10}（U_j^{50}）比较。T_j 大约于 U_j^{10}（U_j^{50}），则所以对应的模态是显著的。Iwasaka 等（1995）用这种方法检验了他们的 SVD 分析。结果得到，仅第一模态是显著的。第二模态已经在 95% 置信水平以下，与噪声无明显差异。这是因为，他们计算所以用的空间维数已经是样本数的 12 倍（$m_1 = 445$，$m_2 = 445$，样本容量，$n = 37$）。

从上面内容可以看到 EOF 和 SVD 模态的统计检验，都是非参数的统计检验，需要大量的模拟计算。一般来说，当气象场的空间维数比样本数大很多时，是必须对结果进行统计检验的。某些使用 SVD 的研究工作的空间维数已经超过样本数 10 余倍，这样所得的 SVD 模态在统计学上未必有意义，因为当空间维数比样本数大许多时，是很容易得到高的场间的相关系数（这在典型相关分析中也是一样的），这时的 SVD 模态未必能与随机场的结果有明显的差异，也就是说结果是不可靠的，这在物理学上自然不能正确地解释。

第六节　统计检验的若干注记

我们已经叙述了气象预报中重要的统计检验方法，但是，由于种种原因，目前对检验结果的表述上比较混乱。甚至，在国内一些影响比较大的刊物中也有不正确的描述。例如，《科学通报》，1999 年，44 卷（3）期，在描述其中图 2 的表示的阴影区时，写为“阴影区表示 t 检验通过了 95% 的信度水平”，文章还多次用“95% 的信度”，“95% 的信度水平”等不正确描述。这种情况同样出现在国外的文献中。还有的文章将“相关系数的显著性检验(统计检验)”不正确地称为“相关系数信度检验”。为什么会出现这样的混乱与错误？如何表述才是正确的？这就是本节的主要目的。

1. 信度(显著性水平)与第一类错误

统计检验就是样本推断总体，基本方法是设计或者计算一个与样本值(例如，相关系数)有关的统计量，这个统计量的概率分布需要在原假设成立的条件下推知。例如，在二个变量正态、不相关的原假设成立的条件下，n 对样本资料计算的相关系数 r 的某个函数 $t=\frac{r}{\sqrt{1-r^2}}\sqrt{n-2}$ 服从 t 分布，从而可以在关系式

$$P(|t|>t_\alpha)=\alpha \tag{10.6.1}$$

中，由 α 值查出 t_α。在统计检验中 α 取为小概率，0.05 或者 0.01，它在统计学的书中称为信度(王跃山 1993；林少宫 1963；严士健 1982；施能 1992)或者显著水平(陈辉等 2000；施能等 2007；施能等 1995；施能等 1997；顾泽等 2007；张从军等 2006)。根据式(10.6.1)，$|t|>t_\alpha$ 是几乎不可能出现的小概率事件。但是，式(10.6.1)是在原假设成立的条件下得到的，所以当 $|t|>t_\alpha$ 时，出现了几乎不可能的事件，我们就拒绝原假设，认为变量之间本没有相关性。这就是本书第二章第三节中相关系数 t 检验方法的原理。当 $|t|<t_\alpha$，我们认为样本相关系数通过了显著性检验。由于统计检验是在概率意义下的一个推断，所以不可能 100%正确推断总体的相关。如果原假设是正确的，我们根据 $|t|>t_\alpha$ 拒绝了原假设，这时就犯了原假设为真，拒绝原假设的错误(统计学上称为第一类错误)。除了第一类错误外，统计学上还有第二类错误，这是原假设为假(不正确)接受原假设的概率，常用 β 表示。α 与 β 有反变关系，但 $\alpha+\beta\neq 1$。在 α 给定时，应尽量减小犯第二类错误 β 的概率，当样本容量增加时，可使两类错误同时减小，这方面的问题比较复杂，我们不多叙述。但是，根据式(10.6.1)，犯第一类错误的概率就是信度 α。在国外的经典统计学中(Armstrong 2007；Freund 1925)也明确地将犯第一类错误的小概率称为“significance level”或者“levels of significance”。从这里我们看到“信度”是一个统计术语，它是假设检验中必需先确定的一个宽严的标准，信度的另外的名称是“显著(性)水平”，它的英文翻译就是“significance level”或者“level of significance”。

2. 参数的统计检验、差异的显著性检验

样本相关系数需要进行统计检验，合成分析需要进行差异的显著性检验。但是有的文献与作者将相关系数的统计检验，差异的显著性检验，改称为“相关系数的信度检验”；“差异的信度检验”，这也是错误的。“信度检验”，当然理解为对信度进行统计检验了，这显然不正确。因为信度仅是统计检验中取为小概率(0.05、0.01、0.001)

的一个检验标准，对信度（显著性水平）标准是不能进行检验了。所以，参数的统计检验或非参数检验是都不能称为“信度检验”的。注意，由于显著性水平就是信度，已经是统计学专有名词，所以我们提“显著性检验”时，不要再在显著性后面加“水平”二字了！画蛇添足地加“水平”，就成为上面的“信度检验”的错误了。

3. 各种错误描述及其原因分析

由于 t_α 的值是与 α 对应的，在 $\alpha=0.05$ 的标准下通过了显著性检验，在 $\alpha=0.01$ 的标准下，可能通不过显著性检验。所以在描述检验结果时，需要说明统计检验的显著性水平。但是不少文章中的表述并不正确。例如，表述为“相关系数的显著性达到95%的信度”；“阴影区为 t 检验信度检验达到95%的区域”；“阴影区为 t 检验信度检验达到95%的显著性水平”，等等。这样的错误与混乱也出现在国外的文献中。例如，Kachi 等(1995)的文章中对图 4 的描述，用“shaded regions denote areas were the significance level exceeds 95%”；Wolter 等(1999)的文章中在描述它的图 2 时，写为“,……95% significant level”；而 Livezey 等(1983)含糊和简单地用了“Passing 95% significance test”；“tested for significance at 95% level”；“significance test at the 95% level”。当然，也有大量文献表叙是严格正确的。例如，New 等(2001)表示南方涛动指数与全球年降水量的相关系数在不同数值范围内的显著性时正确地用了“1% significance levels”，写为“correlations of ±0.35，±0.42 and 0.52 correspond to 10%，5% and 1% significance levels”；Yatagai 等(1994)在描述其图 2 时写为“are significant at the 1% level.”；Matsuyama 等(2002)描述图 3 时：“,…significant differences at the 5% levels.”；描述图 5 时：“The sheded area is significant at the 5% level”；描述图 6 时：“The correlation coefficient (significant at the 5% level) between CMAP and runoff for 1980－1997”；描述图 7 时：“The correlation coefficient is not significant at the 5% level”；这些都是正确的。而 Nitta 等(1993)表示其图 1 的相关系数置信水平大于95%时，用“,…confidence level higher than 95%.”；“The 95% confidence level of correlation”，这也是正确的。从上面我们看到，实质问题是小概率 α 值与大概率 $1-\alpha$ 应该如何联系文字正确表述的问题。下面我们分析发生错误与混淆的原因。

(1)中文字面意思的误导

从上面看出信度是个犯错误概率，其实是不可信的量度。信度（显著性水平）的值不是越大越好；相反，信度（显著性水平）的值越小，统计检验就越严格，或者说检验时选的标准越高。这正好与“信度”的中文的字面意思相反，而显著性水平也就是信度，显著性水平的值也是越小越好，它们已经是专有名词。而某些文章作者往往是想说明相关密切的程度有多高，因此，错误地将信度与大概率联系起来。那么，如果我

们要用大概率 $1-\alpha$，应该如何叙述？那就不能说“信度(significance level)95%”，应该是“置信水平(confidence level)为 95%”，因为还有 5%的可能性是犯错误。其实，国外早有文献正确联系 $1-\alpha$ 的叙述，除了上面已经指出的，Hu 等(2002)对其图的描述也正确地用了“……The 95% confidence level of correlation”。

(2)翻译不正确

文章中的图题是经常需要翻译成为英文的，翻译不正确，进一步造成错误传播。根据《新英汉数学名词汇编》，信度、显著性水平的英文翻译是“significance level”。所以，“significance level 95%”，就是“信度为 95%”，实际上是英文错误。而据《新英汉数学名词汇编》中“confidence level”正确的翻译是“置信水平”，意思就是统计推断的结果有 $1-\alpha$ 的可靠性，还有 α 概率犯错误。某些作者误认为 confidence level 就是信度的英文翻译，其实是不正确的。“The 95% confidence level”，应该正确翻译为“置信水平达到 95%”，而不是“信度为 95%”。Livezey 等(1983)的文章中，“Passing 95% significance test”应该翻译为“通过了信度(显著性水平)为 5%的统计检验”；而“significance test at the 95% level”应该翻译为“信度为 5%的显著性检验”，或者“显著水平为 5%的统计检验”；“correlation statistically significant at the 95% level”，应该翻译为“相关系数在信度取为 5%时，是统计显著的”，或者“相关系数的置信水平为 95%”。

当然不能否认，某些作者只会简单地使用方法，而并不了解统计检验方法的基本原理也是一个原因。加上许多关于显著性的描述本身就不严格，例如，Livezey 等(1983)的文章中，在表示检验的显著性时，简单直接地用了“The 95% level”，这时如果不懂统计学，就可能翻译错误，正确的翻译是“置信水平为 95%””、“信度为 5%”，或者“显著性为 95%”(注意，显著性后面不能加水平二字)。对于错误的使用与翻译，由于读者基本上还看得明白，所以较少纠正，造成错误广泛传播。

4. 统计检验的两类错误和分类预报中两类错误的关系

我们在定性预报时，需要确定预报对象，例如二分类时，晴天与雨天(非晴天)，有暴雨与无暴雨。三分类时，例如，降水量的定性预报时，根据降水量的大小可分为旱，正常和涝。如果预报对象出现了而我们预报不出现，这样对预报对象而言就发生了漏报错误。反之，当预报对象并未出现，我们预报它要出现，则发生空报错误。例如，实况是雨天，我们预报了晴天，就发生了漏报雨天的错误(空报了晴天)。长期预报中，我们报旱，实际旱没有出现，这就发生了空报旱的错误(漏报了正常和涝)。实际上，由于对事件 A 的漏报错误是与对事件 A 的逆事件 $\bar{A}$ 的空报错误是等价的。为此，气象学中规定，将对国民经济危害更大的危险事件作为预报对象 A 来叙述预报错误。这样，我们通常说漏报雨天的错误，而不说空报了晴天；可以就说漏报暴雨，而不说空报了无暴雨;我们可以说发生了漏报台风登陆的错误,而不说空报了台风不登陆的空报错误。既然将对国民经济危害更大的危险事件作为预报对象,我们就应该尽量少漏报危险天气。

在对气象条件预报中的预报指标进行统计检验时,总是假设该预报指标无用,或者说是假设预报因子和预报对象不相关。这时,如果统计检验的显著性水平(信度 α)的值取很大,则预报因子和预报对象确实不相关(原假设为真),否定此原假设的概率就大,或者说认为它们存在相关的概率大了,从而使实际上无用的假的相关指标被我们认为有用的概率变大,接受了不相关的无用的指标,预报时就报错,产生对预报对象的空报错误。反之,如果 α 的值很小,接受原假设的区域($1-\alpha$)就很大,这样可能使一条有用的预报指标,因为 α 值很小(信度很高)而接受了原假设,认为是无用的假指标而被抛弃不用,而发生漏报错误。例如,20 时湿度大于 14hPa 次日有雨 15/17,如果指标检验时 α 值取很小很小,则统计检验不能通过,认为(15/17)的指标无用;使 20 时的湿度达到 14hPa 仍不预报雨,产生漏报可能。气象上将第一类错误称为漏报错误,而将第二类错误称为空报错误。为了减少空报错误,检验天气预报指标时应提高信度(α 值小些)。为了减少漏报,可以降低信度(α 值大些)。

5. 本节的小结

1)信度就是显著性水平,它是统计术语,取一个小概率,它是不能联系大概率来叙述的。“信度为 95%”,“95%的显著性水平”的说法都是不正确的。应该表叙述为“信度为 5%”,或者“5%的显著性水平”,翻译为 5% significance level,反之亦然。

2)如果要联系大概率来表述统计检验的显著性。那就叙述为“置信水平为 95%”,或者“显著性为 95%”(显著性后面不要再加“水平”),译为“The 95% confidence level”,反之亦然。

3)统计学中对参数或者概率分布都可以进行统计检验。但是,信度或者显著性水平并不是参数,相关系数的检验过程,应该称为“相关系数显著性检验”,或者“相关系数统计检验”。它不能称为“相关系数信度检验”,也不能称为“相关系数的显著性水平检验”。

4)应该将对国民经济危害更大的危险事件作为预报对象。在分类预报中,经常发生漏报错误和空报错误。气象上将第一类错误称为漏报错误,而将第二类错误称为空报错误。在对天气预报指标进行统计检验时,为了减少空报错误,检验天气预报指标时应提高信度(α 值小些,例如取 0.01;0.001)。为了减少漏报错误,可以降低信度(α 的值大些,例如取 0.05;0.1),但是,因为 α 值是小概率,所以 α 的值是不允许大于 0.1 的,否则就使统计检验就流于形式了。

第七节 附 录

附录 1 合成风场差异显著的 F 检验方法程序

```
      PROGRAM    windFtest
C     ** 本程序对某地旱、涝年各 7 年的全球夏季合成风场进行差异显著的 F 检验   **
C     ** 程序可以计算风场格点的 F 统计量值,统计达到信度的格点数与位置(区)  **
C     ** numl:涝年数,numh:旱年数。本程序都是 7 年 ***
C     ** ulpj,vlpj 分别是涝年全球纬向、经向平均风 ***
C     ** uhpj,vhpj 分别是旱年全球纬向、经向平均风 ***.
C     *** 程序需修改:区域、月份、旱涝年,资料和路径 ***
C     ****     0.05、0.01 的 F 统计量的临界值也要根据旱、涝年数修改    ****
      PARAMETER(numl=7,numh=7,m=2)
      PARAMETER (nn1=numh*numl*(numh+numl-m-1))
      PARAMETER (nn2=m*(numh+numl)*(numh+numl-2))
      PARAMETER (nn3=numh+numl)
      REAL   u500(144,73,672),u6(144,73,56),u7(144,73,56),u8(144,73,56)
      REAL   v500(144,73,672),v6(144,73,56),v7(144,73,56),v8(144,73,56)
      REAL   u(144,73,56),upj(144,73),ul(144,73,numl),vl(144,73,numl)
      REAL   uh(144,73,numh),vh(144,73,numh),v(144,73,56),vpj(144,73)
      REAL   ulpj(144,73),vlpj(144,73),uhpj(144,73),vhpj(144,73)
      REAL   uul(144,73,numl),vvl(144,73,numl),uvl(144,73,numl)
      REAL   uuh(144,73,numh),vvh(144,73,numh),uvh(144,73,numh)
      REAL   sl1(144,73),sl2(144,73),sl3(144,73),sh1(144,73),sh2(144,73)
      REAL   sh3(144,73),suu(144,73),svv(144,73),suv(144,73),ssuv(144,73)
      REAL   x1(144,73),x2(144,73),xx(144,73),f(144,73),Dm(144,73)
      INTEGER   a(numl),b(numh),is(2),js(2)
      REAL   A(2,2),BB(1,2),CC(1,2),DD(2,1),FF(2,2),HH(2,2),EE1,EE2
C     **   读入 1948-2002 年(56 年,共 672 个月)的全球 500 的纬向风 U 与经向风 V    **
      OPEN(1,file='d:\696uvw\u500.grd',form='binary')
      READ(1)    (((u500(i,j,k),i=1,144),j=1,73),k=1,672)
      CLOSE(1)
      OPEN(2,file='d:\696uvw\v500.grd',form='binary')
      READ(2)    (((v500(i,j,k),i=1,144),j=1,73),k=1,672)
      CLOSE(2)
```

```
C     *****    选出特定的月,季    ******
      DO  41  k=1,56
      DO  41  i=1,144
      DO  41  j=1,73
      u6(i,j,k)=u500(i,j,(k-1)*12+6)
      u7(i,j,k)=u500(i,j,(k-1)*12+7)
      u8(i,j,k)=u500(i,j,(k-1)*12+8)
      v6(i,j,k)=v500(i,j,(k-1)*12+6)
      v7(i,j,k)=v500(i,j,(k-1)*12+7)
      v8(i,j,k)=v500(i,j,(k-1)*12+8)
      u(i,j,k)=(u6(i,j,k)+u7(i,j,k)+u8(i,j,k))/3.0
41    v(i,j,k)=(v6(i,j,k)+v7(i,j,k)+v8(i,j,k))/3.0
      DO  42  i=1,144
      DO  42  j=1,73
      c1=0.0
      c2=0.0
      DO  43 k=1,56
      c1=u(i,j,k)+c1
43    c2=v(i,j,k)+c2
      upj(i,j)=c1/56
42    vpj(i,j)=c2/56
      DO  44  i=1,144
      DO  44  j=1,73
      DO  44  k=1,56
      u(i,j,k)=u(i,j,k)-upj(i,j)
      v(i,j,k)=v(i,j,k)-vpj(i,j)
44    continue

C     ***  下面是求涝、旱年U、V风场的平均值ulpj、vlpj、uhpj、vhpj    ***
C     ***   涝7年：1999,1954,1969,1980,1991,1996,1998   ***
      DO 15  i=1,144
      DO 15  j=1,73
      ul(i,j,1)=u(i,j,1999-1948+1)
      ul(i,j,2)=u(i,j,1954-1948+1)
      ul(i,j,3)=u(i,j,1969-1948+1)
      ul(i,j,4)=u(i,j,1980-1948+1)
      ul(i,j,5)=u(i,j,1991-1948+1)
```

```
      ul(i,j,6)=u(i,j,1996-1948+1)
      ul(i,j,7)=u(i,j,1998-1948+1)

      vl(i,j,1)=v(i,j,1999-1948+1)
      vl(i,j,2)=v(i,j,1954-1948+1)
      vl(i,j,3)=v(i,j,1969-1948+1)
      vl(i,j,4)=v(i,j,1980-1948+1)
      vl(i,j,5)=v(i,j,1991-1948+1)
      vl(i,j,6)=v(i,j,1996-1948+1)
      vl(i,j,7)=v(i,j,1998-1948+1)
C      *** 旱7年： 1978,1968,1967,1966,1961,1958,1985   ***
      uh(i,j,1)=u(i,j,1978-1948+1)
      uh(i,j,2)=u(i,j,1968-1948+1)
      uh(i,j,3)=u(i,j,1967-1948+1)
      uh(i,j,4)=u(i,j,1966-1948+1)
      uh(i,j,5)=u(i,j,1961-1948+1)
      uh(i,j,6)=u(i,j,1958-1948+1)
      uh(i,j,7)=u(i,j,1985-1948+1)

      vh(i,j,1)=u(i,j,1978-1948+1)
      vh(i,j,2)=u(i,j,1968-1948+1)
      vh(i,j,3)=u(i,j,1967-1948+1)
      vh(i,j,4)=u(i,j,1966-1948+1)
      vh(i,j,5)=u(i,j,1961-1948+1)
      vh(i,j,6)=v(i,j,1958-1948+1)
15    vh(i,j,7)=v(i,j,1985-1948+1)
      do 115  i=1,144
      do 115  j=1,73
      c1=0
      c2=0
      c3=0
      c4=0
      do 120  k=1,numl
      c1=c1+ul(i,j,k)
120   c2=c2+vl(i,j,k)
      do 122 k=1,numh
      c3=c3+uh(i,j,k)
```

```
122   c4=c4+vh(i,j,k)
      ulpj(i,j)=c1/float(numl)
      vlpj(i,j)=c2/float(numl)
      uhpj(i,j)=c3/float(numh)
      vhpj(i,j)=c4/float(numh)
C     *****   涝、旱年平均的纬向风U的差     *****
      x1(i,j)=ulpj(i,j)-uhpj(i,j)
C     *****   涝、旱年平均的经向风V的差     *****
      x2(i,j)=vlpj(i,j)-vhpj(i,j)
115   continue
C     **  下面是求涝、旱年U、V风场的协方差Suv和自协方差Suu、Svv **
      DO  16  i=1,144
      DO  16  j=1,73
      sl1(i,j)=0.0
      sl2(i,j)=0.0
      sl3(i,j)=0.0
      sh1(i,j)=0.0
      sh2(i,j)=0.0
      sh3(i,j)=0.0
      do 17  k=1,numl
      uul(i,j,k)=ul(i,j,k)-ulpj(i,j)
      vvl(i,j,k)=vl(i,j,k)-vlpj(i,j)
      uvl(i,j,k)=uul(i,j,k)*vvl(i,j,k)
      sl1(i,j)=sl1(i,j)+uvl(i,j,k)
      sl2(i,j)=sl2(i,j)+uul(i,j,k)**2
      sl3(i,j)=sl3(i,j)+vvl(i,j,k)**2
17    continue
      DO 18  k=1,numh
      uuh(i,j,k)=uh(i,j,k)-uhpj(i,j)
      vvh(i,j,k)=vh(i,j,k)-vhpj(i,j)
      uvh(i,j,k)=uuh(i,j,k)*vvh(i,j,k)
      sh1(i,j)=sh1(i,j)+uvh(i,j,k)
      sh2(i,j)=sh2(i,j)+uuh(i,j,k)**2
      sh3(i,j)=sh3(i,j)+vvh(i,j,k)**2
18    continue
      suv(i,j)=(sl1(i,j)+sh1(i,j))/nn3
      suu(i,j)=(sl2(i,j)+sh2(i,j))/nn3
```

```
      svv(i,j)=(sl3(i,j)+sh3(i,j))/nn3
C     *********  AA 就是计算出的协方差矩阵  **********
      AA(1,1)=SUU(I,J)
      AA(1,2)=SUV(I,J)
      AA(2,1)=SUV(I,J)
      AA(2,2)=SVV(I,J)
      DO  63  II=1,2
      DO  63  JJ=1,2
63    FF(II,JJ)=AA(II,JJ)
      BB(1,1)=X1(I,J)
      BB(1,2)=X2(I,J)
      DD(1,1)=X1(I,J)
      DD(2,1)=X2(I,J)
C     ***   下面求  Mahalanobis 平方距离和 F 统计量  ***
C     ** EE1 就是格点的 Mahalanobis 平方距离(D_m^2 ↑),用距阵相乘的子程序求出 **
      CALL BRINV(AA,2,L,IS,JS)
      CALL BRMUL(BB,AA,1,2,2,CC)
      CALL BRMUL(CC,DD,1,2,1,EE1)
      Dm(I,J)=EE1
16    continue
      Icounter1=0
      Icounter2=0
      DO  21  i=1,144
      DO  22  j=1,73
C     ****   根据 Mahalanobis 平方距离求出格点风差值的 F 统计量   ****
      F(i,j)=Dm(i,j) * nn1/nn2
C     *   自由度为(2,11)信度为 0.05,0.01 的 F 分布的临界值是 3.98,7.20   *
C     **** 下面可以记数,达到 0.05、0.01 信度的格点个数   ****
      if(abs(f(i,j)).ge.3.98)   Icounter1=Icounter1+1
      if(abs(f(i,j)).ge.7.20)   Icounter2=Icounter2+1
22    continue
21    continue
32    format(1x,9f8.2)
C     ****    输出气象场格点的 Mahalanobis 平方距离和 F 统计量    ****
      OPEN(4,file='d:\huang\yindianmonsoon\calcjsummer\cjlyDm500.dat')
      WRITE(4,32)((Dm(i,j),i=1,144),j=1,73)
      OPEN(5,file='d:\huang\yindianmonsoon\calcjsummer\cjlyF500.dat')
```

```
      WRITE(5,32)((F(i,j),i=1,144),j=1,73)
C     *****  输出气象场风场差达到0.05,0.01信度的格点数  ***
      WRITE(6,'(/5X,14Hcounter  0.05=,1X,I8)')  Icounter1
      WRITE(6,'(/5X,14Hcounter  0.01=,1X,I8)')  Icounter2
C     输出场中格点的F统计量的Ggrads资料,用于GRADS绘图,显示差异显著区
      OPEN(25,file='d:\Fvalue.grd',form='binary')
      WRITE(25)((f(i,j),i=1,144),j=1,73)
      CLOSE(25)
      STOP
      END

      SUBROUTINE BRINV(A,N,L,IS,JS)
C     ****    实距阵A求逆的子程序  ****
      DIMENSION A(N,N),IS(N),JS(N)
      REAL A,T,D
      L=1
      DO 100  K=1,N
      D=0.0
      DO 10   I=K,N
      DO 10   J=K,N
      IF(ABS(A(I,J)).GT.D)THEN
      D=ABS(A(I,J))
      IS(K)=I
      JS(K)=J
      ENDIF
10    CONTINUE
      IF(D+1.0.EQ.1.0)THEN
      L=0
      WRITE(*,20)
      RETURN
      ENDIF
20    FORMAT(1X,'ERR**NOT INV')
      DO 30  J=1,N
      T=A(K,J)
      A(K,J)=A(IS(K),J)
      A(IS(K),J)=T
30    CONTINUE
```

```
      DO 40  I=1,N
      T=A(I,K)
      A(I,K)=A(I,JS(K))
      A(I,JS(K))=T
40    CONTINUE
      A(K,K)=1/A(K,K)
      DO 50  J=1,N
      F(J.NE.K)THEN
      A(K,J)=A(K,J) * A(K,K)
      ENDIF
50    CONTINUE
      DO 70  I=1,N
      IF(I.NE.K)THEN
      DO 60  J=1,N
      IF(J.NE.K)THEN
      A(I,J)=A(I,J)-A(I,K) * A(K,J)
      ENDIF
60    CONTINUE
      ENDIF
70    CONTINUE
      DO  80  I=1,N
      IF(I.NE.K)THEN
      A(I,K)=-A(I,K) * A(K,K)
      ENDIF
80    CONTINUE
100   CONTINUE
      DO 130  K=N,1,-1
      DO 110  J=1,N
      T=A(K,J)
      A(K,J)=A(JS(K),J)
      A(JS(K),J)=T
110   CONTINUE
      DO 120  I=1,N
      T=A(I,K)
      A(I,K)=A(I,IS(K))
      A(I,IS(K))=T
120   CONTINUE
```

```
130   CONTINUE
      RETURN
      END

      SUBROUTINE BRMUL(A,B,M,N,K,C)
C      ****  实距阵相乘的程序，即 C=AB    ****
      REAL A(M,N),B(N,K),C(M,K)
C     REAL A,B,C
      DO 50  I=1,M
      DO 50  J=1,K
      C(I,J)=0.0
      DO 10 L=1,N
      C(I,J)=C(I,J)+A(I,L)*B(L,J)
10    CONTINUE
50    CONTINUE
      RETURN
      END
```

附录 2　合成风场差异显著的 F 检验方法程序(蒙特卡罗检验)

```
C    *   本程序通过蒙特卡罗试验，得到气象场(本程序是风场)合成分析中必需
C    *   达到信度格点的最低的临界值，从而判断气象风场的显著区性是否有意义
C    ***   k1,  k2:区域的南北格点序列号。全球范围:k1=1,  k2=73   ***
C    ***   k3,  k4:区域的东西格点序列号。全球范围:k3=1, k4=144   ***
C    ***   KT:总年数，本程序为 55 年，1948-2002   ***
C    **   numl、numh 分别表示合成分析中年数；本程序取某地 9 年涝、7 年旱合成 **
C    * n05,n01 是涝、旱年风 G 场的差的 F 统计量分别达到 0.05,0.01 信度的格点数 *
C    * 程序需修改：区域、年，月数、旱涝年，资料和路径、0.05,0.01 信度的临界 *

      PROGRAM   MonteCarloUVFtest
      PARAMETER(kt=55,numl=9,numh=7,k1=1,k2=73,k3=1,k4=144)
      REAL x(1,kt),a(1),rx(1)
      DIMENSION RXm(1),rxx(1000),ax(kt)
      INTEGER IA(1000),IB(1000),IC(1000),NT0(1000),NT01(1000)
      INTEGER isk(kt),sk(1000),NT05(1000)
      ih=0
      DO  1      k=1,2100,2
```

```
C       DO  1     k=1,100,2
        ih=ih+1
C       执行到 300 次、600 次时显示次数字 300、600,共 1000 次试验
        IF(ih.eq.300)   write(6,'(1x,i6)')   ih
        IF(ih.eq.600)   write(6,'(1x,i6)')   ih
        IF(ih.eq.1001)  GOTO          111
        call mon(ax,1,kt,K,isk,n05,n01,k1,k2,k3,k4)
        nt05(ih)=n05
        nt01(ih)=n01
C       write(6,'(1x,3i6)') n05,n01
1       continue
111     ih=0
        OPEN(47,file='d:\Monte-carlo-test.TXT',status='old')
C       **  1000 次试验得到的达到 0.05 信度的格点数从大到小排序,找出达临界值  **
C       WRITE(47,'(1x,18i4)') (nt05(i),i=1,1000)
        CALL CHAN05(nt05,1000,SK)
C       **  1000 次试验得到的达到 0.01 信度的格点数从大到小排序,找出达临界值  **
C       WRITE(47,'(1x,18i4)') (nt01(i),i=1,1000)
        CALL  CHAN01(nt01,1000,SK)
        CLOSE(47)
        END

        SUBROUTINE  MON(ax,m,n,K,isk,n05,n01,k1,k2,k3,k4)
        PARAMETER(kt=55,numl=9,numh=7)
        DIMENSION ax(n),rx(m),isk(n)
C       这是 1-55=kt  的随机排列   n=kt
        call tgrang(k,n,ax,isk)
C       WRITE(*,*)'isk=',(isk(i),i=1,n)
C       风场的 F 检验,统计 SS 达到信度的格点数,在 n05,n01
        CALL  UVFTEST(isk,n05,n01,k1,k2,k3,k4)
        END
        SUBROUTINE  TGRANG(nran,n,ax,isk)
C       ****产生 1-n 的 随机排列,本程序是随机排列 1-55。从而随机挑选旱、涝年 ****
        INTEGER  nran,n,isk(n)
        DOMENSION  ax(n)
        DATA   lambda,am/1220703125,0.2147484E10/
        DO 10 i=1,n
```

```
      nRAN=IABS(LAMBDA * NRAN)
10    AX(I)=NRAN/AM
      CALL CHAN1(Ax,N,iSK)
      RETURN
      END
      SUBROUTINE    CHAN1(A,N,SK)
C     ****  将序列 A(N)排序的子程序    ******
      integer  sk(N)
      dimension  a(N)
      do 10 i=1,N
10    sk(i)=i
      do 30 i=2,N
      j=i
31    if(a(j).lt.a(j-1)) goto  30
      y=a(j-1)
      a(j-1)=a(j)
      a(j)=y
      y=sk(j-1)
      sk(j-1)=sk(j)
      sk(j)=y
      j=j-1
      if(j-1.gt.0) goto  31
30    continue
C     这就是自然数 1 到 N(55=kt)的随机排列
C     WRITE(6,'(1X,15I5)')  (SK(I),I=1,N)
      return
      end

      SUBROUTINE UVFTEST(isk,n05,n01,k1,k2,k3,k4)
C     读入风场资料,并随计挑选出旱、涝年进行合成分析,进行 F 检验,
C     并统计达到达到信度的格点数的子程序
      PARAMETER(kt=55,numl=9,numh=7)
      real u(144,73,kt),ul(144,73,numl),uh(144,73,numh)
      real v(144,73,kt),vl(144,73,numl),vh(144,73,numh)
      real ulpj(144,73),vlpj(144,73),uhpj(144,73),vhpj(144,73)
      real uul(144,73,numl),vvl(144,73,numl),uvl(144,73,numl)
      real uuh(144,73,numh),vvh(144,73,numh),uvh(144,73,numh)
```

```
      real sl1(144,73),sl2(144,73),sl3(144,73),sh1(144,73),sh2(144,73)
      real sh3(144,73),suu(144,73),svv(144,73),suv(144,73),ssuv(144,73)
      real x1(144,73),x2(144,73),xx(144,73),f(144,73),Dm(144,73)
      integer IS(2),JS(2)
      REAL AA(2,2),BB(1,2),CC(1,2),DD(2,1),EE1,EE2,FF(2,2),HH(2,2)
      INTEGER isk(kt)
C     读入全球某月、季的风场资料,本程序读入全球春季风场资料,资料文件已经在先前生成
      open(16,file='d:\u500-456.dat')
      open(17,file='d:\v500-456.dat')
32    format(1x,9f8.4)
      read(16,32)(((u(i,j,k),i=1,144),j=1,73),k=1,kt)
      read(17,32)(((v(i,j,k),i=1,144),j=1,73),k=1,kt)
      close(16)
      close(17)
      nn1=numh*numl*(numh+numl-2-1)
      nn2=2*(numh+numl)*(numh+numl-2)
      nn3=numh+numl
      do 88 k=1,numl
C     isk(K)是个随机序列号,根据 isk(K),随机挑出旱、涝
      id=isk(k)
      do 87 j=k1,k2
      do 87 i=k3,k4
      ul(i,j,k)=u(i,j,id)
87    vl(i,j,k)=v(i,j,id)
88    continue
      do 98 k=1,numh
      id=isk(k+kt-numh)
      do 97 j=k1,k2
      do 97 i=k3,k4
      uh(i,j,k)=u(i,j,id)
97    vh(i,j,k)=v(i,j,id)
98    continue
      do 13 i=k3,k4
      do 13 j=k1,k2
      sum1=0.0
      sum2=0.0
      sum3=0.0
```

```
      sum4=0.0
      do 14 k=1,numl
      sum1=sum1+ul(i,j,k)
14    sum2=sum2+vl(i,j,k)
      ulpj(i,j)=sum1/numl
      vlpj(i,j)=sum2/numl
      do 15 k=1,numh
      sum3=sum3+uh(i,j,k)
15    sum4=sum4+vh(i,j,k)
      uhpj(i,j)=sum3/numh
      vhpj(i,j)=sum4/numh
C     ****  这就是随机旱、涝年的平均风的差,进行合成分析  ****
      x1(i,j)=ulpj(i,j)-uhpj(i,j)
      x2(i,j)=vlpj(i,j)-vhpj(i,j)
13    continue
      do 16 i=k3,k4
      do 16 j=k1,k2
      sl1(i,j)=0.0
      sl2(i,j)=0.0
      sl3(i,j)=0.0
      sh1(i,j)=0.0
      sh2(i,j)=0.0
      sh3(i,j)=0.0
      do 17 k=1,numl
      uul(i,j,k)=ul(i,j,k)-ulpj(i,j)
      vvl(i,j,k)=vl(i,j,k)-vlpj(i,j)
      uvl(i,j,k)=uul(i,j,k)*vvl(i,j,k)
      sl1(i,j)=sl1(i,j)+uvl(i,j,k)
      sl2(i,j)=sl2(i,j)+uul(i,j,k)**2
      sl3(i,j)=sl3(i,j)+vvl(i,j,k)**2
17    continue
      do 18 k=1,numh
      uuh(i,j,k)=uh(i,j,k)-uhpj(i,j)
      vvh(i,j,k)=vh(i,j,k)-vhpj(i,j)
      uvh(i,j,k)=uuh(i,j,k)*vvh(i,j,k)
      sh1(i,j)=sh1(i,j)+uvh(i,j,k)
      sh2(i,j)=sh2(i,j)+uuh(i,j,k)**2
```

```
      sh3(i,j)=sh3(i,j)+vvh(i,j,k)**2
18    continue
      suv(i,j)=(sl1(i,j)+sh1(i,j))/nn3
      suu(i,j)=(sl2(i,j)+sh2(i,j))/nn3
      svv(i,j)=(sl3(i,j)+sh3(i,j))/nn3
      AA(1,1)=SUU(I,J)
      AA(1,2)=SUV(I,J)
      AA(2,1)=SUV(I,J)
      AA(2,2)=SVV(I,J)
      DO II=1,2
      DO JJ=1,2
      FF(II,JJ)=AA(II,JJ)
      ENDDO
      ENDDO
      BB(1,1)=X1(I,J)
      BB(1,2)=X2(I,J)
      DD(1,1)=X1(I,J)
      DD(2,1)=X2(I,J)
CC    ***  下面求  Mahalanobis 平方距离和 F 统计量  ***
C     *  EE1 就是格点的 Mahalanobis 平方距离(DM2),用距阵相乘的子程序求出  *
      CALL BRINV(AA,2,L,IS,JS)
      CALL BRMUL(FF,AA,2,2,2,HH)
      CALL BRMUL(BB,AA,1,2,2,CC)
      CALL BRMUL(CC,DD,1,2,1,EE1)
      Dm(I,J)=EE1
16    continue
      n05=0
      n01=0
      do 21 i=k3,k4
      do 22 j=k1,k2
      F(i,j)=Dm(i,j)*nn1/nn2
C     ****  下面统计达到 0.05;0.01 信度的格点数  ****
C     自由度为(2,9+7-2-1)信度为 0.05,0.01 的 F 分布的临界值是 3.80,6.70
C     下面可以记数，记达到 0.05、0.01 信度的格点个数
      if(abs(F(i,j)).ge.3.80)  n05=n05+1
      if(abs(F(i,j)).ge.6.70)  n01=n01+1
22    continue
```

```
21    continue
      END
      SUBROUTINE BRINV(A,N,L,IS,JS)
      DIMENSION A(N,N),IS(N),JS(N)
      REAL A,T,D
      L=1
      DO 100 K=1,N
      D=0.0
      DO 10 I=K,N
      DO 10 J=K,N
      IF(ABS(A(I,J)).GT.D)THEN
      D=ABS(A(I,J))
      IS(K)=I
      JS(K)=J
      ENDIF
10    CONTINUE
      IF(D+1.0.EQ.1.0)THEN
      L=0
      WRITE(*,20)
      RETURN
      ENDIF
20    FORMAT(1X,'ERR**NOT INV')
      DO 30 J=1,N
      T=A(K,J)
      A(K,J)=A(IS(K),J)
      A(IS(K),J)=T
30    CONTINUE
      DO 40 I=1,N
      T=A(I,K)
      A(I,K)=A(I,JS(K))
      A(I,JS(K))=T
40    CONTINUE
      A(K,K)=1/A(K,K)
      DO 50 J=1,N
      IF(J.NE.K)THEN
      A(K,J)=A(K,J)*A(K,K)
      ENDIF
```

```
50    CONTINUE
      DO 70 I=1,N
      IF(I.NE.K)THEN
      DO 60 J=1,N
      IF(J.NE.K)THEN
      A(I,J)=A(I,J)-A(I,K)*A(K,J)
      ENDIF
60    CONTINUE
      ENDIF
70    CONTINUE
      DO 80 I=1,N
      IF(I.NE.K)THEN
      A(I,K)=-A(I,K)*A(K,K)
      ENDIF
80    CONTINUE
100   CONTINUE
      DO 130 K=N,1,-1
      DO 110 J=1,N
      T=A(K,J)
      A(K,J)=A(JS(K),J)
      A(JS(K),J)=T
110   CONTINUE
      DO 120 I=1,N
      T=A(I,K)
      A(I,K)=A(I,IS(K))
      A(I,IS(K))=T
120   CONTINUE
130   CONTINUE
      RETURN
      END

      SUBROUTINE BRMUL(A,B,M,N,K,C)
      REAL A(M,N),B(N,K),C(M,K)
      DO 50 I=1,M
      DO 50 J=1,K
      C(I,J)=0.0
      DO 10 L=1,N
```

```
      C(I,J)=C(I,J)+A(I,L)*B(L,J)
10    CONTINUE
50    CONTINUE
      RETURN
      END

C     ***  下面子程序相同,目的只是排序并输出数据  ***
      SUBROUTINE  CHAN05(A,N,SK)
      integer  sk(N),a(N),y
      do 10 i=1,N
10    sk(i)=i
      do 30 i=2,N
      j=i
31    if(a(j).lt.a(j-1)) goto  30
      y=a(j-1)
      a(j-1)=a(j)
      a(j)=y
      y=sk(j-1)
      sk(j-1)=sk(j)
      sk(j)=y
      j=j-1
      if(j-1.gt.0) goto  31
30    continue
C     write(*,*) (a(k),k=1,N)
C     write(6,12) (sk(k),k=1,n)
C     ****  输出通过应信度 0.05 的区域的蒙特卡罗临界值  ****
      write(47,*)'***  the numbers of grids  pass 0.05 F test  ***'
      write(47,11) a(11),a(51)
11    format(1x,'0.01=',i5,5x,'0.05=',i5)
      return
      end

      SUBROUTINE  CHAN01(A,N,SK)
      integer  sk(N),a(N),y
      do 10 i=1,N
10    sk(i)=i
      do 30 i=2,N
```

```
      j=i
31    if(a(j).lt.a(j-1)) goto  30
      y=a(j-1)
      a(j-1)=a(j)
      a(j)=y
      y=sk(j-1)
      sk(j-1)=sk(j)
      sk(j)=y
      j=j-1
      if(j-1.gt.0) goto  31
30    continue
C      ****  输出通过应信度0.01的区域的蒙特卡罗临界值    ****
      write(47,*)'***  the numbers of gird  pass  0.01 F test  ***'
      write(47,11)  a(11),a(51)
11    format(1x,'0.01=',i5,5x,'0.05=',i5)
      return
      end
```

参考文献

Armstrong J S. 2007. Significance tests harm progress in forecasting. *International Journal of Forecasting*, **23**(2):321-327.

Freund J E. 1925. Modern elementary statistics. Prentice-Hall Inc., New York,1-418.

Gordon N D. 1986. The southern oscillation and New Zealand weather. *Mon. Wea. Rev.*, **114**(2):371-387.

Hu Q, Feng S. 2002. interannual rainfall variations in the North american summer monsoon region:1900-98. *J. Climate*, **15**(10) 1189-1202.

Iwasaka N, Wallace M. 1995. Large scale air sea interaction in the Northern Hemisphere from a view point of variation of surface heat flux by SVD analysis. *J. Meteteor. Soc. Japan*, **73**(4):780-793.

Kachi M, Nitta T. 1997. Decadal variations of the global atmosphere-ocean system. *J. Meteor. Soc. Japan*, **75**(3):657-674.

Livezey R E, Chen W Y. 1983. Statistical field significance and its determination by Monte Carlo techniques. *Mon. Wea. Rev.*, **111**(1):46-59.

Matsuyama H, Marengo J A, Obregon G O, et al. 2002. Spatial and temporal variabilities of rainfall in tropical South America as derived from climate prediction center merged analysis of precipitation. *Int. J. Climatol.*, **22**(2):175-195.

New M, Todd M, Hume M,et al. 2001. Precipitation measurements and trends in the twentieth century. *Int. J. Climatol.*, **21**:1899-1922.

Nitta T, Yoshimura J. 1993. Trends and interannual and interdecadal variations of global land surface air temperature. *J. Meteor. Soc. Japan*, **71**(3):367-375.

North G T, Bell R F, Moeng F J. 1982. Sampling errors in estimation of empirical orthogonal function. *Mon.*

Wea. Rev., **110**(7):699-706.

Overland J, Preisendofer A. 1982. Significance test for principal components applied to a cyclone climatology. *Mon. Wea. Rev.*, **110**:l-4.

Plaut G, Vautard R. 1994. Spells of low-frequency oscillations and weather regimes in the Northern Hemisphere. *J. Atmos. Sci.*, **51**(2): 210-236.

Preisendorfer R W, Barnett T P. 1977. Significance test for empirical orthogonal function. Fifth Conference on Probability and Statistics in Atmospheric Sciences, Las Vegas, 169-172..

Shen S, Lau K M. 1995. Biennial oscillation associated with the East Asian Summer. *J. Meteteor. Soc. Japan*, **73**(1):105-124.

Wallace J M, Smith C, Bretherton C S. 1992. Singular value decomposition of winter-time sea surface temperature and 500-mb height anomalies. *J. Climate.* **5**(6):561-576.

Wolter K, Dole R M, Smith C A. 1999. Short-term climate extremes over the continental United States and ENSO. Part I: Seasonal Temperatures. *J. Climate*, **12**(11):3255-3271.

Yatagai A, Yasunari T. 1994. Trends and decadal-scale fluctuations of surface air temperature and precipitation over China and Mongolia during the recent 40 year period(1951-1990). *J. Meteor. Soc. Japan*, **72**(6): 937-957.

陈辉,施能,王永波. 2000. 北半球 500hPa 高度场趋势变化与突变. 热带气象学报, **16**(3):272-281.

顾泽,封国林,顾骏强等. 2007. 我国盛夏 500 hPa 风场的 EOF 分析及其与大尺度气候异常的关系. 气象科学, **27**(3):246-252.

黄嘉佑. 1989. 气象要素场的显著性检验. 气象, **15**(4):3-7.

科学出版社数学名词室编. 2007. 新英汉数学名词汇编. 北京:科学出版社.

林少宫. 1963. 基础概率论与数理统计. 北京:人民教育出版社.

施能. 1996. 北半球冬季大气环流遥感相关型的长期变化及其与我国气候变化的关系. 气象学报, **54**(6):675-683.

施能. 1997. 气象学中应用 SVD 方法的一些问题. 气象科技, **25**(4):8-12.

施能,陈绿文,封国林. 2003. 1920—2000 年全球 6—8 月陆地旱涝气候变化,气象学报, **61**(2):237-245.

施能,陈家其,屠其璞. 1995. 中国近 100 年四个年代际的气候变化特征. 气象学报, **53**(4):531-539.

施能,顾骏强,封国林. 2007. 论带有趋势的变量的相关:数值试验. 数学的实践与认识, **37**(8):98-104.

施能,顾骏强,黄先香等. 2004. 合成风场的统计检验和蒙特卡洛检验. 大气科学, **28**(6):950-956.

施能,魏凤英,封国林. 1997. 气象场相关分析及合成分析中的蒙特卡罗检验. 南京气象学院学报, **20**(3):355-359.

施能. 1992. 气象统计中的多元分析方法. 北京:气象出版社.

施能. 1996. 气候诊断研究中 SVD 显著性检验的方法. 气象科技, **24**(4):5-7.

王跃山. 1993. 统计预测中虚假因子的识别理论及其在预测实践当中的应用——偶然性单相关的识别与过滤. 海洋预报, **10**(1):1-8.

严士健. 1982. 概率论与数理统计基础. 上海:上海科学技术出版社.

张从军,刘亦农,肖丽华. 2006. 概论论文与数理统计. 上海:复旦大学出版社.

第十一章 气象时间序列分析

气象要素的一组随时间变化的观测数据，可以构成气象要素的时间序列 $x_1, x_2, x_3, \cdots, x_n, (x_t, t=1,2,\cdots,n)$，$n$ 为时间序列的长度，也就是样本容量。如果认为所有外界的和内部各种可能因素对该气象要素的影响已经反映在气象要素观测值的变化中，只要我们能分析出时间序列的真正的变化规律，就可以利用这种规律做预报（肖强 2005）。所以时间序列分析就是根据时间序列的变化值，分析要素的变化规律（例如，周期特征，趋势特征等）的方法。首先，对气象时间序列分析它的长期趋势变化，也就是对是样本容量为 n 的时间序列，计算它的趋势系数，方法已经在第三章第一节中介绍了。当计算的势系数为正（负）时表示，该气象时间序列有正（负）的趋势变化，也就是随时间数值增大（减小）。其次，我们可以分析气象时间序列是否有准周期的变化特征。这就是本文章要介绍的内容。某些周期分析方法，例如谐波分析方法，也可以用在空间点上进行（吴孝祥 1987；陈新强等 1984；朱福康 1964；江剑民 1983）。我们将某纬度的每 10 个经度的 500hPa 位势高度值作为一个时间序列，这样 $n=36$，进行谐波分析。这时的周期在空间概念上就是波长。我们可以定量分析出长波、超长度在高度场的空间波动中所占的比重（振幅、方差贡献百分比等）以及长波、超长度槽（脊）的位置等。当我们对 500hPa 位势力高度值在时间上连续不断进行分析与计算，就可以定量计算出各个空间长波、超长波的振幅、方差贡献百分比和槽（脊）的位置随时间的变化，用于天气分析与预报（黄忠恕 1983，1996；施能 1988；邢纪元 2005；黄嘉佑等 1984）。

第一节 谐波分析方法

谐波分析方法在气象上有许多应用，对时间序列进行谐波分析方法可以找出时间序列可能的周期。将它用于空间高度场上，就可以分析出长波、超长度、短波的在时间序列中所以占方差贡献百分比。不管时间序列还是高度场分析，两种方法的原理是一样的。目前对 500hPa 位势力高度的气象历史资料的谐波分析的许多结果已经整理出版（陈新强等 1984）。

1. 正弦波

有时间序列 x_t,($t=1,2,\cdots,n$),如果仅是一个正弦波结构,则表示为

$$x_t = A\sin(\omega t + \varphi)$$

式中 x_t 有严格的周期性变化。A 为振幅,就是波动中线到峰(谷)的距离,ω 为圆频率:单位时间内所经过的角度或者弧度,$\omega = 2\pi f = 2\pi/T$;f 为频率,单位时间内振动的次数,$f = 1/T$;而 T 就是周期,也就是完成一次振动所需要的时间;φ 称为初位相,坐标原点到第一个位移(纵坐标)为零的时间或者距离,第一个位移(纵坐标)为零的坐标点在原来点左边时 φ 取为正。一个正弦波由 A,ω 和 φ 完全确定。

2. 气象时间序列中的谐波分析方法

某一气象要素时间序列的变化是复杂的。但是,它总可以分解为不同振幅、位相和周期的正弦波叠加构成。也就是,不同振幅、位相和周期的正弦波可以叠加成一个原序列。在数学分析中,函数可以展开成傅里叶级数,谐波分析的原理是一样的,写为(江剑民 1983;黄忠恕 1983)

$$x_t = \frac{a_0}{2} + \sum_{i=1} A_i \sin(\omega_i t + \varphi_i) \qquad (11.1.1)$$

它的一般项为 $A_i \sin(\omega_i t + \varphi_i)$,称为第 i 个谐波,而

$$A_i \sin(\omega_i t + \varphi_i) = A_i \sin\omega_i t \cos\varphi_i + A_i \cos\omega_i t \sin\varphi_i = b_i \sin\omega_i t + a_i \cos\omega_i t$$

其中

$$b_i = A_i \cos\varphi_i \qquad a_i = A_i \sin\varphi_i$$

$$a_i^2 + b_i^2 = A_i^2 \qquad \varphi_i = \arctan\frac{a_i}{b_i}$$

所以式(11.1.1)可以写为

$$x_t = \frac{a_0}{2} + \sum_{i=1} (a_i \cos\omega_i t + b_i \sin\omega_i t) \qquad (11.1.2)$$

式(11.1.2)与式(11.1.1)仅形式不同。

事实上,所研究的气象序列的资料长度 n 总是有限的。所以式(11.1.1)与式(11.1.2)中的求和号不可能无限取值,也就是有限的气象序列分解的波数也是有限的。如果有 n 个气象观测数据构成的时间序为

$$x_1, x_2, x_3, \cdots, x_n$$

将这 n 个气象资料表示为有限个谐波的叠加,就称为谐波分析.这里的周期与 n 有关。第 i 个谐波的周期为 n/i,也就是第一谐波以 n(时间单位为年、月、日等取决于资料的情况)为周期;而第二谐波的周期为 $n/2$;第 k 个谐波的周期为 n/k。

所以式(11.1.1)和式(11.1.2)成为

$$x_t = \frac{a_0}{2} + \sum_{i=1}^{k}(a_i\cos\frac{2\pi i}{n}t + b_i sin\frac{2\pi i}{n}t) \qquad (11.1.3)$$

利用正交性

$$\sum_{t=1}^{n}\cos\frac{2\pi j}{n}t = \sum_{t=1}^{n}\sin\frac{2\pi j}{n}t = 0$$

$$\sum_{t=1}^{n}\cos\frac{2\pi i}{n}t\cos\frac{2\pi j}{n}t = \sum_{t=1}^{n}\sin\frac{2\pi i}{n}t\sin\frac{2\pi j}{n}t = 0 \qquad i \neq j$$

n 为偶数时

$$\sum_{t=1}^{n}\cos\frac{2\pi i}{n}t\cos\frac{2\pi j}{n}t = \sum_{t=1}^{n}\sin\frac{2\pi i}{n}t\sin\frac{2\pi j}{n}t = \frac{n}{2} \qquad i = j \neq \frac{n}{2}$$

而 n 为偶数且 i,j 都等于$\frac{\mathrm{n}}{2}$时

$$\sum_{t=1}^{n}\cos\frac{2\pi i}{n}t\cos\frac{2\pi j}{n}t = n \qquad i = j = \frac{n}{2}$$

$$\sum_{t=1}^{n}\sin\frac{2\pi i}{n}t\sin\frac{2\pi j}{n}t = 0 \qquad i = j = \frac{n}{2}$$

利用这些正交关系式,我们可以求出

$$\begin{cases} a_i = \dfrac{2}{n}\sum_{t=1}^{n}x_t\cos\dfrac{2\pi i}{n}t \\ b_i = \dfrac{2}{n}\sum_{t=1}^{n}x_t\sin\dfrac{2\pi i}{n}t \qquad i = 1,2,\cdots,\left[\dfrac{n-1}{2}\right] \\ a_0 = \dfrac{2}{n}\sum_{t=1}^{n}x_t = 2\overline{X} \end{cases} \qquad (11.1.4)$$

$$\begin{cases} a_{\frac{n}{2}} = \dfrac{1}{n}\sum_{t=1}^{n}x_t\cos\pi t \\ b_{\frac{n}{2}} = 0 \end{cases} \qquad \text{当 } n \text{ 为偶数时} \qquad (11.1.5)$$

式(11.1.4),式(11.1.5)中的 a_i,b_i称为傅里叶系数。

这样,如果 n=10,我们可以分解出 5 个波,由式(11.1.4)和式(11.1.5)求出,a_0,a_1,b_1;a_2,b_2;a_3,b_3;a_4,b_4;a_5,共 10 个系数。如果 n=9,我们可以分解出 4 个波,由式(11.1.4),式(11.1.5)求出,a_0,a_1,b_1;a_2,b_2;a_3,b_3;a_4,b_4;共 9 个系数。

计算出傅里叶系数后,进一步计算每个谐波的振幅与位相。为了确定初位相,可以先求 ψ_i

$$\psi_i = \arctan\left|\frac{a_i}{b_i}\right| \qquad (11.1.6)$$

ψ_i 规定在 $0 \sim \frac{\pi}{2}$ 之间取值。然后根据表 11.1.1 来确定位相 φ_i 。

表 11.1.1　根据谐波的系数求位相的表

		a_i	
		+	−
b_i	+	$\varphi_i = \psi_i$	$\varphi_i = 360 - \psi_i$
	−	$\varphi_i = 180 - \psi_i$	$\varphi_i = 180 + \psi_i$

3. 气象学中应用谐波分析的几个注记

(1) 谐波分析更多地用于空间分析

由于谐波分析方法,只能分析周期为 n/k 的第 k 个谐波的方差和特征。因此使谐波分析方法在分析低频(长周期)方面有许多问题。例如,$n=100$。谐波分析只能分析周期为 100,50,33.3,25,20,16.7,…等周期的特征;这样,周期在 50～100 之间的低频振动就不可能分析出来。这显然有很大的缺点。所以。目前更多地将谐波分析用于空间分析。例如,36 个经度取值的 500hPa 位势高度,求得波长为 n/k 的超长波的振幅,位相,进而得到它们的方差贡献,槽,脊位置等。因为如果整个纬度圈一个波,而且位相 φ_1 为零,则 270°E 处就是 1 波槽的位置,所以当位相为 φ_k 时,可以定出第 k 个波的波槽的位置在

$$\frac{270^\circ - \varphi_k}{k}$$

波脊的位置在

$$\frac{90^\circ - \varphi_k}{k} \tag{11.1.7}$$

(2)不同计算公式的关系

有些文献、书籍将谐波分析的展开式与计算方法写为(黄忠恕 1983,1996;施能 1988)

$$x_t = \frac{a_0}{2} + \sum_{i=1} A_i \sin[\omega_i(t-1) + \varphi_i{}'] \tag{11.1.8}$$

对应的傅里叶系数为

$$\begin{cases} a_i{}' = \dfrac{2}{n}\sum\limits_{t=1}^{n} x_t \cos\dfrac{2\pi i}{n}(t-1) \\ b_i{}' = \dfrac{2}{n}\sum\limits_{t=1}^{n} x_t \sin\dfrac{2\pi i}{n}(t-1) \quad i = 1,2,\cdots,\left[\dfrac{n-1}{2}\right] \\ a_0 = \dfrac{2}{n}\sum\limits_{t=1}^{n} x_t = 2\overline{X} \end{cases} \tag{11.1.9}$$

$$\begin{cases} a_{\frac{n}{2}}{}' = \dfrac{1}{n}\sum_{t=1}^{n} x_t \cos\pi(t-1) \\ b_{\frac{n}{2}}{}' = 0 \end{cases} \quad \text{当 } n \text{ 为偶数时} \tag{11.1.10}$$

这时
$$\varphi_i{}' = \arctan\frac{a'_i}{b'_i} \tag{11.1.11}$$

式(11.1.8)—式(11.1.11)与前面式(11.1.1),式(11.1.4),式(11.1.5)在形式上是不同的;我们暂时将式(11.1.8)—式(11.1.11)的计算称为第二种方法。显然,两种方法的谐波系数是不相等的,也就是

$$a_i{}' \neq a_i, \qquad b_i{}' \neq b_i$$

所以当我们要补充新的谐波系数时,就需要了解以前的计算公式。但是

$$a'_i{}^2 + b'^2_i = a_i^2 + b_i^2 = A_i^2 \tag{11.1.12}$$

也就是两种计算方法的振幅是相同的。这是因为,将式(11.1.9)展开后得到

$$\begin{aligned} a_i{}' &= \frac{2}{n}\sum_{t=1}^{n} x_t\left(\cos\frac{2\pi i}{n}t\cos\frac{2\pi i}{n} + \sin\frac{2\pi i}{n}t\sin\frac{2\pi i}{n}\right) \\ &= a_i\cos\frac{2\pi i}{n} + b_i\sin\frac{2\pi i}{n} \end{aligned}$$

类似得到

$$b_i{}' = b_i\cos\frac{2\pi i}{n} - a_i\sin\frac{2\pi i}{n}$$

或者逆变换为

$$a_i = a_i{}'\cos\frac{2\pi i}{n} - b_i{}'\sin\frac{2\pi i}{n}$$

$$b_i = a_i{}'\sin\frac{2\pi i}{n} + b'_i\cos\frac{2\pi i}{n}$$

所以式(11.1.12)可以得到证明。

计算实例:x_t:$-1,2,0,0,-1,2;n=6$

如果用式(11.1.4),式(11.1.5)计算并代入式(11.1.1),得到

$$x_t = \frac{1}{3} + 0.577\sin(\frac{\pi}{3}t) + 0.882\sin(\frac{2\pi}{3}t + 130.88^0) + \sin(\pi t + 90^0) \tag{1.1.13}$$

如果用式(11.1.9),式(11.1.10)计算,则有必须代入式(11.1.8),得到

$$\begin{aligned} x_t = {} & \frac{1}{3} + 0.577\sin[\frac{\pi}{3}(t-1) + 60^0] + 0.882\sin[\frac{2\pi}{3}(t-1) + 250.88^0] \\ & + \sin[\pi(t-1) + 270^0] \end{aligned} \tag{1.1.14}$$

我们可以看出,式(11.1.14),与式(11.1.15)实质上是相同的。

(3)谐波周期的显著性检验

当气象时间序列进行分析谐波周期时,我们得气象要素时间序列 x_t 分解为不同

振幅、位相和周期的正弦波，也就是完成了式(11.1.1)的计算工作。但是气象序列是否真的包含这么多的周期，需要进行统计检验。这对利用不同周期叠加进行预报的工作来说是非常重要的。下面我们就来介绍谐波周期的显著性检验方法。

由前知道，第 i 个谐波的振幅的平方 A_i^2，就是第 i 个谐波对原始序列总方差的贡献的大小，也就是

$$I(f_i)=nA_i^2/2=n(a_i^2+b_i^2)/2 \qquad i=1,2,\cdots,\left[\frac{n-1}{2}\right]$$

当 n 为偶数时

$$I(f_{\frac{n}{2}})=na_{\frac{n}{2}}{}^2$$

所以对全部 k 个谐波周期的方差求和，就有

$$\sum_{i=1}^{k}I(f_i)=ns^2=\sum_{i=1}^{n}(x_i-\bar{x})^2 \tag{11.1.15}$$

s^2 就是原序列的方差，ns^2 就是原序列的总方差。

谐波周期的显著性检验就是检验某个谐波周期的方差在总方差中的贡献是否明显的大。为此，计算第 l 个谐波周期的方差在总方差中的贡献

$$g_e=\frac{I(f_l)}{\sum\limits_{i=1}^{k}I(f_i)} \qquad l=1,2,\cdots,k \tag{11.1.16}$$

为此，我们应该首先对方差贡献最大的谐波的周期进行显著性检验，所以式(11.1.16)，中左端的 l 取 1，再对次大的谐波周期进行检验时间，$l=2$，依次类推，这个 l 的值需要代入到式(11.1.17)中。式(11.1.16)右端的 l 表示的是，第 l 个谐波，它的周期是 n/l。

可以证明，g_l 服从 Fisher 分布，满足概率

$$P(g>g_l)=C_k^{l-1}\sum_{j=0}^{r}(-1)^jC_{k-l+1}^{j+1}\frac{j+1}{j+l}[1-(j+l)g_e]^{k-1} \tag{11.1.17}$$

式(11.1.17)中的 r 是使 $1-(r+l)g_l>0$ 成立的最大正整数。对于显著水平 α，计算式(11.1.17)的值，若 $P(g>g_l)>\alpha$ 则第 l 个谐波(周期是 n/l)是显著的。否则，当 $P(g>g_l)<\alpha$ 时，可以推断序列并不存在周期为 n/l 的振动。

实例，南京 1979 年 9 月第 6 候到 1980 年 1 月第 1 候共 20 个候的资料，进行谐波分析，然后将结果再计算各谐波分析的方差贡献，如表 11.1.2。

表 11.1.2　某时间序列的 10 个谐波的方差贡献($n=20,k=10$)

l	1	2	3	4	5	6	7	8	9	10	和
$I(f_l)$	1.8	15.80	49.5	10.93	4.06	6.66	12.20	4.98	3.15	0.07	109.15

表中的 109.15 就是序列的总方差，满足式(11.1.15)。我看到第 3 谐波有最大的方差贡献，即

$$g_1 = \frac{I(f_3)}{\sum_{i=1}^{k} I(f_3)} = \frac{49.50}{109.15} = 45.35\%$$

所以，首先检验方差最大的第 3 个谐波周期，公式(11.1.16)中的左端的 l，表示对方差贡献第一(最大)的进行检验，所以需要用 1 代入，算得 $g_1 = 0.4535$。

求 $1-(r+l)g_1 = 1-(r+1)g_1 = 1-(r+1)0.4535 > 0$ 成立的最大正整数，$r+1 < 1/0.4535 = 2.2051$，即 $r < 1.2051$，所以 $r = 1$。将 $k = 10$，$l = 1$(对方差贡献最大的进行检验)，$r = 1$ 代入式(11.1.17)得

$$P(g > g_1) = C_{10}^{0} \sum_{j=0}^{1} (-1)^j C_{10}^{j+1} \frac{j+1}{j+1} [1-(j+1)g_1]^{k-1}$$
$$= C_{10}^{1}(1-g_1)^9 + (-1)C_{10}^{2}[1-2g_1]^9 \cong 0.04 < 0.05$$

所以，方差贡献最大的第 3 个谐波(周期为 20/3)的方差贡献是显著的，也就是可以认为序列有周期为 20/3 的波动。

再检验方差贡献次大(第二)的谐波周期，$l=2$。根据表 11.1.2，这时应该是第 2 个谐波

$$g_2 = \frac{I(f_2)}{\sum_{i=1}^{k} I(f_2)} = \frac{15.80}{109.15} = 14.48\%$$

求 $1-(r+2)g_2 > 0$ 成立的最大正整数，得 $r = 4$。将 $k = 10$，$l = 2$(对方差贡献次大的进行检验)，$r = 4$ 代入式(11.1.17)，得

$$P(g > g_2) = C_{10}^{2-1} \sum_{j=0}^{4} (-1)^j C_{k-2+1}^{j+1} \frac{j+1}{j+2} [1-(j+2)g_2]^{k-1}$$
$$= C_{10}^{1} \sum_{j=0}^{4} (-1)^j C_9^{j+1} \frac{j+1}{j+2} [1-(j+2)g_2]^9 > 0.05$$

所以，周期为 20/2 方差贡献百分比为 14.48% 的第二的谐波周期是不显著的，也就是不能认为时间序列有此周期特征。因为方差贡献次大的谐波周期已经不显著了，所以该序列除了有 20/3(时间单位)的周期以外，不可能再有其他的周期变化了。一般来说，我们是很难找出有 3 个或者以上的统计显著的谐波周期的。从上面的分析，我们看出只有方差贡献百分比要明显的大，才有可能是显著的周期，将气象时间序列分析成谐波周期的叠加，仅在数学上有意义。真正的气象序列是否真正有这些周期是需要统计检验的。方差贡献很小谐波周期是不可能通过显著性检验的，也就是不可能是真正的气象序列的周期。经验表明，对于 $n>40$ 的序列，方差贡献百分比至少也要在 25% 以上，才有通过显著性检验的可能，是否真能通过显著性检验，还需

要具体的计算。而对于 $n<30$ 的比较短的序列，这个经验标准，还应该提高到 30%以上。

第二节　气象时间序列谱分析

“谱”是从光学来的名词。太阳光通过分光计分解为 7 种颜色的连续光谱。颜色的差异反映了光频率(波长)的不同。所以，太阳光按波长分解太阳光谱。时间序列 $x_1, x_2, x_3, \cdots, x_n$ 的谱分析，就是将 $x_t(t=1,2,\cdots,n)$ 分解为各种不同的频率(周期)的叠加，每个周期振动的重要性用此周期的振幅来表示。振幅的平方就是这个周期的振动对序列的方差贡献。全部周期振幅的平方和就是序列的总方差。所以谱分析就是分析各频率的振幅随频率的变化(黄忠恕 1983;黄嘉佑等 1984;杨位钦等 1986)。

1. 离散时间序列的谱

在离散的频率(周期)点上计算各频率的振幅随频率的变化，就是离散谱。我们在第一节介绍的谐波分析方法，就是一种离散谱分析(黄嘉佑等 1984;杨位钦等 1986)。

由第一节知道，序列长度为 n 的第 i 个谐波的振幅的平方是 A_i^2 ，第 i 个谐波周期为是 $T_i = n/i$ ，频率为 $f_i = i/n$ ，它对序列总方差的贡献就是

$$I(f_i) = nA_i^2/2 = n(a_i^2 + b_i^2)/2 \qquad i = 1,2,\cdots,\left[\frac{n-1}{2}\right]$$

当 n 为偶数时

$$I(f_{\frac{n}{2}}) = na_{\frac{n}{2}}^{\ 2}$$

全部 k 个谐波周期的方差求和，就有

$$\sum_{i=1}^{k} I(f_i) = ns^2 = \sum_{i=1}^{n}(x_i - \overline{x})^2 \tag{11.2.1}$$

这样我们用谐波分析方法得到了全部 k 个谐波的周期 T_i (或者频率 f_i)所对应的方差贡献 $I(f_i)$ 。还可以将 f_i 作为横坐标，$I(f_i)$ 作为纵坐标，将结果用图表示出来。这种图的横坐标是在离散的频率(周期)点上取纵坐标的值，成离散的线条状，所以称为线状谱。当然，还可以从不同角度将这类图称为方差谱(图)、周期谱、离散谱或者直接称为谱图。

2. 平稳时间序列的自协方差函数与自相关函数

(1)随机过程

我们知道受到偶然因素影响的变量称为随机变量。如果一随机变量，还依赖于

时间 t,则称为个随机过程。例如,收音机在无信号时会有噪声。噪声的电压随时间的变化 $X(t)$就是随机过程。随机过程的一次试验所得到的关于 t 的函数 x_t,称为 $X(t)$的一个现实或者样本函数。所以,随机过程又定义为具有一定统计特征的诸现实 $\{x_t\}$ 组成的总体。

随机过程的数学期望 $\mu_x(t)$,方差 $\sigma_x^2(t)$ 是 t 的确定性函数(非随机函数)。即

$$\mu_x(t) = E[X(t)],\ \sigma_x^2(t) = D[X(t)] \tag{11.2.2}$$

协方差函数

$$c_x(t_1,t_2) = E[\widetilde{X}(t_1)\widetilde{X}(t_2)] \tag{11.2.3}$$

$$\widetilde{X}(t_1) = X(t_1) - E[X(t_1)],\quad \widetilde{X}(t_2) = X(t_2) - E[X(t_2)]$$

自相关函数

$$\rho_x(t_1,t_2) = \frac{c_x(t_1,t_2)}{\sigma_x(t_1)\sigma_x(t_2)} \tag{11.2.4}$$

如果随机过程的数学期望是常数 μ_x ,方差 σ_x^2 也是常数(与时间 t 无关);并且自相关函数仅是时间间隔的函数,也就是

$$\rho_x(t_1,t_2) = \rho(t_2 - t_1) = \rho(\tau) \tag{11.2.5}$$

则称随机过程为平稳随机过程。平稳随机过程可以用一个样本现实的时间平均代替空间平均。也就是

时间平均

$$\mu_x = \lim_{T\to\infty}\frac{1}{T}\int_0^T x_t \mathrm{d}t$$

代替空间平均

$$\mu_x(t) = \int_{-\infty}^{\infty} X(t)f(x,t)\mathrm{d}t$$

平稳随机过程的一个现实经过离开散化处理后的时间序列称为平稳时间序列。

(2)平稳时间序列的自协方差函数和自相关函数

根据式(11.2.2)—式(11.2.5),对于平稳时间序列 $x_1,x_2,x_3,\cdots,x_n$,就可用下列计算式计算平稳时间序列的协方差函数和自相关函数。平稳时间序列的数学期望 m 和方差 σ^2 的估计值分别为 $\bar{x}$ 和 s^2

$$\bar{x} = \frac{1}{n}\sum_{t=1}^{n} x_t \qquad s^2 = \frac{1}{n}\sum_{t=1}^{n}(x_t - \bar{x})^2 \tag{11.2.6}$$

自协方差函数

$$c(\tau) = \frac{1}{n-\tau}\sum_{t=1}^{n-\tau}(x_t - \bar{x})(x_{t+\tau} - \bar{x}) \tag{11.2.7}$$

自相关函数

$$\begin{aligned} R(\tau) &= \frac{1}{n-\tau}\sum_{t=1}^{n-\tau}\left(\frac{x_t - \bar{x}}{s}\right)\left(\frac{x_t - \bar{x}}{s}\right) \\ &= \frac{1}{n-\tau}\sum_{t=1}^{n-\tau} x_t^* x_t^* = \frac{c(\tau)}{s^2} \qquad (\tau = 0,1,2,\cdots,m) \end{aligned} \tag{11.2.8}$$

其中 $\tau = t_2 - t_1$,称为后延,为了有比较好的估计, $m < n/4$,一般取 m 在 $\frac{n}{4}$ ～

$\frac{n}{10}$之间，m 称为最大后延。从式(11.2.8)看出，自相关函数 $R(\tau)$ 就是标准化变量的自协方差。

3. 平稳随机过程的连续谱

$x_t(t=1,2,\cdots,n)$ 是离散处理后的时间序列。t 是时间点。现在令 f 是频率，我们需要求功率谱 $F(f)$，满足

$$\int_{-\infty}^{+\infty} F(f)\mathrm{d}f = D(x_t) \tag{11.2.9}$$

式(11.2.9)中的 $F(f)$称为功率谱密度，方差谱密度、方差谱。$F(f)$表示在一个无穷小的 $(f, f+\mathrm{d}f)$ 的频率区间的振动对 x_t 的方差贡献。$D(x_t)$ 是时间序列 x_t 的方差。为了计算出 $F(f)$，我们需要介绍一个数学上的维纳-辛钦定理。

(1)维纳-辛钦(Wiener-Khinchin)定理

平稳随机过程的功率谱密度 $F(f)$ 与其自协方差函数 $c(\tau)$ 是一对傅里叶变换关系，即(杨位钦等 1986；丁裕国等 1998；项静恬等 1986)

正变换：谱密度
$$F(f) = \int_{-\infty}^{\infty} c(\tau)\mathrm{e}^{-2\pi i\tau}\mathrm{d}\tau \tag{11.2.10}$$

逆变换：自协方差函数
$$c(\tau) = \int_{-\infty}^{\infty} F(f)\mathrm{e}^{2\pi i f\tau}\mathrm{d}f \tag{11.2.11}$$

这里 f 是频率。上两式取实部(由于观测数据都是实数)，得到

$$F(f) = \int_{-\infty}^{\infty} c(\tau)\cos 2\pi f\tau \mathrm{d}\tau \tag{11.2.12}$$

$$c(\tau) = \int_{-\infty}^{\infty} F(f)\cos 2\pi f\tau \mathrm{d}f \tag{11.2.13}$$

由于 $F(f)$是偶函数，$F(f) = F(-f)$，$c(\tau)$ 也是偶函数，$c(\tau) = c(-\tau)$。所以，式(11.2.12)，式(11.2.13)成为

$$F(f) = 2\int_{0}^{\infty} c(\tau)\cos 2\pi f\tau \mathrm{d}\tau \tag{11.2.14}$$

$$c(\tau) = 2\int_{0}^{\infty} F(f)\cos 2\pi f\tau \mathrm{d}f \tag{11.2.15}$$

令 $I(f) = 2F(f)$，代入上两式，得到

$$I(f) = 4\int_{0}^{\infty} c(\tau)\cos 2\pi f\tau \mathrm{d}\tau \tag{11.2.16}$$

$$c(\tau) = \int_{0}^{\infty} I(f)\cos 2\pi f\tau \mathrm{d}f \tag{11.2.17}$$

$I(f)$ 也称为谱密度。因为从式(11.2.11)，式(11.2.17)得

$$c(0) = \int_{-\infty}^{\infty} F(f)\mathrm{d}f = \int_{0}^{\infty} I(f)\mathrm{d}f$$

而据式(11.2.9) $c(0)$ 就是 $D(x_t)$，也就是

$$\int_0^{+\infty} I(f)\mathrm{d}f = D(x_t) \tag{11.2.18}$$

也就是功率谱对频率的积分就是平稳时间序列的方差。

(2)连续谱密度的计算

设有平稳时间序列 $x_1,x_2,x_3,\cdots,x_n$，为了求它的谱密度，可以用下列方法。

第一步，计算自协方差函数 $c(\tau)$，($\tau=0,1,2,\cdots,m$ 。m 为最大后延)

计算公式为

$$\bar{x}=\frac{1}{n}\sum_{t=1}^{n}x_t\,,\quad c(\tau)=\frac{1}{n-\tau}\sum_{t=1}^{n-\tau}(x_t-\bar{x})(x_{t+\tau}-\bar{x})$$

第二步，计算谱密度 $I(f)$

计算公式为

$$I(j)=2\left[c(0)+2\sum_{k=1}^{m-1}c(k)\cos\frac{k\pi j}{m}+(-1)^j c(m)\right] \tag{11.2.19}$$

$$(j=0,1,2,\cdots,m)$$

式(11.2.19)是个很重要的公式，式中的 j 是频率点的取值。它的由来如下：

从式(11.2.16)出发将频率区间(0,1/2)分为 m 个等份，频率增加量为$(1/2m)$，故第 j 个点的频率为$(j/2m)$.这样。频率点为$(0,1/2m,2/2m,3/2m,\cdots,m/2m)$。这样式(11.2.16)的积分就可以用求和方法近似计算

$$\begin{aligned}I(f)&=4\int_0^{\infty}c(\tau)\cos 2\pi f\tau\,\mathrm{d}\tau=4\int_0^{\infty}c(\tau)\cos\frac{2\pi j}{2m}\tau\,\mathrm{d}\tau\\&=4\int_0^{\infty}c(\tau)\cos\frac{\pi j}{m}\tau\,\mathrm{d}\tau\\&=4\Big[\frac{c(0)\cos\frac{\pi j0}{m}+c(1)\cos\frac{\pi j1}{m}}{2}+\frac{c(1)\cos\frac{\pi j1}{m}+c(2)\cos\frac{\pi j2}{m}}{2}+\cdots\\&\quad\cdots+\frac{c(m-1)\cos\frac{\pi j(m-1)}{m}+c(m)\cos\frac{\pi jm}{m}}{2}\Big]\\&\approx 2\Big[c(0)+2\sum_{k=1}^{m-1}c(k)\cos\frac{\pi jk}{m}+c(m)(-1)^j\Big]\end{aligned}$$

$$(j=0,1,2,\cdots,m)$$

式(11.2.19) 得证。

由式(11.2.19)计算的谱密度，可以标准化，也就是

$$g(j)=I(j)/s^2$$

或者直接用自相关函数 $R(\tau)$ 代替 $c(\tau)$，计算式(11.2.19)

$$g(j)=2\left[R(0)+2\sum_{k=1}^{m-1}R(k)\cos\frac{k\pi j}{m}+(-1)^{j}R(m)\right] \quad (11.2.20)$$

$$(j=0,1,2,\cdots,m)$$

$g(j)$ 就是标准化的谱密度。

第三步,将计算的谱密度值平滑处理

由于我们是在离散的频率点上计算 $I(j)$, $g(j)$ 来代表连续谱,所以可能不真实。$I(j)$, $g(j)$ 的离散值相差可能很大,有突跳点。所以要将计算的 $I(j)$, $g(j)$ 值进行平滑处理。平滑函数又称为谱窗。平滑处理方法实际上就是加权计算

$$\begin{cases}\hat{g}(0)=bg(0)+2ag(1)\\ \hat{g}(k)=ag(k-1)+bg(k)+ag(k+1)\\ \hat{g}(m)=bg(m)+2ag(m-1)\end{cases} \quad (11.2.21)$$

对于汉明(Hamming)谱窗,式(11.2.21)中的权重系数 $a=0.23$, $b=0.54$;对于汉宁(Hanning)谱窗, $a=0.25$, $b=0.50$;显然,汉宁谱窗有更强的平滑效果,对突跳点的削弱更明显。将平滑处理后的 $\hat{I}(j)$, $\hat{g}(j)$ 作为纵坐标,在横坐标,即频率点 j (频率为 $f_j=j/2m$; $j=0,1,2,\cdots,m$)处作出的图,称为功率谱图,或者谱图。

第四步,谱估计值的显著性检验

谱图上的极大值所对应的频率(周期)可能是 x_t,($t=1,2,\cdots,n$) 的周期,但是它也可能是随机的振动,故应该进行统计检验。

统计检验的原假设是 H_0:极大值所对应的周期是随机振动。统计学证明,在 H_0 成立的条件下,谱密度值 $g(j)$ 与谱密度的平均值 $\bar{g}(j)$ 的比值与 H 的乘积服从自由度为 $H\chi^2$ 分布,其中 $H=\dfrac{2n-1.5m}{m}$, n 为样本的长度, m 为最大后延。也就是

$$\frac{g(j)}{\bar{g}(j)}=\frac{\chi^2}{H} \quad (11.2.22)$$

所以,对于给定的信度 α ,根据自由度 H 查 χ^2 分布表,查出满足关系式

$$P(\chi^2>\chi_\alpha^2)=\alpha$$

的 χ_α^2,当

$$\frac{g(j)}{\bar{g}(j)}\leqslant\frac{\chi_\alpha^2}{H}$$

频率为 $f_j=j/2m$ (周期为 $T_j=2m/j$)所对应的振动是不显著;

当

$$\frac{g(j)}{\bar{g}(j)}>\frac{\chi_\alpha^2}{H}$$

频率为 $f_j=j/2m$ (周期为 $T_j=2m/j$)所对应的振动是显著的。

在用计算机编程序时，为了避免查表求 χ_α^2 的麻烦，可以对 χ_α^2 进行近似运算。当 $H > 30$ 时，则有

$$\chi_{0.05}^2 \approx H + 0.85 + 1.645\sqrt{2H-1} \tag{11.2.23}$$

$$\chi_{0.01}^2 \approx H + 2.20 + 2.236\sqrt{2H-1} \tag{11.2.24}$$

从而，计算出置信限

$$g_{0.05} = \frac{\chi_{0.05}^2}{H}\bar{g}(j), \quad g_{0.01} = \frac{\chi_{0.01}^2}{H}\bar{g}(j)$$

当 $g(j) > g_{0.05}\ (g_{0.01})$ 时，周期为 $T_j = \dfrac{2m}{j}$ 的振动是显著的，信度为 0.05(0.01)；否则当 $g(j) \leqslant g_{0.05}\ (g_{0.01})$ 时，周期为 $T_j = \dfrac{2m}{j}$ 的振动是不显著的，信度为 0.05(0.01)。

谱分析在气象时间序列得的周期分析中有许多应用，例如黄忠恕(1983)，黄嘉佑等(1984)，丁裕国等(1998)，安鸿之(1988)，Shen 等(1995)等。

第三节　气象时间序列的自回归预报模型

平稳时间序列 $x_1, x_2, x_3, \cdots, x_n$，它们之间的关系可以通过自相关函数来表示。如果这种关系比较密切，就能利用这 n 值去预报第 $n+1$，甚至第 $n+k$ 个值。这种预报方法并没有通常回归模型意义下的预报因子，而是利用自身的变化规律(如果规律存在的话)建立预报模型。关于时间序列建模的方法，实际上有非常丰富的内容，已经有不少专著(杨位钦等 1986；丁裕国等 1998；项静恬等 1986)。本书由于学时与篇幅有限，仅介绍基本的自回归预报模型(T S Kestin 等 1998)。

1. 自回归预报模型 $AR(p)$

如果我们利用预报时刻前的 p 个时间点的值建立自回归预报模型，也就是

$$x_t^* = a_1 x_{t-1}^* + a_2 x_{t-2}^* + \cdots + a_p x_{t-p}^* + \varepsilon(t) = \sum_{j=1}^{p} a_j x_{t-j}^* + \varepsilon(t) \tag{11.3.1}$$

式中 $a_1, a_2, \cdots, a_p$ 等为待定的系数，称为自回归系数。p 为自回归预报模型的价数，模型(11.3.1)也简单表示为 $AR(p)$。p 不宜过大，一般取 $n/4 > p > n/10$。而 $x_t^* = \dfrac{x_t - m}{\sigma_t}$ 是标准化变量。x_t 的数学期望为 m、方差为 σ^2，它们的估计值分别为 $\bar{x}$ 和 s^2

$$\bar{x} = \frac{1}{n}\sum_{t=1}^{n} x_t \quad , \quad s^2 = \frac{1}{n}\sum_{t=1}^{n}(x_t - \bar{x})^2 \tag{11.3.2}$$

$\varepsilon(t)$ 表示在观测量过程中存在的随机扰动和预报的错误，它是一个随机误差。$\varepsilon(t)$ 是数学期望为 0 和方差为 1 的白噪声。其自相关函数

$$\rho(\tau) = \begin{cases} 0 & \tau \neq 0 \\ 1 & \tau = 0 \end{cases} \tag{11.3.3}$$

另外，假设随机误差 $\varepsilon(t)$ 和 $t-k$ 以前的观测值是不相关的。也就是数学期望

$$E[x_{t-k}^{*}\varepsilon(t)] = 0 \tag{11.3.4}$$

式(11.3.4)相当于回归分析中式(3.2.8)。

为了求 $a_1, a_2, \cdots a_p$ 等待定系数，用 x_{t-i}^{*} 来乘式(11.3.1)的两端，得

$$x_t^{*} x_{t-i}^{*} = \sum_{j=1}^{p} a_j x_{t-j}^{*} x_{t-i}^{*} + x_{t-i}^{*}\varepsilon(t) \tag{11.3.5}$$

上式求数学期望，则有

$$E[x_t^{*} x_{t-i}^{*}] = \sum_{j=1}^{p} a_j E[x_{t-j}^{*} x_{t-i}^{*}] + E[x_{t-i}^{*}\varepsilon(t)]$$

根据式(11.2.3)，(11.2.4)，(11.2.5)得到

$$\rho(i) = \sum_{j=1}^{p} a_j \rho(i-j) \qquad (i = 1,2,\cdots,p) \tag{11.3.6}$$

式(11.3.6)中 $\rho(i)$，$(i = 1,2,\cdots,p)$ 是自相关函数。所以，式(11.3.6)中 p 个未知数 $a_1, a_2, \cdots, a_p$，可以由 p 个线性方程组求出，式(11.3.6)全部写出为

$$\begin{cases} \rho(0)a_1 + \rho(1)a_2 + \cdots + \rho(p-1)a_p = \rho(1) \\ \rho(1)a_1 + \rho(0)a_2 + \cdots + \rho(p-2)a_p = \rho(2) \\ \cdots\cdots \\ \rho(p-1)a_1 + \rho(p-2)a_2 + \cdots + \rho(0)a_p = \rho(p) \end{cases} \tag{11.3.7}$$

式(11.3.7)也称为尤拉－瓦克(Yule－Walker)方程。根据式(11.2.8)，式(11.3.7)中 $\rho(i)$ 用它的估计值 $R(i)$ 来的代替，得到

$$\begin{cases} a_1 + R(1)a_2 + \cdots + R(p-1)a_p = R(1) \\ R(1)a_1 + a_2 + \cdots + R(p-2)a_p = R(2) \\ \cdots\cdots \\ R(p-1)a_1 + R(p-2)a_2 + \cdots + a_p = R(p) \end{cases} \tag{11.3.8}$$

用特普利茨(Toeplitz)矩阵表示为

$$\begin{bmatrix} 1 & R(1) & R(2) & \cdots & R(P-1) \\ R(1) & 1 & R(1) & \cdots & R(P-2) \\ R(2) & R(1) & 1 & \cdots & R(P-3) \\ \vdots & \vdots & \vdots & \vdots & \vdots \\ R(P-1) & R(P-2) & R(P-3) & \cdots & 1 \end{bmatrix} \begin{bmatrix} \mathrm{a}_1 \\ \mathrm{a}_2 \\ \mathrm{a}_3 \\ \vdots \\ \mathrm{a}_\mathrm{p} \end{bmatrix} = \begin{bmatrix} R(1) \\ R(2) \\ R(3) \\ \vdots \\ R(P) \end{bmatrix} \tag{11.3.9}$$

解出 $a_1,a_2,\cdots,a_p$ 以后，第 $n+1$ 时刻的(预报)值就可以从下式计算

$$\hat{x}^*_{n+1}=\sum_{j=1}^{p}a_jx^*_{n+1-j} \tag{11.3.10}$$

$\hat{x}^*_{n+1}$ 上的 ∧ 表示预报值。理论上可以依次预报 $\hat{x}^*_{n+2},\hat{x}^*_{n+3}$。

2. 跳过 g 个时间点的预报模型

如果我们已知时间序列 $x_1,x_2,x_3,\cdots,x_n$，我们不去预报下一个时间点 x_{n+1}，而跳过 g 个时间点去预报第 $n+g+1$ 时间点的值 x_{n+g+1}，这时间的模型类似式(11.3.1)。可以改写为

$$x^*_{t+g}=a_1x^*_{t-1}+\cdots+a_px^*_{t-p}+\varepsilon(t)=\sum_{j=1}^{p}a_jx^*_{t-j}+\varepsilon(t) \tag{11.3.11}$$

同样，用 x^*_{t-i} 来乘式(11.3.11)的两端，得

$$x^*_{t+g}x^*_{t-i}=\sum_{j=1}^{p}a_jx^*_{t-j}x^*_{t-i}+x^*_{t-i}\varepsilon(t) \tag{11.3.12}$$

上式求数学期望，则有

$$\rho(i+g)=\sum_{j=1}^{p}a_j\rho(i-j)\qquad(i=1,2,\cdots,p) \tag{11.3.13}$$

这时的 $a_1,a_2,\cdots,a_p$ 应该满足下式

$$\begin{cases}a_1+R(1)a_2+\cdots+R(p-1)a_p=R(1+g)\\R(1)a_1+a_2+\cdots+R(p-2)a_p=R(2+g)\\\cdots\cdots\\R(p-1)a_1+R(p-2)a_2+\cdots+a_p=R(p+g)\end{cases} \tag{11.3.14}$$

代入下式，就得到跳过 g 个时间点的第 $n+g+1$ 时间点的值 $\tilde{x}^*_{n+g+1}$ 预报值

$$\hat{x}^*_{n+g+1}=\sum_{j=1}^{p}a_jx^*_{n+1-j} \tag{11.3.15}$$

3. 自回归系数方程式的求解

由于式(11.3.8)的左端的系数矩阵是个 Toeplitz 矩阵，它特有的性质使得我们可以用更为简单的递推求解方法来解 $a_1,a_2,\cdots,a_p$。下面我们以 $p=2$ 和 $p=3$ 为例进行推导出求解式(11.3.8)的方法。

式(11.3.8)是个 p 价方程，为了方便起见，我们将 $a_1,a_2,\cdots,a_p$ 分别改写为 a_{p1}，$a_{p2},\cdots,a_{pp}$。也就是 $p=1$ 价时的解表示为 $a_1=a_{11}$；$p=2$ 时的解表示为 $a_1=a_2$，$a_2=a_{22}$；…；p 价时的解表示为 $a_1=a_{p1}$，$a_2=a_{p2}$，$a_3=a_{p3}$，$a_4=a_{p4}$，…，$a_p=a_{pp}$。显然

当 $p=1$ 时,式(11.3.8)成为　$a_{11}=R(1)$,所以解得 $a_{11}=R(1)$。

当 $p=2$ 时,式(11.3.8)成为

$$\begin{pmatrix} a_{21}+R(1)a_{22} \\ R(1)a_{21}+a_{22} \end{pmatrix}=\begin{pmatrix} R(1) \\ R(2) \end{pmatrix}, \tag{11.3.16}$$

得解为

$$\begin{pmatrix} a_{21} \\ a_{22} \end{pmatrix}=\begin{pmatrix} 1 & R(1) \\ R(1) & 1 \end{pmatrix}^{-1}\begin{pmatrix} R(1) \\ R(2) \end{pmatrix} \tag{11.3.17}$$

当 $p=3$ 时,式(11.3.8)成为

$$\begin{pmatrix} a_{31}+R(1)a_{32}+R(2)a_{33} \\ R(1)a_{31}+a_{32}+R(1)a_{33} \\ R(2)a_{31}+R(1)a_{32}+a_{33} \end{pmatrix}=\begin{pmatrix} R(1) \\ R(2) \\ R(3) \end{pmatrix} \tag{11.3.18}$$

由前两式可得

$$\begin{pmatrix} a_{31}+R(1)a_{32} \\ R(1)a_{31}+a_{32} \end{pmatrix}=\begin{pmatrix} R(1)-R(2)a_{33} \\ R(2)-R(1)a_{33} \end{pmatrix}$$

可以得解,并利用式(11.3.17)得

$$\begin{aligned}\begin{pmatrix} a_{31} \\ a_{32} \end{pmatrix}&=\begin{pmatrix} 1 & R(1) \\ R(1) & 1 \end{pmatrix}^{-1}\begin{pmatrix} R(1)-R(2)a_{33} \\ R(2)-R(1)a_{33} \end{pmatrix} \\ &=\begin{pmatrix} 1 & R(1) \\ R(1) & 1 \end{pmatrix}^{-1}\begin{pmatrix} R(1) \\ R(2) \end{pmatrix}-a_{33}\begin{pmatrix} 1 & R(1) \\ R(1) & 1 \end{pmatrix}^{-1}\begin{pmatrix} R(2) \\ R(1) \end{pmatrix} \\ &=\begin{pmatrix} a_{21} \\ a_{22} \end{pmatrix}-a_{33}\begin{pmatrix} a_{22} \\ a_{21} \end{pmatrix}\end{aligned}$$

即

$$a_{31}=a_{21}-a_{33}a_{22}$$

$$a_{32}=a_{22}-a_{33}a_{21}$$

将 a_{31},a_{32} 代入式(11.3.18)的第 3 个方程中,可以求得

$$a_{33}=\frac{R(3)-a_{21}R(2)-a_{22}R(1)}{1-a_{21}R(1)-a_{22}R(2)}$$

从上式看出,求出 $p=2$ 时的 a_{21} 和 a_{22} 后,就可以递推计算出 $p=3$ 时的解 a_{31},a_{32} 和 a_{33}。

更一般地,可以用数学归纳法证明求自回归系数的递推公式为

$$a_{pp}=\frac{R(p)-\sum_{j=1}^{p-1}a_{p-1,j}R(p-j)}{1-\sum_{j=1}^{p-1}a_{p-1,j}R(j)} \tag{11.3.19}$$

$$a_{pj}=a_{p-1,j}-a_{pp}a_{p-1,p-1} \qquad (j=1,2,\cdots,p-1)$$

式(11.3.19)就是 p 价自回归系数的解，它表示为递推计算的形式。这里我们已经将解 $a_1, a_2, \cdots, a_p$ 分别改写为 $a_{p1}, a_{p2}, \cdots, a_{pp}$ 。式(11.3.19)在计算机上编程序特别方便，它的运算速度比直接计算快一个数量级，并且可以节省计算机的内存，在解高价自回归系数时由很大的优点。

4. 预报误差

自回归预报方程的预报误差 $\varepsilon(t)$ 可以如下估计求出来。

(1) $\hat{x}^*_{n+1} = \sum_{j=1}^{p} a_j x^*_{n+1-j}$ 式的预报误差

$$D(\varepsilon(t)) = E\Big[x_t^* - \sum_{j=1}^{p} a_j x^*_{t-j}\Big]^2 = E\Big\{\big[x_t^* - \sum_{j=1}^{p} a_j x^*_{t-j}\big]\big[x_t^* - \sum_{j=1}^{p} a_j x^*_{t-j}\big]\Big\}$$

$$= E\Big\{x_t^*(x_t^* - \sum_{j=1}^{p} a_j x^*_{t-j}) - \sum_{j=1}^{p} a_j x^*_{t-j}(x_t^* - \sum_{j=1}^{p} a_j x^*_{t-j})\Big\}$$

$$= E\Big[x_t^*(x_t^* - \sum_{j=1}^{p} a_j x^*_{t-j})\Big] - E\Big[\sum_{j=1}^{p} a_j x^*_{t-j}(x_t^* - \sum_{j=1}^{p} a_j x^*_{t-j})\Big]$$

$$= \rho(0) - \sum_{j=1}^{p} a_j \rho(j) - E\Big[\sum_{j=1}^{p} a_j x^*_{t-j}(x_t^* - \sum_{j=1}^{p} a_j x^*_{t-j})\Big]$$

上式中末页，并利用式(11.3.6)

$$E\Big[\sum_{j=1}^{p} a_j x^*_{t-j}(x_t^* - \sum_{j=1}^{p} a_j x^*_{t-j})\Big]$$

$$= E\Big[\sum_{j=1}^{p} a_j x^*_{t-j} x^*_t - a_j x^*_{t-j} \sum_{i=1}^{p} a_i x^*_{t-i})\Big]$$

$$= \sum_{j=1}^{p} a_j \rho(j) - \sum_{i=1}^{p}\sum_{j=1}^{p} a_i a_j \rho(i-j)$$

$$= \sum_{i=1}^{p} a_i\big[\rho(i) - \sum_{j=1}^{p} a_j \rho(i-j)\big]$$

$$= \sum_{i=1}^{p} a_i(0) = 0$$

所以

$$D(\varepsilon(t)) = \rho(0) - \sum_{j=1}^{p} a_j \rho(j)$$

$$= \rho(0) - a_1\rho(1) - a_2\rho(2) - \cdots - a_p\rho(p) \qquad (11.3.20)$$

(2) $\tilde{x}^*_{n+g+1} = \sum_{j=1}^{p} a_j \tilde{x}_{n+1-j}$ 的预报误差

对于上述的跳过 g 个时间点的预报模型的预报误差 $\varepsilon(t)$ 可用类似的方法推得

$$D(\varepsilon(t)) = \rho(0) - \sum_{j=1}^{p} a_j \rho(g+j)$$
$$= \rho(0) - a_1\rho(g+1) - a_2\rho(g+2) - \cdots - a_p\rho(g+p) \quad (11.3.21)$$

参考文献

Kestin T S, Karoly D J, Yano J I et al. 1998. Time-frequency variability of ENSO and stochastic simulations. *J. Climate*, **11**(9):2258-2272.

Shen S H, Lau K-M. 1995. Biennial oscillation associated with the East Asian summer monsoon and tropical sea surface temperatures. *J. Meteor. Soc. Japan*, **73**(1):105-122.

安鸿之. 1988. 统计模型与预报方法. 北京:气象出版社.

陈新强,许晨海. 1984. 500hPa 波谱资料. 北京:气象出版社.

丁裕国,江志红. 1998. 气象数据时间序列信号处理. 北京:气象出版社.

黄嘉佑,李黄. 1984. 气象学中的谱分析. 北京:气象出版社.

黄忠怒. 1996. 谐波分析方法在中期洪水预报中的应用. 水文,**16**(6):34-40.

黄忠恕. 1983. 谐波分析方法及其在水文气象学中的应用. 北京:气象出版社.

江剑民. 1983. 北半球 500 毫巴候平均图的波谱分析和预报. 气象学报,**41**(4):433-443.

施能. 1988. 气象学中应用谐波分析方法的几个注记. 贵州气象,(6):42-44.

吴孝祥. 1987. 500hPa 波谱分析与江苏上省入出梅中期预报. 气象科学,**7**(1):66-73.

项静恬,杜金观,史久恩. 1986. 动态度数据处理一时间序列分析. 北京:气象出版社.

肖强. 2005. 绵阳机场降水量的谱分析. 四川气象. **25**(2):40-41.

邢纪元. 2005. 谐波分析在短期气候预测中的应用. 山东气象. **25**(2):14-15.

杨位钦. 顾岚. 1986. 时间序列分析与动态数据建模. 北京:北京工业学院出版社.

朱福康. 1964. 多年月平均 500 毫巴图上 60°N 和 30°N 纬圈的波谱分析. 气象学报,**34**(1):33-42.